全国中级注册安全工程师职业资格考试精品教材

安全生产管理

ANQUAN SHENGCHAN GUANLI

全国中级注册安全工程师职业资格考试用书编写组 **组编**

编写组成员

主　编　韩　超

主　审　唐　尧　贾小静　韩莹莹

参　编　赵丽敏　王　菲　毋祎祎　蔺　敏

李怡婷　孟媛媛　杨　光　刘林洁

哈尔滨工程大学出版社

Harbin Engineering University Press

内容简介

本书主要根据考试大纲要求，从安全生产管理实践出发，在精研考试大纲和历年真题的基础上，结合现行法律法规、国家标准、行业标准及高校教材，编写了适用于考试的知识体系。全书通过图文并茂的形式，对考试内容进行专业解读，并穿插“提示”“链接”等模块，同时精心筛选具有代表性的典型例题，旨在帮助考生更好地理解和掌握知识点，在巩固知识点的同时进一步提升应试能力，把控考试趋势，使考生能在有限的时间内科学、有效地备考。

图书在版编目(CIP)数据

安全生产管理 / 全国中级注册安全工程师职业资格考试用书编写组组编. -- 哈尔滨 : 哈尔滨工程大学出版社, 2024. 9. -- (全国中级注册安全工程师职业资格考试精品教材). -- ISBN 978-7-5661-4534-5

Ⅰ. X92

中国国家版本馆 CIP 数据核字第 2024K762E4 号

安全生产管理
ANQUAN SHENGCHAN GUANLI

选题策划 苏 莉
责任编辑 张 彦
封面设计 天 一

出版发行 哈尔滨工程大学出版社
社　　址 哈尔滨市南岗区南通大街 145 号
邮政编码 150001
发行电话 0451-82519328
传　　真 0451-82519699
经　　销 新华书店
印　　刷 新乡市春风印务有限公司
开　　本 787 mm × 1 092 mm 1/16
印　　张 22
字　　数 563 千字
版　　次 2024 年 9 月第 1 版
印　　次 2024 年 9 月第 1 次印刷
书　　号 ISBN 978-7-5661-4534-5
定　　价 80.00 元
http://www.hrbeupress.com
E-mail:heupress@hrbeu.edu.cn

前言

安全生产是与人民群众生命财产安全息息相关的大事，是经济社会协调健康发展的标志。《注册安全工程师分类管理办法》指出，相关企业必须配备相应数量和级别的安全工程师。为了贯彻落实习近平新时代中国特色社会主义思想，适应我国经济社会安全发展需要，提高安全生产专业技术人员素质，根据2019年1月25日应急管理部与人力资源和社会保障部发布的《注册安全工程师职业资格制度规定》和《注册安全工程师职业资格考试实施办法》，以及2021年12月2日人力资源和社会保障部公布的2021年版《国家职业资格目录》，注册安全工程师纳入国家职业资格目录，属于专业技术人员职业资格准入类。注册安全工程师级别设置为：高级、中级、初级。由此可知，注册安全工程师的地位已进一步提升，重视安全生产已成为政府和社会各领域的基本共识。

中级注册安全工程师职业资格考试是应相关政策要求，客观评价中级安全生产专业技术人员的知识水平和业务能力的考试。中级注册安全工程师职业资格考试设安全生产法律法规、安全生产管理、安全生产技术基础、安全生产专业实务四个科目。其中，安全生产法律法规、安全生产管理、安全生产技术基础为公共科目，安全生产专业实务为专业科目。安全生产专业实务科目分为：煤矿安全、金属非金属矿山安全、化工安全、金属冶炼安全、建筑施工安全、道路运输安全和其他安全（不包括消防安全），考生在报名时可根据实际工作需要选择其一。

为满足广大考生应试复习的需要，帮助考生在短时间内科学、有效地掌握中级注册安全工程师考试的相关知识，全国中级注册安全工程师职业资格考试用书编写组的专家们认真研读现行考试要求，并结合现行法律法规及行业规范，倾力打造了本系列图书。

本系列图书具有以下特点：

（1）紧扣考试大纲，突出重点难点。本系列图书紧扣现行考试大纲，将现行国家规范、标准的内容进行提炼，删繁就简，总结出重难点和常考点，帮助考生归纳精华知识点，使其在短时间内消化吸收，提高备考效率。

（2）多种形式复习，强化知识记忆。在讲解知识点时，本系列图书配以丰富的图形、表格等，使各知识点清晰明了，简明扼要。在安全生产专业实务科目中，单独设置"案例分析"模块，并通过"提示""链接""记忆技巧"等方式使考生轻松理解、掌握知识点。

（3）把握试题难易，注重强化练习。依据历年真题中知识点的考查分布，在内文中穿插"典型例题"，帮助考生在巩固知识点的同时进一步提升自己的应试能力。

此外，我们特向购买本系列图书的考生提供三大特色服务，考生可在学习本系列图书的同时通过观看视频、线上做题（天一网校 APP）、获取实时备考资讯等方式，实现线上、线下有效备考。

因图书出版具有特定的时效性，为保障考生利益以及做好后续产品维护，编写组将持续关注新颁布或修订的考试大纲、相关法律法规、标准规范等，如有调整将实时更新相应电子版文件至天一网校，并向购买本系列图书的考生免费提供。具体获取途径如下：注册登录 www. tianyiwangxiao. com→选择首页中的“资料”→选择“建筑工程”下的“注册安全工程师”，可获取图书增值服务。

本系列图书如有不足之处，恳请广大读者予以指正。

如有与本系列图书相关的问题或建议，欢迎您致电 4006597013 或者通过 1400594158（QQ）与我们联系，我们将以更加优质、便捷的方式为您提供多方位、多层次的服务。

扫描二维码
获取天一网校APP

全国中级注册安全工程师职业资格考试用书编写组

目录

第一章 安全生产管理理论

第一节 安全生产管理的概述

一、安全生产管理的相关概念

（一）安全

安全是指安稳而无危险的事物。生产过程中的安全是指人不受到伤害（死伤或职业病），物（设备或财产）不受到损失。

在工程上研究安全时，采取一般概念上的近似客观量来定义安全的程度，叫安全性。在工程上，与其说研究安全性，倒不如说研究危险性更恰当。

传统的安全认为安全和危险是两个互不相容的绝对的概念；而系统安全则认为不存在绝对的安全，安全是一种模糊数学的概念。按模糊数学的说法，危险性就是对安全的隶属度。当危险性低到某程度时，人们就认为是安全的了。

（二）危害与危险

危害是造成事故的一种潜在危险，它是超出人的直接控制之外的某种潜在的环境条件。

危险亦称风险或危险性，是来自某种个别危害而造成人的伤害和物的损失的机会。它是由危险严重程度（即严重性）及危险概率（即可能性）表示的可能损失。

危害是可能出毛病的事物或环境。而危险则是定量的统计学术语（概率），它表征潜在的危害的结果。

在有发生工伤或职业病的劳动环境中操作是一种危害，如有坠落危害、矽尘危害等。危害相当于习惯上所说的不安全隐患，是潜在的危险因素。

（三）事故

事故是以人体为主，在与能量系统有关的系列上，突然发生的与人的希望和意志相反的事件。事故也可以定义为：个人或集体在时间的进程中，在为了实现某一意图而采取行动的过程中，突然发生了与人的意志相反的情况，迫使这种行动暂时的或永久地停止的事件。

（四）安全生产

安全生产是指企事业单位在劳动生产过程中的人身、设备和产品安全，以及交通运输安全等。也就是说，为了使劳动过程在符合安全要求的物质条件和工作秩序下进行，防止伤亡事故、设备事故及各种灾害的发生，保障劳动者的安全健康和生产、劳动过程的正常进行而采取的各种措施和从事的一切活动。

提示

每年的6月为安全生产月，以往考试中经常考查“安全生产月”的主题，要特别注意考试当年的“安全生产月”的主题。

(五)安全生产管理

安全生产管理是指经营管理者对安全生产工作进行的策划、组织、指挥、协调、控制和改进的一系列活动，目的是保证在生产经营活动中的人身安全、财产安全，促进生产的发展，保持社会的稳定。

二、生产安全事故

生产安全事故是指在生产经营活动中发生的造成人身伤亡或者直接经济损失的事件（意外事件）。

生产安全事故的等级划分（四个等级）：

(1)特别重大事故，是指造成30人以上死亡，或者100人以上重伤（包括急性工业中毒，下同），或者1亿元以上直接经济损失的事故。

(2)重大事故，是指造成10人以上30人以下死亡，或者50人以上100人以下重伤，或者5 000万元以上1亿元以下直接经济损失的事故。

(3)较大事故，是指造成3人以上10人以下死亡，或者10人以上50人以下重伤，或者1 000万元以上5 000万元以下直接经济损失的事故。

(4)一般事故，是指造成3人以下死亡，或者10人以下重伤，或者1 000万元以下直接经济损失的事故。

上述所称的“以上”包括本数，所称的“以下”不包括本数。

三、安全生产事故隐患

(一)定义

根据《安全生产事故隐患排查治理暂行规定》，安全生产事故隐患（以下简称事故隐患）是指生产经营单位违反安全生产法律、法规、规章、标准、规程和安全生产管理制度的规定，或者因其他因素在生产经营活动中存在可能导致事故发生的物的危险状态、人的不安全行为和管理上的缺陷。

事故隐患分为一般事故隐患和重大事故隐患。一般事故隐患，是指危害和整改难度较小，发现后能够立即整改排除的隐患。重大事故隐患，是指危害和整改难度较大，应当全部或者局部停产停业，并经过一定时间整改治理方能排除的隐患，或者因外部因素影响致使生产经营单位自身难以排除的隐患。

(二)重大事故隐患的判定

1.《化工和危险化学品生产经营单位重大生产安全事故隐患判定标准(试行)》的相关内容

依据有关法律法规、部门规章和国家标准，以下情形应当判定为重大事故隐患：

(1)危险化学品生产、经营单位主要负责人和安全生产管理人员未依法经考核合格。

(2)特种作业人员未持证上岗。

（3）涉及“两重点一重大”的生产装置、储存设施外部安全防护距离不符合国家标准要求。

（4）涉及重点监管危险化工工艺的装置未实现自动化控制，系统未实现紧急停车功能，装备的自动化控制系统、紧急停车系统未投入使用。

（5）构成一级、二级重大危险源的危险化学品罐区未实现紧急切断功能；涉及毒性气体、液化气体、剧毒液体的一级、二级重大危险源的危险化学品罐区未配备独立的安全仪表系统。

（6）全压力式液化烃储罐未按国家标准设置注水措施。

（7）液化烃、液氨、液氯等易燃易爆、有毒有害液化气体的充装未使用万向管道充装系统。

（8）光气、氯气等剧毒气体及硫化氢气体管道穿越除厂区（包括化工园区、工业园区）外的公共区域。

（9）地区架空电力线路穿越生产区且不符合国家标准要求。

（10）在役化工装置未经正规设计且未进行安全设计诊断。

（11）使用淘汰落后安全技术工艺、设备目录列出的工艺、设备。

（12）涉及可燃和有毒有害气体泄漏的场所未按国家标准设置检测报警装置，爆炸危险场所未按国家标准安装使用防爆电气设备。

（13）控制室或机柜间面向具有火灾、爆炸危险性装置一侧不满足国家标准关于防火防爆的要求。

（14）化工生产装置未按国家标准要求设置双重电源供电，自动化控制系统未设置不间断电源。

（15）安全阀、爆破片等安全附件未正常投用。

（16）未建立与岗位相匹配的全员安全生产责任制或者未制定实施生产安全事故隐患排查治理制度。

（17）未制定操作规程和工艺控制指标。

（18）未按照国家标准制定动火、进入受限空间等特殊作业管理制度，或者制度未有效执行。

（19）新开发的危险化学品生产工艺未经小试、中试、工业化试验直接进行工业化生产；国内首次使用的化工工艺未经过省级人民政府有关部门组织的安全可靠性论证；新建装置未制定试生产方案投料开车；精细化工企业未按规范性文件要求开展反应安全风险评估。

（20）未按国家标准分区分类储存危险化学品，超量、超品种储存危险化学品，相互禁配物质混放混存。

2.《工贸企业重大事故隐患判定标准》的相关内容

工贸企业有下列情形之一的，应当判定为重大事故隐患：

（1）未对承包单位、承租单位的安全生产工作统一协调、管理，或者未定期进行安全检查的。

（2）特种作业人员未按照规定经专门的安全作业培训并取得相应资格，上岗作业的。

(3)金属冶炼企业主要负责人、安全生产管理人员未按照规定经考核合格的。

冶金企业有下列情形之一的,应当判定为重大事故隐患:

(1)会议室、活动室、休息室、操作室、交接班室、更衣室(含澡堂)等6类人员聚集场所,以及钢铁水罐冷(热)修工位设置在铁水、钢水、液渣吊运跨的地坪区域内的。

(2)生产期间冶炼、精炼和铸造生产区域的事故坑、炉下渣坑,以及熔融金属泄漏和喷溅影响范围内的炉前平台、炉基区域、厂房内吊运和地面运输通道等6类区域存在积水的。

(3)炼钢连铸流程未设置事故钢水罐、中间罐漏钢坑(槽)、中间罐溢流坑(槽)、漏钢回转溜槽,或者模铸流程未设置事故钢水罐(坑、槽)的。

(4)转炉、电弧炉、AOD炉、LF炉、RH炉、VOD炉等炼钢炉的水冷元件未设置出水温度、进出水流量差等监测报警装置,或者监测报警装置未与炉体倾动、氧(副)枪自动提升、电极自动断电和升起装置联锁的。

(5)高炉生产期间炉顶工作压力设定值超过设计文件规定的最高工作压力,或者炉顶工作压力监测装置未与炉顶放散阀联锁,或者炉顶放散阀的联锁放散压力设定值超过设备设计压力值的。

(6)煤气生产、回收净化、加压混合、储存、使用设施附近的会议室、活动室、休息室、操作室、交接班室、更衣室等6类人员聚集场所,以及可能发生煤气泄漏、积聚的场所和部位未设置固定式一氧化碳浓度监测报警装置,或者监测数据未接入24 h有人值守场所的。

(7)加热炉、煤气柜、除尘器、加压机、烘烤器等设施,以及进入车间前的煤气管道未安装隔断装置的。

(8)正压煤气输配管线水封式排水器的最高封堵煤气压力小于30 kPa,或者同一煤气管道隔断装置的两侧共用一个排水器,或者不同煤气管道排水器上部的排水管连通,或者不同介质的煤气管道共用一个排水器的。

有色企业有下列情形之一的,应当判定为重大事故隐患:

(1)会议室、活动室、休息室、操作室、交接班室、更衣室(含澡堂)等6类人员聚集场所设置在熔融金属吊运跨的地坪区域内的。

(2)生产期间冶炼、精炼、铸造生产区域的事故坑、炉下渣坑,以及熔融金属泄漏、喷溅影响范围内的炉前平台、炉基区域、厂房内吊运和地面运输通道等6类区域存在非生产性积水的。

(3)熔融金属铸造环节未设置紧急排放和应急储存设施的(倾动式熔炼炉、倾动式保温炉、倾动式熔保一体炉、带保温炉的固定式熔炼炉除外)。

(4)采用水冷冷却的冶炼炉窑、铸造机(铝加工深井铸造工艺的结晶器除外)、加热炉未设置应急水源的。

(5)熔融金属冶炼炉窑的闭路循环水冷元件未设置出水温度、进出水流量差监测报警装置,或者开路水冷元件未设置进水流量、压力监测报警装置,或者未监测开路水冷元件出水温度的。

(6)铝加工深井铸造工艺的结晶器冷却水系统未设置进水压力、进水流量监测报警装置,或者监测报警装置未与快速切断阀、紧急排放阀、流槽断开装置联锁,或者监测报警装置未与倾动式浇铸炉控制系统联锁的。

(7)铝加工深井铸造工艺的浇铸炉铝液出口流槽、流槽与模盘(分配流槽)入口连接处未设置液位监测报警装置,或者固定式浇铸炉的铝液出口未设置机械锁紧装置的。

(8)铝加工深井铸造工艺的固定式浇铸炉的铝液流槽未设置紧急排放阀,或者流槽与模盘(分配流槽)入口连接处未设置快速切断阀(断开装置),或者流槽与模盘(分配流槽)入口连接处的液位监测报警装置未与快速切断阀(断开装置)、紧急排放阀联锁的。

(9)铝加工深井铸造工艺的倾动式浇铸炉流槽与模盘(分配流槽)入口连接处未设置快速切断阀(断开装置),或者流槽与模盘(分配流槽)入口连接处的液位监测报警装置未与浇铸炉倾动控制系统、快速切断阀(断开装置)联锁的。

(10)铝加工深井铸造机钢丝卷扬系统选用非钢芯钢丝绳,或者未落实钢丝绳定期检查、更换制度的。

(11)可能发生一氧化碳、砷化氢、氯气、硫化氢等 4 种有毒气体泄漏、积聚的场所和部位未设置固定式气体浓度监测报警装置,或者监测数据未接入 24 h 有人值守场所,或者未对可能有砷化氢气体的场所和部位采取同等效果的检测措施的。

(12)使用煤气(天然气)并强制送风的燃烧装置的燃气总管未设置压力监测报警装置,或者监测报警装置未与紧急自动切断装置联锁的。

(13)正压煤气输配管线水封式排水器的最高封堵煤气压力小于 30 kPa,或者同一煤气管道隔断装置的两侧共用一个排水器,或者不同煤气管道排水器上部的排水管连通,或者不同介质的煤气管道共用一个排水器的。

建材企业有下列情形之一的,应当判定为重大事故隐患:

(1)煤磨袋式收尘器、煤粉仓未设置温度和固定式一氧化碳浓度监测报警装置,或者未设置气体灭火装置的。

(2)筒型储库人工清库作业未落实清库方案中防止高处坠落、坍塌等安全措施的。

(3)水泥企业电石渣原料筒型储库未设置固定式可燃气体浓度监测报警装置,或者监测报警装置未与事故通风装置联锁的。

(4)进入筒型储库、焙烧窑、预热器旋风筒、分解炉、竖炉、篦冷机、磨机、破碎机前,未对可能意外启动的设备和涌入的物料、高温气体、有毒有害气体等采取隔离措施,或者未落实防止高处坠落、坍塌等安全措施的。

(5)采用预混燃烧方式的燃气窑炉(热发生炉煤气窑炉除外)的燃气总管未设置管道压力监测报警装置,或者监测报警装置未与紧急自动切断装置联锁的。

(6)制氢站、氮氢保护气体配气间、燃气配气间等 3 类场所未设置固定式可燃气体浓度监测报警装置的。

(7)电熔制品电炉的水冷设备失效的。

(8)玻璃窑炉、玻璃锡槽等设备未设置水冷和风冷保护系统的监测报警装置的。

机械企业有下列情形之一的,应当判定为重大事故隐患:

(1)会议室、活动室、休息室、更衣室、交接班室等 5 类人员聚集场所设置在熔融金属吊运跨或者浇注跨的地坪区域内的。

(2)铸造用熔炼炉、精炼炉、保温炉未设置紧急排放和应急储存设施的。

(3)生产期间铸造用熔炼炉、精炼炉、保温炉的炉底、炉坑和事故坑,以及熔融金属泄漏、喷溅影响范围内的炉前平台、炉基区域、造型地坑、浇注作业坑和熔融金属转运通道等8类区域存在积水的。

(4)铸造用熔炼炉、精炼炉、压铸机、氧枪的冷却水系统未设置出水温度、进出水流量差监测报警装置,或者监测报警装置未与熔融金属加热、输送控制系统联锁的。

(5)使用煤气(天然气)的燃烧装置的燃气总管未设置管道压力监测报警装置,或者监测报警装置未与紧急自动切断装置联锁,或者燃烧装置未设置火焰监测和熄火保护系统的。

(6)使用可燃性有机溶剂清洗设备设施、工装器具、地面时,未采取防止可燃气体在周边密闭或者半密闭空间内积聚措施的。

(7)使用非水性漆的调漆间、喷漆室未设置固定式可燃气体浓度监测报警装置或者通风设施的。

轻工企业有下列情形之一的,应当判定为重大事故隐患:

(1)食品制造企业烘制、油炸设备未设置防过热自动切断装置的。

(2)白酒勾兑、灌装场所和酒库未设置固定式乙醇蒸气浓度监测报警装置,或者监测报警装置未与通风设施联锁的。

(3)纸浆制造、造纸企业使用蒸气、明火直接加热钢瓶汽化液氯的。

(4)日用玻璃、陶瓷制造企业采用预混燃烧方式的燃气窑炉(热发生炉煤气窑炉除外)的燃气总管未设置管道压力监测报警装置,或者监测报警装置未与紧急自动切断装置联锁的。

(5)日用玻璃制造企业玻璃窑炉的冷却保护系统未设置监测报警装置的。

(6)使用非水性漆的调漆间、喷漆室未设置固定式可燃气体浓度监测报警装置或者通风设施的。

(7)锂离子电池储存仓库未对故障电池采取有效物理隔离措施的。

纺织企业有下列情形之一的,应当判定为重大事故隐患:

(1)纱、线、织物加工的烧毛、开幅、烘干等热定型工艺的汽化室、燃气贮罐、储油罐、热媒炉,未与生产加工等人员聚集场所隔开或者单独设置的。

(2)保险粉、双氧水、次氯酸钠、亚氯酸钠、雕白粉(吊白块)与禁忌物料混合储存,或者保险粉储存场所未采取防水防潮措施的。

烟草企业有下列情形之一的,应当判定为重大事故隐患:

(1)熏蒸作业场所未配备磷化氢气体浓度监测报警仪器,或者未配备防毒面具,或者熏蒸杀虫作业前未确认无关人员全部撤离熏蒸作业场所的。

(2)使用液态二氧化碳制造膨胀烟丝的生产线和场所未设置固定式二氧化碳浓度监测报警装置,或者监测报警装置未与事故通风设施联锁的。

存在粉尘爆炸危险的工贸企业有下列情形之一的,应当判定为重大事故隐患:

(1)粉尘爆炸危险场所设置在非框架结构的多层建(构)筑物内,或者粉尘爆炸危险场所内设有员工宿舍、会议室、办公室、休息室等人员聚集场所的。

(2)不同类别的可燃性粉尘、可燃性粉尘与可燃气体等易加剧爆炸危险的介质共用一套除尘系统，或者不同建（构）筑物、不同防火分区共用一套除尘系统、除尘系统互联互通的。

（3）干式除尘系统未采取泄爆、惰化、抑爆等任一种爆炸防控措施的。

（4）铝镁等金属粉尘除尘系统采用正压除尘方式，或者其他可燃性粉尘除尘系统采用正压吹送粉尘时，未采取火花探测消除等防范点燃源措施的。

（5）除尘系统采用重力沉降室除尘，或者采用干式巷道式构筑物作为除尘风道的。

（6）铝镁等金属粉尘、木质粉尘的干式除尘系统未设置锁气卸灰装置的。

（7）除尘器、收尘仓等划分为20区的粉尘爆炸危险场所电气设备不符合防爆要求的。

（8）粉碎、研磨、造粒等易产生机械点燃源的工艺设备前，未设置铁、石等杂物去除装置，或者木制品加工企业与砂光机连接的风管未设置火花探测消除装置的。

（9）遇湿自燃金属粉尘收集、堆放、储存场所未采取通风等防止氢气积聚措施，或者干式收集、堆放、储存场所未采取防水、防潮措施的。

（10）未落实粉尘清理制度，造成作业现场积尘严重的。

使用液氨制冷的工贸企业有下列情形之一的，应当判定为重大事故隐患：

（1）包装、分割、产品整理场所的空调系统采用氨直接蒸发制冷的。

（2）快速冻结装置未设置在单独的作业间内，或者快速冻结装置作业间内作业人员数量超过9人的。

存在硫化氢、一氧化碳等中毒风险的有限空间作业的工贸企业有下列情形之一的，应当判定为重大事故隐患：

（1）未对有限空间进行辨识、建立安全管理台账，并且未设置明显的安全警示标志的。

（2）未落实有限空间作业审批，或者未执行"先通风、再检测、后作业"要求，或者作业现场未设置监护人员的。

上述所列情形中直接关系生产安全的监控、报警、防护等设施、设备、装置，应当保证正常运行、使用，失效或者无效均判定为重大事故隐患。

3.《金属非金属矿山重大事故隐患判定标准》的相关内容

（1）金属非金属地下矿山重大事故隐患

①安全出口存在下列情形之一的：

a. 矿井直达地面的独立安全出口少于2个，或者与设计不一致。

b. 矿井只有两个独立直达地面的安全出口且安全出口的间距小于30 m，或者矿体一翼走向长度超过1 000 m且未在此翼设置安全出口。

c. 矿井的全部安全出口均为竖井且竖井内均未设置梯子间，或者作为主要安全出口的罐笼提升井只有1套提升系统且未设梯子间。

d. 主要生产中段（水平）、单个采区、盘区或者矿块的安全出口少于2个，或者未与通往地面的安全出口相通。

e. 安全出口出现堵塞或者其梯子、踏步等设施不能正常使用，导致安全出口不畅通。

②使用国家明令禁止使用的设备、材料或者工艺。

③不同矿权主体的相邻矿山井巷相互贯通,或者同一矿权主体相邻独立生产系统的井巷擅自贯通。

④地下矿山现状图纸存在下列情形之一的:

a. 未保存《金属非金属矿山安全规程》规定的图纸,或者生产矿山每 3 个月、基建矿山每 1 个月未更新上述图纸。

b. 岩体移动范围内的地面建构筑物、运输道路及沟谷河流与实际不符。

c. 开拓工程和采准工程的井巷或者井下采区与实际不符。

d. 相邻矿山采区位置关系与实际不符。

e. 采空区和废弃井巷的位置、处理方式、现状,以及地表塌陷区的位置与实际不符。

⑤露天转地下开采存在下列情形之一的:

a. 未按设计采取防排水措施。

b. 露天与地下联合开采时,回采顺序与设计不符。

c. 未按设计采取留设安全顶柱或者岩石垫层等防护措施。

⑥矿区及其附近的地表水或者大气降水危及井下安全时,未按设计采取防治水措施。

⑦井下主要排水系统存在下列情形之一的:

a. 排水泵数量少于 3 台,或者工作水泵、备用水泵的额定排水能力低于设计要求。

b. 井巷中未按设计设置工作和备用排水管路,或者排水管路与水泵未有效连接。

c. 井下最低中段的主水泵房通往中段巷道的出口未装设防水门,或者另外一个出口未高于水泵房地面 7 m 以上。

d. 利用采空区或者其他废弃巷道作为水仓。

⑧井口标高未达到当地历史最高洪水位 1 m 以上,且未按设计采取相应防护措施。

⑨水文地质类型为中等或者复杂的矿井,存在下列情形之一的:

a. 未配备防治水专业技术人员。

b. 未设置防治水机构,或者未建立探放水队伍。

c. 未配齐专用探放水设备,或者未按设计进行探放水作业。

⑩水文地质类型复杂的矿山存在下列情形之一的:

a. 关键巷道防水门设置与设计不符。

b. 主要排水系统的水仓与水泵房之间的隔墙或者配水阀未按设计设置。

⑪在突水威胁区域或者可疑区域进行采掘作业,存在下列情形之一的:

a. 未编制防治水技术方案,或者未在施工前制定专门的施工安全技术措施。

b. 未超前探放水,或者超前钻孔的数量、深度低于设计要求,或者超前钻孔方位不符合设计要求。

⑫受地表水倒灌威胁的矿井在强降雨天气或者其来水上游发生洪水期间,未实施停产撤人。

⑬有自然发火危险的矿山,存在下列情形之一的:

a. 未安装井下环境监测系统,实现自动监测与报警。

b. 未按设计或者国家标准、行业标准采取防灭火措施。

c. 发现自然发火预兆,未采取有效处理措施。

⑭相邻矿山开采岩体移动范围存在交叉重叠等相互影响时,未按设计留设保安矿(岩)柱或者采取其他措施。

⑮地表设施设置存在下列情形之一,未按设计采取有效安全措施的:

a. 岩体移动范围内存在居民村庄或者重要设备设施。

b. 主要开拓工程出入口易受地表滑坡、滚石、泥石流等地质灾害影响。

⑯保安矿(岩)柱或者采场矿柱存在下列情形之一的:

a. 未按设计留设矿(岩)柱。

b. 未按设计回采矿柱。

c. 擅自开采、损毁矿(岩)柱。

⑰未按设计要求的处理方式或者时间对采空区进行处理。

⑱工程地质类型复杂、有严重地压活动的矿山存在下列情形之一的:

a. 未设置专门机构、配备专门人员负责地压防治工作。

b. 未制定防治地压灾害的专门技术措施。

c. 发现大面积地压活动预兆,未立即停止作业、撤出人员。

⑲巷道或者采场顶板未按设计采取支护措施。

⑳矿井未采用机械通风,或者采用机械通风的矿井存在下列情形之一的:

a. 在正常生产情况下,主通风机未连续运转。

b. 主通风机发生故障或者停机检查时,未立即向调度室和企业主要负责人报告,或者未采取必要安全措施。

c. 主通风机未按规定配备备用电动机,或者未配备能迅速调换电动机的设备及工具。

d. 作业工作面风速、风量、风质不符合国家标准或者行业标准要求。

e. 未设置通风系统在线监测系统的矿井,未按国家标准规定每年对通风系统进行 1 次检测。

f. 主通风设施不能在 10 min 之内实现矿井反风,或者反风试验周期超过 1 年。

㉑未配齐或者随身携带具有矿用产品安全标志的便携式气体检测报警仪和自救器,或者从业人员不能正确使用自救器。

㉒担负提升人员的提升系统,存在下列情形之一的:

a. 提升机、防坠器、钢丝绳、连接装置、提升容器未按国家规定进行定期检测检验,或者提升设备的安全保护装置失效。

b. 竖井井口和井下各中段马头门设置的安全门或者摇台与提升机未实现联锁。

c. 竖井提升系统过卷段未按国家规定设置过卷缓冲装置、楔形罐道、过卷挡梁或者不能正常使用,或者提升人员的罐笼提升系统未按国家规定在井架或者井塔的过卷段内设置罐笼防坠装置。

d. 斜井串车提升系统未按国家规定设置常闭式防跑车装置、阻车器、挡车栏,或者连接链、连接插销不符合国家规定。

e. 斜井提升信号系统与提升机之间未实现闭锁。

㉓井下无轨运人车辆存在下列情形之一的：

a. 未取得金属非金属矿山矿用产品安全标志。

b. 载人数量超过 25 人或者超过核载人数。

c. 制动系统采用干式制动器，或者未同时配备行车制动系统、驻车制动系统和应急制动系统。

d. 未按国家规定对车辆进行检测检验。

㉔一级负荷未采用双重电源供电，或者双重电源中的任一电源不能满足全部一级负荷需要。

㉕向井下采场供电的 6 ~ 35 kV 系统的中性点采用直接接地。

㉖工程地质或者水文地质类型复杂的矿山，井巷工程施工未进行施工组织设计，或者未按施工组织设计落实安全措施。

㉗新建、改扩建矿山建设项目有下列行为之一的：

a. 安全设施设计未经批准，或者批准后出现重大变更未经再次批准擅自组织施工。

b. 在竣工验收前组织生产，经批准的联合试运转除外。

㉘矿山企业违反国家有关工程项目发包规定，有下列行为之一的：

a. 将工程项目发包给不具有法定资质和条件的单位，或者承包单位数量超过国家规定的数量。

b. 承包单位项目部的负责人、安全生产管理人员、专业技术人员、特种作业人员不符合国家规定的数量、条件或者不属于承包单位正式职工。

㉙井下或者井口动火作业未按国家规定落实审批制度或者安全措施。

㉚矿山年产量超过矿山设计年生产能力幅度在 20% 及以上，或者月产量大于矿山设计年生产能力的 20% 及以上。

㉛矿井未建立安全监测监控系统、人员定位系统、通信联络系统，或者已经建立的系统不符合国家有关规定，或者系统运行不正常未及时修复，或者关闭、破坏该系统，或者篡改、隐瞒、销毁其相关数据、信息。

㉜未配备具有矿山相关专业的专职矿长、总工程师以及分管安全、生产、机电的副矿长，或者未配备具有采矿、地质、测量、机电等专业的技术人员。

（2）金属非金属露天矿山重大事故隐患

①地下开采转露天开采前，未探明采空区和溶洞，或者未按设计处理对露天开采安全有威胁的采空区和溶洞。

②使用国家明令禁止使用的设备、材料或者工艺。

③未采用自上而下的开采顺序分台阶或者分层开采。

④工作帮坡角大于设计工作帮坡角，或者最终边坡台阶高度超过设计高度。

⑤开采或者破坏设计要求保留的矿（岩）柱或者挂帮矿体。

⑥未按有关国家标准或者行业标准对采场边坡、排土场边坡进行稳定性分析。

⑦边坡存在下列情形之一的：

a. 高度 200 m 及以上的采场边坡未进行在线监测。

b. 高度 200 m 及以上的排土场边坡未建立边坡稳定监测系统。

c. 关闭、破坏监测系统或者隐瞒、篡改、销毁其相关数据、信息。

⑧边坡出现滑移现象，存在下列情形之一的：

a. 边坡出现横向及纵向放射状裂缝。

b. 坡体前缘坡脚处出现上隆（凸起）现象，后缘的裂缝急剧扩展。

c. 位移观测资料显示的水平位移量或者垂直位移量出现加速变化的趋势。

⑨运输道路坡度大于设计坡度 10% 以上。

⑩凹陷露天矿山未按设计建设防洪、排洪设施。

⑪排土场存在下列情形之一的：

a. 在平均坡度大于 1∶5的地基上顺坡排土，未按设计采取安全措施。

b. 排土场总堆置高度 2 倍范围以内有人员密集场所，未按设计采取安全措施。

c. 山坡排土场周围未按设计修筑截、排水设施。

⑫露天采场未按设计设置安全平台和清扫平台。

⑬擅自对在用排土场进行回采作业。

（3）尾矿库重大事故隐患

①库区或者尾矿坝上存在未按设计进行开采、挖掘、爆破等危及尾矿库安全的活动。

②坝体存在下列情形之一的：

a. 坝体出现严重的管涌、流土变形等现象。

b. 坝体出现贯穿性裂缝、坍塌、滑动迹象。

c. 坝体出现大面积纵向裂缝，且出现较大范围渗透水高位出逸或者大面积沼泽化。

③坝体的平均外坡比或者堆积子坝的外坡比陡于设计坡比。

④坝体高度超过设计总坝高，或者尾矿库超过设计库容贮存尾矿。

⑤尾矿堆积坝上升速率大于设计堆积上升速率。

⑥采用尾矿堆坝的尾矿库，未按《尾矿库安全规程》规定对尾矿坝做全面的安全性复核。

⑦浸润线埋深小于控制浸润线埋深。

⑧汛前未按国家有关规定对尾矿库进行调洪演算，或者湿式尾矿库防洪高度和干滩长度小于设计值，或者干式尾矿库防洪高度和防洪宽度小于设计值。

⑨排洪系统存在下列情形之一的：

a. 排水井、排水斜槽、排水管、排水隧洞、拱板、盖板等排洪建构筑物混凝土厚度、强度或者型式不满足设计要求。

b. 排洪设施部分堵塞或者坍塌、排水井有所倾斜，排水能力有所降低，达不到设计要求。

c. 排洪构筑物终止使用时，封堵措施不满足设计要求。

⑩设计以外的尾矿、废料或者废水进库。

⑪多种矿石性质不同的尾砂混合排放时，未按设计进行排放。

⑫冬季未按设计要求的冰下放矿方式进行放矿作业。

⑬安全监测系统存在下列情形之一的：

a. 未按设计设置安全监测系统。

b. 安全监测系统运行不正常未及时修复。

c. 关闭、破坏安全监测系统，或者篡改、隐瞒、销毁其相关数据、信息。

⑭干式尾矿库存在下列情形之一的：

a. 入库尾矿的含水率大于设计值，无法进行正常碾压且未设置可靠的防范措施。

b. 堆存推进方向与设计不一致。

c. 分层厚度或者台阶高度大于设计值。

d. 未按设计要求进行碾压。

⑮经验算，坝体抗滑稳定最小安全系数小于国家标准规定值的 0.98 倍。

⑯三等及以上尾矿库及“头顶库”未按设计设置通往坝顶、排洪系统附近的应急道路，或者应急道路无法满足应急抢险时通行和运送应急物资的需求。

⑰尾矿库回采存在下列情形之一的：

a. 未经批准擅自回采。

b. 回采方式、顺序、单层开采高度、台阶坡面角不符合设计要求。

c. 同时进行回采和排放。

⑱用以贮存独立选矿厂进行矿石选别后排出尾矿的场所，未按尾矿库实施安全管理的。

⑲未按国家规定配备专职安全生产管理人员、专业技术人员和特种作业人员。

典型例题

【单选题】某肉制品加工企业为了有效提升本质安全管理水平，遏制涉氨制冷企业重特大事故的发生，特邀请第三方进行现场隐患排查。现场发现：①使用镀铜合金助力扳手。②压缩机房采用防爆排风机。③氨浓度检测仪安装在液氨储罐上方。④事故风机启停钮安装在压缩机房内等情况。其中，属于事故隐患的是(　　)。

A. ①　　B. ②

C. ④　　D. ③

C。【解析】将事故风机启停钮安装在压缩机房内违反安全生产管理制度的规定，属于事故隐患。

四、危险源分类

危险源是可能导致事故的潜在的不安全因素。根据危险源在事故发生、发展中的作用，把危险源划分为两大类，即第一类危险源和第二类危险源。

(一)第一类危险源

根据能量意外释放论，事故是能量或危险物质的意外释放，作用于人体的过量的能量或干扰人体与外界能量交换的危险物质是造成人员伤害的直接原因。于是，把系统中存在的、可能发生意外释放的能量或危险物质称作第一类危险源。

一般地，能量被解释为物体做功的本领。做功的本领是无形的，只有在做功时才显现出来。因此，实际工作中往往把产生能量的能量源或拥有能量的能量载体看作第一类危险源来处理。例如，带电的导体、奔驰的车辆等。

(二)第二类危险源

在生产、生活中，为了利用能量，让能量按照人们的意图在系统中流动、转换和做功，必须采取措施约束、限制能量，即必须控制危险源。约束、限制能量的屏蔽应可靠地控制能量，防止能量意外地释放。实际上，绝对可靠的控制措施并不存在。在许多因素的复杂作用下约束、限制能量的控制措施可能失效，能量屏蔽可能被破坏而发生事故。导致约束、限制能量措施失效或破坏的各种不安全因素称作第二类危险源。

从系统安全的观点来考察，使能量或危险物质的约束、限制措施失效、破坏的原因因素，即第二类危险源，包括人、物、环境三个方面的问题。人的因素问题包括人的不安全行为和人的失误两方面的问题。物的因素问题可以概括为物的不安全状态和故障两方面问题。环境因素主要指系统运行的环境，包括温度、湿度、照明、粉尘、通风换气、噪声和振动等物理环境，以及企业和社会的软环境。不良的物理环境会引起物的因素问题或人的因素问题。

第二类危险源往往是一些围绕第一类危险源随机发生的现象，它们出现的情况决定事故发生的可能性。第二类危险源出现得越频繁，发生事故的可能性越大。

提示

第一类危险源有：装有甲醇的罐车；装有 10 t 液氨的储罐；飞速旋转的车床；氮气瓶中的高压氮气；烟花爆竹；炸药；电炉子等。

第二类危险源有：腐蚀受损的减压阀；疲劳驾驶的驾驶员；悬空的导静电橡胶拖地带；失效的防护用品等。

第二节　安全生产管理的相关原理及理念

一、人本原理

人本原理，顾名思义就是以人为本的原理。它要求人们在管理活动中坚持一切以人为核心，以人的权利为根本，强调人的主观能动性，力求实现人的全面、自由发展。其实质就是充分肯定人在管理活动中的主体地位和作用。同时，通过激励调动和发挥员工的积极性和创造性,引导员工去实现预定的目标。

人本原理特别强调人在管理中的主体地位,它不是把人看成是脱离其他管理对象的要素而孤立存在的人,而是强调在作为管理对象的整体系统中,人是其他构成要素的主宰,财、物、时间、信息等只有在为人所掌握,为人所利用时,才有管理的价值。具体地说,管理的核心和动力都来自于人的作用。

人本原理运用的原则包括:

(1)激励原则。物质需求的满足是必要的,没有它会导致不满,但是仅仅满足物质需求又是远远不够的,即使获得满足,它的作用往往是很有限的,不能持久。所以管理者不仅要注意物质利益和工作条件等外部因素,更重要的是要从精神上给予鼓励,使员工从内心情感上真正得到满足,从而调动和发挥人的积极性、主动性和创造性。

(2)行为原则。现代管理心理学强调,需要与动机是决定人的行为之基础,人类的行为规律是需要决定动机,动机产生行为,行为指向目标,目标完成需要得到满足,于是又产生新的需要、动机、行为,以实现新的目标。掌握了这一规律,管理者就应该对自己的下属行为进行行之有效的科学管理,最大限度发掘员工的潜能。在安全生产工作中,管理者应重点防治人的不安全行为。

(3)能级原则。能级原则是指根据人的能力大小,赋予相应的权力和责任,使组织的每一个人都各司其职,以此来保持和发挥组织的整体效用。一个组织应该有不同层次的能级,只有这样才能构成一个相互配合、有效的系统整体。能级原则也是实现资源优化配置的重要原则。

(4)动力原则。没有动力,事物不会运动,组织不会向前发展。在组织中只有强大的动力,才能使管理系统得以持续、有效地运行。管理中必须有能够激发人的工作能力的动力,现代管理学理论总结了三个方面的动力来源,即物质动力、精神动力、信息动力。

二、强制原理

强制原理是指采取强制管理的手段控制人的意愿和行动,使个人的活动、行为等受到安全管理要求的约束,从而实现有效的安全管理。所谓强制,就是无需做很多的思想工作来统一认识、讲清道理,被管理者必须绝对服从,不必经被管理者同意便可采取控制行动。

一般来说,管理均带有一定的强制性。管理是管理者对被管理者施加作用和影响,并要求被管理者服从其意志,满足其要求,完成其规定的任务,这显然带有强制性。不强制便不能有效地抑制被管理者的无拘个性,将其调动到符合整体管理利益和目的的轨道上来。

强制原理运用的原则包括:

(1)安全第一原则。安全第一就是要求在进行生产和其他活动的时候把安全工作放在一切工作的首要位置。当生产和其他工作与安全发生矛盾时,要以安全为主,生产和其他工作要服从安全。坚持安全第一原则,就要建立和健全各级安全生产责任制,从组织上、思想上、制度上切实把安全工作摆在首位,常抓不懈,形成“标准化、制度化、经常化”的安全工作体系。

(2)监督原则。为了促使各级生产管理部门严格执行安全法律、法规、标准和规章制度,保护职工的安全与健康,实现安全生产,必须授权专门的部门和人员行使监督、检查和惩罚的职责,以揭露安全工作中的问题,督促问题的解决,追究和惩戒违章失职行为,这就是安全管理的监督原则。

三、系统原理

系统原理主张运用系统的观点、理论和方法对管理活动进行系统分析,以达到管理的优化目标。任何社会组织都是由人、物、信息组成的系统,任何管理都是对系统的管理。没有系统,也就没有管理。

管理的系统原理源于系统理论,它认为应将组织作为人造开放性系统来进行管理。它要求管理应从组织整体的系统性出发,按照系统特征的要求从整体上把握系统运行的规律,对管理各方面的前提做系统的分析,进行系统的优化,并按照组织活动的效果和社会环境的变化,及时调整和控制组织系统的运行,最终实现组织目标。例如,安全生产管理中,企业应进行全员、全过程、全方位、全天候的安全管理,将安全贯穿于生产活动的各个方面。

系统原理运用的原则包括:

(1)动态(相关性)原则。该原则是指任何企业管理系统的正常运转,不仅要受到系统本身条件的限制和制约,还要受到其他有关系统的影响和制约,并随着时间、地点以及人们的不同努力程度而发生变化。

(2)整分合原则。该原则的基本要求是充分发挥各要素的潜力,提高企业的整体功能,即首先要从整体功能和整体目标出发,对管理对象有一个全面的了解和谋划;其次,要在整体规划下实行明确的、必要的分工或分解;最后,在分工或分解的基础上,建立内部横向联系或协作,使系统协调配合、综合平衡地运行。例如,企业在制定总体目标和进行宏观决策时,将安全生产作为一项重要内容纳入顶层设计,并将安全生产总体目标进行了逐级布置,这种做法就符合整分合原则。

(3)反馈原则。反馈是控制过程中对控制机构的反作用。企业生产过程中,应及时、准确、灵活地反馈各种安全生产信息,从而及时进行处理。

(4)封闭原则。该原则强调的是管理手段和管理过程的封闭回路,只有形成封闭回路才能有效管理。该原则的基本精神是企业系统内各种管理机构之间,各种管理制度、方法之间,必须具有相互联系并相互制约的回路,管理才能有效。

四、本质安全观

(一)本质安全的含义

狭义的本质安全:通过设计等手段使设备、设施和技术工艺等含有内在的能够从根本上防止发生事故的功能,即本身具有安全性能。设备、设施和技术工艺等物的方面和物质条件能够自动防止操作失误或引发事故。在这种条件下,即使一般水平的操作人员发生人为的失误或操作不当等不安全行为,也能够保障人身、设备和财产的安全。

广义的本质安全:包括"人—机—环—管"这一系统表现出的安全性能,通过优化资源配置和提高其完整性,使整个系统安全可靠。基于这一系统工程和安全管理体系的本质安全理念认为,所有事故都是可以预防和避免的。

本质安全可体现在以下几个方面:

(1)采用本质安全技术。采用本质安全技术进行机械预定功能的设计和制造,能够在预定条件下使机械的预定功能满足机械自身的安全要求。

(2)限制机械应力。零件的机械应力不超过允许值,保证足够的安全系数。

(3)材料和物质的安全性。要确保制造机械的材料、燃料和加工材料在使用期间不危及人员的安全和健康。

(4)体现安全人机学的原则。要适应人体特征、坚持以人为本,提高设备的可靠性和操作性。

(5)设计控制系统的安全。控制系统要充分考虑各种作业的操作模式,采用自动化故障显示装置。

(6)气动和液压系统的安全。

(7)电气安全。

(8)失效安全。机械设备在发生故障时,能够自动停止运行,从而终止危险。

本质安全就是指设备、设施或技术工艺具有包含在本身内部的,能够从根本上防止发生事故的功能。具体地说,应包括三方面的内容:

(1)失误安全功能。操作者即使操作失误,也不会发生事故或伤害。

(2)故障安全功能。当设备、设施发生故障或损坏时还能暂时维持正常工作或自动转变为安全状态。

(3)以上功能应是设备、设施或工艺内部本身就备有的,即在规划设计时就已经充分考虑到,而不是在事后进行补偿添加的。

本质安全强调从源头上消除或减小危险,是一种先进的风险预控管理思想。它把管理的重点放在整体安全效用上,实行全过程、全人员、全方位的安全管理,使企业保持在最佳安全状态运行。因此,本质安全是针对"人、机、环、管"整个系统的本质安全化。

系统的本质安全化是指包括人—机—环境—管理这一系列表现出的安全性能。其中,管理的本质安全化是控制事故的决定性和起主导作用的关键措施。

本质安全系统内部是交互的。就煤矿企业的生产过程而言,生产过程系统是人(管理主体、生产主体、安全主体)、物(机器、环境)组成的动态系统。物在生产过程中表现状态

（安全状态、不安全状态）与人在生产过程表现为行为（安全行为、不安全行为）是否稳定，共同影响了系统的本质安全性。

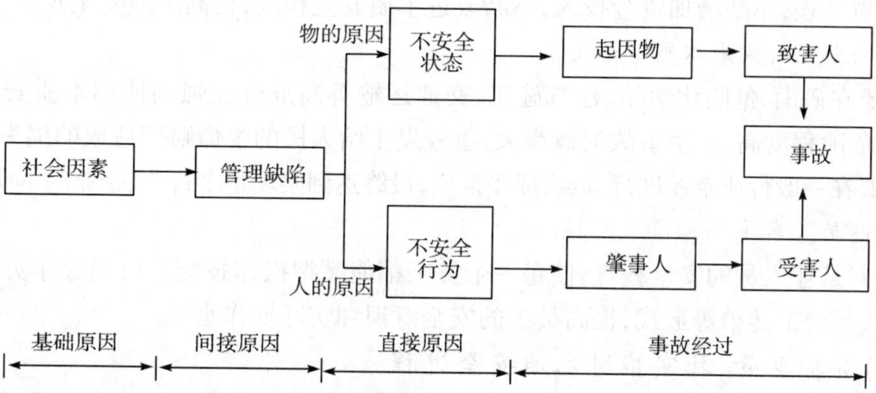

由于生产系统是动态的开放系统，外部环境因素作用起着制约及推动的作用。保证人行为安全的能力是安全管理能力的重要方面，从管理角度就是对人的激励与约束，即安全行为管理能力与安全行政管理能力；保证物的安全状态，即安全技术管理能力；增强生产中的信息获取与控制能力，即安全信息管理能力；符合生产中的动态性、变化性要求，即安全管理创新能力。例如，就信息管理能力而言，可以把人的信息处理过程分为感觉、认知和行为响应。在危险出现阶段，如果人的信息处理的每个环节都正确，危险就能够被消除或获得到控制；在危险释放阶段，如果人的信息处理过程每个环节都正确，虽然面临着已经出现的危险，但仍然可以避免危险释放出来，不会带来伤害或者损失。工业企业的生产过程是由人、机、环、管组成的动态系统，保证系统的安全、和谐又需要各方面能力的整合。

本质安全型企业，是指与生产安全有关的各个基本要素，如人员素质、技术设备、经营环境、制度流程（简称人、机、环、管）等，能够根本上保证安全可靠的企业。通过本质安全型企业的建设可以有效地提高企业劳动生产率和员工的工作积极性。本质安全型企业将过去以机器为中心转变到以人为本，强调劳动者的素质和主观能力对企业产生的作用。这里的劳动者素质包括技术能力、心理健康程度和精神愉快程度等方面。在熟练操作程度一致的前提下，良好的精神状态和工作热情能够极大地提高劳动生产率，从而增加企业的效益。

（二）采取有力措施，提高本质安全水平

1. 国家要对本质安全技术组织攻关

要动员全社会的力量，集中研制一批具有本质安全性能的设备、产品。国家发展改革部门要在国民经济盘子中安排一定的比例，使本质安全技术项目排上队、挂上号，每年安排一定数量的资金和项目。科学技术部门要安排任务指标，由科技部门牵头，教育、文化、卫生、农业、质监、大专院校、科研单位参加，组织攻关。应急管理部门要大力提倡推广使用本质安全技术，在不同的行业企业总结典型、树立样板，推广本质安全技术的应用。

2. 加大资金投入

国家要拿一块，在当前应对世界金融危机，拉动内需的投资中，要拿出一部分资金用

于本质安全技术的研究和开发;企业要拿大头,要从企业发展的长远考虑,既要算利润账,也要算安全账。要坚持安全第一、预防为主。要树立安全也是效益的观念,切实把本质安全提上议事日程,不断增加资金投入,不断改进本质安全程度,提高本质安全水平。

3. 在企业推行使用本质安全技术

(1)要在矿山、危险化学品、建筑施工、交通运输等高危行业强制使用本质安全技术。这些企业危险程度高,发生事故的概率大,事故发生给人民的生命财产造成的损失惨重。

(2)要在一般行业企业进行试点,逐步推广,最终达到实现整个行业、企业的本质安全。

4. 提高员工素质

加强对从业人员的安全教育,使每一个员工都能掌握操作技能。可通过举办培训班、在职学习、师傅带徒弟等形式,提高员工的安全意识和实际操作水平。

(三)齐抓共管,扎实推进本质安全进程

抓本质安全不仅要加大宣传力度、提高人们的认识水平,而且要狠抓落实。从政府部门到企业都要从自身实际出发推动本质安全工作的落实。

具体方面:

(1)国家要出台一批法律法规和章程,对本质安全做出明确的规定,对高危行业强制实行,规范企业本质安全行为。

(2)政府职能部门要采取措施,力促本质安全工作的实施。对于采用本质安全技术的,在市场门槛准入、生产经营许可、税收等方面给予优惠;对于旧的工艺、设备、技术实行淘汰制。

(3)应急管理部门要在安全检查、行政执法中,注意加强对企业本质安全工作的指导和监督。

(4)要引导企业从细节入手、从岗位入手、从一个系统入手,进行本质安全的探索,逐步实现企业的本质安全。

五、安全哲学观

在人类历史进程中,包含着人类安全哲学——人类安全生产的认识论和方法论的发展和进步。人类安全哲学的发展进程,如下表所示。

阶段	时代	技术特征	哲学观	认识论	方法论
1	17 世纪以前	农牧业及手工业	宿命论与被动型	听天由命	无能为力
2	17 世纪末至 20 世纪初	蒸汽机时代	经验论与事后型	局部安全	亡羊补牢,事后型
3	20 世纪初至 50 年代	电气化时代	系统论与综合型	系统安全	综合对策及系统工程
4	20 世纪 50 年代以来	宇航技术和核能	本质论与预防型	系统安全	本质安全化,预防型

本质论与预防型的安全哲学观,下面以典型例题的形式进行讲解。

典型例题

【多选题】某光伏发电企业开展“安全你我共责任”交流会，员工甲提出应使用管理和技术相结合的管理方式；员工乙提出应从员工的安全理念和人文素质入手，提高对安全的理解和认识；员工丙发言安全生产应执行同步规划、同步发展、同步实施的“三同步”原则；员工丁建议建设项目设计阶段开展危险点、危害点、事故多发点的“三点控制工程”等风险管控活动；员工戊表示生产过程中应落实查思想认识、查规章制度、查设备和环境隐患、查管理的“四查”制度。上述员工的说法，属于本质论与预防型安全哲学观的有（　　）。

A. 乙　　B. 甲

C. 丙　　D. 丁

E. 戊

ACD。【解析】本质论与预防型安全哲学观具体表现为：(1)从人与机器和环境的本质安全化入手，人的本质安全指不但要解决人的知识、技能、意识、素质问题，还要从人的观念、伦理、情感、态度、认知、品德等人文素质入手，从而提出安全文化建设的思路。(2)物和环境的本质安全化，即采用先进的安全科学技术，推广自组织、自适应、自动控制与闭锁的安全技术。(3)研究人、物、能量、信息的安全系统论、安全控制论和安全信息论等现代工业安全原理。(4)技术项目中遵循安全措施与技术设施同时设计、同时施工、同时投入生产的“三同时”原则。(5)进行“四不伤害”“6S”“三点控制”等超前预防型安全活动。(6)推行安全目标管理、无隐患管理、安全经济分析、危险预知活动、事故判定技术等安全系统工程方法。(7)建立职业健康安全管理体系，使本质安全化管理水平有所提升。

六、安全发展观

（一）安全发展观的提出

安全发展的理念于2005年8月被首次提出，并随后被写入《中共中央关于制定国民经济和社会发展第十一个五年规划的建议》。

党的十七大报告提出了“安全发展”的科学概念，对安全发展问题进行了全面系统的论述，指出要“坚持安全发展，强化安全生产管理和监督，有效遏制重特大安全事故”。强调要“保障人民生命财产安全”“完善国家安全战略”“健全国家安全体制”“切实维护国家安全”。安全发展是科学发展的重要内容和重要价值追求，甚至可以说是首要价值追求。安全发展观是科学发展观的题中应有之义。深入贯彻落实科学发展观，必须重视安全发展，牢固确立安全发展观，在全社会强化安全发展意识，倡导安全发展文化，实现安全发展形势的根本好转。

习近平总书记在党的十九大报告中指出，树立安全发展理念，弘扬生命至上、安全第一的思想，健全公共安全体系，完善安全生产责任制，坚决遏制重特大安全事故，提升防灾减灾救灾能力。

（二）安全发展观的内涵

1. 安全发展观：一个亟待重视的发展观

长期以来，我国由于安全发展意识淡漠、安全发展文化匮乏、安全发展技术落后以及劳动密集型的粗放式经济、不科学的政绩观等原因，不安全发展引发的事故层出不穷。理论和实践都要求重视安全发展，加强对安全发展观的研究。实现安全发展，需要在科学发展观的指导下，在发展中将安全作为基础、前提和保障，自觉遵循党和国家关于安全发展的路线、方针、政策和法律法规，把发展建立在安全保障能力不断增强、安全生产状况持续改善、劳动者生命安全和身体健康得到切实保证的基础上，促进安全生产与经济社会的同步协调发展。安全发展观是对于安全发展实践经验的总结，是关于安全发展问题的理论化、系统化的观点。

安全发展的基本前提是安全，目的是为了发展，关键在于保障生命健康，注重的是以人为本，实现路径是安全生产与经济社会发展相协调、相促进。实现安全发展，是落实科学发展观的必然要求。安全发展观，立足于社会主义初级阶段安全生产基本国情，总结我国发展实践，借鉴国外安全发展经验，是适应新的发展要求提出来的关于安全发展方面的科学理论。

进入新世纪、新阶段，我国安全发展呈现出一系列新的阶段性特征，主要是：经济社会发展的压力和安全发展的矛盾相对突出；安全发展问题趋于好转，但形势依然严峻；安全发展工作虽然得到加强，但生产力水平低下，安全基础薄弱的局面未得到根本改观；安全发展的法律体系基本形成，但安全法治建设任重而道远；安全与发展，安全与效益，安全与生产的矛盾比较突出。这些情况表明，虽然经过近年来的不懈努力，我国经济社会在安全发展方面取得了长足进步，在安全生产领域取得了重大进展，从生产力到生产关系、从经济基础到上层建筑都发生了意义深远的重大变化，但我国的安全生产仍处于并将长期处于社会主义初级阶段的基本国情没有变，生产力水平低、监管基础薄弱的状况没有变，在安全条件下实现经济社会又好又快发展的基本要求没有变。必须认识新时期、新阶段工业化、信息化、城镇化、市场化、国际化给安全发展带来的新形势、新任务、新机遇、新挑战，深刻把握我国安全发展方面面临的新课题、新矛盾、新要求，更加自觉地走科学发展、安全发展道路，为早日实现我国安全发展形势根本好转的战略目标而奋斗。

安全发展观提倡和鼓励尽快发展，但更要求和告诫人们，发展的前提是安全，只有安全生产，才能更好地发展，不安全就不要盲目发展，发展如果因不安全导致或者可能导致事故，则不如不发展。因为不安全的发展，可能会导致重大的经济损失，也可能伤害人的宝贵生命，既造成物的损害，也造成人的伤亡，是对社会生产力的极大破坏。马克思主义一直强调，最首要的生产力是人本身，在发展中如果离开了对于人的生命的保护，单纯追求经济价值和其他别的价值都失去了发展的应有价值和本真意义。

2. 安全发展观：蕴涵着深刻政治意蕴的发展观

安全发展观并不是一个简单的只是关于发展质量、发展技术、发展管理问题的观点，而是一个蕴涵着深刻政治意蕴的发展观。必须从贯彻落实科学发展观和建设社会主义和谐社会的高度认识安全发展观的政治意义。

党的十八大以来，习近平同志针对安全生产问题作了一系列重要论述。要强化“红线”意识，促进安全发展，其基本要点包括以下几个方面：强化“红线”意识，实施安全发展战略；抓紧建立健全安全生产责任体系；强化企业主体责任落实；加快安全监管方面改革创新；全面构建长效机制。

2017 年 10 月 18 日，习近平同志在十九大报告中强调，中国特色社会主义进入新时代，我国社会主要矛盾已经转化为人民日益增长的美好生活需要和不平衡不充分的发展之间的矛盾。发展应当具有持久和后续能力，既要以资源、环境能够承载为前提，也要建立在人力资源合理利用、安全状况不断改善的基础上，不能以牺牲人的生命、损害劳动者的健康为代价。节约发展、清洁发展、安全发展，共同构成可持续发展的深刻内涵。因此，安全发展是发展中必须加以重视的重大问题和首要问题。

安全发展，核心是“以人为本”。“以人为本”，以人的生命健康为“基本”和“根本”。作为发展的出发点和落脚点，“以人为本”包含着对人民生命权和生存权的关注。安全生产、安全发展是以人民生命财产安全为中心的工作，既包含着“以人为本”的内涵和外延，又寓意其中，相辅相成。安全发展离不开“以人为本”，“以人为本”就必须将安全放在突出的位置抓紧抓好。发展要在保障人民生命财产安全的前提和基础下，实现各项经济和社会事业进步。努力做到发展依靠人民，发展为了人民，发展成果由人民共享，绝不能把发展建立在牺牲人民群众生命的基础上。

安全发展，前提是安全。安全是人类生存发展的前提和基本需求，失去安全，人类将连基本的生命安全都得不到保障，发展便毫无意义。必须推崇生命，关爱生命，保护生命。中国自古以来就有“人命关天”的重要思想。因此，安全和发展是人类活动最基本的内容之一，它内在统一于人类社会发展客观规律的基础之上。安全与生产的相互关系揭示了经济社会发展的内在规律。要发展就需要生产，而生产作业必须保障安全，失去了安全保障的生产和发展，便丧失了发展的基本意义，而且会阻碍发展。经济和社会的各项事业都必须建立在安全保障能力不断增强、安全生产状况持续改善、劳动者生命安全和身体健康得到切实保证的基础上。社会要发展，人类要进步，就必然要处理好安全这个前提，只有安全发展，人类才能更好地保护自己，社会才能更好地发展。人类只有得到了发展和进步，才能更加重视安全，才有更好的能力和物质技术条件，实现安全。安全与发展统一于人类经济社会发展的实践中。

安全发展，关键是保障人民的生命健康权。人的生命是最宝贵的，而且只有一次，因此，必须将保障生命安全作为发展的前提，在保障生命安全的前提下努力实现经济社会的发展。在推进经济社会发展中，强化安全生产监管，使各种对人的生存、健康和发展构成威胁的危险因素处于可控状态，防止对人的生命、健康造成伤害，从而实现安全健康发展。

安全发展，基本要求是全面、协调、可持续，根本方法是统筹兼顾。围绕努力实现安全生产与经济社会发展相协调、相促进的目的，要采用统筹兼顾的方法，正确处理安全与发展，安全与生产，安全与建设，安全与效益的关系，既不能置劳动者生命财产于不顾，违章指挥、冒险作业，也不能因噎废食，出现担心事故发生而放弃生产、停滞发展的错误。

安全发展，实现路径是安全发展与经济社会发展相协调。按照推动科学发展，促进社会和谐的总要求,强化安全生产监管,既要实现经济社会又好又快地发展,又要保证安全,做到安全生产为经济社会发展提供安全保障,经济社会发展又为安全生产创造更好的物质条件和安全保障,不断使安全生产与政治建设、经济建设、文化建设、社会建设、生态建设等各个方面、各个领域、各个环节相协调、相适应、相促进,形成良性循环,互动发展的局面。

安全发展观倡导以人为本的发展理念,坚持走中国特色社会主义科学发展、和谐发展、人本发展的道路。实践证明,只要坚持安全发展,安全生产形势才能出现根本好转的趋势,使人民群众的生命健康得到切实保证。

3. 安全发展观:科学发展观的重要价值追求

安全发展观与科学发展观存在着严密的逻辑联系,是科学发展观的延伸、拓展、深化和具体化。安全发展观第一要义仍然是发展,要发展必须要生产,生产的目的是为了更好地发展,是为了让包括生产者在内的人获得更加好的生活,要生产必须要符合"以人为本"的要求,其中最基本和关键的前提就是必须保证人的生命健康,防止在生产过程中发生各类事故,防止对人有危害的产品影响人身安全。只有在安全的大前提下的生产和发展,才是全面、协调和可持续的发展。发生事故,出现问题的发展大多是片面零乱的发展,必然会遭遇挫折,无法实现长久、永续、稳定、健康的发展。要实现"以人为本"的安全生产,必须坚持"安全第一、预防为主、综合治理"方针,运用政治、经济、法律、行政的手段,统筹兼顾安全与发展,安全与生产,安全与效益的关系,最终实现全面发展,协调发展,可持续发展。党和国家在制定经济政策、采取宏观调控手段、调整产业结构时,必须坚持"以人为本、生命优先"的指导思想,在确保人民安全的条件下,发展经济,以安全作为制定政策和调控经济的重要依据,以安全作为实现人民利益的前置条件,以安全作为衡量社会文明进步的重要标志。安全发展要求将安全生产纳入经济社会发展规划体系。在制定国家和地方经济社会发展规划时,必须将安全发展纳入其中。确定经济社会发展目标,明确安全控制指标;制定经济社会发展措施,有相应的安全约束机制;确定发展项目,必须配套安全设施等。要求生产经营单位在安全的条件下组织生产经营。任何经营活动,必须以安全保障为前提。安全发展体现了我党立党为公、执政为民的政治理念,展示了对于发展的政治追求。

在全社会确立安全发展观,是一个宏大的系统工程,需要进行从理念、制度到行为的一系列深刻的变革,需要国家和企业切实履行有利于安全发展的责任。

在全社会营造浓郁的安全发展文化,牢固地确立"以人为本"的发展理念是强化安全发展观的重要内容。科学发展观与安全发展观说到底都显示了先进的发展文化,发展文化的首要前提和内容是安全发展文化。只有通过持之以恒的教育和积极倡导安全发展文化,使之深入人心并不断地内化为人们重视安全的实际行动,才能克服不重视安全的不科学的发展观和不科学的政绩观,形成人人重视安全发展的文化氛围。安全发展还需要有助于安全发展的科学的制度设计。只有加强对于安全生产的科学管理,强化监督力度,填补制度设计中的漏洞,才能保障安全发展顺利进行。安全发展需要人们的安全行为,只有人人都重视生命的价值,注重加强安全保护并形成有利于安全发展的良好行为方式,才能尽量减少事故的发生,最终达到生产发展和人身安全并行不悖的境地。

七、安全发展战略

关于安全发展战略，从内涵上来讲，安全发展是指经济的平稳较快发展、社会的和谐进步，以及各地区、各行业领域、各类生产经营单位的改革发展，必须把安全真正作为前提和基础，实现安全与质量、效益、速度相统一，使经济社会发展切实建立在安全生产状况持续改善、安全生产保障能力不断增强、劳动者生命安全和身体健康得到有效保证的基础之上。

从原则上来讲，安全发展战略主要指：

(1)统筹兼顾，协调发展。正确处理安全生产与经济社会发展、速度质量效益的关系，坚持把安全放在首要位置，促进区域、行业领域的科学、安全、可持续发展。

(2)依法治安，综合治理。健全完善安全生产法律法规、制度标准体系，严格安全生产执法，严厉打击非法、违法行为，综合运用法律、行政、经济等手段，推动安全生产工作规范、有序、高效开展。

(3)突出预防，落实责任。加大安全投入，严格安全准入，深化隐患排查治理，筑牢安全生产基础，全面落实企业安全生产主体责任、政府及部门监管责任和属地管理责任。

(4)依靠科技，创新管理。加快安全科技研发应用，加强专业技术人才队伍和高素质的职工队伍培养，创新安全管理体制机制和方式方法，不断提升安全保障能力和安全管理水平。

安全生产形势总体稳定，持续好转，但形势依然严峻，主要表现在：

(1)安全发展理念尚未牢固树立。

(2)非法违法生产经营建设行为屡禁不止。

(3)安全管理和监督存在漏洞。

(4)隐患排查治理和应急处置不力问题在一些地方、行业和企业中还比较突出。

(5)职业危害防治相对薄弱。

应急管理部具有法律所赋予的安全生产综合监督管理的职能，也有十几项涉及安全生产的行政许可。但是，安全生产涉及各个行业领域，当前制约安全生产的因素也比较多，因此，光靠某一个部门是不行的，必须齐抓共管、综合治理，国务院安全生产委员会就有30多家成员单位，可以说涵盖了方方面面的部门。尤其是对一些重点行业领域存在的突出矛盾和问题，需要与相关行业管理部门联手行动，只有这样才能够有力地推进一些措施的落实。

从目标上来讲，2004年《国务院关于进一步加强安全生产工作的决定》提出了到2007年、2010年、2020年三个阶段的工作目标。在党中央、国务院的正确领导下，通过各地区、各部门的共同努力，前两个阶段的目标已经圆满实现，到2007年，已建起较为完善的安全生产监管体系，安全生产状况稳定好转，各项主要指标均有一定幅度下降；到2010年，全国安全生产状况实现明显好转，目前进入了安全生产目标的第三个阶段，就是力争到2020年，我国安全状况实现根本性好转，亿元GDP和工矿商贸十万就业人员事故死亡率等指标达到或接近世界中等发达国家水平。第三个阶段的目标正是大力实施推进安全发展战略的重要阶段性目标。

实施安全发展战略，必须切实做到以安全为前提和基础。在谋划发展思路时，要把保障安全作为衡量经济发展方式转变到位的重要标准；在制定发展目标时，把安全生产作为考核一个地区经济发展、社会管理、文明建设成效的硬性指标;在推进发展进程中,自觉调整和改革经济运行的管理模式和工作机制。

从工作体系上来讲,需要健全完善"六大体系":

(1)完善安全保障体系,提高企业本质安全水平和事故防范能力。

(2)完善政府安全监管和社会监督体系,提高监察执法和群防群治能力。

(3)完善安全科技支撑体系,提高技术装备的安全保障能力。

(4)完善法律法规和政策标准体系,提高依法依规安全生产能力。

(5)完善应急救援体系,提高事故救援和应急处置能力。

(6)完善宣传教育培训体系,提高从业人员安全素质和社会公众自救互救能力。

八、安全文化观

安全文化在企业中的应用即所谓的企业安全文化,企业安全文化是安全文化最重要的组成部分。企业只要有安全生产工作存在,就会有相应的企业安全文化存在。为了更好地促进我国企业安全文化的建设,把企业安全文化落到实处,有必要探讨企业安全文化的评价体系。企业安全文化本身尽管看不见、摸不着,但是却一定会通过一定形态表现出来,这种表现出来的形态有人称其为"安全氛围"或"安全气候"。例如,美国杜邦公司企业安全文化的建立过程经历 4 个不同阶段,分别是自然本能反应阶段、依赖严格的监督阶段、独立自主管理阶段、团队互助管理阶段。

企业安全文化的表现形态多种多样,一般可以分为物质态、制度态、行为态和精神态四个方面。

企业安全文化的物质形态,是安全文化在企业生产经营所涉及到的各种实体事物上表现出来的状态(形态)。例如,安全宣教用品的使用状态的表现。

企业安全文化的制度形态,是安全文化在企业所规定的各种规章制度上表现出的状态(形态)。

企业安全文化的行为形态,是安全文化在企业每一个员工的各种肢体动作行为和大脑思考行为中表现出来的状态(形态)。

企业安全文化的精神形态,是安全文化在企业所确定的管理理念、观念、宗旨、方针、目标,以及个人的安全座右铭、禁忌心理等方面表现出来的状态(形态)。

充分了解企业安全文化的各种表现形态,对于认识和把握具有"虚无"特性的安全文化,会起到很大的作用。

(一)基本要素

企业安全文化建设的基本要素有七个,具体内容可参照第六章进行学习。

(二)评价

为了对一个企业安全文化的状况进行评价,首先应该确定评价的因素集合,然后给出各因素的评价等级,再对照企业的现状,给出企业安全文化当前所处的状态或发展阶段。

对企业安全文化进行评价首先要确定从哪些方面对安全文化进行衡量,每一个衡量的方面可看成一个因素,一个因素应该代表安全文化的一个特征。

1. 组织承诺

组织承诺是企业组织的高层管理者对安全所表明的态度。组织高层领导对安全的承诺不应该口是心非，而是组织高层领导将安全视作组织的核心价值和指导原则。因此，这种承诺也能反映出高层管理者始终积极地向更高的安全目标前进的态度，以及有效激发全体员工持续改善安全的能力。只有高层管理者做出安全承诺，才会提供足够的资源并支持安全活动的开展和实施。

2. 管理参与

管理参与是指高层和中层管理者亲自积极参与组织内部的关键性安全活动。高层和中层管理者通过每时每刻参加安全的运作，与一般员工交流注重安全的理念，表明自己对安全重视的态度，这将会在很大程度上促使员工自觉遵守安全操作规程。

3. 员工授权

员工授权是指组织有一个“良好的”授权于员工的安全文化，并且确信员工十分明确自己在改进安全方面所起的关键作用。授权就是将高层管理者的职责和权力以下级员工的个人行为、观念或态度表现出来。在组织内部，失误可以发生在任何层次的管理者身上，然而，第一线员工常常是防止这些失误的最后屏障，从而防止伤亡事故发生。授权的文化可以带来员工不断增加的改变现状的积极性，这种积极性可能超出了个人职责的要求，但是为了确保组织的安全而主动承担责任。根据安全文化的含义，员工授权意味着员工在安全决策上有充分的发言权，可以发起并实施对安全的改进，为了自己和他人的安全对自己的行为负责，并且为自己的组织的安全绩效感到骄傲。

4. 奖惩系统

奖惩系统是指组织需要建立一个公正的评价和奖惩系统，以促进安全行为，抑制或改正不安全行为。一个组织的安全文化的重要组成部分，是其内部所建立的一种行为准则，在这个准则之下，安全和不安全行为均被评价，并且按照评价结果给予公平一致的奖励或惩罚。因此，一个组织用于强化安全行为、抑制或改正不安全行为的奖惩系统，可以反映出该组织安全文化的情况。但是，一个组织的奖惩系统并不等同于安全文化或安全文化的一部分，从文化的角度说，奖惩系统是否被正式文件化，奖惩政策是否稳定、是否传达到全体员工和被全体员工所理解等才更属于文化的范畴。

5. 报告系统

报告系统是指组织内部所建立的，能够有效地对安全管理上存在的薄弱环节在事故发生之前就被识别并由员工向管理者报告的系统。有人认为，一个真正的安全文化要建立在“报告文化”的基础之上，有效的报告系统是安全文化的中流砥柱。一个组织在工伤事故发生之前，就能积极有效地通过意外事件和险肇事故取得经验并改正自己的运作，这对于提高安全来说，是至关重要的。一个良好的“报告文化”的重要性还体现在对安全问题可以自愿地、不受约束地向上级报告，可导致员工在日常的工作中对安全问题的关注。需注意的是，员工不能因为反映问题而遭受报复或其他负面影响；另外要有一个反馈系统告诉员工他们的建议或关注的问题是否被处理，同时告诉员工应该如何去做以帮助自己解决问题。总之,一个具有良好安全文化的组织应该建立一个正式的报告系统,并且该系统能够被员工积极地使用,同时向员工反馈必要的信息。

6. 培训教育

安全文化所指的培训教育,既包括培训教育的内容和形式,也包括安全培训教育在企业重视的程度、参与的主动性和广泛性以及员工在工作中通过传帮带自觉传递安全知识和技能的状况等。

(三)途径

1. 以坚持强化现场管理为基础

一个企业是否安全,首先表现在生产现场,现场管理是安全管理的出发点和落脚点。员工在企业生产过程中不仅要同自然环境和机械设备等作斗争,而且还要同自己的不良行为作斗争。因此,必须加强现场管理,搞好环境建设,确保机械设备安全运行。同时要加强员工的行为控制,健全安全监督检查机制,使员工在安全、良好的作业环境和严密的监督监控管理中,没有违章的条件。为此,要搞好现场文明生产、文明施工、文明检修的标准化工作,保证作业环境整洁、安全。规范岗位作业标准化,预防"人"的不安全因素,使员工干标准活、放心活、完美活。

2. 坚持安全管理规范化

人的行为的养成,一靠教育,二靠约束。约束就必须有标准,有制度,建立健全一整套安全管理制度和安全管理机制,是搞好企业安全生产的有效途径。

(1)健全安全管理法规,让员工明白什么是对的,什么是错的;应该做什么,不应该做什么,违反规定应该受到什么样的惩罚,使安全管理有法可依,有据可查。对管理人员、操作人员,特别是关键岗位、特殊工种人员,要进行强制性的安全意识教育和安全技能培训,使员工真正懂得违章的危害及严重的后果,提高员工的安全意识和技术素质。解决生产过程中的安全问题,关键在于落实各级干部、管理人员和每个员工的安全责任制。

(2)在管理上实施行之有效的措施,从公司到车间、班组建立一套层层检查、鉴定、整改的预防体系,公司成立由各专业的专家组成的安全检查鉴定委员会,每季度对公司重点装置进行一次检查,并对各厂提出的安全隐患项目进行鉴定,分公司级、厂级整改项目进行归口及时整改。各分厂也相应成立安全检查鉴定组织机构,每月对所管辖的区域进行安全检查,并对各车间上报的安全隐患项目进行鉴定,分厂级、车间级整改项目,落实责任人进行及时整改。车间成立安全检查小组,每周对管辖的装置(区域)进行一次详细的检查,能整改的立即整改,不能整改的上报分厂安全检查鉴定委员会,由上级部门鉴定进行协调处理。同时,重奖在工作中发现和避免重大隐患的员工,调动每一名员工的积极性,形成一个从上到下的安全预防体系,从而堵塞安全漏洞,防止事故的发生。

3. 坚持不断提高员工整体素质

人是企业财富的创造者,是企业发展的动力和源泉。只有高素质的人才、高质量的管理、切合企业实际的经营战略,才能在激烈的市场竞争中立于不败之地。因此,企业安全文化建设,要在提高人的素质上下功夫。加强安全宣传,向员工灌输"以人为本,安全第一”“安全就是效益、安全创造效益”“行为源于认识，预防胜于处罚，责任重于泰山”“安全不是为了别人，而是为了你自己”等安全观，树立“不做没有把握的事”的安全理念，增强员工的安全意识，形成人人重视安全，人人为安全尽责的良好氛围。

4. 坚持开展丰富多彩的安全文化活动

企业要增强凝聚力，当然要靠经营上的高效益和职工生活水平的提高，但心灵的认可、感情的交融、共同的价值取向也必不可少。开展丰富多彩的安全文化活动，是增强员工凝聚力，培养安全意识的一种好形式。因此，要广泛地开展认同性活动、娱乐活动、激励性活动、教育活动；张贴安全标语、提合理化建议；举办安全论文研讨、安全知识竞赛、安全演讲、事故安全展览；建立光荣台、违章人员曝光台；评选最佳班组、先进个人；开展安全竞赛活动，实行安全考核，一票否决制。通过各种活动方式向员工灌输和渗透企业安全观，取得广大员工的认同。对开展的“安全生产年”“百日安全无事故”“创建平安企业”等一系列活动，都要与实际相结合，活动最根本的落脚点都要放在基层车间和班组，只有基层认真的按照活动要求结合自身实际，制定切实可行的实施方案，扎扎实实地开展，不走过场才会收到实效，才能使安全文化建设更加尽善尽美。

5. 坚持树立大安全观

企业发生事故，绝大部分是职工的安全意识淡薄造成的，因此，以预防人的不安全行为生产为目的，从安全文化的角度要求人们建立安全新观念。比如上级组织安全检查是帮助下级查处安全隐患，预防事故，这本是好事，可是下级往往是百般应付，恐怕查出什么问题，就是真的查出问题也总是想通过走关系，大事化小、小事化了；又如安监人员巡视现场本应该是安全生产的“保护神”，可是现场管理者和操作人员利用“你来我停，你走我干”的游击战术来对付安监人员。我们应利用一切宣传媒介和手段，有效地传播、教育和影响公众，建立大安全观，通过宣传教育途径，使人人都具有科学的安全观、职业伦理道德、安全行为规范，掌握自救、互救应急的防护技术。

（四）注意问题

1. 加强领导，提高各级领导的安全文化素质

领导者好比种子，通过他们把安全价值观言传身教播种到每一名员工的心里，进而通过细致的工作和努力的实践不断进行培育，就能有效地加快安全文化建设速度，从而形成良好的安全文化氛围。

2. 紧紧围绕企业实际，推进安全文化建设

在安全文化推进过程中，各单位要注重与本单位实际相结合。可以按照“先简单后复杂、先启动后完善、先见效后提高”的要求，统一规划，分步实施，切实抓好企业安全文化建设。

3. 不断创新安全文化的培育手段和方式

在坚持已有的行之有效的管理制度和措施的同时，要根据企业的发展和生产情况以及员工的思想状况，及时地创新工作方法和机制，吸收国内外先进的管理理念，吸收职业安全健康管理体系思想，有针对性地加强对员工安全意识、安全知识和安全技能的培训。人的文化行为要靠文化来影响，安全文化也是这样。我们要利用一切的宣传和教育形式传播安全文

化，充分发挥安全文化建设的渗透力和影响力，达到启发人、教育人、约束人的目的。

4. 利用一切手段和设施，加大对安全文化的传播

要把对安全文化的宣传摆在与生产管理同等重要、甚至比其更重要的位置来宣传。抓好安全文化建设，有助于改变人的精神风貌，有助于改进和加强企业的安全管理。文化的积淀不是一朝一夕，但一旦形成，则具有陶冶人的功能。

5. 不断加大投入，发挥硬件的保证作用

企业要预防事故，除了抓好安全文化建设外，还需要不断加大投入，依靠技术进步和技术改造，采用新技术、新产品、新装备来不断提高安全化的程度，即保证工艺过程的本质安全（主要指对生产操作、质量等方面的控制过程），保证设备控制过程的本质安全（加强对生产设备、安全防护设施的管理），保证整体环境的本质安全（主要是为作业环境创造安全、良好的条件）。生产场所中都有不同程度的风险，应将其控制在规定的标准范围之内，使人、机、环境处于良好的状态。

第三节　事故致因理论

一、事故频发倾向理论

事故频发倾向理论是阐述企业工人中存在着个别人容易发生事故的、稳定的、个人的内在倾向的一种理论。

对于发生事故次数较多、可能是事故频发倾向者的人，可以通过一系列的心理学测试来判别，也可以通过对日常工人行为的观察来发现事故频发倾向者。一般来说，具有事故频发倾向的人在进行生产操作时往往精神动摇，注意力不能经常集中在操作上，因而不能适应迅速变化的外界条件。

事故频发倾向者的性格特征：感情冲动，容易兴奋；脾气暴躁；厌倦工作、没有耐心；慌慌张张、不沉着；动作生硬，工作效率低；喜怒无常、感情多变；理解能力低，判断和思考能力差；极度喜悦和悲伤；缺乏自制力；处理问题轻率、冒失；运动神经迟钝，动作不灵活。

预防措施为进行人员职业适应性分析，进行人事调整等。

典型例题

【单选题】某精密机械制造厂对近10年发生的人身伤害类事故进行了统计分析，发现性格内向不爱说话的员工发生事故的概率相对较高，该企业决定在下一步招聘中增加心理测试环节，以避免该类人员从事高风险工作。根据事故致因理论，该企业人员招聘以及岗位适配的做法，符合的理论是（　　）。

A. 能量意外释放理论　　B. 事故轨迹交叉理论

C. 瑞士奶酪模型理论　　D. 事故频发倾向理论

D。【解析】该企业为了减少事故发生，避免性格内向不爱说话的员工从事高风险工作，该做法符合事故频发倾向理论。

二、事故遭遇倾向论

事故遭遇倾向论是指某些人员，在某些生产作业条件下容易发生事故的倾向。

事故遭遇倾向者的身心特点：患心脏病者进行高强度劳动；患有恐高症者进行登高作业；有色盲者从事驾驶工作等。

预防措施为进行人员职业适应性分析，进行人事调整等。

三、海因里希的事故因果连锁理论

在20世纪30年代，海因里希提出了事故因果连锁理论的概念。该理论认为工业伤亡事故的发生是由许多互为因果关系的原因连锁作用的结果。具体即为人员伤亡的发生是由于发生了事故；事故的发生是因为人的不安全行为或物的不安全状态（机械或物质的不安全状态）；人的不安全行为或物的不安全状态是由于人的缺点错误造成的；人的缺点起源于不良的环境或先天的遗传因素。

在该理论中，海因里希借助于多米诺骨牌形象地描述了事故的因果连锁关系，如果骨牌系列中的第1块骨牌（代表遗传及社会环境）被碰倒了，则由于连锁作用，其余的骨牌第2块（人的缺点）、第3块（人的不安全行为或物的不安全状态）、第4块（事故）、第5块（伤害）将相继被碰倒，即导致伤亡事故发生。海因里希模型如下图所示。

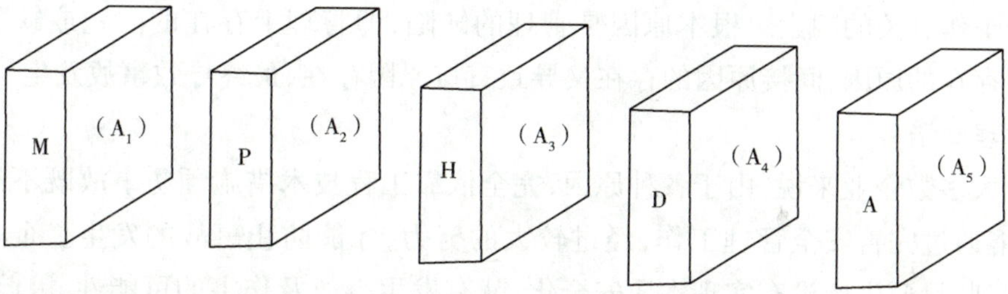

根据该理论，生产过程中出现的不安全行为或物的不安全状态是事故的直接原因。企业安全工作的中心就是防止人的不安全行为，消除物的不安全状态，中断事故连锁过程，避免伤亡事故发生。这相当于移去骨牌系列的中间一块关键的骨牌，使连锁作用被中断，事故过程被中止。

海因里希的事故因果连锁理论虽然对于安全工作具有重要意义，但是它把人的不安全行为和物的不安全状态的产生归咎于人的缺点和错误，过分强调先天遗传因素的作用，反映了海因里希时代的局限性。

典型例题

【单选题】某建筑公司1名瓦工在搭设的毛竹脚手架上浇筑阳台混凝土时，直接将混凝土卸在该脚手架临时铺设的钢模板上。由于脚手架承重过大，右侧内立杆突然断裂，钢模板和瓦工一起坠落地面，导致瓦工死亡。事故调查发现：①公司安全管理机制不健全。②瓦工安全意识淡薄。③瓦工未佩戴安全帽。④卸料平台用毛竹脚手架不符合安全要求。⑤安全监管不力。⑥卸料平台高达20 m未设安全防护设施。⑦工地存在违规作业现象。⑧瓦工性格鲁莽、粗心。根据海因里希因果连锁理论，属于第3块骨牌因素的是（　　）。

A. ①⑤⑧　　　　B. ③④⑥

C. ②③⑧　　　　D. ④⑤⑥

B。【解析】根据海因里希因果连锁理论，第1块骨牌因素是遗传及社会环境，遗传因素可能使人具有粗心、固执、鲁莽等不良性格；社会环境可能会妨碍教育，助长不良性格的发展。这是事故因果链上最基本的因素。第2块骨牌因素是人的缺点，这些缺点包括不良性格，也包括缺乏安全生产知识和技能等后天的不足。第3块骨牌因素是人的不安全行为或物的不安全状态。第4块骨牌因素是事故，如高处坠落、物体打击等事故。第5块骨牌因素是伤害。根据题干，③属于人的不安全行为；④和⑥属于物的不安全状态。

四、博德的事故因果连锁理论

随着科学技术的不断进步，工业生产的日新月异，在海因里希的理论基础上，博德提出了能反映现代安全生产观念的事故因果连锁理论。

博德的事故因果连锁过程也为5个因素，但与海因里希的有所不同。博德事故因果连锁理论认为，事故的直接原因是人的不安全行为、物的不安全状态；间接原因包括个人因素及与工作有关的因素。根本原因是管理的缺陷，即管理上存在的问题或缺陷是导致间接原因存在的原因，间接原因的存在又导致直接原因存在，最终导致事故发生。

1. 管理缺陷

对于大多数企业来说，由于各种原因，完全依靠工程技术措施预防事故既不经济也不现实，只能通过完善安全管理工作，经过较大的努力，才能防止事故的发生。企业管理者必须认识到，只要生产没有实现本质安全化，就有发生事故及伤害的可能性，因此，安全管理是企业管理的重要一环。

安全管理系统要随着生产的发展变化而不断调整完善，十全十美的管理系统不可能存在。由于安全管理上的缺陷，致使能够造成事故的其他原因出现。

2. 个人及工作条件的原因

这方面的原因是由于管理缺陷造成的。个人原因包括缺乏安全知识或技能，行为动机不正确，生理或心理有问题等；工作条件原因包括安全操作规程不健全，设备、材料不合适，以及存在温度、湿度、粉尘、气体、噪声、照明、工作场地状况（如打滑的地面、障碍物、不可靠支撑物）等有害作业环境因素。只有找出并控制这些原因，才能有效地防止后续原因的发生，从而防止事故的发生。

3. 直接原因

人的不安全行为或物的不安全状态是事故的直接原因。这种原因是安全管理中必须重点加以追究的原因，但是，直接原因只是一种表面现象，是深层次原因（即基本原因）的表征。在实际工作中，不能停留在这种表面现象上，而要追究其背后隐藏的管理上的缺陷原因，并采取有效的控制措施，从根本上杜绝事故的发生。

4. 事故

这里的事故被看作是人体或物体与超过其承受阈值的能量接触,或人体与妨碍正常生理活动的物质的接触。因此,防止事故就是防止接触。可以通过对装置、材料、工艺等的改进来防止能量的释放,或者操作者提高识别和回避危险的能力,佩戴个人防护用具等来防止接触。

5. 损失

人员伤害及财物损坏统称为损失。人员伤害包括工伤、职业病、精神创伤等。在许多情况下,可以采取恰当的措施使事故造成的损失最大限度地减小。例如,对受伤人员进行迅速正确的抢救,对设备进行抢修以及平时对有关人员进行应急训练等。

典型例题

【单选题】某市一建筑施工企业为了能够按工期要求完工,向施工项目部增派劳动力。其中,刘某和李某为临时招用人员,未经培训立即上岗。现场塔吊吊装大型模板时,刘某指挥塔吊作业,李某在高处搭设脚手架且未系安全带,现场无安全管理人员巡查。由于塔吊运行起高度不够且运行速度较快,运行过程中吊物撞击脚手架,导致李某坠落死亡。关于此次事故原因的说法,错误的是(　　)。

A. 刘某和李某未经培训直接上岗为间接原因

B. 李某未系安全带为间接原因

C. 刘某违章指挥为直接原因

D. 项目部安全管理人员未进行现场检查为间接原因

B。【解析】一般事故发生的间接原因包括技术原因、教育原因、身体原因和精神原因。事故的直接原因为不安全行为和不安全状态。李某未系安全带为直接原因。故选项 B 错误。

五、现代事故因果连锁论

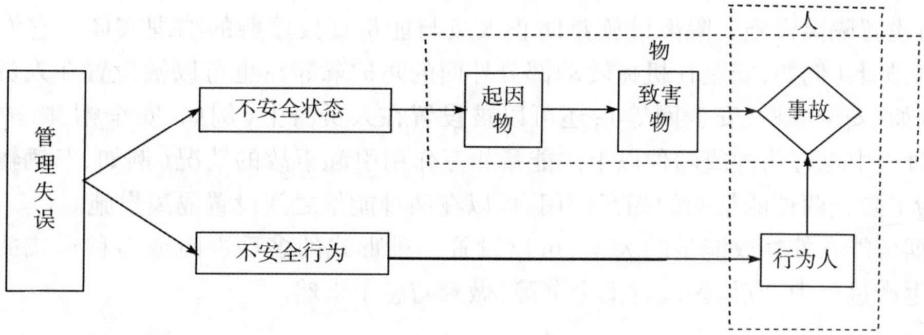

现代安全理论认为,人的不安全行为或物的不安全状态是事故的直接原因;间接原因是人的缺点;根本原因是管理失误。

预防控制事故首先要在管理上下功夫,从控制间接因素入手,来控制人的不安全行为和物的不安全状态,最终防止事故的发生。

六、能量观点的事故因果连锁

能量在生产过程中是不可缺少的,人们为了创造物质等方面的需求,在生产过程中必然要利用能量。在正常的生产过程中,能量在人们的有效控制下,按照人们的意图流动、转换和做功。如果由于某种原因能量失去了控制,超出了人们设置的约束或限制意外逸出或释放,则可以说发生了事故。

如果能量失去控制,意外释放触及人体,并同时超出了人体承受能力,则人员将受到伤害。换句话说,所有伤害的发生都是因为人体接触了超过人体组织抵抗力的某种形式的过量能量,或人体与外界的正常能量交换受到了影响(如窒息、淹溺等)。故此,可以说,各种形式的能量构成了伤害的直接原因。

从能量意外释放理论出发,预防事故就是要防止能量的意外释放,防止人体与过量的能量相接触。在建筑、交通运输、岩土等工程领域中常用的防止能量意外释放的措施有如下几种:

(1)安全能源代替危险能源。有的情况下,某种能源的危险性较高,可以用较安全的能源取代。例如,在公路工程或岩土工程爆破凿岩中应用压缩空气动力代替电力,防止触电事故;在运输车辆采用电力驱动代替汽、柴油燃烧驱动,防止燃烧爆炸和环境污染等。应注意的是绝对安全的事物是没有的,只能是结合实际生产过程选用相对安全的能源代替相对危险的能源。

(2)限制过量能量。在生产工艺中尽量采用低能量的工艺和设备。例如,公路工程或岩土工程的土石方爆破作业中限制装药量以防止爆破飞石伤人;利用低电压设备,防止电击;限制车辆或设备运行速度,防止动能伤害。

(3)预防能量蓄积。能量的蓄积会导致能量的突然释放,因此要适时地释放能量防止能量过量蓄积。例如,通过接地消除车辆运输危险物质时的静电蓄积;利用避雷针放电来保护重要设施和建筑物等。

(4)缓慢释放能量。尽量缓慢地释放能量降低单位时间内释放的能量,减轻能量对人体的作用,是一种常用的能量吸收方法。例如,汽车安全气囊、各种设备减振装置等可以大幅度减少冲击动能,吸收冲击能量,防止人员伤害。

(5)设置隔离设施。隔离设施是防止人员与能量直接接触的物理实体。它们可以被设置在能源上(例如,安装在机械转动部分外面的防护罩等);也可以被设置在人员与能源之间(例如,安全围栏、安全网等);还可以被设置在人员身上(例如,安全帽、防护衣等)。在生产过程中也有两种或两种以上的能量相互作用引起事故的情况(例如,车辆辗坏电缆等)。为了防止两种能量间的相互作用,可以在两种能量之间设置隔离设施。

根据可能意外释放能量的大小,可以设置一种形式的多重屏障或多种形式的多重屏障。在生产过程中,应预先设置安全屏障,做到防患于未然。

链接

除了上述5种措施外,防止能量意外释放的措施还有:

(1)开辟释放能量的渠道。如安全接地、抽放煤矿瓦斯等。

(2)控制能量释放。如设置水闸墙防止高势能地下水涌出。

(3)在人、物与能量之间设置屏障,将人与能量在时间或空间上进行隔离。如设置防火门。

(4)改变工艺流程。如将工艺流程中的剧毒有害物质用无毒少毒物质替代。

(5)提高防护标准。如采用双重绝缘工具。

(6)修复或急救。

典型例题

【单选题】某加油站在卸油区设置了静电释放器,作业人员进入卸油区前需要接触静电释放器,释放掉身体上可能带有的静电。根据能量意外释放理论,该事故防范对策属于(　　)。

A. 防止能量蓄积　　B. 限制能量

C. 控制能量释放　　D. 延缓能量释放

A。【解析】防止能量蓄积是指要适时地释放能量防止能量过量蓄积,如通过接地释放静电蓄积。

七、系统安全理论

系统安全理论是人们为解决复杂系统的安全性问题而开发、研究出来的安全理论、方法体系。复杂的系统往往由数以千万计的元素组成,元素之间的非常复杂的关系相连接,在被研究制造或使用过程中往往涉及到高能量,系统中微小的差错就会导致灾难性的事故。大规模复杂系统安全性问题受到了人们的关注,于是,出现了系统安全理论和方法。

按照系统安全的观点,世界上不存在绝对安全的事物,任何人类活动中都潜伏着危险因素。因此,根除一切危险源和危险是不可能的,应使用系统安全工程和系统安全管理的方法,辨识系统中的危险源,并采取有效的控制措施使其危险性最小,将危险降低到可以接受的范围。

在事故致因理论方面,强调通过改善物的硬件的可靠性来提高系统的安全性,从而改变了以往人们只注重操作人员的不安全行为而忽略硬件故障在事故致因中作用的传统观念。作为系统元素的人在发挥其功能时会发生失误。人的失误不仅包括了工人的不安全行为,而且涉及设计人员、管理人员等各类人员的失误,因而对人的因素的研究也较以前更深入了。

根据系统安全的原则,早在一个新系统的规划、设计阶段,就要开始注意安全工作,并且要一直贯穿于制造、安装、投产,直到报废为止的整个系统寿命期间内。系统安全工作包括危险源识别、系统安全分析、危险性评价及危险控制等一系列内容。人们发现,对于已经建成并正在运行的系统,管理方面的疏忽和失误是导致事故的主要原因。

典型例题

【单选题】某建筑企业内部事故分析会上，针对高处坠落事故有人提出：即使改进工法，高处施工时的势能也不可能消失，高处作业的风险也始终存在，因此防范该类事故的发生应当从减少危险源的危险性出发，研究最佳的安全技术措施。该观点属于安全管理基本理论中的(　　)。

A. 能量意外释放理论　　　　B. 事故频发倾向理论

C. 综合原因论　　　　　　　D. 系统安全理论

D。【解析】按照系统安全理论的观点，世界上不存在绝对安全的事物，任何人类活动中都潜伏着危险因素。因此，根除一切危险源和危险是不可能的，应使用系统安全工程和系统安全管理的方法，辨识系统中的危险源，并采取有效的控制措施使其危险性最小，将危险降低到可以接受的范围。

八、金字塔模型

金字塔模型，又称事故金字塔，见下图。

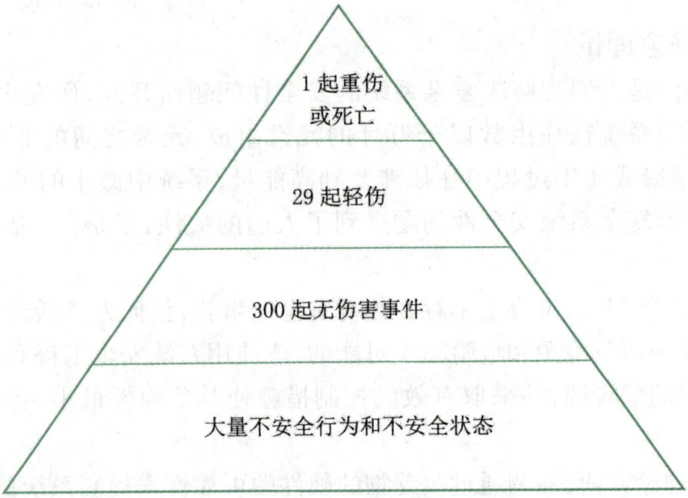

1:29:300 的比例说明了事故发生频率与伤害严重程度之间的普遍规律。如海因里希法则中得出的结论：机械事故中，伤亡(死亡、重伤)、轻伤、不安全行为(无伤害)的比例为 1:29:300。

事故结果为轻微伤害及无伤害的情况是大量的，在这些轻微伤害和无伤害事故背后，隐藏着与造成严重伤害事故相同的原因。因此，预防事故要从杜绝轻微伤害和无伤害事故做起。

九、轨迹交叉理论

当人的不安全行为和物的不安全状态在各自发展过程中，在人的运动轨迹与物的运动轨迹发生意外交叉，导致事故发生。

人的不安全行为包括生理、心理、环境、行为等方面；物的不安全状态包括设计上的缺陷、工艺流程上的缺陷、维修保养上的缺陷、使用上的缺陷和作业场所环境上的缺陷。

轨迹交叉理论强调人的不安全行为和物的不安全状态在同一空间、同时存在，从而导致事故的发生。轨迹交叉理论将事故的发生发展过程描述为：基本原因→间接原因→直接原因→事故→伤害。

综上，不让人的运动轨迹与物的运动轨迹相交，就可以避免事故发生。

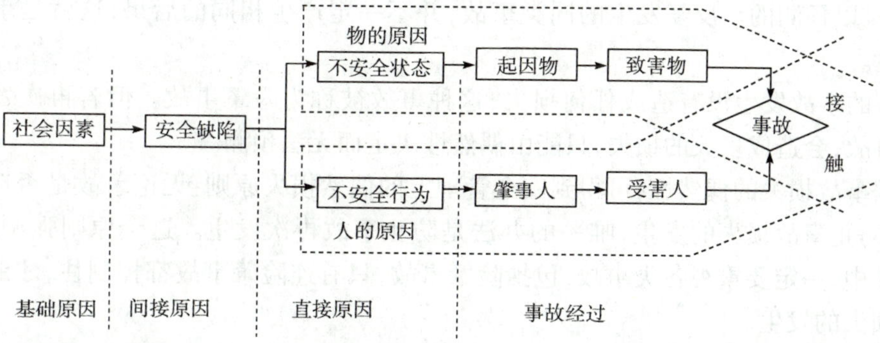

典型例题

【多选题】美国铁路列车安装自动连接器之前，每年都有数百名铁路工人因工作时精力不集中死于车辆连接作业，而装上自动连接器后，虽然偶尔有伤人事件发生，但死亡人数大幅下降。根据轨迹交叉事故致因理论，自动连接器的应用消除了(　　)。

A. 设计上的缺陷　　B. 人的行为缺陷

C. 作业环境的缺陷　　D. 管理上的缺陷

E. 使用上的缺陷

AE。【解析】轨迹交叉理论是指当人的不安全行为和物的不安全状态在各自的发展过程中，人的运动轨迹和物的运动轨迹发生意外交叉，导致事故发生。人的不安全行为包括生理、心理、环境、行为等方面。物的不安全状态包括设计上的缺陷、工艺流程上的缺陷、维修保养上的缺陷、使用上的缺陷和作业场所环境上的缺陷。自动连接器的应用消除了物的不安全状态，但不涉及消除作业环境的缺陷。故选项 A，E 正确。

第四节　事故预防原理及措施

一、事故预防原理

（一）事故预防原理的含义

安全管理工作应当以预防为主，即通过有效的管理和技术手段，防止人的不安全行为和物的不安全状态出现，从而使事故发生概率降到最低，这就是事故预防原理。

预防，其本质是在有可能发生意外人身伤害或健康损害的场所，采取事前措施，防止伤害的发生。安全管理以预防为主,其基本出发点源自生产过程中的事故是能够预防的观点。除了自然灾害以外,凡是由于人类自身的活动而造成的危害,总有其产生的因果关系,探索事故原因,采取有效的对策,原则上说能够预防事故的发生。

(二)事故预防原理的原则

1. 偶然损失原则

事故所产生的后果(人员伤亡、健康损害、物质损失等),以及后果的大小如何,都是随机的,是难以预测的。反复发生的同类事故,并不一定产生相同的后果,这就是事故损失的偶然性。

也有的事故发生没有造成任何损失,这种事故被称为险肇事故。但若再次发生完全类似的事故,会造成多大的损失,只能由偶然性决定而无法预测。

根据事故损失的偶然性,可得到安全管理上的偶然损失原则:无论事故是否造成了损失,为了防止事故损失的发生,唯一的办法是防止事故再次发生。这个原则强调,在安全管理实践中,一定要重视各类事故,包括险肇事故,只有连险肇事故都控制住,才能真正防止事故损失的发生。

2. 因果关系原则

因果关系就是事物之间存在着一事物是另一事物发生的原因这种关系。事故是许多因素互为因果连续发生的最终结果。一个因素是前一因素的结果,而又是后一因素的原因,环环相扣,导致事故的发生。事故的因果关系决定了事故发生的必然性,即事故因素及其因果关系的存在决定了事故或迟或早必然要发生。

掌握事故的因果关系,砍断事故因素的环链,就消除了事故发生的必然性,就可能防止事故的发生。

3. 3E 原则

造成人的不安全行为和物的不安全状态的主要原因可归结为 4 个方面。

(1)技术的原因。其中包括作业环境不良(照明、温度、湿度、通风、噪声、震动等),物料堆放杂乱,作业空间狭小,设备、工具有缺陷并缺乏保养,防护与报警装置的配备和维护存在技术缺陷。

(2)教育的原因。其中包括缺乏安全生产的知识和经验,作业技术、技能不熟练等。

(3)身体和状态的原因。其中包括生理状态或健康状态不佳,如听力、视力不良,反应迟钝,疾病、醉酒、疲劳等生理机能障碍;怠慢、反抗、不满等情绪,消极或亢奋的工作态度等。

(4)管理的原因。其中包括企业主要管理者对安全不重视,人员与所需设施配备不完善,操作规程不合适,安全规程缺乏或执行不力等。

针对这 4 个方面的原因,可以采取 3 种防止对策,即工程技术(engineering)对策、教育(education)对策和法制(enforcement)对策。这 3 种对策就是所谓的 3E 原则。

工程技术对策是运用工程技术手段消除生产设施设备的不安全因素,改善作业环境条件,完善防护与报警装置,实现生产条件的安全和卫生。

教育对策是提供各种层次的、各种形式和内容的教育与训练,使员工牢固树立“安全第一”的思想，掌握安全生产所必需的知识和技能。

法制对策是利用法律、规程、标准以及规章制度等必要的强制性手段约束人们的行为，从而达到消除不重视安全、违章作业等现象的目的。

4. 本质安全化原则

本质安全化原则来源于本质安全化理论。该原则的含义是指从一开始和从本质上实现了安全化，就可从根本上消除事故发生的可能性，从而达到预防事故发生的目的。所谓本质安全化指的是：设备、设施或技术工艺含有内在的能够从根本上防止发生事故的功能。

二、事故预防措施

（一）安全技术措施

安全技术措施按照行业可分为煤矿安全技术措施、非煤矿山安全技术措施、石油化工安全技术措施、冶金安全技术措施、建筑安全技术措施、水利水电安全技术措施等；按照危险、有害因素的类别可分为防火防爆安全技术措施、锅炉与压力容器安全技术措施、机械安全技术措施、电气安全技术措施等；按照导致事故的原因可分为防止事故发生的安全技术措施、减少事故损失的安全技术措施。

1. 防止事故发生的安全技术措施

防止事故发生的安全技术措施的基本出发点是采取措施约束、限制能量或危险物质，防止其意外释放。常用的措施有：

（1）消除危险源。消除系统中的危险源可以从根本上防止事故发生。但是，人们不能彻底消除系统中所有的危险源。因此，只能根据具体的技术、经济等条件，消除其中的部分危险源。可以通过选择合适的工艺、技术、设备、设施，合理的结构形式，选择无害、无毒或不能致人伤害的物料来彻底消除某种危险源。

（2）限制能量或危险物质。受实际的技术、经济条件等方面的限制，有些危险源不能被彻底根除，这时应该设法限制它们拥有的能量或危险物质的量，防止能量蓄积，安全地释放能量等。

（3）隔离。防止事故发生的隔离措施有分离和屏蔽两种。前者是指时间或空间上的分离，防止一旦相遇则可能产生或释放能量或危险物质的两种及两种以上的物质相遇；后者是利用物理的屏蔽措施局限、约束能量或危险物质。采取隔离技术，既可以防止事故的发生，也可以防止事故的扩大，减少事故的损失。

（4）故障－安全设计。在系统、设备、设施的一部分发生故障或破坏的情况下，在一定时间内也能保证安全的技术措施称为故障－安全设计。通过设计，使得系统、设备、设施发生故障或事故时处于低能状态，防止能量的意外释放。

（5）减少故障和失误。通过增加安全系数、增加可靠性或设置安全监控系统来减轻物的不安全状态，减少物的故障或事故的发生。

2. 减少事故损失的安全技术措施

其基本出发点是防止事故时意外释放的能量引起人的伤害或物的损坏，或者减轻其对人的伤害或对物的破坏。该类技术措施是在事故发生后,迅速控制局面,防止事故扩大,避免引起二次事故的发生,从而减少事故造成的损失。常用的减少事故损失的安全技术措施有隔离、设置薄弱环节、个体防护、避难与救援等。

(1)隔离。隔离是把被保护对象与意外释放的能量或危险物质隔开。隔离措施按照被保护对象与可能致害对象的关系可分为隔开、封闭、缓冲等。

(2)设置薄弱环节。利用事先设计好的薄弱环节,使事故能量按照人们的意图释放,防止能量作用于被保护的人或物。如锅炉上的易熔塞、电路中的熔断器等。一般地,设计的薄弱环节虽然破坏了,但是以较小的损失避免了大的损失。因此,该项技术又称为"接受微小损失"。

(3)个体防护。佩戴个体防护用品也是一种隔离措施,它把人体与能量或危险物质隔开,是保护人身安全的最后一道防线。

(4)避难与救援。设置避难场所,当事故发生时,人员暂时躲避,免遭伤害或赢得救援的时间。事先选择撤退路线,当事故发生时,人们按照撤退路线迅速撤离。事故发生后,组织有效的应急救援力量,实施迅速的救护,是减少事故人员伤亡和财产损失的有效措施。

此外,安全监控系统作为防止事故发生和减少事故损失的安全技术措施,是发现系统故障和异常的重要手段,以便采取有效措施防止事故的发生,减少事故损失。

典型例题

【多选题】某炼油企业根据安全生产标准化一级达标的要求,在原油储罐作业现场采取以下安全措施:①设置储罐防火堤。②为工人配备空气呼吸器。③设置紧急疏散通道。④设置"严禁明火"警示标识。⑤设置人脸识别系统。以上安全措施中,属于减少事故损失的安全技术措施有(　　)。

A. ④　　　　B. ①

C. ⑤　　　　D. ②

E. ③

BDE。【解析】题干所述的安全措施中,①属于隔离,②属于个体防护,③属于避难与救援。故选项 B,D,E 正确。

(二)安全教育措施

1. 思想、知识方面

(1)安全思想态度教育。

(2)安全法制教育。

(3)安全知识教育——管理、技术方面。

(4)技能教育。

2. 培训方面

(1)主要负责人安全培训教育。

(2)安全管理人员安全培训教育。

(3)从业人员安全培训教育。

(4)特种作业人员安全培训教育。

3. 安全教育方式

(1)入厂三级安全教育。

(2)日常教育。

(3)特殊教育。

(三)安全管理措施

(1)制定安全管理制度。

(2)建立安全管理机构、配备安全管理人员。

(3)建立健全安全生产投入的长效保障机制。

(4)安全生产的过程控制和管理,包括工艺操作过程控制、重要岗位、特种作业、特种设备、重大危险源、设备检修等。

(5)安全生产监督和检查。

第五节 安全心理与行为关系、安全人机管理的理论

一、心理概述

(一)心理的实质

对于心理,唯物主义与唯心主义历来有不同的解释。唯物主义心理学的观点认为,人的心理是同物质相联系的,起源于物质,是物质活动的结果。唯物主义心理学是辩证唯物主义哲学,特别是它的认识论的主要科学基础之一。

心理学是研究心理规律的科学。心理规律是指人的认识、情感、意志等心理过程和能力、性格等心理特征的规律。

心理是人脑的机能,是客观现实的反映。换句话说,人的心理是人脑对于客观现实的反映。

无条件反射和条件反射是动物脑和人脑所共同具有的机能。但是,人具有两种信号系统,对于正常人来说,不仅是食物的气味、颜色、形状等能引起唾液分泌,而且关于美味食品的言语描述也能引起唾液分泌。语言、词汇成了条件刺激物的信号,成了信号的信号即第二信号。语言是在社会劳动中形成的,是人所特有的。

人所特有的语言、词汇给人的全部心理带来了重大变化,人的心理的丰富性、深刻性都是同人特有的语言分不开的。

两种信号系统协同活动。第二信号系统永远是以第一信号系统为基础,人的第一信号系统活动也永远是与第二信号系统相联系着。因此,人脑里神经活动过程的系统,总是两种信号系统的交织体,其中第二信号系统起着主导作用。

总之,结构极其复杂的人脑是产生人的心理的器官,人的心理是人脑的产物。

人的各种心理现象都是对客观外界的“复写、摄影和反映”。它首先由于人的一切心

理活动产生的客观现实引起的,客观现实是心理产生的原因,没有外界刺激就没有人的心理。其次在于人的一切心理活动按其内容都近似于客观现实,人的心理反应常有主观性的个性特征,所以,对同一客观事物,不同的人反映是可能大不相同的。

综上所述,人的心理按其生理机制来说,是在脑的活动中产生的,是脑的机能;按其内容来说,是对客观现实的反映。实践活动是人的心理发展的重要条件。人的心理作为对现实的反映既是客观的又是主观的,是主观与客观的统一。

(二)人的心理过程

1. 感觉和知觉

客观世界中的各种事物都具有一些个别属性,感觉是直接作用于感觉器官的事物的个别属性在人脑中的反映。颜色、声音、气味等个别属性直接作用于感觉器官时,大脑就反映了这些属性,产生了颜色、声音、气味等感觉。

人的感觉器官有五种,即视、听、嗅、味、触;人的社会活动是利用这些感觉器官所具有的机能和特征,巧妙地加以利用,而从自然界中接收信息——物理能,并由中枢神经系统加以处理,再由其发出行为指令,通过行为器官去发言或劳动。

人在社会实践中使用最多的是视觉,听觉次之,味觉和嗅觉在特殊场合下才使用。在眼和耳承受负担过重的情况下可以有效地利用触觉。黑暗场合下作业时不得不使用触觉。

人们通过五感而认识事物,实验证明,视觉占 75%,听觉占 13%,味觉占 3%,嗅觉占 3%。

知觉是在感觉的基础上形成的,感觉为知觉提供个别材料,而知觉是各种感觉的有机结合。知觉反映事物统一的整体,产生事故的完整的映象。如工人在厂房内操作机器,除了视觉给予人知觉信号外,听觉也会发出信号,有时嗅觉、触觉都会发出知觉信号,这些信号经过人的大脑处理,使人知道了厂房内的光线、设备运转情况,作业环境的状态,有无危险性等。

不正确的、歪曲的知觉,叫作错觉。

感觉分为外部感觉与内部感觉。

知觉分为视知觉、听知觉、嗅知觉、味知觉和触知觉。按反映事物的特征还分为空间知觉、时间知觉和运动知觉。

人对刺激物的感觉的能力叫作感受性。这种感受性作用于感觉器官的刺激物影响下所发生的变化叫作适应。

有某种确定目标的、有意义的、有计划的知觉活动称为观察。观察力是指所在事物与观察中注意到它们的属性和特征的能力。观察力不只限于善于观察,还意味着求知欲。

2. 兴趣与注意

兴趣是认识某种事物,从事某种活动的倾向。由于这种倾向,就使一个人的注意经常集中和趋向于某种事物。兴趣是在需要的基础上、在生活实践中形成和发展起来的。

兴趣可分为直接兴趣和间接兴趣两种。前者是由于对事物本身感到需要而产生的兴趣;后者是对事物未来的结果感到需要而产生的兴趣。兴趣的持久性即为兴趣的稳定程度。一个人必须有持久的固定的兴趣,养成坚持到底的踏实的性格。主动的兴趣才能使人克服困难,增加信心。

注意是指人的心理活动对客体的指向和集中。指向性是心理活动的选择性,由于这种选择性,人在同一时间内只反映客观事物中某些事物;集中性指心理活动深入于某些事物而撇开其他事物。由于注意,可以使事物在人脑中获得最清晰和最完整的反映。

注意与动机、兴趣关系极为密切,凡是与动机、兴趣有关的事物都能引起注意。

注意分为无意注意和有意注意。

凡无自觉的目的,无须任何努力的注意称为无意注意。有意注意是指有自觉的目的,必要时还需一定努力的注意。

注意的品质包括:注意的稳定性(持久性)、注意的范围(广度)、注意的分配、注意的转移。

由于注意的微弱性和狭隘性而产生的不注意称为分心。

3.情感和意识

(1)情感是人对客观事物与人的需要之间的关系的反映。例如,满意与厌恶、喜爱与憎恨、愉快与悲伤、兴奋与宁静、热忱与冷漠、进取与颓废、决心与灰心等都是情感,它们是两极成对,积极与消极的组合。

(2)情感的分类:

①激情,是一种强烈的、迅速爆发而短暂的情感。如狂欢、愤怒、恐惧、绝望等。

②心境,是一种微弱而持久的情感。如精神舒畅或闷闷不乐等。同一事物,对不同的人可能导致不同的心境,制约人的心境的根本原因在于人的观点、信念。

③热情,是一种肯定的、强有力的、稳定而深厚的情感。它由人的世界观、人生观、事业感、意志力所影响。

(3)意志是自觉地确定目的,并根据目的来支配和调节自己的行动,克服各种困难,从而实现目的的心理过程。意志表现于人的行动中。

(4)意志行动的三个特征:意志行动是自觉的确定目的的行动,是与克服困难相联系的行动,是以随意动作为基础。

(5)意志的品质:自觉性、果断性、坚持性和自制性。

(三)个人的心理特征

人人都具有认识、情感、意识等心理过程,但每个人的心理特征各不相同。具体内容如下:

(1)能力,是指能够顺利地完成某种活动所必须具备的心理特征。能力的个别差异表现在感觉能力、观察力、记忆力、思维力、语言的感知、理解力、表达力、想象力、注意力等。

(2)性格,是一个人重要的最显著的个性心理特征。不良的性格会促成不安全行为和不安全动作,从而导致伤亡事故。安全心理学就是要深入研究、挖掘和发展劳动者的良好性格。

(3)气质,是表现在人的情感和活动发生的速度、强度方面的心理特征,它是神经活动类型的外部表现。

二、事故原因中的心理因素

(一)事故与心理因素的关系

在生产实践中,我们常常在分析事故时说某责任者"注意力不集中""脑袋发热""瞎胡闹"等,其实这正是分析事故原因中的心理因素。任何事故都是由人、机、环境三个方面的原因导致的,其中人的因素中包括心理因素和生理因素。如胆汁质类型的人易激动、暴躁、爱任性,这种人极易在受到强刺激时,产生激情,任性而做出冒险盲干的不安全动作来,此时,他的头脑中已经不存在什么"安全""规章制度"等,造成事故后,就会后悔,甚至失声痛哭。

人的气质与性格又是紧密相连的,胆汁质类型的气质与鲁莽,抑郁质类型的气质与怯懦,多血质类型的气质与嬉戏,黏液质类型的气质与懒惰都是不可分的。因此,许多事故不仅要分析物质方面的原因,还要分析人的不安全行为和导致不安全行为的心理因素,才能找出预防人为原因导致的事故重复发生的关键。

(二)人的不安全行为

能造成事故的人为错误,称为不安全行为。在分析事故原因中的心理因素时,我们有必要掌握不安全行为的种类,从而进一步分析心理活动的过程,找出发生事故的次要原因。人的不安全行为是对刺激的安全性反应,这种反应是经过一定的动作实现目标的过程。莱维特认为人的生理学行为模式为:外部刺激→肌体感受→大脑判断→行为反应→目标完成。

(三)心理因素与不安全行为的对应分析

人的不安全行为,基本包括了职工在生产劳动过程中的不安全行为。仔细分析这些不安全行为,我们可以看出,它与人的心理因素如能力、情感、性格、气质等有较为密切的联系。

人的不安全行为中,很多与人的心理活动和个性特征有关:

(1)激情、冲动、喜冒险。具有这种心理的人大多属于胆汁质类型的气质。这种人好奇心强,只要有人在语言上、情感上挑逗,就易产生冲动,置规章制度于不顾,在自己不懂、不会、不熟练的情况下,冒险开动他人的设备,或做出其他冒险的事。

(2)训练、教育不够、无上进心。这类人在性格上较懒惰,不愿学习,属抑郁质型气质。他们和其他工人一齐进厂、培训,但学习上不求进取,动作不熟练,头脑与手脚配合不灵,遇事易慌张,会导致本来可以避免的事故发生、发展,甚至造成严重后果。

(3)智能低、无耐心、缺乏自卫心、无安全感。这种人对外界事物的反应慢,动作迟缓,大多属于黏液质类型。他们在工作中接受新事物慢,墨守成规,极易习惯性违章作业。

(4)涉及家庭原因,心境不好。人是生活在社会生活中的,因而,一些抑郁质类型的人受到家庭、朋友之间交往方面的影响和打击,不轻易向他人吐露情感,闷在心里,造成心境不佳,而在工作中顾虑这些琐事，造成忽视安全，忽视警告信号的不安全行为，导致事故发生。

（5）恐惧、顽固、报复或身心有缺陷。造成这种心理状态或情感上的畸形，不仅与人的性格有关，也与社会因素有关。有的人长期在家庭环境不正常的气氛中，或在政治上、社会关系上受到歧视，会产生心理畸变，在工作中以假设敌为对象发泄自己的愤慨，这种人可能会有意无意地造成设备损坏或人身伤害。

（6）工作单调，或单调的业余生活。具有多血质气质的人喜爱新奇的事物，追求刺激，这类人不宜在长期、无休止的单调作业中生活。但现在的大生产往往分工较细，简单的工作、单调的作业环境会使这类人感到苦闷，他们要求有新的、未知的东西刺激神经，激发新的热情，否则，就会做出与工作程序不相干的不安全行为。

综上所述，各类不安全行为与人的心理因素总是有着相对应的关系，作为一个生产管理者，则应该不断分析本班组职工的心理状态、性格和个人心理特征，以便在工作中巧妙地进行疏导和利用，在保证安全的前提下，安排好生产。

链接

根据个性倾向性理论，人的需求和动机都会对人的行为产生影响。其中，动机是为满足个体的需求和欲望，而产生调节个体行为的力量，其主要分为内部动机（如个人的兴趣、满足感等）和外部动机（如外在的激励、惩罚等）。个性倾向动机的功能主要有：

（1）激发功能。激发功能是指动机维持和激励着活动朝一定的方向进行，使活动达到目标，从无到有，从静到动，从不做到做。

（2）指向功能。指向功能是指动机能指引活动朝向一定的目标进行，使人的活动保持一定的方向，并使活动具有稳固性、持久性和一贯性。

（3）维持和调节功能（强化功能）。维持和调节功能是指当个体的某种活动产生以后，动机维持着这种活动针对一定目标，并调节着活动的强度和持续时间。如果达到了目标，动机就会促使有机体终止这种活动；如果尚未达到目标，动机将驱使有机体维持和加强这种活动，以达到目标。

美国心理学家马斯洛提出了“层次需求理论”，将人的需要（需求）按其强度的不同排列成5个等级层次，依次由较低层次到较高层次排列为：生理需要、安全需要、爱和归属感的需要、尊重需要、自我实现的需要。

（1）生理需要。生理需要是推动人们行动最首要的动力，与生存直接相关。马斯洛认为，只有这些最基本的需要（如食物、睡眠、水、呼吸）满足到维持生存所必需的程度后，其他的需要才能成为新的激励因素，而到了此时，这些已相对满足的需要也就不再成为激励因素了。

（2）安全需要。马斯洛认为，整个有机体是一个追求安全的机制，人的感受器官、效应器官、智能和其他能量主要是寻求安全的工具，甚至可以把科学和人生观都看成是满足安全需要的一部分。安全需要包括对人身安全、结构、秩序和可预见性等的要求。当然，当这种需要一旦相对满足后，也就不再成为激励因素了。

(3)爱和归属感的需要。人人都希望得到相互的关心和照顾。感情上的需要比生理上的需要更加细致,它和一个人的生理特性、经历、教育、宗教信仰都有关系。

(4)尊重需要。尊重的需要又可分为内部尊重和外部尊重。内部尊重是指一个人希望在各种不同情境中有实力、能胜任、充满信心、能独立自主。总之,内部尊重就是人的自尊。外部尊重是指一个人希望有地位、有威信,受到别人的尊重、信赖和高度评价。马斯洛认为,尊重需要得到满足,能使人对自己充满信心,对社会满腔热情,体验到自己活着的用处价值。

(5)自我实现的需要。自我实现的需要是最高层次的需要,是指实现个人理想、抱负,发挥个人的能力到最大程度,达到自我实现境界的人,接受自己也接受他人,解决问题能力增强,自觉性提高,善于独立处事,要求不受打扰地独处,完成与自己的能力相称的一切事情的需要。也就是说,人必须干称职的工作,这样才会使他们感到最大的快乐。马斯洛提出,为满足自我实现需要所采取的途径是因人而异的。自我实现的需要是在努力实现自己的潜力,使自己越来越成为自己所期望的人物。

三、环境与心理因素

(一)环境温度和湿度对心理状态的影响

1. 环境温度与环境湿度

(1)环境温度

环境温度是指工人作业时所处的局部空间里的空气的冷热程度。空气的冷热程度用温度计量,它反映了空气分子热运动的激烈程度。

(2)环境湿度

环境湿度是指工人作业时所处的局部空间里的空气中水蒸气的含量。在一定的压力下,空气中的水蒸气含量与空气的温度有关。空气温度越高,在空气中可容纳的水蒸气就越多;温度越低,可容纳的水蒸气就越少。在一定的温度与压力下,空气不能再多容纳水蒸气时所呈的状态称为饱和状态,此时的空气称为饱和空气。进入饱和空气中的水蒸气会自其中凝结出来。一般情况下空气不呈饱和状态。

空气的湿度的表示方式有:

①绝对湿度。在标准状态下,1 m^3 湿空气中所含水蒸气的质量称为空气的绝对湿度。

②含湿量。湿空气中与 1 kg 干空气同时存在的水蒸气的质量称为含湿量,由于数量不大,通常用“g”表示。

③相对湿度。空气内所含水蒸气的质量与同温度下使空气达到饱和时的水蒸气质量之比称为空气的相对湿度。

2. 温度与湿度对心理状态的影响

一般说来,作业环境的温度和湿度是随季节的变化而变化的,夏季炎热,冬季寒冷。根据有关研究及生产实践得知,随着温度和湿度的变化,生产上事故的发生频率也在变化。

每年的7月、8月、9月,因气候炎热,事故起数增加;进入冬季后,事故频率也大量上升。分析其原因是:随着气温的升高,湿度也增加,并逐渐接近饱和状态,使汗液从皮肤表面蒸发的比例减少,使人体产生不舒适的感觉,在心理上引起烦躁、焦虑;当温度更高时,还会引起视觉障碍,易激动,自持力降低,这就容易使工人在心理上产生错误,致使事故发生的可能性增大。温度的升高,给人的生理机能带来影响,结果影响到人的心理状态,从而使思维分析和判断错误随之增多,出现一些不安全行为。冬季的严寒,因空气温度下降,湿度降低,空气干燥,也会使人的皮肤出现干燥、粗糙、发生瘙痒,甚至使人的生理机能产生紊乱,引起心理上的畏缩,萎靡不振,给操作上造成动作不准确或懒于动作,出现事故的概率也就增大。

(二)环境照明与色调对心理状态的影响

1. 环境照明与心理状态

作业环境中,照明好、光线充足,可以使工人心情舒畅,情绪高昂,反之,工人则会感到心情压抑、沉重;另一方面,照度低的环境中工人看机器或工件,感到吃力,眼睛容易产生疲劳,引起神经系统紊乱,给心理上造成一定的压力。因此,必须认真对待照明问题。

随着光源和照明技术的进步,人们对照度的要求越来越高,同时,也要改良各类工种作业的具体需要。过亮而且令人炫目的照度,不仅不会提供安全的环境条件,反而会使工人感到眼睛看物件吃力、心烦意乱;照明灯具的设置、灯具遮光罩的角度、照明灯具的种类等因素,都会使环境照明与心理因素乃至事故发生密切的关系。

2. 色调与心理状态

企业里的一切物质都具有颜色。所谓颜色是指“光线”而言。没有光线的地方就不存在“颜色”。那么“光线”是什么呢?光线是电磁波的一种,在各种电磁波里,肉眼可看见的光是可见光,用棱镜来分光可见红、橙、黄、绿、蓝、紫等颜色。换句话说,颜色就是可见光在物体表面反射而反映到人的眼里的现象。红色纸的“红”是因为红纸表面吸收了“红”以外波长的所有光线,而只反射了红色波长的光线,所以看到了红色。“颜色”就是这样产生的。

(1)颜色所具有的特征

各种电磁波都具有自己的特征,作为可见光分出的各种颜色,也有各自的特征。如人一见到红颜色就会兴奋并联想起火;看到蓝色会感到宁静,从而联想到潺潺的流水等。总之,各种各样的色彩所具有的电磁波,通过对人们的脑髓视神经刺激,或表现兴奋,或表现沉静。这就是色调的特征。

(2)色彩调节的目的

色彩调节源于第二次世界大战期间,美国为了增加生产而在军需工厂实行的一种提高生产效率的措施。在工厂、办公室进行色彩调节的目的很多,其中最重要的是减轻眼睛和全身的疲劳和减低事故的发生率。产生视力疲劳的原因除光线和亮度外,还有为了看清操作面,两眼要长时间地接近(对眼),视野内明暗对比程度大(反差大)等,要消除或减轻视力疲劳,只有绿色就可以做到。然而在工厂、办公室里,大多除了白色的墙壁就是又黑又脏的浅灰色的墙、机器、物件等,这就容易引起眼疲劳,导致生理机能紊乱、失调,进而造成心理情绪不良,出现误动作,发生事故。

(3)色彩调节与心理状态相适应的原则

①关于照明:要看清物体,就必须有光线。观察的速度(对防止事故无疑是重要因素)随光源亮度的提高而提高。对于精密作业,可增加局部照明。

②关于光源的颜色:要想正确的看到物体,适宜选用黄色的、橙色的、黄绿色的光源,最好不要选用蓝色的光源。

③关于亮度:解决操作面与周围物体间的亮度平衡问题,要做到大致相等或使周围的亮度稍低一点。如果周围过分明亮,工作效率会明显降低,因为人的眼睛可以很快适应明亮而对黑暗则较慢才能适应。如果把工作场所周围的环境刷成柔和的颜色,把照明的亮度集中在操作面,则会产生使人心情舒畅的环境。

④关于色彩:强烈的色彩容易使人紧张、刺激、肌肉紧缩、血压增高、呼吸加快,而柔和的颜色则使人消除紧张,缓和神经系统。

因而,在为生产班组、岗位选择颜色时,应注意不要使用过红或过黄这种色度高的颜色;应该尽量避免使用纯白色,但天花板应使用白色;区别使用冷色和暖色,如对朝南的、朝西的房间或靠近热源温度高的场所使用冷色(蓝或绿的系列),对于朝北的房间或与冷冻有关的房间或场所则宜采用暖色(红、橙、黄色等),经常人多的场所用冷色,女工多的场所宜用暖色。

(三)噪声与心理状态的关系

1. 噪声对人的生理及心理的影响

噪声除了使人的听力损伤外,对身体其他部分也会产生生理上的影响,如抑制唾液的和胃液的分泌,抑制胃的运动;改变新陈代谢机能;血压增加,脉搏增加,抑制呼吸;血流量变化;筋络的紧张程度增加;肾上腺激素增加,从而造成焦躁、心跳、食欲不振、头重、耳鸣、睡眠不足、疲倦等症状。生理上的影响,造成心理上的不正常,如注意力不集中、妨碍动作的敏捷性、工作热情减退、产生疲劳等,进而容易导致事故的发生。

2. 人对各种噪声级的适应

人对各种噪声级的适应是不同的,噪声级越高,对人的生理和心理的影响就越大,加上其环境因素的影响,就会产生误动作或误操作。所以作为一个生产管理者,要在自己力所能及的范围内,尽量减轻噪声,给工人以宁静的环境。我们可以用阻尼、隔音、消音等方法减少噪音源,同时维护保养好设备,给机器按时进行润滑,减少间隙,以保证工人能在较低分贝的工作环境中操作。

四、安全心理与行为的协调

(一)熟悉、掌握班组工人的思想和心理状态

1. 了解工人的思想和心理是正确引导思想和心理活动的关键

俗话说,一把钥匙开一把锁,要想引导工人有正确的心理活动,就必须对其家庭、本人

受教育情况、个人性格特征、兴趣和爱好、社会接触面等情况有所了解，这种了解可以通过接触、交谈、共同劳动得到。每一个管理者都应有一本记录或思想记忆稿。现实中有的班组长对本班组的工人的家庭情况了如指掌，能说出家庭成员的姓名、年龄、工作或学习情况，这就有利于及时掌握其心理状况，便于安排工作。

2. 适当安排各类人员的工作或生产任务

利用各种性格的人员的个性特征，适当安排其工作，是一门艺术。有的班组长在安排生产任务时，把不需要细致作业或责任性不强的工作交给性格粗鲁、急躁的人去干，把需精雕细琢的工作交给内向性格的人去做，可以取得较好效果。把一粗一细两种性格的人搭配在一起结合成联保对子，可以避免粗枝大叶的人发生事故；把年轻人和年龄大的人安排在一起工作，也可以时时提醒他们注意安全；在许多男青年中安插几个女青年也会改变沉闷的气氛。这些都有利于工作，有利于安全，提高工人的工作情绪。总之，适当的劳动组合应产生在对工人的心理或思想状况了解的基础上。

（二）善于找出产生不安全行为的心理因素

找出产生不安全行为的心理因素，需要分析工人操作中的不安全行为，多问几个为什么，再联系各方面的社会因素，如果没有社会生活中的因素影响，则再分析工人的工作环境中干扰生理或心理状况的因素，如环境中的温度是否过高或过低、操作面的照明够不够、色调是否令人厌恶、噪声对其有无影响等，造成工人注意力不集中的原因是复杂的，也可能是一种或几种因素共同促成了不安全行为的发生。

（三）为工人创造良好的工作环境

工作环境包括温度、湿度、照明、色调和噪声等方面，那么作为生产管理者则应在这些方面创造条件。过去，在创造文明班组的活动中，往往只注意把休息室布置的富丽堂皇，而忽视了岗位的文明，这是片面的。工人每天在岗位上的时间最长，如果我们在明亮、色调柔和、温湿度适宜、噪声低的环境中工作，会令人心情舒畅，干劲倍增，从而使员工热爱自己的岗位和工作，乐意遵章守纪，减少不安全行为，避免事故的发生。

链接

常见的与行为安全密切相关的心理状态有：省能心理；侥幸心理；逆反心理；凑兴心理；好奇心理；骄傲、好胜心理和群体心理。其中，省能心理通常表现为嫌麻烦、怕费劲、图方便、得过且过的惰性心理。

典型例题

【多选题】某市医药集团组织对人员行为和影响安全绩效的心理状态进行统计调查，对统计调查出的安全心理状态进行分类汇总。下列选项中，能够用于企业提升安全绩效的心理状态有（　　）。

A. 省能心理　　B. 好奇心理

C. 侥幸心理　　D. 冒险心理

E. 群体心理

BE。【**解析**】好奇心理由兴趣驱使,在工作中,容易将好奇心付诸于行动,在安全生产方面,应对新员工进行各种形式的安全教育,增强自我保护意识,帮助他们注意周围环境的安全,善于发现事故隐患,从而防止事故发生。故选项 B 正确。群体心理是指在群体中,人们通过暗示、模仿、服从等心理因素互相制约。利用群体心理易形成良好的规范,从而养成安全生产的习惯。故选项 E 正确。

当然,对于事故的发生,人的因素在“人—机—环境”整个系统中占有一定的比例,但也不能忽视机器设备的重要因素,也就是“机”的本质安全。很多时候即使工人有了不安全行为,设备本身的安全保护系统也可以避免事故的发生。但并不意味着与人的心理状态没有直接关系,特别是在当前市场经济中,我国的物质文明建设尚未达到高科技的水平时,强调人的心理因素与不安全行为之间的必然联系,仍然是至关重要、不可忽视的。

第二章　安全生产监管监察

第一节　安全生产监管监察体制

一、综合监管与行业监管相结合

《安全生产法》规定，国务院应急管理部门依照本法，对全国安全生产工作实施综合监督管理；县级以上地方各级人民政府应急管理部门依照本法，对本行政区域内安全生产工作实施综合监督管理。国务院交通运输、住房和城乡建设、水利、民航等有关部门依照本法和其他有关法律、行政法规的规定，在各自的职责范围内对有关行业、领域的安全生产工作实施监督管理；县级以上地方各级人民政府有关部门依照本法和其他有关法律、法规的规定，在各自的职责范围内对有关行业、领域的安全生产工作实施监督管理。对新兴行业、领域的安全生产监督管理职责不明确的，由县级以上地方各级人民政府按照业务相近的原则确定监督管理部门。应急管理部门和对有关行业、领域的安全生产工作实施监督管理的部门，统称负有安全生产监督管理职责的部门。负有安全生产监督管理职责的部门应当相互配合、齐抓共管、信息共享、资源共用，依法加强安全生产监督管理工作。

提示

与一般含义上的监督管理不同，安全生产监督管理具有权威性、强制性、普遍约束性等基本特征。

根据《国务院关于进一步加强企业安全生产工作的通知》，应进一步加大安全监管力度。强化应急管理部门对安全生产的综合监管，全面落实公安、交通、自然资源、建设、市场等部门的安全生产监督管理及工业主管部门的安全生产指导职责，形成安全生产综合监管与行业监管指导相结合的工作机制，加强协作，形成合力。

2018 年 3 月 13 日，第十三届全国人民代表大会第一次会议审议国务院机构改革方案。组建应急管理部，不再保留国家安全生产监督管理总局。应急管理部组织编制国家应急总体预案和规划，指导各地区各部门应对突发事件工作，推动应急预案体系建设和预案演练。建立灾情报告系统并统一发布灾情，统筹应急力量建设和物资储备并在救灾时统一调度，组织灾害救助体系建设，指导安全生产类、自然灾害类应急救援，承担国家应对特别重大灾害指挥部工作。指导火灾、水旱灾害、地质灾害等防治。负责安全生产综合监督管理和工矿商贸行业安全生产监督管理等。

行业监管，即国务院下属的各个行业有关部门分别对各自的行业和领域的安全生产工作负责监督管理。

综合监督管理还表现在组织起草安全生产方面的综合性法律、行政法规和规章，研究拟定安全生产方针政策等。

地方各级人民政府也都以不同形式成立了相应的安全生产综合监督管理部门和行业监督管理部门，履行综合监管和行业监管的职能。

二、国家监察与地方监管相结合

除综合监督管理与行业监督管理外，针对某些行业的特殊性，国家还实行国家监察与地方监管相结合的安全生产监督管理体制。

1999 年，国务院决定矿山安全监察体制实行垂直领导，这对加强矿山安全生产工作，促进我国矿山安全生产形势好转，起到了重要作用。为进一步完善矿山安全监察体制，2004 年，国务院批准在矿山实行国家监察与地方监管相结合的安全工作体制。它有利于利用现有行政执法资源，缓解矿山安全监察执法主体与执法对象在数量上不相适应的矛盾；有利于发挥地方矿山安全监管部门在矿山安全生产工作中的重要作用，调动国家监察和地方监管两方面积极性，形成齐抓共管、分工协作的良好局面，共同推进矿山安全生产形势的稳定好转。

锅炉、压力容器等特种设备安全监察由国家质量技术监督管理部门负责，实行省以下垂直管理体制。

《煤矿安全生产条例》规定，国家实行煤矿安全监察制度。国家矿山安全监察机构及其设在地方的矿山安全监察机构负责煤矿安全监察工作，依法对地方人民政府煤矿安全生产监督管理工作进行监督检查。

三、政府监督与其他监督相结合

政府监督主要包含应急管理部门和其他负有安全生产监督管理职责部门的监督，以及监察部门的监督。

安全生产除政府监督外，还要充分发挥其他方面的监督作用，如工会监督、社会公众监督、新闻媒体监督、安全中介机构监督、居民委员会和村民委员会等社区组织监督等。发挥社会各界和各方面力量，关心安全生产，监督安全生产，是我国安全生产监督管理体制的重要组成部分。

目前，我国已形成“政府统一领导，部门依法监管，企业全面负责，群众监督参与，社会广泛支持”的安全生产工作格局。

第二节　安全生产监管监察的相关内容

一、安全生产监督管理的方式及内容

（一）安全生产监督管理的方式

安全生产监督管理的方式多种多样，按照监督时间逻辑可以分为事前、事中和事后三种。

1. 事前监督管理

事前监督管理，是指依法通过行政审批的方式，对生产经营单位保障安全生产的基本条件进行审查和核准,确认其安全准入资格的事前监管活动,包括建设项目的设计审查、竣工验收;安全生产许可证、经营许可证、生产经营单位主要负责人安全资格证(如矿长资格证)、安全管理人员安全资格证、特种作业人员操作资格证等。此外,还要审查建设项目安全设施和职业病防护设施的"三同时"是否符合要求。

2. 事中监督管理

事中监督管理,是指对生产经营活动实施全面监督检查,及时发现和消除不安全因素及事故隐患,预防和减少生产安全事故。对根本不具备安全生产条件而擅自从事生产经营活动的单位,要依法取缔。对原来已经具备安全生产条件,但随着生产经营活动的发展和变化又不具备安全生产条件的生产经营单位,要监督其整改,使其达到安全生产条件;如经整改仍不具备安全生产条件的,依法给予行政处罚直至取缔。

事中监督管理主要是作业场所的监督检查,其方式为:

(1)行为监察。监督检查规章制度、组织管理、教育培训等工作。

(2)技术监察。从设备的本质安全入手,监督检查物质条件,如个人防护用品的质量、配备与使用,新建、扩建、改建和技术改造工程项目的"三同时",用人单位现有防护措施与设施的完好率、使用率,危险性较大的设备、危害性较严重的作业场所和特殊工种作业等。

3. 事后监督管理

事后监督管理,是指对有安全生产违法行为和发生生产安全事故的生产经营单位及其有关人员,调查取证,追究其法律责任,并且采取措施防止类似事件再次发生的过程。对造成人员伤亡、财产损失和社会危害的违法行为,应急管理部门有权予以行政处罚或提请有关部门追究刑事责任。事后监督管理主要包括生产安全事故发生后的应急救援,事故调查、分析,处理有关责任人员,提出防范措施等。

典型例题

【单选题】甲地安全监管部门在某危险化学品生产企业检查监管时,发现该企业应急物品中的滤毒罐防护类型选择不合理,也没配备符合规范要求的气密型化学防护服,监管部门根据相关规定对企业进行处罚,本次监管的方式属于(　　)。

A. 事后监督管理的行为监察　　B. 事中监督管理的技术监察

C. 事中监督管理的行为监察　　D. 事后监督管理的技术监察

B。【解析】事中监督管理方式有行为监察和技术监察。本题中,检查应急物品、防护服是否符合要求,属于技术监察。

(二)安全生产监督管理的主要内容

1. 安全管理和技术

是否建立、健全以安全生产责任制为核心的各项安全管理制度,并能贯彻执行;是否按照有关法律、法规、标准的规定要求,做好特种作业人员安全管理、特种设备安全管理、危险化学品安全管理、重大危险源监控等。对生产性建设项目的"三同时"监察,建设单位是否按照有关法律、法规、标准的规定要求,做到"三同时"。特别是矿山和涉及危险化学品的建设项目,是否进行安全条件论证和安全评价;安全设施设计审查和竣工验收。设计单位、审查单位和施工单位是否对“三同时”各负其责。特种设备的制造生产、使用、检测检验是否符合有关法律、法规、标准的规定要求。对劳动防护用品的监察，是否按照有关法律、法规、标准的规定要求，为从业人员配备合格的劳动防护用品，并教育、督促其正确佩戴、使用。生产工艺、工作场所、机械设备、建筑设施、易燃易爆危险场所等是否符合安全生产法律、法规和标准。

2. 机构和安全教育培训

是否按照规定建立安全生产管理机构，是否按照有关法律、法规、标准的规定要求，对单位各类人员进行安全教育培训。单位主要负责人、安全管理人员、特种作业人员持证上岗；其他从业人员按规定培训合格后上岗。

3. 隐患治理

是否按照有关法律、法规、标准的规定要求，对各类事故隐患进行动态管理，做到“及时发现，及时治理”，落实“预防为主”的方针。

链接

根据《安全生产违法行为行政处罚办法》，安全监管监察部门及其行政执法人员在监督检查时发现生产经营单位存在事故隐患的，应当按照下列规定采取现场处理措施：

（1）能够立即排除的，应当责令立即排除。

（2）重大事故隐患排除前或者排除过程中无法保证安全的，应当责令从危险区域撤出作业人员，并责令暂时停产停业、停止建设、停止施工或者停止使用相关设施、设备，限期排除隐患。

4. 伤亡事故

是否按照有关法律、法规、标准的规定要求，做好事故的报告、登记，事故的调查、处理，事故统计、分析，事故的预测和防范，以及事故应急救援预案等。

5. 职业危害

职业危害与职业病、毒物危害、粉尘危害、噪声危害、振动危害、非电离辐射危害、体力劳动强度、高温和低温作业、冷水作业等是否按照有关法律、法规、标准的规定要求，进行有毒有害作业场所的检测、分级、建档，将分级结果上报行政主管部门，并根据单位实际情况，进行有毒有害作业场所的治理。

6. 对女职工和未成年工特殊保护

是否按照有关法律、法规的规定要求，对女职工和未成年工实施特殊保护。

7. 行政许可

对涉及有关安全生产的事项需要审查批准的，严格依照有关法律、法规和国家标准或者行业标准规定的安全生产条件和程序进行审查并加强监督检查。

链接

根据《安全生产执法程序规定》，应急管理部门实施安全生产行政许可，应当按照以下程序办理：

（1）申请。申请人向实施许可的应急管理部门提交申请书和法定的文件资料，也可以按规定通过信函、传真、互联网和电子邮件等方式提出安全生产行政许可申请。

（2）受理。实施许可的应急管理部门按照规定进行初步审查，对符合条件的申请予以受理并出具书面凭证；对申请文件、资料不齐全或者不符合要求的，应当当场告知或者在收到申请文件、资料之日起5个工作日内出具补正通知书，一次告知申请人需要补正的全部内容；对不符合条件的，不予受理并书面告知申请人理由；逾期不告知的，自收到申请材料之日起，即为受理。

（3）审查。实施许可的应急管理部门对申请材料进行书面审查，按照规定，需要征求有关部门意见的，应当书面征求有关部门意见，并得到书面回复；属于法定听证情形的，实施许可的应急管理部门应当举行听证；发现行政许可事项直接关系他人重大利益的，应当告知该利害关系人。需要到现场核查的，应当指派两名以上执法人员实施核查，并提交现场核查报告。

（4）作出决定。实施许可的应急管理部门应当在规定的时间内，作出许可或者不予许可的书面决定。对决定许可的，许可机关应当自作出决定之日起10个工作日内向申请人颁发、送达许可证件或者批准文件；对决定不予许可的，许可机关应当说明理由，并告知申请人享有的法定权利。

依照法律、法规规定实施安全生产行政许可，应当根据考试成绩、考核结果、检验、检测结果作出行政许可决定的，从其规定。

（三）《安全生产法》中安全生产监督管理的相关规定

县级以上地方各级人民政府应当根据本行政区域内的安全生产状况，组织有关部门按照职责分工，对本行政区域内容易发生重大生产安全事故的生产经营单位进行严格检查。应急管理部门应当按照分类分级监督管理的要求，制定安全生产年度监督检查计划，并按照年度监督检查计划进行监督检查，发现事故隐患，应当及时处理。

负有安全生产监督管理职责的部门依照有关法律、法规的规定，对涉及安全生产的事项需要审查批准（包括批准、核准、许可、注册、认证、颁发证照等，下同）或者验收的，必须严格依照有关法律、法规和国家标准或者行业标准规定的安全生产条件和程序进行审查；不符合有关法律、法规和国家标准或者行业标准规定的安全生产条件的，不得批准或者验收通过。对未依法取得批准或者验收合格的单位擅自从事有关活动的，负责行政审批的部门发现或者接到举报后应当立即予以取缔，并依法予以处理。对已经依法取得批准的单位，负责行政审批的部门发现其不再具备安全生产条件的，应当撤销原批准。

应急管理部门和其他负有安全生产监督管理职责的部门依法开展安全生产行政执法工作，对生产经营单位执行有关安全生产的法律、法规和国家标准或者行业标准的情况进行监督检查，行使以下职权：

（1）进入生产经营单位进行检查，调阅有关资料，向有关单位和人员了解情况。

（2）对检查中发现的安全生产违法行为，当场予以纠正或者要求限期改正；对依法应当给予行政处罚的行为，依照本法和其他有关法律、行政法规的规定作出行政处罚决定。

（3）对检查中发现的事故隐患，应当责令立即排除；重大事故隐患排除前或者排除过程中无法保证安全的，应当责令从危险区域内撤出作业人员，责令暂时停产停业或者停止使用相关设施、设备；重大事故隐患排除后，经审查同意，方可恢复生产经营和使用。

（4）对有根据认为不符合保障安全生产的国家标准或者行业标准的设施、设备、器材以及违法生产、储存、使用、经营、运输的危险物品予以查封或者扣押，对违法生产、储存、使用、经营危险物品的作业场所予以查封，并依法作出处理决定。

链接

根据《行政处罚法》，行政处罚的种类：警告、通报批评；罚款、没收违法所得、没收非法财物；暂扣许可证件、降低资质等级、吊销许可证件；限制开展生产经营活动、责令停产停业、责令关闭、限制从业；行政拘留；法律、行政法规规定的其他行政处罚。

根据《安全生产违法行为行政处罚办法》，安全生产违法行为行政处罚的种类：警告；罚款；没收违法所得、没收非法开采的煤炭产品、采掘设备；责令停产停业整顿、责令停产停业、责令停止建设、责令停止施工；暂扣或者吊销有关许可证，暂停或者撤销有关执业资格、岗位证书；关闭；拘留；安全生产法律、行政法规规定的其他行政处罚。

生产经营单位对负有安全生产监督管理职责的部门的监督检查人员（以下统称安全生产监督检查人员）依法履行监督检查职责，应当予以配合，不得拒绝、阻挠。

安全生产监督检查人员应当忠于职守，坚持原则，秉公执法。安全生产监督检查人员执行监督检查任务时，必须出示有效的行政执法证件；对涉及被检查单位的技术秘密和业务秘密，应当为其保密。

链接

安全生产监督管理有监督检查、行政许可和行政处罚等多种形式。安全行政执法人员在执法时，必须出示由国务院相关部门（如应急管理部）或县级以上地方人民政府统一制作的有效执法证件。对矿山进行行政执法时，必须出示由国家矿山安全监察局统一制作的矿山安全监察员证件。

负有安全生产监督管理职责的部门依法对存在重大事故隐患的生产经营单位作出停产停业、停止施工、停止使用相关设施或者设备的决定，生产经营单位应当依法执行，及时消除事故隐患。

负有安全生产监督管理职责的部门应当建立举报制度，公开举报电话、信箱或者电子邮件地址等网络举报平台，受理有关安全生产的举报；受理的举报事项经调查核实后，应当形成书面材料；需要落实整改措施的，报经有关负责人签字并督促落实。

负有安全生产监督管理职责的部门应当建立安全生产违法行为信息库，如实记录生产经营单位及其有关从业人员的安全生产违法行为信息；对违法行为情节严重的生产经营单位及其有关从业人员，应当及时向社会公告，并通报行业主管部门、投资主管部门、自然资源主管部门、生态环境主管部门、证券监督管理机构以及有关金融机构。

典型例题

【单选题】为贯彻落实党中央关于全面依法治国的要求,促进安全监管部门严格规范公正文明执法,国家对开展安全生产监管执法监督工作提出了一系列明确的要求。应急管理部门的下列执法行为中,正确的是(　　)。

A. 对存在事故隐患的生产经营单位现场做出1万元行政处罚决定

B. 执法人员在企业检查时出示执法证件

C. 执法行为被企业起诉可由指定律师事务所的律师代理出庭应诉

D. 执法人员参加统一培训考核合格后,即可从事执法

B。【解析】根据《行政处罚法》,违法事实确凿并有法定依据,对公民处以200元以下、对法人或者其他组织处以3 000元以下罚款或者警告的行政处罚的,可以当场作出行政处罚决定。法律另有规定的,从其规定。故选项A错误。根据《行政诉讼法》,被诉行政机关负责人应当出庭应诉。不能出庭的,应当委托行政机关相应的工作人员出庭。故选项C错误。执法人员参加统一培训考核合格后,取得执法证后方可从事执法工作。故选项D错误。

二、矿山安全生产监察

(一)矿山安全生产监察体制

我国矿山安全管理体系实行国家矿山安全监察局、国家矿山安全监察局省级局、各地监察处三级机构组成的垂直管理体系,并进一步完善"国家监察、地方监管、企业负责"的矿山安全监管监察体制,落实安全生产责任制。

矿山安全监察体制的特点如下:

(1)实行垂直管理。

(2)把安全管理和安全监察分开。

(3)分区监察。

(4)加强执法监督,由国家对矿山安全实行监察。

(二)矿山安全监察内容

煤矿和非煤矿山统称矿山,下面主要依据《煤矿安全生产条例》进行煤矿安全监察内容的讲解。

煤矿安全生产工作应当以人为本,坚持人民至上、生命至上,把保护人民生命安全摆在首位,贯彻安全发展理念,坚持安全第一、预防为主、综合治理的方针,从源头上防范化解重大安全风险。煤矿安全生产工作实行管行业必须管安全、管业务必须管安全、管生产经营必须管安全,按照国家监察、地方监管、企业负责,强化和落实安全生产责任。

县级以上地方人民政府负有煤矿安全生产监督管理职责的部门依法对煤矿企业进行监督检查,并将煤矿现场安全生产状况作为监督检查重点内容。监督检查可以采取以下措施:

(1)进入煤矿企业进行检查,重点检查一线生产作业场所,调阅有关资料,向有关单位和人员了解情况。

(2)对检查中发现的安全生产违法行为,当场予以纠正或者要求限期改正。

(3)对检查中发现的事故隐患,应当责令立即排除;重大事故隐患排除前或者排除过程中无法保证安全的,应当责令从危险区域内撤出作业人员,责令暂时停产或者停止使用相关设施、设备。

(4)对有根据认为不符合保障安全生产的国家标准或者行业标准的设施、设备、器材予以查封或者扣押。

监督检查不得影响煤矿企业的正常生产经营活动。

国家矿山安全监察机构及其设在地方的矿山安全监察机构应当依法履行煤矿安全监察职责,对县级以上地方人民政府煤矿安全生产监督管理工作加强监督检查,并及时向有关地方人民政府通报监督检查的情况,提出改善和加强煤矿安全生产工作的监察意见和建议,督促开展重大事故隐患整改和复查。县级以上地方人民政府应当配合和接受国家矿山安全监察机构及其设在地方的矿山安全监察机构的监督检查,及时落实监察意见和建议。

设在地方的矿山安全监察机构应当对所辖区域内煤矿安全生产实施监察;对事故多发地区,应当实施重点监察。国家矿山安全监察机构根据实际情况,组织对全国煤矿安全生产的全面监察或者重点监察。

国家矿山安全监察机构及其设在地方的矿山安全监察机构对县级以上地方人民政府煤矿安全生产监督管理工作进行监督检查,可以采取以下方式:

(1)听取有关地方人民政府及其负有煤矿安全生产监督管理职责的部门工作汇报。

(2)调阅、复制与煤矿安全生产有关的文件、档案、工作记录等资料。

(3)要求有关地方人民政府及其负有煤矿安全生产监督管理职责的部门和有关人员就煤矿安全生产工作有关问题作出说明。

(4)有必要采取的其他方式。

国家矿山安全监察机构及其设在地方的矿山安全监察机构履行煤矿安全监察职责,有权进入煤矿作业场所进行检查,参加煤矿企业安全生产会议,向有关煤矿企业及人员了解情况。

国家矿山安全监察机构及其设在地方的矿山安全监察机构发现煤矿现场存在事故隐患的,有权要求立即排除或者限期排除;发现有违章指挥、强令冒险作业、违章作业以及其他安全生产违法行为的,有权立即纠正或者要求立即停止作业;发现威胁安全的紧急情况时,有权要求立即停止危险区域内的作业并撤出作业人员。矿山安全监察人员履行煤矿安全监察职责,应当出示执法证件。

国家矿山安全监察机构及其设在地方的矿山安全监察机构发现煤矿企业存在重大事故隐患责令停产整顿的,应当及时移送县级以上地方人民政府负有煤矿安全生产监督管理职责的部门处理并进行督办。

国家矿山安全监察机构及其设在地方的矿山安全监察机构发现煤矿企业存在应当由其他部门处理的违法行为的,应当及时移送有关部门处理。

国家矿山安全监察机构及其设在地方的矿山安全监察机构和县级以上人民政府有关部门应当建立信息共享、案件移送机制,加强协作配合。

国家矿山安全监察机构及其设在地方的矿山安全监察机构应当加强煤矿安全生产信息化建设,运用信息化手段提升执法水平。煤矿企业应当按照国家矿山安全监察机构制定的安全生产电子数据规范联网并实时上传电子数据,对上传电子数据的真实性、准确性和完整性负责。

(三)矿山安全监察的相关职责

以下内容主要参考《国家矿山安全监察局职能配置、内设机构和人员编制规定》进行学习。

国家矿山安全监察局负责贯彻落实党中央关于矿山安全监管监察工作的方针政策和决策部署,在履行职责过程中坚持和加强党对矿山安全监管监察工作的集中统一领导。主要职责是:

(1)拟订矿山安全生产(含地质勘探,下同)方面的政策、规划、标准,起草相关法律法规草案、部门规章草案并监督实施。

(2)负责国家矿山安全监察工作。监督检查地方政府矿山安全监管工作。组织实施矿山安全生产抽查检查,对发现的重大事故隐患采取现场处置措施,向地方政府提出改善和加强矿山安全监管工作的意见和建议,督促开展重大隐患整改和复查。

(3)指导矿山安全监管工作。制定矿山安全准入、监管执法、风险分级管控和事故隐患排查治理等政策措施并监督实施,指导地方矿山安全监督管理部门编制和完善执法计划,提升地方矿山安全监管水平和执法能力。依法对煤矿企业贯彻执行安全生产法律法规情况进行监督检查,对煤矿企业安全生产条件、设备设施安全情况进行监管执法,对发现的违法违规问题实施行政处罚、监督整改落实并承担相应责任。

(4)负责统筹矿山安全生产监管执法保障体系建设,制定监管监察能力建设规划,完善技术支撑体系,推进监管执法制度化、规范化、信息化。

(5)参与编制矿山安全生产应急预案,指导和组织协调煤矿事故应急救援工作,参与非煤矿山事故应急救援工作。依法组织或参与煤矿生产安全事故和特别重大非煤矿山生产安全事故调查处理,监督事故查处落实情况。负责统计分析和发布矿山安全生产信息和事故情况。

(6)负责矿山安全生产宣传教育,组织开展矿山安全科学技术研究及推广应用工作。指导矿山企业安全生产基础工作,会同有关部门指导和监督煤矿生产能力核定工作。对煤矿安全技术改造和瓦斯综合治理与利用项目提出审核意见。

(7)完成党中央、国务院交办的其他任务。

(8)职能转变。国家矿山安全监察局要进一步完善"国家监察、地方监管、企业负责"的矿山安全监管监察体制。以防范遏制重特大矿山生产安全事故为重点,坚持安全第一、预防为主、综合治理的方针,加强对地方政府落实矿山安全属地监管责任的监督检查,严密层级治理和行业治理、政府治理、社会治理相结合的安全生产治理体系,着力防范化解区域性、系统性矿山安全风险。推动地方矿山安全监督管理部门强化监管执法,依法严厉查处违法违规行为,督促企业落实安全生产主体责任,推动企业建立健全自我约束、持续改进的内生机制。强化矿山安全监管能力建设,建立健全监管执法人员资格管理制度,加强教育培训,推进安全科技创新,提升信息化建设和应用水平,进一步提高执法队伍能力和素质。将煤矿安全生产许可、建设工程安全设施设计审查和竣工验收核查、检验检测机构认证、相关人员培训等事项移交给地方政府。

(9)有关职责分工。

①与自然资源部门的有关职责分工。自然资源部门负责查处矿山企业越界开采等违法行为。国家矿山安全监察机构发现矿山企业有越界开采等违法行为的,应当移送当地自然资源部门进行处理。

②与公安机关的有关职责分工。公安机关负责民用爆炸物品公共安全管理和民用爆炸物品购买、运输、爆破作业的安全监督管理。国家矿山安全监察机构发现矿山企业有民用爆炸物品使用违法行为的,应当移送当地公安机关进行处理。

③与能源部门的有关职责分工。能源部门从行业规划、产业政策、法规标准、行政许可等方面加强煤矿安全生产工作,负责指导和组织拟订煤炭行业规范和标准。国家矿山安全监察机构负责指导和组织拟订煤矿安全标准,会同能源等部门指导和监督煤矿生产能力核定工作。

国家矿山安全监察局设下列机构(副司局级):综合司;政策法规和科技装备司;煤矿安全监察司;非煤矿山安全监察司;事故调查和统计司;安全基础司;机关党委(人事司)。

链接

矿山安全监察程序为:执法程序启动→执法准备→现场检查→整改复查→行政处罚→提出安全监察建议、移动文书→结案归档。其中,整改复查是指对监察执法中发现矿山企业安全生产隐患整改情况进行复查,其负责单位是矿山安全监察机构或当地矿山安全监管部门。

三、特种设备安全监察

根据《特种设备安全监察条例》,特种设备是指涉及生命安全、危险性较大的锅炉、压力容器(含气瓶,下同)、压力管道、电梯、起重机械、客运索道、大型游乐设施和场(厂)内专用机动车辆。

(一)特种设备安全监察体制

《特种设备安全监察条例》规定,国务院特种设备安全监督管理部门负责全国特种设备的安全监察工作,县以上地方负责特种设备安全监督管理的部门对本行政区域内特种设备实施安全监察(以下统称特种设备安全监督管理部门)。特种设备检验检测机构,应当依照本条例规定,进行检验检测工作,对其检验检测结果、鉴定结论承担法律责任。县级以上地方人民政府应当督促、支持特种设备安全监督管理部门依法履行安全监察职责,对特种设备安全监察中存在的重大问题及时予以协调、解决。

(二)特种设备安全监察的方式

我国通过实施行政许可制度、监督检查制度以及事故应对和调查处理机制,贯彻落实特种设备监察工作。其中,行政许可制度是指市场准入和设备准用制度。下面以典型例题的形式进行讲解。

典型例题

【单选题】我国对从事特种设备的设计、制造、安装、修理、维护保养、改造的单位实施资质许可,并对部分产品出厂实施安全性能监督检验,对在用的特种设备实施定期检验和注册登记。上述要求属于特种设备安全监察方式中的(　　)。

A. 设备准用和监督检查制度

B. 市场准入和监督检查制度

C. 市场准入和设备准用制度

D. 行政许可和监督检查制度

C。【解析】行政许可制度是指市场准入和设备准用制度,即我国对从事特种设备的设计、制造、安装、修理、维护保养、改造的单位实施资质许可,并对部分产品出厂实施安全性能监督检验,对在用的特种设备实施定期检验和注册登记。监督检查制度是指通过采用检验、行政执法、宣传教育、日常监察、群众及舆论监督等手段进行监察。

(三)特种设备安全监察的内容

特种设备安全监察的内容,下面以典型例题的形式进行讲解。

典型例题

【单选题】某特种设备使用单位发生了一起压力容器爆炸事故,特种设备安全监察机构随即对该单位进行了一系列安全监察活动。下列选项中,不应当属于此次安全监察活动得出的结论的是(　　)。

A. 该特种设备单位安全教育宣传力度不够

B. 该起事故发生的直接原因是压力容器内部反应异常

C. 该特种设备使用安全生产责任制度不完善

D. 发生事故的压力容器维修人员不具备特种设备安全操作证

A。【解析】特种设备安全监察的主要内容:(1)特种设备的设计、制造、安装、充装、检验、维修、使用等单位及其相关操作是否符合国家法律法规。(2)特种设备有关单位的从业人员是否持证上岗。(3)特种设备相关单位的安全生产责任制建立情况。(4)对发生的特种设备事故进行调查(如查明事故发生的原因等)。

(四)《特种设备安全监察条例》的相关规定

1. 特种设备的使用

特种设备在投入使用前或者投入使用后30日内,特种设备使用单位应当向直辖市或者设区的市的特种设备安全监督管理部门登记。登记标志应当置于或者附着于该特种设备的显著位置。

特种设备使用单位应当对在用特种设备进行经常性日常维护保养,并定期自行检查。特种设备使用单位对在用特种设备应当至少每月进行一次自行检查,并做出记录。特种设备使用单位在对在用特种设备进行自行检查和日常维护保养时发现异常情况的,应当及时处理。特种设备使用单位应当对在用特种设备的安全附件、安全保护装置、测量调控装置及有关附属仪器仪表进行定期校验、检修,并做出记录。锅炉使用单位应当按照安全技术规范的要求进行锅炉水(介)质处理,并接受特种设备检验检测机构实施的水(介)质处理定期检验。从事锅炉清洗的单位,应当按照安全技术规范的要求进行锅炉清洗,并接受特种设备检验检测机构实施的锅炉清洗过程监督检验。

特种设备使用单位应当按照安全技术规范的定期检验要求,在安全检验合格有效期届满前 1 个月向特种设备检验检测机构提出定期检验要求。检验检测机构接到定期检验要求后,应当按照安全技术规范的要求及时进行安全性能检验和能效测试。未经定期检验或者检验不合格的特种设备,不得继续使用。

特种设备出现故障或者发生异常情况,使用单位应当对其进行全面检查,消除事故隐患后,方可重新投入使用。特种设备不符合能效指标的,特种设备使用单位应当采取相应措施进行整改。

特种设备存在严重事故隐患,无改造、维修价值,或者超过安全技术规范规定使用年限,特种设备使用单位应当及时予以报废,并应当向原登记的特种设备安全监督管理部门办理注销。

电梯的日常维护保养必须由依照《特种设备安全监察条例》取得许可的安装、改造、维修单位或者电梯制造单位进行。电梯应当至少每 15 日进行一次清洁、润滑、调整和检查。

客运索道、大型游乐设施的运营使用单位的主要负责人应当熟悉客运索道、大型游乐设施的相关安全知识,并全面负责客运索道、大型游乐设施的安全使用。客运索道、大型游乐设施的运营使用单位的主要负责人至少应当每月召开一次会议,督促、检查客运索道、大型游乐设施的安全使用工作。客运索道、大型游乐设施的运营使用单位,应当结合本单位的实际情况,配备相应数量的营救装备和急救物品。

典型例题

【多选题】甲公司是一家一级建筑施工企业,委托乙公司进行塔吊等特种设备的安装与运行操作。并与其签订了安全协议,明确了各自的安全管理责任,关于特种设备使用管理的说法,正确的有(　　)。

A. 甲公司应逐台建立塔吊等特种设备的安全技术档案

B. 乙公司应负责塔吊等特种设备检测检验

C. 乙公司应对塔吊运行过程中发生的事故负责

D. 甲公司应在塔吊使用前 30 日内向所在地市特种设备安全监督部门登记

E. 甲公司应将塔吊使用登记证明文件置于司机室内

AD。【解析】特种设备在投入使用前或者投入使用后 30 日内,特种设备使用单位应当向直辖市或者设区的市的特种设备安全监督管理部门登记。登记标志应当置于或者附着于该特种设备的显著位置。特种设备使用单位应当建立特种设备安全技术档案。

2. 检验检测

特种设备检验检测机构和检验检测人员进行特种设备检验检测，应当遵循诚信原则和方便企业的原则，为特种设备生产、使用单位提供可靠、便捷的检验检测服务。特种设备检验检测机构和检验检测人员对涉及的被检验检测单位的商业秘密，负有保密义务。

特种设备检验检测机构和检验检测人员应当客观、公正、及时地出具检验检测结果、鉴定结论。检验检测结果、鉴定结论经检验检测人员签字后，由检验检测机构负责人签署。特种设备检验检测机构和检验检测人员对检验检测结果、鉴定结论负责。

国务院特种设备安全监督管理部门应当组织对特种设备检验检测机构的检验检测结果、鉴定结论进行监督抽查。县以上地方负责特种设备安全监督管理的部门在本行政区域内也可以组织监督抽查，但是要防止重复抽查。监督抽查结果应当向社会公布。

特种设备检验检测机构和检验检测人员不得从事特种设备的生产、销售，不得以其名义推荐或者监制、监销特种设备。

特种设备检验检测机构进行特种设备检验检测，发现严重事故隐患或者能耗严重超标的，应当及时告知特种设备使用单位，并立即向特种设备安全监督管理部门报告。

3. 监督检查

特种设备安全监督管理部门对特种设备生产、使用单位和检验检测机构进行安全监察时，发现有违反《特种设备安全监察条例》规定和安全技术规范要求的行为或者在用的特种设备存在事故隐患、不符合能效指标的，应当以书面形式发出特种设备安全监察指令，责令有关单位及时采取措施，予以改正或者消除事故隐患。紧急情况下需要采取紧急处置措施的，应当随后补发书面通知。

特种设备安全监督管理部门对特种设备生产、使用单位和检验检测机构进行安全监察，发现重大违法行为或者严重事故隐患时，应当在采取必要措施的同时，及时向上级特种设备安全监督管理部门报告。接到报告的特种设备安全监督管理部门应当采取必要措施，及时予以处理。

4. 事故预防和调查处理

特种设备事故发生后，事故发生单位应当立即启动事故应急预案，组织抢救，防止事故扩大，减少人员伤亡和财产损失，并及时向事故发生地县以上特种设备安全监督管理部门和有关部门报告。

县以上特种设备安全监督管理部门接到事故报告，应当尽快核实有关情况，立即向所在地人民政府报告，并逐级上报事故情况。必要时，特种设备安全监督管理部门可以越级上报事故情况。对特别重大事故、重大事故，国务院特种设备安全监督管理部门应当立即报告国务院并通报国务院应急管理部门等有关部门。

特别重大事故由国务院或者国务院授权有关部门组织事故调查组进行调查。

重大事故由国务院特种设备安全监督管理部门会同有关部门组织事故调查组进行调查。

较大事故由省、自治区、直辖市特种设备安全监督管理部门会同有关部门组织事故调查组进行调查。

一般事故由设区的市的特种设备安全监督管理部门会同有关部门组织事故调查组进行调查。

事故调查报告应当由负责组织事故调查的特种设备安全监督管理部门的所在地人民政府批复，并报上一级特种设备安全监督管理部门备案。

有关机关应当按照批复，依照法律、行政法规规定的权限和程序，对事故责任单位和有关人员进行行政处罚，对负有事故责任的国家工作人员进行处分。

第三章 安全生产责任制

第一节 安全生产管理职责

一、生产经营单位主要负责人的安全生产管理职责

生产经营单位的主要负责人对本单位安全生产工作负有下列职责：

（1）建立健全并落实本单位全员安全生产责任制，加强安全生产标准化建设。

（2）组织制定并实施本单位安全生产规章制度和操作规程。

（3）组织制定并实施本单位安全生产教育和培训计划。

（4）保证本单位安全生产投入的有效实施。

（5）组织建立并落实安全风险分级管控和隐患排查治理双重预防工作机制，督促、检查本单位的安全生产工作，及时消除生产安全事故隐患。

（6）组织制定并实施本单位的生产安全事故应急救援预案。

（7）及时、如实报告生产安全事故。

二、安全生产管理机构以及安全生产管理人员的安全生产管理职责

生产经营单位的安全生产管理机构以及安全生产管理人员履行下列职责：

（1）组织或者参与拟订本单位安全生产规章制度、操作规程和生产安全事故应急救援预案。

（2）组织或者参与本单位安全生产教育和培训，如实记录安全生产教育和培训情况。

（3）组织开展危险源辨识和评估，督促落实本单位重大危险源的安全管理措施。

（4）组织或者参与本单位应急救援演练。

（5）检查本单位的安全生产状况，及时排查生产安全事故隐患，提出改进安全生产管理的建议。

（6）制止和纠正违章指挥、强令冒险作业、违反操作规程的行为。

（7）督促落实本单位安全生产整改措施。

三、生产经营单位其他负责人的安全生产管理职责

（1）认真抓好《安全生产法》等有关安全生产法律法规和上级有关安全生产方针、政策贯彻落实。

（2）按照“谁主管、谁负责”的原则对所分管的部门负直接领导责任。

（3）制定分管领域年度安全生产工作计划，并逐条抓好落实。

（4）经常开展分管领域的安全生产检查，及时消除安全隐患。

(5)组织分管部门开展遵章守纪和预防事故的安全教育,落实安全生产工作的奖惩规定,参与相关事故的调查处理,并做好事故的善后处理工作。

(6)注重职工安全生产条件的改善,依法保护职工在劳动中的安全与健康。

(7)定期组织所分管部门开展事故应急救援演练。

(8)按要求完成企业安委会交办的其他工作任务。

第二节　生产经营单位的安全生产主体责任

安全生产责任主体的含义是工作责任的直接承担者和任务的具体落实者。

按照《安全生产法》和国家有关规定,生产经营单位(或称企业)是安全生产责任的直接承担者和安全生产任务的具体落实者。因此,安全生产责任主体就是指生产经营单位。生产经营单位(或称企业)应当依照法律、法规规定,履行安全生产法定职责和义务。生产经营单位(或称企业)承担安全生产主体责任,就需要在生产经营活动全过程中,必须按照安全生产法规履行的义务和承担的责任,否则接受未尽责的追究。

生产经营单位应当承担的法律责任,主要包括以下内容。

一、设备设施保障责任

(1)具备法定的安全生产条件。

(2)建设项目安全设施符合三同时的规定。

(3)依法为从业人员提供符合国家现行标准的劳动防护用品,并监督、教育其正确佩戴和使用。

二、资金投入责任

(1)按规定提取和使用安全生产费用,确保资金投入,满足安全生产条件需要。

(2)按规定存储安全生产风险抵押金或购买安全生产责任险。

(3)依法为从业人员缴纳工伤保险费。

(4)保证安全生产教育培训的资金。

三、安全生产机构设置和人员配备责任

依法设置安全生产管理机构,配备安全生产管理人员。

四、责任制和规章制度制定责任

建立健全安全生产责任制和各项规章制度、操作规程、应急救援预案并督促落实。

五、安全教育培训责任

开展安全生产宣传教育，依法组织从业人员参加安全生产教育培训，取得相关上岗资格证书。

六、安全生产管理责任

（1）主动获取国家有关安全生产的法律法规标准并贯彻落实。

（2）依法取得安全生产许可。

（3）定期组织安全检查。

（4）依法对安全生产设施、设备或项目进行安全评价。

（5）依法对重大危险源实施监控，确保其处于可控状态。

（6）及时消除事故隐患。

（7）统一协调管理承包、承租单位的安全生产工作。

七、事故报告和应急救援的责任

（1）按规定报告生产安全事故。

（2）及时开展事故抢险救援。

（3）妥善处理事故善后工作。

第四章　安全生产标准化

第一节　企业安全生产标准化管理体系的内容

一、范围

《企业安全生产标准化基本规范》规定了企业安全生产标准化管理体系建立、保持与评定的原则和一般要求，以及目标职责、制度化管理、教育培训、现场管理、安全风险管控及隐患排查治理、应急管理、事故管理和持续改进8个体系要素的核心技术要求。

《企业安全生产标准化基本规范》适用于工矿商贸企业开展安全生产标准化建设工作，有关行业制修订安全生产标准化标准、评定标准，以及对安全生产标准化工作的咨询、服务、评审、科研、管理和规划等。其他企业和生产经营单位可参照执行。

二、相关术语和定义

（一）企业安全生产标准化

企业通过落实企业安全生产主体责任，全员全过程参与，建立并保持安全生产管理体系，全面管控生产经营活动各环节的安全生产与职业卫生工作，实现安全健康管理系统化、岗位操作行为规范化、设备设施本质安全化、作业环境器具定置化，并持续改进。

（二）安全生产绩效

根据安全生产和职业卫生目标，在安全生产、职业卫生等工作方面取得的可测量结果。

（三）企业主要负责人

有限责任公司、股份有限公司的董事长、总经理，其他生产经营单位的厂长、经理、矿长，以及对生产经营活动有决策权的实际控制人。

（四）相关方

工作场所内外与企业安全生产绩效有关或受其影响的个人或单位，如承包商、供应商等。

（五）承包商

在企业的工作场所按照双方协定的要求向企业提供服务的个人或单位。

（六）供应商

为企业提供材料、设备或设施及服务的外部个人或单位。

（七）变更管理

对机构、人员、管理、工艺、技术、设备设施、作业环境等永久性或暂时性的变化进行有计划的控制，以避免或减轻对安全生产的影响。

（八）安全风险

发生危险事件或有害暴露的可能性，与随之引发的人身伤害、健康损害或财产损失的严重性的组合。

(九)安全风险评估

运用定性或定量的统计分析方法对安全风险进行分析、确定其严重程度,对现有控制措施的充分性、可靠性加以考虑,以及对其是否可接受予以确定的过程。

(十)安全风险管理

根据安全风险评估的结果,确定安全风险控制的优先顺序和安全风险控制措施,以达到改善安全生产条件、减少和避免生产安全事故的目标。

(十一)工作场所

从业人员进行职业活动,并由企业直接或间接控制的所有工作点。

(十二)作业环境

从业人员进行生产经营活动的场所以及相关联的场所,对从业人员的安全、健康和工作能力,以及对设备(设施)的安全运行产生影响的所有自然和人为因素。

(十三)持续改进

为了实现对整体安全生产绩效的改进,根据企业的安全生产和职业卫生目标,不断对安全生产和职业卫生进行强化的过程。

三、一般要求

(一)原则

企业开展安全生产标准化工作,应遵循"安全第一、预防为主、综合治理"的方针,落实企业主体责任。以安全风险管理、隐患排查治理、职业病危害防治为基础,以安全生产责任制为核心,建立安全生产标准化管理体系,实现全员参与,全面提升安全生产管理水平,持续改进安全生产工作,不断提升安全生产绩效,预防和减少事故的发生,保障人身安全健康,保证生产经营活动的有序进行。

(二)建立和保持

企业应采用"策划、实施、检查、改进"的"PDCA"动态循环模式,依据规定,结合企业自身特点,自主建立并保持安全生产标准化管理体系,通过自我检查、自我纠正和自我完善,构建安全生产长效机制,持续提升安全生产绩效。

链接

安全生产标准化建设的工作流程为:策划准备,制定安全生产标准化建设目标→教育培训,全员参与→安全管理相关情况的现状梳理→安全管理文件的制修订→实施运行制修订后的安全管理文件,发现问题及时整改并进行完善→企业自评→评审申请→现场评审。

在安全生产标准化建设过程中应体现"三全"要求和"四重"特点。"三全"是指全员、全过程、全方位,"四重"是指重在基础、重在基层、重在落实、重在治本。

典型例题

【单选题】某设备制造企业开展安全生产标准化建设，按照工作流程开展策划准备及制定目标、教育培训、现状梳理、管理文件制修订、实施运行及整改、企业自评、评审申请、现场评审等各阶段的工作。关于企业安全生产标准化建设及评审的做法，错误的是（　　）。

A. 策划准备阶段，成立领导小组，企业主要负责人担任组长

B. 管理文件制修订环节，各部门按照分工对相关文件进行修订并审核

C. 现状梳理阶段，对发现的问题及时整改并验证整改效果

D. 评审申请阶段，企业根据自评结果确定定拟申请等级

B。【解析】安全生产标准化建设的工作流程中，管理文件制修订阶段，企业应按照评定标准，对主要安全管理文件进行梳理，结合发现的问题，确定管理文件需要加强和改进的薄弱环节，并提出制修订计划。各部门应自行对管理文件进行制修订，由标准化执行小组进行审核。故选项 B 错误。

（三）自评和评审

企业安全生产标准化管理体系的运行情况，采用企业自评和评审单位评审的方式进行评估。

四、核心要求

根据《企业安全生产标准化基本规范》，企业安全生产标准化管理体系有 8 个一级要素，即目标职责、制度化管理、教育培训、现场管理、安全风险管控及隐患排查治理、应急管理、事故管理、持续改进。8 个一级要素下面共有 28 个二级要素，具体内容如下。

（一）目标职责

1. 目标

企业应根据自身安全生产实际，制定文件化的总体和年度安全生产与职业卫生目标，并纳入企业总体生产经营目标。明确目标的制定、分解、实施、检查、考核等环节要求，并按照所属基层单位和部门在生产经营活动中所承担的职能，将目标分解为指标，确保落实。

企业应定期对安全生产与职业卫生目标、指标实施情况进行评估和考核，并结合实际及时进行调整。

2. 机构和职责

（1）机构设置

企业应落实安全生产组织领导机构，成立安全生产委员会，并应按照有关规定设置安全生产和职业卫生管理机构，或配备相应的专职或兼职安全生产和职业卫生管理人员，按照有关规定配备注册安全工程师，建立健全从管理机构到基层班组的管理网络。

（2）主要负责人及管理层职责

企业主要负责人全面负责安全生产和职业卫生工作，并履行相应责任和义务。

分管负责人应对各自职责范围内的安全生产和职业卫生工作负责。

各级管理人员应按照安全生产和职业卫生责任制的相关要求，履行其安全生产和职业卫生职责。

3. 全员参与

企业应建立健全安全生产和职业卫生责任制，明确各级部门和从业人员的安全生产和职业卫生职责，并对职责的适宜性、履职情况进行定期评估和监督考核。

企业应为全员参与安全生产和职业卫生工作创造必要的条件，建立激励约束机制，鼓励从业人员积极建言献策，营造自下而上、自上而下全员重视安全生产和职业卫生的良好氛围，不断改进和提升安全生产和职业卫生管理水平。

4. 安全生产投入

企业应建立安全生产投入保障制度，按照有关规定提取和使用安全生产费用，并建立使用台账。

企业应按照有关规定，为从业人员缴纳相关保险费用。企业宜投保安全生产责任保险。

5. 安全文化建设

企业应开展安全文化建设，确立本企业的安全生产和职业病危害防治理念及行为准则，并教育、引导全体人员贯彻执行。

企业开展安全文化建设活动，应符合《企业安全文化建设导则》的规定。

6. 安全生产信息化建设

企业应根据自身实际情况，利用信息化手段加强安全生产管理工作，开展安全生产电子台账管理、重大危险源监控、职业病危害防治、应急管理、安全风险管控和隐患自查自报、安全生产预测预警等信息系统的建设。

（二）制度化管理

1. 法规标准识别

企业应建立安全生产和职业卫生法律法规、标准规范的管理制度，明确主管部门，确定获取的渠道、方式，及时识别和获取适用、有效的法律法规、标准规范，建立安全生产和职业卫生法律法规、标准规范清单和文本数据库。

企业应将适用的安全生产和职业卫生法律法规、标准规范的相关要求及时转化为本单位的规章制度、操作规程，并及时传达给相关从业人员，确保相关要求落实到位。

2. 规章制度

企业应建立健全安全生产和职业卫生规章制度，并征求工会及从业人员意见和建议，规范安全生产和职业卫生管理工作。

企业应确保从业人员及时获取制度文本。

企业安全生产和职业卫生规章制度包括但不限于下列内容：

（1）目标管理。

（2）安全生产和职业卫生责任制。

（3）安全生产承诺。

（4）安全生产投入。

（5）安全生产信息化。

（6）四新（新技术、新材料、新工艺、新设备设施）管理。

（7）文件、记录和档案管理。

（8）安全风险管理、隐患排查治理。

（9）职业病危害防治。

（10）教育培训。

(11)班组安全活动。
(12)特种作业人员管理。
(13)建设项目安全设施、职业病防护设施“三同时”管理。
(14)设备设施管理。
(15)施工和检维修安全管理。
(16)危险物品管理。
(17)危险作业安全管理。
(18)安全警示标志管理。
(19)安全预测预警。
(20)安全生产奖惩管理。
(21)相关方安全管理。
(22)变更管理。
(23)个体防护用品管理。
(24)应急管理。
(25)事故管理。
(26)安全生产报告。
(27)绩效评定管理。

3. 操作规程

企业应按照有关规定,结合本企业生产工艺、作业任务特点以及岗位作业安全风险与职业病防护要求,编制齐全适用的岗位安全生产和职业卫生操作规程,发放到相关岗位员工,并严格执行。

企业应确保从业人员参与岗位安全生产和职业卫生操作规程的编制和修订工作。

企业应在新技术、新材料、新工艺、新设备设施投入使用前,组织制定修订相应的安全生产和职业卫生操作规程,确保其适宜性和有效性。

4. 文档管理

(1)记录管理

企业应建立文件和记录管理制度,明确安全生产和职业卫生规章制度、操作规程的编制、评审、发布、使用、修订、作废以及文件和记录管理的职责、程序和要求。

企业应建立健全主要安全生产和职业卫生过程与结果的记录,并建立和保存有关记录的电子档案,支持查询和检索,便于自身管理使用和行业主管部门调取检查。

(2)评估

企业应每年至少评估一次安全生产和职业卫生法律法规、标准规范、规章制度、操作规程的适宜性、有效性和执行情况。

(3)修订

企业应根据评估结果、安全检查情况、自评结果、评审情况、事故情况等,及时修订安全生产和职业卫生规章制度、操作规程。

(三)教育培训

1. 教育培训管理

企业应建立健全安全教育培训制度,按照有关规定进行培训。培训大纲、内容、时间应满足有关标准的规定。

企业安全教育培训应包括安全生产和职业卫生的内容。

企业应明确安全教育培训主管部门，定期识别安全教育培训需求，制定、实施安全教育培训计划，并保证必要的安全教育培训资源。

企业应如实记录全体从业人员的安全教育和培训情况，建立安全教育培训档案和从业人员个人安全教育培训档案，并对培训效果进行评估和改进。

2. 人员教育培训

(1)主要负责人和管理人员

企业的主要负责人和安全生产管理人员应具备与本企业所从事的生产经营活动相适应的安全生产和职业卫生知识与能力。

企业应对各级管理人员进行教育培训，确保其具备正确履行岗位安全生产和职业卫生职责的知识与能力。

法律法规要求考核其安全生产和职业卫生知识与能力的人员，应按照有关规定经考核合格。

(2)从业人员

企业应对从业人员进行安全生产和职业卫生教育培训，保证从业人员具备满足岗位要求的安全生产和职业卫生知识，熟悉有关的安全生产和职业卫生法律法规、规章制度、操作规程，掌握本岗位的安全操作技能和职业危害防护技能、安全风险辨识和管控方法，了解事故现场应急处置措施，并根据实际需要，定期进行复训考核。

未经安全教育培训合格的从业人员，不应上岗作业。

煤矿、非煤矿山、危险化学品、烟花爆竹、金属冶炼等企业应对新上岗的临时工、合同工、劳务工、轮换工、协议工等进行强制性安全培训，保证其具备本岗位安全操作、自救互救以及应急处置所需的知识和技能后，方能安排上岗作业。

企业的新入厂(矿)从业人员上岗前应经过厂(矿)、车间(工段、区、队)、班组三级安全培训教育，岗前安全教育培训学时和内容应符合国家和行业的有关规定。

在新工艺、新技术、新材料、新设备设施投入使用前，企业应对有关从业人员进行专门的安全生产和职业卫生教育培训，确保其具备相应的安全操作、事故预防和应急处置能力。

从业人员在企业内部调整工作岗位或离岗一年以上重新上岗时，应重新进行车间(工段、区、队)和班组级的安全教育培训。

从事特种作业、特种设备作业的人员应按照有关规定，经专门安全作业培训，考核合格，取得相应资格后，方可上岗作业，并定期接受复审。

企业专职应急救援人员应按照有关规定，经专门应急救援培训，考核合格后，方可上岗，并定期参加复训。

其他从业人员每年应接受再培训，再培训时间和内容应符合国家和地方政府的有关规定。

(3)外来人员

企业应对进入企业从事服务和作业活动的承包商、供应商的从业人员和接收的中等职业学校、高等学校实习生，进行入厂(矿)安全教育培训，并保存记录。

外来人员进入作业现场前，应由作业现场所在单位对其进行安全教育培训，并保存记录。主要内容包括：外来人员入厂(矿)有关安全规定、可能接触到的危害因素、所从事作业的安全要求、作业安全风险分析及安全控制措施、职业病危害防护措施、应急知识等。

企业应对进入企业检查、参观、学习等外来人员进行安全教育，主要内容包括：安全规定、可能接触到的危险有害因素、职业病危害防护措施、应急知识等。

（四）现场管理

1. 设备设施管理

（1）设备设施建设

企业总平面布置应符合相关规范的规定，建筑设计防火和建筑灭火器配置应符合相关规范的规定；建设项目的安全设施和职业病防护设施应与建设项目主体工程同时设计、同时施工、同时投入生产和使用。

企业应按照有关规定进行建设项目安全生产、职业病危害评价，严格履行建设项目安全设施和职业病防护设施设计审查、施工、试运行、竣工验收等管理程序。

（2）设备设施验收

企业应执行设备设施采购、到货验收制度，购置、使用设计符合要求、质量合格的设备设施。设备设施安装后企业应进行验收，并对相关过程及结果进行记录。

（3）设备设施运行

企业应对设备设施进行规范化管理，建立设备设施管理台账。

企业应有专人负责管理各种安全设施以及检测与监测设备，定期检查维护并做好记录。

企业应针对高温、高压和生产、使用、储存易燃、易爆、有毒、有害物质等高风险设备，以及海洋石油开采特种设备和矿山井下特种设备，建立运行、巡检、保养的专项安全管理制度，确保其始终处于安全可靠的运行状态。

安全设施和职业病防护设施不应随意拆除、挪用或弃置不用；确因检维修拆除的，应采取临时安全措施，检维修完毕后立即复原。

（4）设备设施检维修

企业应建立设备设施检维修管理制度，制定综合检维修计划，加强日常检维修和定期检维修管理，落实"五定"原则，即定检维修方案、定检维修人员、定安全措施、定检维修质量、定检维修进度，并做好记录。

检维修方案应包含作业安全风险分析、控制措施、应急处置措施及安全验收标准。检维修过程中应执行安全控制措施，隔离能量和危险物质，并进行监督检查，检维修后应进行安全确认。检维修过程中涉及危险作业的，应按照相关要求执行。

（5）特种设备检测检验

特种设备应按照有关规定，委托具有专业资质的检测、检验机构进行定期检测、检验。涉及人身安全、危险性较大的海洋石油开采特种设备和矿山井下特种设备，应取得矿用产品安全标志或相关安全使用证。

（6）设备设施拆除、报废

企业应建立设备设施报废管理制度。设备设施的报废应办理审批手续，在报废设备设施拆除前应制定方案，并在现场设置明显的报废设备设施标志。报废、拆除涉及许可作业的，应按照相关要求执行，并在作业前对相关作业人员进行培训和安全技术交底。报废、拆除应按方案和许可内容组织落实。

2. 作业安全

（1）作业环境和作业条件

企业应事先分析和控制生产过程及工艺、物料、设备设施、器材、通道、作业环境等存在的安全风险。

生产现场应实行定置管理,保持作业环境整洁。

生产现场应配备相应的安全、职业病防护用品(具)及消防设施与器材,按照有关规定设置应急照明、安全通道,并确保安全通道畅通。

企业应对临近高压输电线路作业、危险场所动火作业、有(受)限空间作业、临时用电作业、爆破作业、封道作业等危险性较大的作业活动,实施作业许可管理,严格履行作业许可审批手续。作业许可应包含安全风险分析、安全及职业病危害防护措施、应急处置等内容。作业许可实行闭环管理。

企业应对作业人员的上岗资格、条件等进行作业前的安全检查,做到特种作业人员持证上岗,并安排专人进行现场安全管理,确保作业人员遵守岗位操作规程和落实安全及职业病危害防护措施。

企业应采取可靠的安全技术措施,对设备能量和危险有害物质进行屏蔽或隔离。

两个以上作业队伍在同一作业区域内进行作业活动时,不同作业队伍相互之间应签订管理协议,明确各自的安全生产、职业卫生管理职责和采取的有效措施,并指定专人进行检查与协调。

危险化学品生产、经营、储存和使用单位的特殊作业,应符合相关规范的规定。

(2)作业行为

企业应依法合理进行生产作业组织和管理,加强对从业人员作业行为的安全管理,对设备设施、工艺技术以及从业人员作业行为等进行安全风险辨识,采取相应的措施,控制作业行为安全风险。

企业应监督、指导从业人员遵守安全生产和职业卫生规章制度、操作规程,杜绝违章指挥、违规作业和违反劳动纪律的"三违"行为。

企业应为从业人员配备与岗位安全风险相适应的、符合规定的个体防护装备与用品,并监督、指导从业人员按照有关规定正确佩戴、使用、维护、保养和检查个体防护装备与用品。

(3)岗位达标

企业应建立班组安全活动管理制度,开展岗位达标活动,明确岗位达标的内容和要求。

从业人员应熟练掌握本岗位安全职责、安全生产和职业卫生操作规程、安全风险及管控措施、防护用品使用、自救互救及应急处置措施。

各班组应按照有关规定开展安全生产和职业卫生教育培训、安全操作技能训练、岗位作业危险预知、作业现场隐患排查、事故分析等工作,并做好记录。

(4)相关方的管理

企业应建立承包商、供应商等安全管理制度,将承包商、供应商等相关方的安全生产和职业卫生纳入企业内部管理,对承包商、供应商等相关方的资格预审、选择、作业人员培训、作业过程检查监督、提供的产品与服务、绩效评估、续用或退出等进行管理。

企业应建立合格承包商、供应商等相关方的名录和档案,定期识别服务行为安全风险,并采取有效的控制措施。

企业不应将项目委托给不具备相应资质或安全生产、职业病防护条件的承包商、供应商等相关方。企业应与承包商、供应商等签订合作协议,明确规定双方的安全生产及职业病防护的责任和义务。

企业应通过供应链关系促进承包商、供应商等相关方达到安全生产标准化要求。

3. 职业健康

(1)基本要求

企业应为从业人员提供符合职业卫生要求的工作环境和条件,为接触职业病危害的从业人员提供个人使用的职业病防护用品,建立、健全职业卫生档案和健康监护档案。

产生职业病危害的工作场所应设置相应的职业病防护设施,并符合相关的规定。

企业应确保使用有毒、有害物品的工作场所与生活区、辅助生产区分开,工作场所不应住人;将有害作业与无害作业分开,高毒工作场所与其他工作场所隔离。

对可能发生急性职业危害的有毒、有害工作场所,应设置检验报警装置,制定应急预案,配置现场急救用品、设备,设置应急撤离通道和必要的泄险区,并定期检查监测。

企业应组织从业人员进行上岗前、在岗期间、特殊情况应急后和离岗时的职业健康检查,将检查结果书面告知从业人员并存档。对检查结果异常的从业人员,应及时就医,并定期复查。企业不应安排未经职业健康检查的从业人员从事接触职业病危害的作业;不应安排有职业禁忌的从业人员从事禁忌作业。从业人员的职业健康监护应符合相关的规定。

各种防护用品、各种防护器具应定点存放在安全、便于取用的地方,建立台账,并有专人负责保管,定期校验、维护和更换。

涉及放射工作场所和放射性同位素运输、贮存的企业,应配置防护设备和报警装置,为接触放射线的从业人员佩带个人剂量计。

(2)职业病危害告知

企业与从业人员订立劳动合同时,应将工作过程中可能产生的职业病危害及其后果和防护措施如实告知从业人员,并在劳动合同中写明。

企业应按照有关规定,在醒目位置设置公告栏,公布有关职业病防治的规章制度、操作规程、职业病危害事故应急救援措施和工作场所职业病危害因素检测结果。对存在或产生职业病危害的工作场所、作业岗位、设备、设施,应在醒目位置设置警示标识和中文警示说明;使用有毒物品作业场所,应设置黄色区域警示线、警示标识和中文警示说明,高毒作业场所应设置红色区域警示线、警示标识和中文警示说明,并设置通信报警设备。高毒物品作业岗位职业病危害告知应符合相关的规定。

(3)职业病危害项目申报

企业应按照有关规定,及时、如实向所在地职业卫生监督管理部门申报职业病危害项目,并及时更新信息。

(4)职业病危害检测与评价

企业应改善工作场所职业卫生条件,控制职业病危害因素浓(强)度不超过规定的限值。

企业应对工作场所职业病危害因素进行日常监测,并保存监测记录。存在职业病危害的,应委托具有相应资质的职业卫生技术服务机构进行定期检测,每年至少进行一次全面的职业病危害因素检测;职业病危害严重的,应委托具有相应资质的职业卫生技术服务机构,每3年至少进行一次职业病危害现状评价。检测、评价结果存入职业卫生档案,并向应急管理部门报告,向从业人员公布。

定期检测结果中职业病危害因素浓度或强度超过职业接触限值的,企业应根据职业卫生技术服务机构提出的整改建议,结合本单位的实际情况,制定切实有效的整改方案,立即进行整改。整改落实情况应有明确的记录并存入职业卫生档案备查。

链接

根据《工作场所有害因素职业接触限值 第1部分:化学有害因素》,职业接触限值是指劳动者在职业活动过程中长期反复接触某种或多种职业性有害因素,不会引起绝大多数接触者不良健康效应的容许接触水平。化学有害因素的职业接触限值分为时间加权平均容许浓度、短时间接触容许浓度和最高容许浓度。其中,时间加权平均容许浓度(PC-TWA)是指以时间为权数规定的8 h工作日、40 h工作周的平均容许接触浓度;短时间接触容许浓度(PC-STEL)是指在实际测得的8 h工作日、40 h工作周平均接触浓度遵守PC-TWA的前提下,容许劳动者短时间(15 min)接触的加权平均浓度;最高容许浓度(MAC)是指在一个工作日内、任何时间、工作地点的化学有害因素均不应超过的浓度。除上述3类外,超限倍数也属于化学有害因素的职业接触限值。

4. 警示标志

企业应按照有关规定和工作场所的安全风险特点,在有重大危险源、较大危险因素和严重职业病危害因素的工作场所,设置明显的、符合有关规定要求的安全警示标志和职业病危害警示标识。其中,警示标志的安全色和安全标志应分别符合相关规定,道路交通标志和标线应符合相关规定,工业管道安全标识应符合相关规定,消防安全标志应符合相关规定,工作场所职业病危害警示标识应符合相关规定。安全警示标志和职业病危害警示标识应标明安全风险内容、危险程度、安全距离、防控办法、应急措施等内容,在有重大隐患的工作场所和设备设施上设置安全警示标志,标明治理责任、期限及应急措施;在有安全风险的工作岗位设置安全告知卡,告知从业人员本企业、本岗位主要危险有害因素、后果、事故预防及应急措施、报告电话等内容。

企业应定期对警示标志进行检查维护,确保其完好有效。

企业应在设备设施施工、吊装、检维修等作业现场设置警戒区域和警示标志,在检维修现场的坑、井、渠、沟、陡坡等场所设置围栏和警示标志,进行危险提示、警示,告知危险的种类、后果及应急措施等。

(五)安全风险管控及隐患排查治理

根据《全国安全生产专项整治三年行动计划》,应加强企业安全管理制度建设,完善和落实企业安全生产诚信、承诺公告、举报奖励和教育培训等制度,建立健全企业风险管控和隐患排查治理情况向负有安全生产监督管理职责的部门和企业职代会"双报告"制度,自觉接受监督。

1. 安全风险管理

(1)安全风险辨识

企业应建立安全风险辨识管理制度,组织全员对本单位安全风险进行全面、系统地辨识。

安全风险辨识范围应覆盖本单位的所有活动及区域,并考虑正常、异常和紧急三种状态及过去、现在和将来三种时态。安全风险辨识应采用适宜的方法和程序,且与现场实际相符。

企业应对安全风险辨识资料进行统计、分析、整理和归档。

(2)安全风险评估

企业应建立安全风险评估管理制度,明确安全风险评估的目的、范围、频次、准则和工作程序等。

企业应选择合适的安全风险评估方法,定期对所辨识出的存在安全风险的作业活动、设备设施、物料等进行评估。在进行安全风险评估时,至少应从影响人、财产和环境三个方面的可能性和严重程度进行分析。

矿山、金属冶炼和危险物品生产、储存企业,每3年应委托具备规定资质条件的专业技术服务机构对本企业的安全生产状况进行安全评价。

链接

安全风险评估的方法主要有风险矩阵法和作业条件危险性评价法。具体内容如下:

(1)风险矩阵法(LS)。风险矩阵分析法是一种半定量的风险评价方法,它在进行风险评价时,将风险事件的后果严重程度相对定性分为若干级,将风险事件发生的可能性也相对定性分为若干级,然后以严重性为表列,以可能性为表行,制成表,在行列的交点上给出定性的加权指数。用公式表示为 $R=L\times S$。式中,R 为风险程度;L 为发生事故的可能性;S 为发生事故的后果严重性,重点考虑伤害程度、持续时间。

(2)作业条件危险性评价法(LEC)。作业条件危险性分析法是一种半定量的风险评价方法,它用与系统风险有关的三种因素指标值的乘积来评价操作人员伤亡风险大小。三种因素分别为:L(事故发生的可能性)、E(人员暴露于危险环境中的频繁程度)和 C(一旦发生事故可能造成的后果)。给三种因素的不同等级分别确定不同的分值,再以三个分值的乘积 D(危险性)来评价作业条件危险性的大小,即:$D=L\times E\times C$。D 值越大,说明该系统危险性大。

(3)安全风险控制

企业应选择工程技术措施、管理控制措施、个体防护措施等,对安全风险进行控制。

企业应根据安全风险评估结果及生产经营状况等,确定相应的安全风险等级,对其进行分级分类管理,实施安全风险差异化动态管理,制定并落实相应的安全风险控制措施。

企业应将安全风险评估结果及所采取的控制措施告知相关从业人员,使其熟悉工作岗位和作业环境中存在的安全风险,掌握、落实应采取的控制措施。

(4)变更管理

企业应制定变更管理制度。变更前应对变更过程及变更后可能产生的安全风险进行分析,制定控制措施,履行审批及验收程序,并告知和培训相关从业人员。

2. 安全风险分级管控体系

(1)体系基本要求

①组织有力、制度保障。企业应建立由主要负责人牵头的风险分级管控组织机构,应建立能够保障风险分级管控体系全过程有效运行的管理制度。

②全员参与、分级负责。企业从基层操作人员到最高管理者,应参与风险辨识、分析、评价和管控;企业应根据风险级别,确定落实管控措施责任单位的层级;风险分级管控以确保风险管控措施持续有效为工作目标。

③自主建设、持续改进。企业应依据本行业领域同类型企业实施指南，建设符合本企业实际的风险分级管控体系。企业应自主完成风险分级管控体系的制度设计、文件编制、组织实施和持续改进，独立进行危险源辨识、风险分析、风险信息整理等相关具体工作。

④系统规范、融合深化。企业风险分级管控体系应与企业现行安全管理体系紧密结合，应在企业安全生产标准化、职业健康安全管理体系等安全管理体系的基础上，进一步深化风险分级管控，形成一体化的安全管理体系，使风险分级管控贯彻于生产经营活动全过程。

⑤注重实际、强化过程。企业应根据自身实际，强化过程管理，制定风险管控体系配套制度，确保体系建设的实效性和实用性。安全管理基础比较薄弱的小微企业，应找准关键风险点，合理确定管控层级，完善控制措施，确保重大风险得到有效管控。

⑥激励约束、重在落实。企业应建立完善的风险管控目标责任考核制度，形成激励先进、约束落后的工作机制。应按照“全员、全过程、全方位”的原则，明确每一个岗位辨识分析风险、落实风险控制措施的责任，并通过评审、更新，不断完善风险分级管控体系。

链接

《安全生产法》规定，生产经营单位必须遵守本法和其他有关安全生产的法律、法规，加强安全生产管理，建立健全全员安全生产责任制和安全生产规章制度，加大对安全生产资金、物资、技术、人员的投入保障力度，改善安全生产条件，加强安全生产标准化、信息化建设，构建安全风险分级管控和隐患排查治理双重预防机制（简称“双重预防机制”），健全风险防范化解机制，提高安全生产水平，确保安全生产。

（2）体系总体结构

①标准层级。安全生产风险分级管控标准体系应包括通则、细则和实施指南三个层级。

②安全生产风险分级管控体系通则。应规定本行业领域企业风险分级管控体系建设的原则要求、任务目标、基本程序和建设内容。

③安全生产风险分级管控体系细则。应规定本行业领域风险分级管控体系建设的具体任务目标，应对确定风险点、危险源辨识、风险评价、风险分级管控等工作程序提出具体要求，应确定本行业常用的危险源辨识方法、风险评价方法，以及风险控制措施的选择与实施。

④安全生产风险分级管控实施指南。应根据本行业领域同类型企业中的风险分级管控体系建设标杆企业的典型经验做法，制定同类型企业风险分级管控体系建设的工作方法、实施步骤，明确风险点划分、风险判定、控制措施确定和分级管控等具体原则，确定同类型企业常用的危险源辨识方法、风险评价方法和典型风险控制措施，以及相关配套制度、记录文件等，指导同类型企业开展风险分级管控体系建设。

3. 重大危险源辨识与管理

企业应建立重大危险源管理制度，全面辨识重大危险源，对确认的重大危险源制定安全管理技术措施和应急预案。

涉及危险化学品的企业应按照相关的规定，进行重大危险源辨识和管理。

企业应对重大危险源进行登记建档，设置重大危险源监控系统，进行日常监控，并按照有关规定向所在地安全监管部门备案。重大危险源安全监控系统应符合相关技术规定。

含有重大危险源的企业应将监控中心（室）视频监控数据、安全监控系统状态数据和监测数据与有关安全监管部门监管系统联网。

4. 隐患排查治理

（1）隐患排查

企业应建立隐患排查治理制度，逐渐建立并落实从主要负责人到每位从业人员的隐患排查治理和防控责任制。并按照有关规定组织开展隐患排查治理工作，及时发现并消除隐患，实行隐患闭环管理。

企业应根据有关法律法规、标准规范等，组织制定各部门、岗位、场所、设备设施的隐患排查治理标准或排查清单，明确隐患排查的时限、范围、内容和要求，并组织开展相应的培训。隐患排查的范围应包括所有与生产经营相关的场所、人员、设备设施和活动，包括承包商和供应商等相关方服务范围。

企业应按照有关规定，结合安全生产的需要和特点，采用综合检查、专业检查、季节性检查、节假日检查、日常检查等不同方式进行隐患排查。对排查出的隐患，按照隐患的等级进行记录，建立隐患信息档案，并按照职责分工实施监控治理。组织有关人员对本企业可能存在的重大隐患作出认定，并按照有关规定进行管理。

企业应将相关方排查出的隐患统一纳入本企业隐患管理。

（2）隐患治理

企业应根据隐患排查的结果，制定隐患治理方案，对隐患及时进行治理。

企业应按照责任分工立即或限期组织整改一般隐患。主要负责人应组织制定并实施重大隐患治理方案。治理方案应包括目标和任务、方法和措施、经费和物资、机构和人员、时限和要求、应急预案等。

企业在隐患治理过程中，应采取相应的监控防范措施。隐患排除前或排除过程中无法保证安全的，应从危险区域内撤出作业人员，疏散可能危及的人员，设置警戒标志，暂时停产停业或停止使用相关设备、设施。

（3）验收与评估

隐患治理完成后，企业应按照有关规定对治理情况进行评估、验收。重大隐患治理完成后，企业应组织本企业的安全管理人员和有关技术人员进行验收或委托依法设立的为安全生产提供技术、管理服务的机构进行评估。

（4）信息记录、通报和报送

企业应如实记录隐患排查治理情况，至少每月进行统计分析，及时将隐患排查治理情况向从业人员通报。

企业应运用隐患自查、自改、自报信息系统，通过信息系统对隐患排查、报告、治理、销账等过程进行电子化管理和统计分析，并按照当地安全监管部门和有关部门的要求，定期或实时报送隐患排查治理情况。

5. 预测预警

企业应根据生产经营状况、安全风险管理及隐患排查治理、事故等情况，运用定量或定性的安全生产预测预警技术,建立体现企业安全生产状况及发展趋势的安全生产预测预警体系。

(六)应急管理

1. 应急准备

(1)应急救援组织

企业应按照有关规定建立应急管理组织机构或指定专人负责应急管理工作,建立与本企业安全生产特点相适应的专(兼)职应急救援队伍。按照有关规定可以不单独建立应急救援队伍的,应指定兼职救援人员,并与邻近专业应急救援队伍签订应急救援服务协议。

(2)应急预案

企业应在开展安全风险评估和应急资源调查的基础上,建立生产安全事故应急预案体系,制定符合规定的生产安全事故应急预案,针对安全风险较大的重点场所(设施)制定现场处置方案,并编制重点岗位、人员应急处置卡。

企业应按照有关规定将应急预案报当地主管部门备案,并通报应急救援队伍、周边企业等有关应急协作单位。

企业应定期评估应急预案,及时根据评估结果或实际情况的变化进行修订和完善,并按照有关规定将修订的应急预案及时报当地主管部门备案。

(3)应急设施、装备、物资

企业应根据可能发生的事故种类特点,按照有关规定设置应急设施,配备应急装备,储备应急物资,建立管理台账,安排专人管理,并定期检查、维护、保养,确保其完好、可靠。

(4)应急演练

企业应按照规定定期组织公司(厂、矿)、车间(工段、区、队)、班组开展生产安全事故应急演练,做到一线从业人员到主要负责人参与应急演练全覆盖,并按照规定对演练进行总结和评估,根据评估结论和演练发现的问题,修订、完善应急预案,改进应急准备工作。

(5)应急救援信息系统建设

矿山、金属冶炼等企业,生产、经营、运输、储存、使用危险物品或处置废弃危险物品的生产经营单位,应建立生产安全事故应急救援信息系统,并与所在地县级以上地方人民政府负有安全生产监督管理职责部门的安全生产应急管理信息系统互联互通。

2. 应急处置

发生事故后,企业应根据预案要求,立即启动应急响应程序,按照有关规定报告事故情况,并开展先期处置:

(1)发出警报,在不危及人身安全时,现场人员采取阻断或隔离事故源、危险源等措施;严重危及人身安全时,迅速停止现场作业,现场人员采取必要的或可能的应急措施后撤离危险区域。

(2)立即按照有关规定和程序报告本企业有关负责人,有关负责人应立即将事故发生的时间、地点、当前状态等简要信息向所在地县级以上地方人民政府负有安全生产监督管理职责的有关部门报告,并按照有关规定及时补报、续报有关情况;情况紧急时,事故现场有关人员可以直接向有关部门报告;对可能引发次生事故灾害的,应及时报告相关主管部门。

(3)研判事故危害及发展趋势,将可能危及周边生命、财产、环境安全的危险性和防护措施等告知相关单位与人员；遇有重大紧急情况时，应立即封闭事故现场，通知本单位从业人员和周边人员疏散，采取转移重要物资、避免或减轻环境危害等措施。

(4)请求周边应急救援队伍参加事故救援，维护事故现场秩序，保护事故现场证据。准备事故救援技术资料，做好向所在地人民政府及负有安全生产监督管理职责的部门移交救援工作指挥权的各项准备。

3. 应急评估

企业应对应急准备、应急处置工作进行评估。

矿山、金属冶炼等企业，生产、经营、运输、储存、使用危险物品或处置废弃危险物品的企业，应每年进行一次应急准备评估。

完成险情或事故应急处置后，企业应主动配合有关组织开展应急处置评估。

提示

企业应每年开展一次应急能力评估，并编制评估报告。

典型例题

【单选题】某煤矿针对规范“应急管理”体系要素内容相关工作展开了讨论，根据《企业安全生产标准化基本规范》，关于“应急管理”体系要素内容归属的说法，正确的是(　　)。

A. 每年开展一次应急能力评估属于“应急处置”要素的内容

B. 每年开展一次应急准备的评估属于“应急处置”要素的内容

C. 工业广场防汛应急演练时协同周边企业开展救援属于“应急处置”要素的内容

D. 井下触电事故救援结束后开展应急处置评估属于“应急处置”要素的内容

C。**【解析】**选项A，D属于“应急评估”要素的内容；选项B属于“应急准备”要素的内容；选项C属于“应急处置”要素的内容。

(七)事故管理

1. 报告

企业应建立事故报告程序，明确事故内外部报告的责任人、时限、内容等，并教育、指导从业人员严格按照有关规定的程序报告发生的生产安全事故。

企业应妥善保护事故现场以及相关证据。

事故报告后出现新情况的，应当及时补报。

2. 调查和处理

企业应建立内部事故调查和处理制度，按照有关规定、行业标准和国际通行做法，将造成人员伤亡(轻伤、重伤、死亡等人身伤害和急性中毒)和财产损失的事故纳入事故调查和处理范畴。

企业发生事故后，应及时成立事故调查组，明确其职责与权限，进行事故调查。事故调查应查明事故发生的时间、经过、原因、波及范围、人员伤亡情况及直接经济损失等。

事故调查组应根据有关证据、资料，分析事故的直接、间接原因和事故责任，提出应吸取的教训、整改措施和处理建议，编制事故调查报告。

企业应开展事故案例警示教育活动，认真吸取事故教训，落实防范和整改措施，防止类似事故再次发生。

企业应根据事故等级，积极配合有关人民政府开展事故调查。

3. 管理

企业应建立事故档案和管理台账，将承包商、供应商等相关方在企业内部发生的事故纳入本企业事故管理。

企业应按照有关规定和国家、行业确定的事故统计指标开展事故统计分析。

(八)持续改进

1. 绩效评定

企业每年至少应对安全生产标准化管理体系的运行情况进行一次自评，验证各项安全生产制度措施的适宜性、充分性和有效性，检查安全生产和职业卫生管理目标、指标的完成情况。

企业主要负责人应全面负责组织自评工作，并将自评结果向本企业所有部门、单位和从业人员通报。自评结果应形成正式文件，并作为年度安全绩效考评的重要依据。

企业应落实安全生产报告制度，定期向业绩考核等有关部门报告安全生产情况，并向社会公示。

企业发生生产安全责任死亡事故，应重新进行安全绩效评定，全面查找安全生产标准化管理体系中存在的缺陷。

2. 持续改进

企业应根据安全生产标准化管理体系的自评结果和安全生产预测预警系统所反映的趋势，以及绩效评定情况，客观分析企业安全生产标准化管理体系的运行质量，及时调整完善相关制度文件和过程管控，持续改进，不断提高安全生产绩效。

安全生产标准化的评定结果中应明确的事项，下面以典型例题的形式进行讲解。

典型例题

【单选题】某企业在开展安全生产标准化建设过程中，注重结合企业自身的特点，建立并保持安全生产标准化系统，建立安全生产长效机制，不断提高安全生产管理水平。企业按照《企业安全生产标准化基本规范》的要求进行了自评并形成了评定结果。该企业应在安全生产标准化的评定结果中明确的事项是(　　)。

A. 企业生产工艺和技术发生的变化

B. 依据法律、法规、规章和标准发生的变化

C. 部门、所属单位、员工安全绩效考评结果

D. 统计技术、信息技术等在系统中的使用情况和效果

D。**【解析】**安全生产标准化的评定结果应明确的事项除了选项 D 外，还包括：(1)系统运行效果。(2)系统中各种资源的使用效果。(3)系统运行中出现的问题和缺陷，所采取的改进措施。(4)绩效监测系统的适宜性以及结果的准确性。(5)与相关方的关系等。

第二节 企业安全生产标准化建设定级与评审监督管理

一、企业安全生产标准化建设定级

为进一步规范和促进企业开展安全生产标准化（以下简称标准化）建设，建立并保持安全生产管理体系，全面管控生产经营活动各环节的安全生产工作，不断提升安全管理水平，根据《安全生产法》，制定《企业安全生产标准化建设定级办法》。

《企业安全生产标准化建设定级办法》适用于全国化工（含石油化工）、医药、危险化学品、烟花爆竹、石油开采、冶金、有色、建材、机械、轻工、纺织、烟草、商贸等行业企业（以下统称企业）。

企业应当按照安全生产有关法律、法规、规章、标准等要求，加强标准化建设，可以依据本办法自愿申请标准化定级。

企业标准化等级由高到低分为一级、二级、三级。企业标准化定级标准由应急管理部按照行业分别制定。应急管理部未制定行业标准化定级标准的，省级应急管理部门可以自行制定，也可以参照《企业安全生产标准化基本规范》配套的定级标准，在本行政区域内开展二级、三级企业建设工作。

企业标准化定级实行分级负责。应急管理部为一级企业以及海洋石油全部等级企业的定级部门。省级和设区的市级应急管理部门分别为本行政区域内二级、三级企业的定级部门。

标准化定级工作不得向企业收取任何费用。各级定级部门可以通过政府购买服务方式确定从事安全生产相关工作的事业单位或者社会组织作为标准化定级组织单位（以下简称组织单位），委托其负责受理和审核企业自评报告、监督现场评审过程和质量等具体工作，并向社会公布组织单位名单。各级定级部门可以通过政府购买服务方式委托从事安全生产相关工作的单位负责现场评审工作，并向社会公布名单。

企业标准化定级按照自评、申请、评审、公示、公告的程序进行。

（1）自评。企业应当自主开展标准化建设，成立由其主要负责人任组长、有员工代表参加的工作组，按照生产流程和风险情况，对照所属行业标准化定级标准，将本企业标准和规范融入安全生产管理体系，做到全员参与，实现安全管理系统化、岗位操作行为规范化、设备设施本质安全化、作业环境器具定置化。每年至少开展一次自评工作，并形成书面自评报告，在企业内部公示不少于 10 个工作日，及时整改发现的问题，持续改进安全绩效。

（2）申请。申请定级的企业，依拟申请的等级向相应组织单位提交自评报告，并对其真实性负责。组织单位收到企业自评报告后，应当根据下列情况分别作出处理：

①自评报告内容存在错误、不齐全或者不符合规定形式的，在 5 个工作日内一次书面告知企业需要补正的全部内容；逾期不告知的，自收到自评报告之日起即为受理。

②自评报告内容齐全、符合规定形式，或者企业按照要求补正全部内容后，对自评报告逐项进行审核。对符合申请条件的，将审核意见和企业自评报告一并报送定级部门，并书面告知企业；对不符合的，书面告知企业并说明理由。

审核、报送和告知工作应当在10个工作日内完成。

(3)评审。定级部门对组织单位报送的审核意见和企业自评报告进行确认后，由组织单位通知负责现场评审的单位成立现场评审组在20个工作日内完成现场评审，将现场评审情况及不符合项等形成现场评审报告，初步确定企业是否达到拟申请的等级，并书面告知企业。

企业收到现场评审报告后，应当在20个工作日内完成不符合项整改工作，并将整改情况报告现场评审组。特殊情况下，经组织单位批准，整改期限可以适当延长，但延长的期限最长不超过20个工作日。

现场评审组应当指导企业做好整改工作，并在收到企业整改情况报告后10个工作日内采取书面检查或者现场复核的方式，确认整改是否合格，书面告知企业，并由负责现场评审的单位书面告知组织单位。企业未在规定期限内完成整改的，视为整改不合格。

(4)公示。组织单位将确认整改合格、符合相应定级标准的企业名单定期报送相应定级部门；定级部门确认后，应当在本级政府或者本部门网站向社会公示，接受社会监督，公示时间不少于7个工作日。公示期间，收到企业存在不符合定级标准以及其他相关要求问题反映的，定级部门应当组织核实。

(5)公告。对公示无异议或者经核实不存在所反映问题的企业，定级部门应当确认其等级，予以公告，并抄送同级工业和信息化、人力资源社会保障、国有资产监督管理、市场监督管理等部门和工会组织，以及相应银行保险和证券监督管理机构。对未予公告的企业，由定级部门书面告知其未通过定级，并说明理由。

申请定级的企业应当在自评报告中，由其主要负责人承诺符合以下条件：

(1)依法应当具备的证照齐全有效。

(2)依法设置安全生产管理机构或者配备安全生产管理人员。

(3)主要负责人、安全生产管理人员、特种作业人员依法持证上岗。

(4)申请定级之日前1年内，未发生死亡、总计3人及以上重伤或者直接经济损失总计100万元及以上的生产安全事故。

(5)未发生造成重大社会不良影响的事件。

(6)未被列入安全生产失信惩戒名单。

(7)前次申请定级被告知未通过之日起满1年。

(8)被撤销标准化等级之日起满1年。

(9)全面开展隐患排查治理，发现的重大隐患已完成整改。

申请一级企业的，还应当承诺符合以下条件：

(1)从未发生过特别重大生产安全事故，且申请定级之日前5年内未发生过重大生产安全事故、前2年内未发生过生产安全死亡事故。

(2)按照《企业职工伤亡事故分类》《事故伤害损失工作日标准》，统计分析年度事故起数、伤亡人数、损失工作日、千人死亡率、千人重伤率、伤害频率、伤害严重率等，并自前次取得标准化等级以来逐年下降或者持平。

(3)曾被定级为一级，或者被定级为二级、三级并有效运行3年以上。

发现企业存在承诺不实的，定级相关工作即行终止，3年内不再受理该企业标准化定级申请。

企业标准化等级有效期为3年。

已经取得标准化等级的企业，可以在有效期届满前3个月再次按照本办法第七条规定的程序申请定级。

对再次申请原等级的企业，在标准化等级有效期内符合以下条件的，经定级部门确认后，直接予以公示和公告：

（1）未发生生产安全死亡事故。

（2）一级企业未发生总计重伤3人及以上或者直接经济损失总计100万元及以上的生产安全事故，二级、三级企业未发生总计重伤5人及以上或者直接经济损失总计500万元及以上的生产安全事故。

（3）未发生造成重大社会不良影响的事件。

（4）有关法律、法规、规章、标准及所属行业定级相关标准未作重大修订。

（5）生产工艺、设备、产品、原辅材料等无重大变化，无新建、改建、扩建工程项目。

（6）按照规定开展自评并提交自评报告。

各级应急管理部门在日常监管执法工作中，发现企业存在以下情形之一的，应当立即告知并由原定级部门撤销其等级。原定级部门应当予以公告并同时抄送同级工业和信息化、人力资源社会保障、国有资产监督管理、市场监督管理等部门和工会组织，以及相应银行保险和证券监督管理机构。

（1）发生生产安全死亡事故的。

（2）连续12个月内发生总计重伤3人及以上或者直接经济损失总计100万元及以上的生产安全事故的。

（3）发生造成重大社会不良影响事件的。

（4）瞒报、谎报、迟报、漏报生产安全事故的。

（5）被列入安全生产失信惩戒名单的。

（6）提供虚假材料，或者以其他不正当手段取得标准化等级的。

（7）行政许可证照注销、吊销、撤销的，或者不再从事相关行业生产经营活动的。

（8）存在重大生产安全事故隐患，未在规定期限内完成整改的。

（9）未按照标准化管理体系持续、有效运行，情节严重的。

各级应急管理部门应当协调有关部门采取有效激励措施，支持和鼓励企业开展标准化建设。

（1）将企业标准化建设情况作为分类分级监管的重要依据，对不同等级的企业实施差异化监管。对一级企业，以执法抽查为主，减少执法检查频次。

（2）因安全生产政策性原因对相关企业实施区域限产、停产措施的，原则上一级企业不纳入范围。

（3）停产后复产验收时，原则上优先对一级企业进行复产验收。

（4）标准化等级企业符合工伤保险费率下浮条件的，按规定下浮其工伤保险费率。

（5）标准化等级企业的安全生产责任保险按有关政策规定给予支持。

（6）将企业标准化等级作为信贷信用等级评定的重要依据之一。支持鼓励金融信贷机构向符合条件的标准化等级企业优先提供信贷服务。

(7)标准化等级企业申报国家和地方质量奖励、优秀品牌等资格和荣誉的,予以优先支持或者推荐。

(8)对符合评选推荐条件的标准化等级企业,优先推荐其参加所属地区、行业及领域的先进单位(集体)、安全文化示范企业等评选。

组织单位和负责现场评审的单位及其人员不得参与被评审企业的标准化培训、咨询相关工作。

各级定级部门应当加强对组织单位和负责现场评审的单位及其人员的监督管理,对标准化相关材料进行抽查,发现存在审核把关不严、现场评审结论失实、报告抄袭雷同或有明显错误等问题的,约谈有关单位主要负责人;发现组织单位和负责现场评审的单位及其人员参与被评审企业的标准化培训、咨询相关工作,或存在收取企业费用、出具虚假报告等行为的,取消有关单位资格,依法依规严肃处理。

企业标准化定级各环节相关工作通过应急管理部企业安全生产标准化信息管理系统进行。

二、企业安全生产标准化评审监督管理

(一)评审机构和人员

安全生产标准化工作机构一般应包括评审组织单位和评审单位,由一定数量的评审人员参与日常工作。

评审组织单位应具有固定工作场所和办公设施,设有专职工作人员。负责对评审单位的日常管理工作和对评审单位的现场评审工作进行抽查;承担评审人员培训、考核与管理等工作。应定期开展对评审人员的继续教育培训,不断提高评审能力和水平。

评审组织单位不得向企业收取任何费用;应参照当地物价部门制定的类似业务收费标准规范评审单位评审收费。

评审单位是指由安全监管部门考核确定、具体承担企业安全生产标准化评审工作的第三方机构。应配备满足各评定标准评审工作需要的评审人员,保证评审结果的科学性、先进性和准确性。

评审人员包括评审单位的评审员和聘请的评审专家,按评定标准参加相关专业领域的评审工作,对其作出的文件审查和现场评审结论负责。

评审组织单位、评审单位、评审人员要按照"服务企业、公正自律、确保质量、力求实效"的原则开展工作。

一级企业的评审组织单位、评审单位和评审人员基本条件由国家安全监管总局按照行业分别确定;二级企业的评审组织单位、评审单位和评审人员基本条件由省级安全监管部门负责确定;三级企业的评审组织单位、评审单位和评审人员基本条件由市级安全监管部门负责确定。

海洋石油天然气企业安全生产标准化的评审组织单位、评审单位和评审人员基本条件由国家应急管理部确定。

(二)监督管理部门

各级安全监管部门要指导监督企业将着力点放在建立企业安全生产管理体系,运用

安全生产标准化规范企业安全管理和提高安全管理能力上，注重实效，严防走过场、走形式。

各级安全监管部门要将企业安全生产标准化建设和隐患排查治理体系建设的效果，作为实施分级分类监管的重要依据，实施差异化的管理，将未达到安全生产标准化等级要求的企业作为安全监管重点，加大执法检查力度，督促企业提高安全管理水平。

各级安全监管部门在企业安全生产标准化建设工作中不得收取任何费用。

各级安全监管部门要规范对评审组织单位、评审单位的管理，强化监督检查，督促其做好安全生产标准化评审相关工作；对于在评审工作中弄虚作假、牟取不正当利益等行为的评审单位，一律取消评审单位资格；对于出现违法违规行为的评审单位法人和评审人员，依法依规严肃查处，并追究责任。

第三节　企业双重预防机制的构建

《中共中央 国务院关于推进安全生产领域改革发展的意见》中指出，为进一步加强安全生产工作，应坚持源头防范。严格安全生产市场准入，经济社会发展要以安全为前提，把安全生产贯穿城乡规划布局、设计、建设、管理和企业生产经营活动全过程。构建风险分级管控和隐患排查治理双重预防工作机制，严防风险演变、隐患升级导致生产安全事故发生。

《国务院安委会办公室关于实施遏制重特大事故工作指南构建双重预防机制的意见》中指出，构建安全风险分级管控和隐患排查治理双重预防机制（以下简称双重预防机制），是遏制重特大事故的重要举措，就构建双重预防机制提出以下意见。

一、总体思路和工作目标

（一）总体思路

准确把握安全生产的特点和规律，坚持风险预控、关口前移，全面推行安全风险分级管控，进一步强化隐患排查治理，推进事故预防工作科学化、信息化、标准化，实现把风险控制在隐患形成之前、把隐患消灭在事故前面。

（二）工作目标

尽快建立健全安全风险分级管控和隐患排查治理的工作制度和规范，完善技术工程支撑、智能化管控、第三方专业化服务的保障措施，实现企业安全风险自辨自控、隐患自查自治，形成政府领导有力、部门监管有效、企业责任落实、社会参与有序的工作格局，提升安全生产整体预控能力，夯实遏制重特大事故的坚强基础。

二、着力构建企业双重预防机制

（一）全面开展安全风险辨识

各地区要指导推动各类企业按照有关制度和规范，针对本企业类型和特点，制定科学的安全风险辨识程序和方法，全面开展安全风险辨识。企业要组织专家和全体员工，采取安全绩效奖惩等有效措施，全方位、全过程辨识生产工艺、设备设施、作业环境、人员行为和管理体系等方面存在的安全风险，做到系统、全面、无遗漏，并持续更新完善。

（二）科学评定安全风险等级

企业要对辨识出的安全风险进行分类梳理，参照《企业职工伤亡事故分类》，综合考虑起因物、引起事故的诱导性原因、致害物、伤害方式等，确定安全风险类别。对不同类别的安全风险，采用相应的风险评估方法确定安全风险等级。安全风险评估过程要突出遏制重特大事故，高度关注暴露人群，聚焦重大危险源、劳动密集型场所、高危作业工序和受影响的人群规模。安全风险等级从高到低划分为重大风险、较大风险、一般风险和低风险，分别用红、橙、黄、蓝四种颜色标示。其中，重大安全风险应填写清单、汇总造册，按照职责范围报告属地负有安全生产监督管理职责的部门。要依据安全风险类别和等级建立企业安全风险数据库，绘制企业“红橙黄蓝”四色安全风险空间分布图。

链接

根据《危险化学品生产使用企业老旧装置安全风险评估指南（试行）》，在役装置应经过正规设计，未经过正规设计的在役化工装置应进行安全设计诊断，检查方式为查设计文件。要求对老旧装置全面排查并精准评估老旧装置安全风险。根据评估指南文件，在自查过程中应按照具体的自查标准进行自查，而不能使用经验方法进行自查。

（三）有效管控安全风险

企业要根据风险评估的结果，针对安全风险特点，从组织、制度、技术、应急等方面对安全风险进行有效管控。要通过隔离危险源、采取技术手段、实施个体防护、设置监控设施等措施，达到回避、降低和监测风险的目的。要对安全风险分级、分层、分类、分专业进行管理，逐一落实企业、车间、班组和岗位的管控责任，尤其要强化对重大危险源和存在重大安全风险的生产经营系统、生产区域、岗位的重点管控。企业要高度关注运营状况和危险源变化后的风险状况，动态评估、调整风险等级和管控措施，确保安全风险始终处于受控范围内。

（四）实施安全风险公告警示

企业要建立完善安全风险公告制度，并加强风险教育和技能培训，确保管理层和每名员工都掌握安全风险的基本情况及防范、应急措施。要在醒目位置和重点区域分别设置安全风险公告栏，制作岗位安全风险告知卡，标明主要安全风险、可能引发事故隐患类别、事故后果、管控措施、应急措施及报告方式等内容。对存在重大安全风险的工作场所和岗位，要设置明显警示标志，并强化危险源监测和预警。

（五）建立完善隐患排查治理体系

风险管控措施失效或弱化极易形成隐患，酿成事故。企业要建立完善隐患排查治理制度，制定符合企业实际的隐患排查治理清单，明确和细化隐患排查的事项、内容和频次，并将责任逐一分解落实，推动全员参与自主排查隐患，尤其要强化对存在重大风险的场所、环节、部位的隐患排查。要通过与政府部门互联互通的隐患排查治理信息系统，全过程记录报告隐患排查治理情况。对于排查发现的重大事故隐患，应当在向负有安全生产监督管理职责的部门报告的同时，制定并实施严格的隐患治理方案，做到责任、措施、资金、时限和预案“五落实”，实现隐患排查治理的闭环管理。事故隐患整治过程中无法保证安全的，应停产停业或者停止使用相关设施设备，及时撤出相关作业人员，必要时向当地人民政府提出申请，配合疏散可能受到影响的周边人员。

典型例题

【单选题】某化工企业为落实《国务院安委会办公室关于实施遏制重特大事故工作指南构建双重预防机制的意见》，开展了如下工作：①聘请专家对化学品库房中的危险源进行排查。②安全管理人员运用 LEC 法进行作业现场安全分析。③对可能含有毒有害气体的设备加装监控装置。④绘制生产过程中的安全风险空间分布图。根据上述工作，符合构建双重预防机制内容的说法，正确的是(　　)。

A. ①属于落实风险管控责任人

B. ②属于科学评定安全风险等级

C. ③属于开展安全风险辨识

D. ④属于实施安全风险公告警示

B。【解析】①属于全面开展安全风险辨识；②属于科学评定安全风险等级；③属于有效管控安全风险；④属于科学评定安全风险等级。

三、健全完善双重预防机制的政府监管体系

(一)健全完善标准规范

国务院应急管理部门要协调有关部门制定完善安全风险分级管控和隐患排查治理的通用标准规范，其他负有安全生产监督管理职责的行业部门要根据本行业领域特点，按照通用标准规范，分行业制定安全风险分级管控和隐患排查治理的制度规范，明确安全风险类别、评估分级的方法和依据，明晰重大事故隐患判定依据。

(二)实施分级分类安全监管

各地区、各有关部门要督促指导企业落实主体责任，认真开展安全风险分级管控和隐患排查治理双重预防工作。

(三)有效管控区域安全风险

各地区要组织对公共区域内的安全风险进行全面辨识和评估，根据风险分布情况和可能造成的危害程度，确定区域安全风险等级，并结合企业报告的重大安全风险情况，汇总建立区域安全风险数据库，绘制区域“红橙黄蓝”四色安全风险空间分布图。

(四)加强安全风险源头管控

制定重大政策、实施重大工程、举办重大活动时，要开展专项安全风险评估，根据评估结果制定有针对性的安全风险管控措施和应急预案。要明确高危行业企业最低生产经营规模标准，严禁新建不符合产业政策、不符合最低规模、采用国家明令禁止或淘汰的设备和工艺要求的项目，现有企业不符合相关要求的，要责令整改。

第五章 安全评价

第一节 安全评价的相关内容

一、安全评价的概述

(一)相关定义

1. 安全评价

以实现安全为目的,应用安全系统工程原理和方法,辨识与分析工程、系统、生产经营活动中的危险、有害因素,预测发生事故或造成职业危害的可能性及其严重程度,提出科学、合理、可行的安全对策措施建议,做出评价结论的活动。安全评价可针对一个特定的对象,也可针对一定区域范围。安全评价按照实施阶段的不同分为三类:安全预评价、安全验收评价、安全现状评价。

2. 安全预评价

在建设项目可行性研究阶段、工业园区规划阶段或生产经营活动组织实施之前,根据相关的基础资料,辨识与分析建设项目、工业园区、生产经营活动潜在的危险、有害因素,确定其与安会生产法律法规、规章、标准、规范的符合性,预测发生事故的可能性及其严重程度,提出科学、合理、可行的安全对策措施建议,做出安全评价结论的活动。

3. 安全验收评价

在建设项目竣工后正式生产运行前或工业园区建设完成后,通过检查建设项目安全设施与主体工程同时设计、同时施工、同时投入生产和使用的情况或工业园区内的安全设施、设备、装置投入生产和使用的情况,检查安全生产管理措施到位情况,检查安全生产规章制度健全情况,检查事故应急救援预案建立情况,审查确定建设项目、工业园区建设满足安全生产法律法规、规章、标准、规范要求的符合性,从整体上确定建设项目、工业园区的运行状况和安全管理情况,做出安全验收评价结论的活动。

4. 安全现状评价

针对生产经营活动中、工业园区内的事故风险、安全管理等情况,辨识与分析其存在的危险、有害因素,审查确定其与安全生产法律法规、规章、标准、规范要求的符合性,预测发生事故或造成职业危害的可能性及其严重程度,提出科学、合理、可行的安全对策措施建议,做出安全现状评价结论的活动。安全现状评价既适用于对一个生产经营单位或一个工业园区的评价,也适用于某一特定的生产方式、生产工艺、生产装置或作业场所的评价。

5. 安全评价机构

是指依法取得安全评价相应的资质,按照资质证书规定的业务范围开展安全评价活动的社会中介服务组织。

6. 安全评价人员

是指依法取得《安全评价人员资格证书》,并经从业登记的专业技术人员。其中,与所登记服务的机构建立法定劳动关系,专职从事安全评价活动的安全评价人员,称为专职安全评价人员。

(二)安全评价的程序

安全评价程序为:前期准备;辨识与分析危险、有害因素;划分评价单元;定性、定量评价;提出安全对策措施建议;做出评价结论;编制安全评价报告。

(三)安全评价的内容

1. 前期准备

明确评价对象,备齐有关安全评价所需的设备、工具,收集国内外相关法律法规、标准、规章、规范等资料。

2. 辨识与分析危险、有害因素

根据评价对象的具体情况,辨识和分析危险、有害因素,确定其存在的部位、方式,以及发生作用的途径和变化规律。

3. 划分评价单元

评价单元划分应科学、合理,便于实施评价,相对独立且具有明显的特征界限。

链接

将安全评价总目标从“人、机、料、法、环”的角度,分解为人力与管理单元、设备与设施单元、物料与材料单元、措施(方法)与工艺单元、环境与场所单元。

4. 定性、定量评价

根据评价单元的特性,选择合理的评价方法,对评价对象发生事故的可能性及其严重程度进行定性、定量评价。

5. 对策措施建议

依据危险、有害因素辨识结果与定性、定量评价结果,遵循针对性、技术可行性、经济合理性的原则,提出消除或减弱危险、危害的技术和管理对策措施建议。

对策措施建议应具体详实、具有可操作性。按照针对性和重要性的不同,措施和建议可分为应采纳和宜采纳两种类型。

6. 安全评价结论

安全评价机构应根据客观、公正、真实的原则,严谨、明确地做出安全评价结论。

安全评价结论的内容应包括高度概括评价结果,从风险管理角度给出评价对象在评价时与国家有关安全生产的法律法规、标准、规章、规范的符合性结论,给出事故发生的可能性和严重程度的预测性结论,以及采取安全对策措施后的安全状态等。

以往考试中会考查安全评价中的具体对策措施,下面以典型例题的形式进行讲解。

典型例题

【单选题】某安全评价机构承接了一煤矿井下评价项目。为提高评价报告质量,安排本项目组以外评价人员再次对评价项目进行实地考察,进一步辨识现场存在的危险有害因素,同时补充相应的对策措施。下列通风、防尘评价单元补充的对策措施中,错误的是( )。

A. 主要通风机应在 10 min 内实施反风

B. 半煤岩巷掘进应采取湿式凿岩措施

C. 井下空气中的氧气含量不能低于 19.5%

D. 井下矿工每人供风量至少保证 4 m^3/min

C。【解析】井下空气成分必须符合下列要求:(1)采掘工作面的进风流中,氧气浓度不低于 20%,二氧化碳浓度不超过 0.5%。(2)有害气体的浓度不超过规定值。故选项 C 错误。

（四）安全评价报告

1. 安全评价报告的要求

安全评价报告是安全评价过程的具体体现和概括性总结。安全评价报告是评价对象实现安全运行的技术性指导文件，对完善自身安全管理、应用安全技术等方面具有重要作用。安全评价报告作为第三方出具的技术性咨询文件，可为政府安全生产监管、监察部门、行业主管部门等相关单位对评价对象的安全行为进行法律法规、标准、行政规章、规范的符合性判别所用。

安全评价报告应全面、概括地反映安全评价过程的全部工作，文字应简洁、准确，提出的资料应清楚可靠，论点明确，利于阅读和审查。

2. 安全评价报告的格式

（1）评价报告的基本格式要求

①封面。

②安全评价资质证书影印件。

③著录项。

④前言。

⑤目录。

⑥正文。

⑦附件。

⑧附录。

（2）规格

安全评价报告应采用 A4 幅面，左侧装订。

（3）封面格式

①封面的内容。包括委托单位名称；评价项目名称；标题；安全评价机构名称；安全评价机构资质证书编号；评价报告完成时间。

②标题。标题应统一写为“安全××评价报告”，其中××应根据评价项目的类别填写为：预收、验收或现状。

二、安全预评价

（一）安全预评价的程序

安全预评价程序为：前期准备；辨识与分析危险、有害因素；划分评价单元；定性、定量评价；提出安全对策措施建议；做出评价结论；编制安全预评价报告等。

（二）安全预评价的内容

1. 前期准备

前期准备工作应包括：明确评价对象和评价范围；组建评价组；收集国内外相关法律法规、标准、规章、规范；收集并分析评价对象的基础资料、相关事故案例；对类比工程进行实地调查等内容。

2. 辨识与分析危险、有害因素

辨识和分析评价对象可能存在的各种危险、有害因素；分析危险、有害因素发生作用的途径及其变化规律。

3. 划分评价单元

评价单元划分应考虑安全预评价的特点，以自然条件、基本工艺条件、危险、有害因素分布及状况、便于实施评价为原则进行。

4. 定性、定量评价

根据评价的目的、要求和评价对象的特点、工艺、功能或活动分布，选择科学、合理、适用的定性、定量评价方法对危险、有害因素导致事故发生的可能性及其严重程度进行评价。对于不同的评价单元，可根据评价的需要和单元特征选择不同的评价方法。

5. 提出安全对策措施建议

为保障评价对象建成或实施后能安全运行，应从评价对象的总图布置、功能分布、工艺流程、设施、设备、装置等方面提出安全技术对策措施；从评价对象的组织机构设置、人员管理、物料管理、应急救援管理等方面提出安全管理对策措施；从保证评价对象安全运行的需要提出其他安全对策措施。

6. 评价结论

应概括评价结果，给出评价对象在评价时的条件下与国家有关法律法规、标准、规章、规范的符合性结论，给出危险、有害因素引发各类事故的可能性及其严重程度的预测性结论，明确评价对象建成或实施后能否安全运行的结论。

(三)安全预评价报告

1. 安全预评价报告的总体要求

安全预评价报告是安全预评价工作过程的具体体现，是评价对象在建设过程中或实施过程中的安全技术性指导文件。安全预评价报告文字应简洁、准确，可同时采用图表和照片，以使评价过程和结论清楚、明确，利于阅读和审查。

2. 安全预评价报告的基本内容

(1)结合评价对象的特点，阐述编制安全预评价报告的目的。

(2)列出有关的法律法规、标准、规章、规范和评价对象被批准设立的相关文件及其他有关参考资料等安全预评价的依据。

(3)介绍评价对象的选址、总图及平面布置、水文情况、地质条件、工业园区规划、生产规模、工艺流程、功能分布、主要设施、设备、装置、主要原材料、产品(中间产品)、经济技术指标、公用工程及辅助设施、人流、物流等概况。

(4)列出辨识与分析危险、有害因素的依据，阐述辨识与分析危险、有害因素的过程。

(5)阐述划分评价单元的原则、分析过程等。

(6)列出选定的评价方法，并做简单介绍。阐述选定此方法的原因。详细列出定性、定量评价过程。明确重大危险源的分布、监控情况以及预防事故扩大的应急预案内容。给出相关的评价结果，并对得出的评价结果进行分析。

(7)列出安全对策措施建议的依据、原则、内容。

(8)作出评价结论。安全预评价结论应简要列出主要危险、有害因素评价结果,指出评价对象应重点防范的重大危险有害因素,明确应重视的安全对策措施建议,明确评价对象潜在的危险、有害因素在采取安全对策措施后,能否得到控制以及受控的程度如何。给出评价对象从安全生产角度是否符合国家有关法律法规、标准、规章、规范的要求。

3. 安全预评价报告的格式

安全预评价报告的格式应符合《安全评价通则》中规定的要求。

三、安全验收评价

(一)安全验收评价的程序

安全验收评价的程序为:前期准备;辨识与分析危险、有害因素;划分评价单元;选择评价方法;定性、定量评价;提出安全对策措施建议;做出安全验收评价结论;编制安全验收评价报告等。

(二)安全验收评价的内容

安全验收评价包括:危险、有害因素的辨识与分析;符合性评价和危险危害程度的评价;安全对策措施建议;安全验收评价结论等内容。

安全验收评价主要从以下方面进行评价:评价对象前期(安全预评价、可行性研究报告、初步设计中安全卫生专篇等)对安全生产保障等内容的实施情况和相关对策措施建议的落实情况;评价对象的安全对策措施的具体设计、安装施工情况有效保障程度;评价对象的安全对策措施在试投产中的合理有效性和安全措施的实际运行情况;评价对象的安全管理制度和事故应急预案的建立与实际开展和演练有效性。

1. 前期准备

前期准备工作包括:明确评价对象及其评价范围;组建评价组;收集国内外相关法律法规、标准、规章、规范;安全预评价报告、初步设计文件、施工图、工程监理报告、工业园区规划设计文件,各项安全设施、设备、装置检测报告、交工报告、现场勘察记录、检测记录,查验特种设备使用、特种作业、从业等许可证明,典型事故案例、事故应急预案及演练报告、安全管理制度台账、各级各类从业人员安全培训落实情况等实地调查收集到的基础资料。

2. 辨识与分析危险、有害因素

参考安全预评价报告,根据周边环境、平立面布局、生产工艺流程、辅助生产设施、公用工程、作业环境、场所特点或功能分布,分析并列出危险、有害因素及其存在部位、重大危险源的分布、监控情况。

3. 划分评价单元

划分评价单元应符合科学、合理的原则。

评价单元可按以下内容划分:法律、法规等方面的符合性;设施、设备、装置及工艺方面的安全性;物料、产品安全性能;公用工程、辅助设施配套性;周边环境适应性和应急救援有效性;人员管理和安全培训方面充分性等。

评价单元的划分应能够保证安全验收评价的顺利实施。

4. 选择评价方法

依据建设项目或工业园区建设的实际情况选择适用的评价方法。

(1)符合性评价

检查各类安全生产相关证照是否齐全,审查、确认建设项目、工业园区建设是否满足安全生产法律法规、标准、规章、规范的要求,检查安全设施、设备、装置是否已与主体工程同时设计、同时施工、同时投入生产和使用,检查安全预评价中各项安全对策措施建议的落实情况,检查安全生产管理措施是否到位,检查安全生产规章制度是否健全,检查是否建立了事故应急救援预案。

(2)事故发生的可能性及其严重程度的预测

采用科学、合理、适用的评价方法对建设项目、工业园区实际存在的危险、有害因素引发事故的可能性及其严重程度进行预测性评价。

5. 安全对策措施建议

根据评价结果,依照国家有关安全生产的法律法规、标准、规章、规范的要求,提出安全对策措施建议。安全对策措施建议应具有针对性、可操作性和经济合理性。

6. 安全验收评价结论

安全验收评价结论应包括:符合性评价的综合结果;评价对象运行后存在的危险、有害因素及其危险危害程度;明确给出评价对象是否具备安全验收的条件。

对达不到安全验收要求的评价对象,明确提出整改措施建议。

(三)安全验收评价报告

1. 安全验收评价报告的总体要求

安全验收评价报告应全面、概括地反映验收评价的全部工作。安全验收评价报告应文字简洁、准确,可采用图表和照片,以使评价过程和结论清楚、明确,利于阅读和审查。符合性评价的数据、资料和预测性计算过程等可以编入附录。

2. 安全验收评价报告的基本内容

(1)结合评价对象的特点,阐述编制安全验收评价报告的目的。

(2)列出有关的法律法规、标准、行政规章、规范;评价对象初步设计、变更设计或工业园区规划设计文件;安全验收评价报告;相关的批复文件等评价依据。

(3)介绍评价对象的选址、总图及平面布置、生产规模、工艺流程、功能分布、主要设施、设备、装置、主要原材料、产品(中间产品)、经济技术指标、公用工程及辅助设施、人流、物流、工业园区规划等概况。

(4)危险、有害因素的辨识与分析。列出辨识与分析危险、有害因素的依据,阐述辨识与分析危险、有害因素的过程。明确在安全运行中实际存在和潜在的危险、有害因素。

(5)阐述划分评价单元的原则、分析过程等。

(6)选择适当的评价方法并做简单介绍。描述符合性评价过程、事故发生可能性及其严重程度分析计算。得出评价结果,并进行分析。

(7)列出安全对策措施建议的依据、原则、内容。

(8)列出评价对象存在的危险、有害因素种类及其危险危害程度。说明评价对象是否具备安全验收的条件。对达不到安全验收要求的评价对象，明确提出整改措施建议。明确评价结论。

3. 安全验收评价报告的格式

安全验收评价报告的格式应符合《安全评价通则》中规定的要求。

四、安全现状评价

（一）安全现状评价的内容

安全现状评价主要内容包括：

（1）收集评价所需的信息资料，采用恰当的方法进行危险、有害因素识别。

（2）对于可能造成重大后果的事故隐患，采用科学合理的安全评价方法建立相应的数学模型进行事故模拟，预测极端情况下事故的影响范围、最大损失，以及发生事故的可能性或概率，给出量化的安全状态参数值。

（3）对发现的事故隐患，根据量化的安全状态参数值，进行整改优先度排序。

（4）提出安全对策措施与建议。生产经营单位应将安全现状评价的结果纳入生产经营单位事故隐患整改计划和安全管理制度，并按计划加以实施和检查。

（二）安全现状评价报告的内容

安全现状评价报告的主要内容包括：

（1）阐述编制安全现状评价的要求和目的，项目单位的简介和评价项目的委托方。

（2）列出有关的法律法规、标准、行政规章、规范以及项目相关文件。

（3）介绍评价对象的工艺过程、生产运行现状、地理位置、自然条件，项目委托约定的评价范围。

（4）危险、有害因素的辨识与分析。包括工艺过程、物料、公用工程、工艺布置、工艺参数、总图位置、控制方式、操作条件等内容。

（5）阐述划分评价单元的原则、分析过程等。

（6）说明主要危险、有害因素评价的方法，分析计算事故发生的可能性及严重程度，分析评价结果。统计事故发生的原因和概率，必要时进行重大事故模拟。

（7）提出安全对策措施与建议，将解决方案按风险程度进行排序。

（8）说明评价对象的安全状态水平。

提示

安全现状评价报告的内容比安全验收评价报告更详尽、更具体，对危险、有害因素的分析更加全面、具体。

第二节　危险、有害因素的辨识与分析

根据《生产过程危险和有害因素分类与代码》，危险和有害因素是指可对人造成伤亡、影响人的身体健康甚至导致疾病的因素。

一、危险、有害因素的分类

（一）按事故产生的直接因素分类

根据《生产过程危险和有害因素分类与代码》，本文件按可能导致生产过程中危险和有害因素的性质进行分类。生产过程危险和有害因素共分为四大类，分别是“人的因素”“物的因素”“环境因素”和“管理因素”。本文件的代码为层次码，用6位数字表示，共分四层。第一、二层分别用一位数字表示大类、中类；第三、四层分别用二位数字表示小类、细类。代码结构见下图。

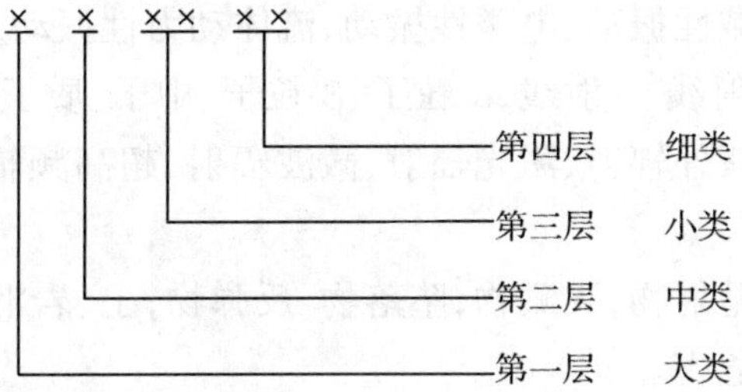

生产过程危险和有害因素的分类如下所述。

1. 人的因素

人的因素是指在生产活动中，来自人员自身或人为性质的危险和有害因素。

（1）心理、生理性危险和有害因素

①负荷超限，包括体力负荷超限（包括劳动强度、劳动时间延长引起疲劳、劳损、伤害等的负荷超限）、听力负荷超限、视力负荷超限及其他负荷超限。

②健康状况异常。

③从事禁忌作业。

④心理异常，包括情绪异常、冒险心理、过度紧张及其他心理异常（包括泄愤心理）。

⑤辨识功能缺陷，包括感知延迟、辨识错误及其他辨识功能缺陷。

⑥其他心理、生理性危险和有害因素。

（2）行为性危险和有害因素

①指挥错误，包括指挥失误（包括生产过程中的各级管理人员的指挥）、违章指挥及其他指挥错误。

②操作错误，包括误操作、违章作业及其他操作错误。

③监护失误。

④其他行为性危险和有害因素，包括脱岗等违反劳动纪律行为。

2. 物的因素

物的因素是指机械、设备、设施、材料等方面存在的危险和有害因素。

（1）物理性危险和有害因素

①设备、设施、工具、附件缺陷，包括强度不够、刚度不够、稳定性差、密封不良、耐腐蚀性差、应力集中、外形缺陷、外露运动件、操纵器缺陷、制动器缺陷、控制器缺陷、设计缺陷、传感器缺陷及设备、设施、工具、附件其他缺陷。

②防护缺陷，包括无防护；防护装置、设施缺陷，防护装置、设施本身安全性、可靠性

差,包括防护装置、设施、防护用品损坏、失效、失灵等;防护不当,防护装置、设施和防护用品不符合要求、使用不当,不包括防护距离不够;支撑(支护)不当,包括矿井、隧道、建筑施工支护不符合要求;防护距离不够,设备布置、机械、电气、防火、防爆等安全距离不够和卫生防护距离不够等;其他防护缺陷。

③电危害,包括带电部位裸露、漏电、静电和杂散电流、电火花、电弧、短路及其他电危害。

④噪声,包括机械性噪声、电磁性噪声、流体动力性噪声及其他噪声。

⑤振动危害,包括机械性振动、电磁性振动、流体动力性振动及其他振动危害。

⑥电离辐射,包括 X 射线、γ 射线、α 粒子、β 粒子、中子、质子、高能电子束等。

⑦非电离辐射,包括紫外辐射、激光辐射、微波辐射、超高频辐射、高频电磁场、工频电场及其他非电离辐射。

⑧运动物危害,包括抛射物,飞溅物,坠落物,反弹物,土、岩滑动,料堆(垛)滑动,气流卷动、捶击及其他运动物危害。

⑨明火。

⑩高温物质,包括高温气体、高温液体、高温固体及其他高温物质。

⑪低温物质,包括低温气体、低温液体、低温固体及其他低温物质。

⑫信号缺陷,包括无信号设施、信号选用不当、信号位置不当、信号不清、信号显示不准及其他信号缺陷。

⑬标志标识缺陷,包括无标志标识、标志标识不清晰、标志标识不规范、标志标识选用不当、标志标识位置缺陷、标志标识设置顺序不规范及其他标志标识缺陷。

⑭有害光照,包括直射光、反射光、炫光、频闪效应等。

⑮信息系统缺陷,包括数据传输缺陷、自供电装置电池寿命过短、防爆等级缺陷、等级保护缺陷、通信中断或延迟、数据采集缺陷及网络环境。

⑯其他物理性危险和有害因素。

典型例题

【单选题】某金属矿山企业在进行风险管控和隐患排查工作中,对井下采场存在的危险和有害因素进行了辨识,同时给出了有关危险有害因素所属的类别。根据《生产过程危险和有害因素分类与代码》,关于危险有害因素所属类别的说法,错误的是(　　)。

A. 采场风钻噪声超标是环境因素　　B. 放矿口信号显示错误是物的因素

C. 顶板冒落浮石是物的因素　　D. 采场存在的 α 粒子是环境因素

D。【解析】生产过程中的危险和有害因素可分为人的因素、物的因素、环境因素和管理因素 4 类。其中,物的因素包括物理性危险和有害因素、化学性危险和有害因素以及生物性危险和有害因素。采场中存在的 α 粒子属于物的因素。故选项 D 错误。

(2)化学性危险和有害因素

①理化危险,包括爆炸物、易燃气体、易燃气溶胶、氧化性气体、压力下气体、易燃液

体、易燃固体、自反应物质或混合物、自燃液体、自燃固体、自热物质和混合物、遇水放出易燃气体的物质或混合物、氧化性液体、氧化性固体、有机过氧化物及金属腐蚀物。

②健康危险，包括急性毒性、皮肤腐蚀/刺激、严重眼损伤/眼刺激、呼吸或皮肤过敏、生殖细胞致突变性、致癌性、生殖毒性、特异性靶器官系统毒性——一次接触、特异性靶器官系统毒性——反复接触及吸入危险。

③其他化学性危险和有害因素。

(3)生物性危险和有害因素

①致病微生物，包括细菌、病毒、真菌及其他致病微生物。

②传染病媒介物。

③致害动物。

④致害植物。

⑤其他生物性危险和有害因素。

3. 环境因素

环境因素是指生产作业环境中的危险和有害因素，包括室内、室外、地上、地下(如隧道、矿井)、水上、水下等作业(施工)。

(1)室内作业场所环境不良

①室内地面滑，室内地面、通道、楼梯被任何液体、熔融物质润湿，结冰或有其他易滑物等。

②室内作业场所狭窄。

③室内作业场所杂乱。

④室内地面不平。

⑤室内梯架缺陷，包括楼梯、阶梯、电动梯和活动梯架，以及这些设施的扶手、扶栏和护栏、护网等。

⑥地面、墙和天花板上的开口缺陷，包括电梯井、修车坑、门窗开口、检修孔、孔洞、排水沟等。

⑦房屋基础下沉。

⑧室内安全通道缺陷，包括无安全通道、安全通道狭窄、不畅等。

⑨房屋安全出口缺陷，包括无安全出口、设置不合理等。

⑩采光照明不良，照明不足或过强、烟尘弥漫影响照明等。

⑪作业场所空气不良，自然通风差、无强制通风、风量不足或气流过大、缺氧、有害气体超限等，包括受限空间作业。

⑫室内温度、湿度、气压不适。

⑬室内给、排水不良。

⑭室内涌水。

⑮其他室内作业场所环境不良。

(2)室外作业场所环境不良

①恶劣气候与环境，包括风、极端的温度、雷电、大雾、冰雹、暴雨雪、洪水、浪涌、泥石流、地震、海啸等。

②作业场所和交通设施湿滑，包括铺设好的地面区域、阶梯、通道、道路、小路等被任何液体、熔融物质润湿，冰雪覆盖或有其他易滑物等。

③作业场所狭窄。

④作业场所杂乱。

⑤作业场地不平，包括不平坦的地面和路面，有铺设的、未铺设的、草地、小鹅卵石或碎石地面和路面。

⑥交通环境不良，包括航道狭窄、有暗礁或险滩，其他道路、水路环境不良，道路急转陡坡、临水临崖。

⑦脚手架、阶梯和活动梯架缺陷，包括这些设施的扶手、扶栏和护栏、护网等。

⑧地面及地面开口缺陷，包括升降梯井、修车坑、水沟、水渠、路面、排土场、尾矿库等。

⑨建(构)筑物和其他结构缺陷，包括建筑中或拆毁中的墙壁、桥梁、建筑物，筒仓、固定式粮仓、固定的槽罐和容器，屋顶、塔楼；排土场、尾矿库等。

⑩门和周界设施缺陷，包括大门、栅栏、畜栏、铁丝网、电子围栏等。

⑪作业场地地基下沉。

⑫作业场地安全通道缺陷，包括无安全通道，安全通道狭窄、不畅等。

⑬作业场地安全出口缺陷，包括无安全出口、设置不合理等。

⑭作业场地光照不良，光照不足或过强、烟尘弥漫影响光照等。

⑮作业场地空气不良，自然通风差或气流过大、作业场地缺氧、有害气体超限等，包括受限空间作业。

⑯作业场地温度、湿度、气压不适。

⑰作业场地涌水。

⑱排水系统故障，例如排土场、尾矿库、隧道等。

⑲其他室外作业场所环境不良。

(3)地下(含水下)作业环境不良

①隧道/矿井顶板或巷帮缺陷，例如矿井冒顶。

②隧道/矿井作业面缺陷，例如矿井片帮。

③隧道/矿井底板缺陷。

④地下作业面空气不良，包括无风、风速超过规定的最大值或小于规定的最小值、氧气浓度低于规定值、有害气体浓度超限等，包括受限空间作业。

⑤地下火。

⑥冲击地压(岩爆)，井巷或工作面周围岩体，由于弹性变形能的瞬时释放而产生突然剧烈破坏的动力现象。

⑦地下水。

⑧水下作业供氧不当。

⑨其他地下作业环境不良。

(4)其他作业环境不良

①强迫体位，生产设备、设施的设计或作业位置不符合人类工效学要求而易引起作业人员疲劳、劳损或事故的一种作业姿势。

②综合性作业环境不良,显示有两种以上作业环境致害因素且不能分清主次的情况。

③以上未包括的其他作业环境不良。

4. 管理因素

管理因素是指管理和管理责任缺失所导致的危险和有害因素。

(1)职业安全卫生管理机构设置和人员配备不健全。

(2)职业安全卫生责任制不完善或未落实,包括平台经济等新业态。

(3)职业安全卫生管理制度不完善或未落实:

①建设项目“三同时”制度。

②安全风险分级管控。

③事故隐患排查治理。

④培训教育制度。

⑤操作规程,包括作业指导书。

⑥职业卫生管理制度。

⑦其他职业安全卫生管理规章制度不健全,包括事故调查处理等制度不健全。

(4)职业安全卫生投入不足。

(5)应急管理缺陷:

①应急资源调查不充分。

②应急能力、风险评估不全面。

③事故应急预案缺陷,包括预案不健全、可操作性不强、无针对性。

④应急预案培训不到位。

⑤应急预案演练不规范。

⑥应急演练评估不到位。

⑦其他应急管理缺陷。

(6)其他管理因素缺陷。

(二)按事故类别分类

根据《企业职工伤亡事故分类》,事故可分为20类。

1. 物体打击

指失控物体的惯性力造成的人身伤害事故。适用于落下物、飞来物、滚石、崩块所造成的伤害,但不包括因主体机械设备、车辆、起重机械、坍塌等引起的物体打击。

2. 车辆伤害

指本企业机动车辆引起的机械伤害事故。适用于机动车辆在行驶中的挤、压、撞车或倾覆等事故,以及在行驶中上下车、搭乘矿车或放飞车所引起的事故,以及车辆运输挂钩、跑车事故。但不包括车辆停止、起重设备提升时发生的事故。

3. 机械伤害

指机械设备与工具引起的绞、辗、碰、割、戳、切等伤害。如工件或刀具飞出伤人;切屑伤人;手或身体被卷入;手或其他部位被刀具碰伤;被转动的机械缠压住等。但属于车辆、起重设备的情况除外。

4. 起重伤害

指在进行各种起重作业(包括吊运、安装、检修、试验)中发生的重物(包括吊具、吊重或吊臂）坠落、夹挤、物体打击、起重机倾翻等。起重伤害适用各种起重作业，如起重作业时脱钩砸人，钢丝绳断裂抽人，移动吊物撞人，绞入钢丝绳或滑车等伤害。同时包括起重设备在使用、安装过程中的倾翻事故及提升设备过卷、蹲罐等事故。不适用于的伤害有触电、检修时制动失灵引起的伤害、上下驾驶室时引起的坠落式跌倒。

5. 触电

指电流流经人体，造成生理伤害的事故。适用于触电、雷击伤害，如人体接触带电的设备金属外壳、裸露的临时线、漏电的手持电动工具，起重设备误触高压线，或感应带电，雷击伤害，触电坠落等事故。

6. 淹溺

指因大量水经口、鼻进入肺内，造成呼吸道阻塞，发生急性缺氧而窒息死亡的事故。适用于船舶、排筏、设施在航行、停泊、作业时发生的落水事故。不包括矿山、井下透水淹溺。

7. 灼烫

指强酸、强碱溅到身体引起的灼伤，或因火焰引起的烧伤，高温物体引起的烫伤，放射线引起的皮肤损伤等事故。适用于烧伤、烫伤、化学灼伤、放射性皮肤损伤等伤害。不包括电烧伤以及火灾事故引起的烧伤。

8. 火灾

指造成人身伤亡的企业火灾事故。不适用于非企业原因造成的火灾，比如居民火灾蔓延到企业，此类事故属于消防部门统计的事故。

9. 高处坠落

指由于危险重力势能差引起的伤害事故。适用于脚手架、平台、陡壁施工等高于地面的坠落，也适用于由地面踏空失足坠入洞、坑、沟、升降口、漏斗等情况。但排除以其他类别为诱发条件的坠落，如高处作业时，因触电失足坠落应定为触电事故，不能按高处坠落划分。

10. 坍塌

指建筑物、构筑物、堆置物等倒塌以及土石塌方引起的事故。适用于因设计或施工不合理而造成的倒塌，以及土方、岩石发生的塌陷事故，如建筑物倒塌，脚手架倒塌，挖掘沟、坑、洞时土石的塌方等情况。不适用于矿山冒顶片帮事故，或因爆炸、爆破引起的坍塌事故。

11. 冒顶片帮

指矿井工作面、巷道侧壁由于支护不当、压力过大造成的坍塌，称为片帮；顶板垮落为冒顶。二者常同时发生，简称为冒顶片帮。适用于矿山、地下开采、掘进及其他坑道作业发生的坍塌事故。

12. 透水

指矿山、地下开采或其他坑道作业时，意外水源带来的伤亡事故。适用于井巷与含水岩层、地下含水带、溶洞或被淹巷道、地面水域相通时，涌水成灾的事故。不适用于地面水害事故。

13. 放炮

指施工时，放炮作业造成的伤亡事故。适用于各种爆破作业，如采石、采矿、采煤、开山、修路、拆除建筑物等工程进行的放炮作业引起的伤亡事故。

提示

爆破作业装药前1天应发布爆破公告并在现场张贴，内容包括爆破地点、每次爆破时间、安全警戒范围、警戒标识、起爆信号等。

链接

根据《爆破作业单位资质条件和管理要求》，经营性爆破作业单位的资质等级由高到低分为一级、二级、三级、四级。其中，四级资质的营业性爆破作业单位应具备的条件包括：有或租用经安全评价合格的民用爆炸物品专用仓库；注册资金100万元以上，净资产不低于100万元，其中爆破施工机械及检测、测量设备净值不少于50万元；技术负责人具有理学、工学学科范围中级及以上技术职称，有3年及以上爆破作业项目技术管理工作的经历；具有理学、工学学科范围技术职称的工程技术人员不少于5人（其中，中级爆破工程技术人员不少于2人，初级爆破工程技术人员不少于1人），爆破员不少于10人，安全员不少于2人，保管员不少于2人；有钻孔机、空压机、测振仪、全站仪等爆破施工机械及检测、测量设备。

14. 火药爆炸

指火药与炸药在生产、运输、贮藏的过程中发生的爆炸事故。适用于火药与炸药生产在配料、运输、贮藏、加工过程中，由于震动、明火、摩擦、静电作用，或因炸药的热分解作用，贮藏时间过长或因存药过多发生的化学性爆炸事故，以及熔炼金属时，废料处理不净，残存火药或炸药引起的爆炸事故。

15. 瓦斯爆炸

指可燃性气体瓦斯、煤尘与空气混合形成了浓度达到燃烧极限的混合物，接触火源时，引起的化学性爆炸事故。主要适用于煤矿，同时也适用于空气不流通，瓦斯、煤尘积聚的场合。

16. 锅炉爆炸

指锅炉发生的物理性爆炸事故。但不适用于铁路机车、船舶上的锅炉以及列车电站和船舶电站的锅炉。

17. 容器爆炸

容器（压力容器的简称）是指比较容易发生事故，且事故危害性较大的承受压力载荷的密闭装置。容器爆炸是压力容器破裂引起的气体爆炸，即物理性爆炸，包括容器内盛装的可燃性液化气，在容器破裂后，立即蒸发，与周围的空气混合形成爆炸性气体混合物，遇到火源时产生的化学爆炸，也称容器的二次爆炸。

18. 其他爆炸

凡不属于上述爆炸的事故均列为其他爆炸事故。

19. 中毒和窒息

指人接触有毒物质,如误吃有毒食物,呼吸有毒气体引起的人体急性中毒事故;在废弃的坑道、竖井、涵洞、地下管道等不通风的地方工作,因为氧气缺乏,有时会发生突然晕倒,甚至死亡的事故称为窒息。两种现象合为一体,称为中毒和窒息事故。不适用于病理变化导致的中毒和窒息的事故,也不适用于慢性中毒的职业病导致的死亡。

20. 其他伤害

凡不属于上述伤害的事故均称为其他伤害。如扭伤、跌伤、冻伤、野兽咬伤、钉子扎伤等。

典型例题

【多选题】某建筑企业在 2017 ~2019 年期间先后发生了 4 起生产安全事故,分别是:①汽车吊吊运时模板坠落砸伤 2 人。②员工不慎从光滑的洞口滑落,撞击到脚手架,造成胫骨骨折。③塔吊在起重过程中由于钢丝绳断裂发生倾覆,将员工砸伤。④从脚手架上坠落的角磨机击中一员工肩部,导致其肩部受伤。根据《企业职工伤亡事故分类标准》,以上生产安全事故情形中包含的事故类型有(　　)。

A. 坍塌　　B. 物体打击

C. 起重伤害　　D. 高处坠落

E. 机械伤害

BCD。**【解析】**事故①属于起重伤害;事故②属于高处坠落;事故③属于起重伤害;事故④属于物体打击。

(三)按职业健康分类

根据《职业病危害因素分类目录》,将危害因素分为粉尘、化学因素、物理因素、放射性因素、生物因素及其他因素等。

二、危险、有害因素的类别

各行业主要的危险、有害因素不同,根据工作实际情况,可以按下表进行划分。

类别		主要的危险有害因素
矿山	煤矿	瓦斯爆炸、煤尘爆炸、冒顶片帮、中毒、窒息、电气设备、设施伤害、火灾、机械伤害、水灾、提升、车辆运输、高处作业、掘进作业、采煤作业、顶底板灾害、爆破作业等
	非煤矿山	地压、粉尘、爆破作业、中毒、窒息、触电、设施伤害、火灾、机械伤害、水灾、提升、运输、坠落、噪声与振动危害、放射性危害、起重伤害、沉陷、裂缝、坍塌、位移、管涌、流土、滑坡、物体打击、车辆运输、高温、冻伤等

（续表）

类别		主要的危险有害因素
石油化工		火灾、化学爆炸、中毒、化学腐蚀、物理爆炸、窒息、高温灼烫、低温冻伤、辐射、粉尘爆炸、高处坠落、开停车、检修、危险品运输等
烟花爆竹		药剂的热感度、火焰感度、机械感度、电能的敏感度、化学能的敏感度等；明火引燃、引爆成品和半成品；静电引起爆炸；雷电引发事故；撞击或摩擦引发事故；温度、湿度引起的事故
民用爆破器材		高温、撞击摩擦、静电火花
建筑		倒塌、高处坠落、物体打击和挤压、电击、起重机械伤害、火灾爆炸、交通事故等
交通运输	公路	恶劣天气、运输的危险货物、道路状况、车辆、人员、道路交通安全标志等
	水路	恶劣天气、航道（宽度、弯曲度、深度、航路标志的设置）、海上礁石、浅滩及水中障碍物、机器故障、淹溺等
	航空	恶劣天气、机械故障等
	铁路	恶劣天气、轨道故障、电气火灾等
电力		触电、电气火灾、静电危害、雷击、停电、短路、过载、灼烫、中毒、高处坠落、车辆伤害、电磁辐射、噪声、振动、高温、粉尘等
机械行业	静止的危险	切削刀具的刀刃；机械加工设备突出较长的机械部分；毛坯、工具、设备边缘锋利飞边和粗糙表面；引起滑跌、坠落的工作平台
	运动的危险	卷筒和绞缠；卷入和碾压；挤压、剪切和冲撞；飞出物打击；物体坠落打击；切割和擦伤；碰撞和剐蹭

三、危险、有害因素辨识方法

（一）直观经验法

不同种类的危险、有害因素有不同的辨识方法，对于有先例可供参考的，可以用直观经验法辨识。直观经验法包括对照分析法和类比推断法。

1. 对照分析法

对照分析法（对照、经验法）即对照有关标准、法规、检查表或依靠分析人员的观察能力，借助其经验和判断能力，直观地对分析对象的危险因素进行分析。对照分析法具有简单、易行的优点，但由于它是借鉴以往的经验，所以容易受到分析人员的经验、知识和占有资料局限等方面的限制。

2. 类比推断法

类比推断法（类比法）也是实践经验的积累和总结，它是利用相同或类似工程中作业条件的经验以及安全的统计来类比推断被评价对象的危险、有害因素。新建的工程可以考虑借鉴具有同类规模和装备水平的企业的经验来辨识危险、有害因素，结果具有较高的置信度。

(二)系统安全分析方法

对复杂的系统进行分析时,应采用系统安全分析方法,常用的系统安全分析方法有:安全检查表分析法、预先危险性分析法、作业危险性分析法、故障类型及影响分析法、危险与可操作性研究分析法、事故树分析法、危险指数法、概率危险评价法、故障假设分析法等。

四、危险、有害因素辨识单元

危险、有害因素辨识单元,下面以典型例题的形式进行讲解。

典型例题

【单选题】下列属于工艺设备的危险、有害因素的是(　　)。

A. 紧急集合点位于工艺区下风向　　B. 反应釜未设置压力报警装置

C. 设备耐火等级与建筑物不符　　D. 控制室与工艺区靠得太近

B。【解析】危险、有害因素辨识单元有:(1)厂址。其辨识内容包括工程地质、地形、自然灾害、周围环境、气象条件、资源交通、抢险救灾支持条件等。(2)总平面布置。其辨识内容包括建(构)筑物的防火等级、防火间距、安全间距;各类设施的布局;厂区的功能分区、风向;厂区内的道路等。(3)建(构)筑物。其辨识内容包括结构、防火、防爆、采光、耐火等级、层数、占地面积等。(4)作业环境。其辨识内容包括噪声、振动、高温、低温、辐射、粉尘等。(5)生产工艺过程。其辨识内容包括设计阶段考虑危险消除和降低设计,预防和隔离措施,安全标准,连锁装置等;安全现状综合评价;查阅资料辨识典型危险、有害因素。(6)生产设备及装置。其辨识内容包括工艺设备(如设备的操作、报警、检修等)、电气设备(如设备的故障、触电等)、机械设备(如设备的运转、检修等)等。(7)道路及运输。其辨识内容包括厂区道路、厂区铁路、危险品装卸、消防安全等。(8)安全措施管理。选项 A,D 属于总平面布置的危险、有害因素;选项 B 属于工艺设备的危险、有害因素;选项 C 属于建(构)筑物的危险、有害因素。

第三节　安全评价的方法

一、安全检查表法

(一)方法概述

安全检查表法(Safety Checklist Analysis,简称 SCA)是依据相关的标准、规范,对工程、系统中已知的危险类别、设计缺陷以及与一般工艺设备、操作、管理有关的潜在危险性和有害性进行判别检查。为了避免检查项目遗漏,事先把检查对象分割成若干系统,以提问或打分的形式,将检查项目列表,这种表就称为安全检查表,它是系统安全工程的一种最基础、最简便、应用广泛的系统危险性评价方法。安全检查表法是一种最通用的定性安全评价方法，在我国不仅用于查找系统中各种潜在的事故隐患，还对各检查项目量化，用于进行系统安全评价。

（二）安全检查表的编制步骤

编制一个符合客观实际、能识别、分析系统危险性的安全检查表，首先要建立一个编制小组，其成员应包括熟悉系统各方面的专业人员。

1. 熟悉系统

包括系统的结构、功能、工艺流程、主要设备、操作条件、布置和已有的安全消防设施。

2. 搜集资料

搜集有关的安全法规、标准、制度及本系统过去发生过事故的资料，作为编制安全检查表的重要依据。

3. 划分单元

按功能或结构将系统划分成若干个子系统或单元，逐个分析潜在的危险因素。

4. 编制检查表

针对危险因素，依据有关法规、标准规定，参考过去事故的教训和本单位的经验确定安全检查表的检查要点、内容和为达到安全指标应在设计中采取的措施，然后按照一定的要求编制检查表：

（1）按系统、单元的特点和预评价的要求，列出检查要点、检查项目清单，以便查出存在的危险、有害因素。

（2）针对各检查项目、可能出现的危险、有害因素，依据有关标准、法规列出安全指标的要求和应设计的对策措施。

5. 编制复查表

复查表的内容应包括危险、有害因素明细，是否落实了相应设计的对策措施，能否达到预期的安全指标要求，问题及解决办法和复查人员等。

（三）安全检查表的优缺点

1. 安全检查表的优点

（1）检查项目系统、完整，可以做到不遗漏任何能导致危险的关键因素，避免传统的安全检查中易发生的疏忽、遗漏等弊端，能保证安全检查的质量。

（2）可以根据已有的规章制度、标准、规程等，检查执行情况，得出准确的评价。

（3）安全检查表采用提问的方式，有问有答，给人的印象深刻，能使人知道如何做才是正确的，因而可起到安全教育的作用。

（4）编制安全检查表的过程本身就是一个系统安全分析的过程，可使检查人员对系统的认识更深刻，更便于发现危险因素。

（5）对不同的检查对象、检查目的有不同的检查表，应用范围广。

2. 安全检查表的缺点

针对不同的需要，须事先编制大量的检查表，工作量大，且安全检查表的质量受编制人员的知识水平和经验影响。

二、专家评价法

(一)方法概述

专家评价法是一种吸收专家参加,根据事物的过去、现在及发展趋势,进行积极的创造性思维活动,对事物的未来进行分析、预测的方法。

(二)专家评价法的分类

1. 专家评议法

根据一定的规则,组织相关专家进行积极的创造性思维,对具体问题共同探讨、集思广益的一种专家评价方法。

2. 专家质疑法

该法需要进行两次会议。第一次会议是对具体的问题进行直接谈论;第二次会议则是对第一次会议提出的设想进行质疑。主要做以下工作:

(1)研究讨论有碍设想实现的问题。

(2)论证已提出设想的实现可能性。

(3)讨论设想的限制因素及提出排除限制因素的建议。

(4)在质疑过程中,对出现的新的建设性的设想进行讨论。

(三)专家评价法的步骤

采用专家评价法应遵循以下步骤:

(1)明确具体分析、预测的问题。

(2)组成专家评价分析、预测小组,小组组成应由预测专家、专业领域的专家、推断思维能力强的演绎专家等组成。

(3)举行专家会议,对提出的问题进行分析、讨论和预测。

(4)分析、归纳专家会议的结果。

(四)专家评价法的优缺点和适用范围

对于安全评价而言,专家评价法简单易行,比较客观,所邀请的专家在专业理论上造诣较深、实践经验丰富,而且由于有专业、安全、评价、逻辑方面的专家参加,将专家的意见运用逻辑推理的方法进行综合、归纳,这样所得出的结论一般是比较正确的。特别是专家质疑通过正反两方面的讨论,问题更深入、更全面、更透彻,所形成的结论性意见更科学、合理。但是,由于要求参加评价的专家有较高的水平,并不是所有的工程项目都适用本方法。

专家评价法适用于类比工程项目、系统和装置的安全评价,它可以充分发挥丰富的实践经验和理论知识。专项安全评价经常采用专家评价法,运用该评价方法,可以将问题研究讨论得更深入、更透彻,并得出具体执行意见和结论,便于进行科学决策。

三、预先危险性分析法

(一)方法概述

预先危险性分析(Preliminary Hazard Analysis,简称 PHA)又称初步危险性分析。预先危险性分析是系统设计期间危险性分析的最初工作,也可运用它进行运行系统的最初安全状态检查，是系统进行的第一次危险性分析。通过这种分析找出系统中的主要危险，对这些危险要作估算，或许要求安全工程师控制它们，从而达到可接受的系统安全状态。

最初危险性分析的目的不是为了控制危险，而是为了认识与系统有关的所有状态。预先危险性分析的另一用处是确定在系统安全分析的最后阶段采用怎样的故障树。当开始进行安全评价时，为了便于应用商业贸易研究中的这种研究成果（在系统研制的初期或在运行系统情况中都非常重要）及安全状态的早期确定，在系统概念形成的初期，或在安全的运行系统情况下，就应当开始危险性分析工作，所得到的结果可用来建立系统安全要求，编制性能和设计说明书等。

另外，预先危险性分析还是建立其他危险性分析的基础，是基本的危险性分析。英国ICI公司就是在工艺装置的概念设计阶段，或工厂选址阶段，或项目发展过程的初期，用这种方法来分析可能存在的危险性。

在预先危险性分析中，分析组应该考虑工艺特点，列出系统基本单元的可能性和危险状态。这些是概念设计阶段所确定的，包括原料、中间物、催化剂、三废、最终产品的危险特性及其反应活性；装置设备；设备布置；操作环境；操作及其操作规程；各单元之间的联系；防火及安全设备。当识别出所有的危险情况后，列出可能的原因、后果以及可能的改正或防范措施。

（二）预先危险性分析法的步骤

首先，对生产目的、工艺过程、操作条件和周围环境进行充分的调查和了解。实际工作时可以采取设计、生产和操作人员三者结合的方式进行，这样的效果会更好。

然后，按照以前的经验和同类系统中发生过的事故，分析系统中是否会出现类似情况，查找能够造成人员伤亡、物质损伤和完不成任务的可能危险性。在查找危险性时，应该按照从系统到子系统的顺序一步一步地进行，防止疏漏。必要时，可以设计相关检查表，指明查找危险性的范围。危险性查出后，按照其严重性进行分级，如下表所示。

分级	说明
1	安全的
2	临界的，处于事故的边缘状态，暂时还不会造成人员伤亡或系统损坏，应予以排除或采取控制措施
3	危险状态，会造成人员伤亡或系统破坏，要立即采取措施
4	破坏性的，会造成灾难事故，必须予以排除

（三）预先危险性分析的结果

预先危险性分析的结果一般采用表格的形式列出，表格的格式和内容可根据实际情况确定。

（四）预先危险性分析注意事项

1. 应考虑生产工艺的特点，列出其危险性和状态

（1）原料、中间产品、衍生产品和成品的危害特性。

（2）作业环境。

(3)设备、设施和装置。

(4)操作过程。

(5)各系统之间的联系。

(6)各单元之间的联系。

(7)消防和其他安全设施。

2. PHA 分析过程中应考虑的因素

(1)危险设备和物料,如燃料、高反应活动性物质、有毒物质、爆炸高压系统、其他储运系统。

(2)设备、物料之间与安全有关的隔离装置,如物料的相互作用,火灾、爆炸的产生和发展、控制,停车系统。

(3)影响设备与物料的环境因素,如地震、洪水、振动、静电、湿度等。

(4)操作、测试、维修以及紧急处置规定。

(5)辅助设施,如储槽、测试设备等。

(6)与安全有关的设施、设备,如调节系统、备用设备等。

(五)预先危险性分析法的优点及适用范围

1. 优点

预先危险性分析是进一步进行危险分析的先导,是一种宏观概略定性分析方法。在项目发展初期使用 PHA 有以下优点:

(1)方法简单易行、经济、有效。

(2)能为项目开发的分析、设计提供指南。

(3)能识别可能发生的危险,改进的费用、时间成本低。

2. 适用范围

预先危险性分析法适用于固有系统中采取新的方法,接触新的物料、设备和设施的危险性评价。该法一般在项目的发展初期使用。当只希望进行粗略的危险和潜在事故情况分析时,也可以用 PHA 对已建成的装置进行分析。

四、故障假设分析法

(一)方法概述

故障假设分析法(What…If Analysis)是对某一生产过程或工艺过程的创造性分析方法。使用该方法时,要求人员应对工艺熟悉,通过提出一系列"如果……怎么办?"的问题,来发现可能和潜在的事故隐患,从而对系统进行彻底检查的一种方法。

故障假设分析通常对工艺过程进行分析,一般要求评价人员用"What…If"作为开头对有关问题进行考虑,从进料开始沿着流程直到工艺过程结束。任何与工艺有关的问题,即使它与之不太相关也可以提出加以讨论。故障假设分析结果将找出暗含在分析组所提出的问题和争论中的可能事故情况,这些问题和争论常常指出了故障发生的原因。通常要将所有的问题记录下来,然后进行分类。

该方法包括检查设计、安装、技改或操作过程中可能产生的偏差。要求评价人员对工艺规程熟知,并对可能导致事故的设计偏差进行整合。

(二)故障假设分析法的步骤

故障假设分析很简单,它首先提出一系列问题,然后再回答这些问题。评价结果一般以表格的形式显示,主要内容包括提出的问题,回答可能的后果,降低或消除危险性的安全措施。

故障假设分析法由三个步骤组成,即分析准备、完成分析、编制结果文件。

1. 分析准备

(1)人员组成。进行该分析应由 2 ~ 3 名专业人员组成小组。要求成员熟悉生产工艺,有评价危险经验。

(2)确定分析目标。首先要考虑的是取什么样的结果作为目标,目标又可以进一步加以限定。目标确定后就要确定分析哪些系统,在分析某一系统时应注意与其他系统的相互作用,避免遗漏危险因素。

(3)资料准备。

2. 完成分析

(1)了解情况,准备故障假设问题。分析会议开始应该首先由熟悉整个装置和工艺的人员阐述生产情况和工艺过程,包括原有的安全设备及措施。参加人员还应该说明装置的安全防范、安全设备、卫生控制规程。分析人员要向现场操作人员提问,然后对所分析的过程提出有关安全方面的问题。有两种会议方式可以采用:一种是列出所有的安全项目和问题,然后进行分析;另一种是提出一个问题讨论一个问题,即对所提出的某个问题的各个方面进行分析后,再对分析组提出的下一个问题(分析对象)进行讨论。两种方式都可以,但是通常是在分析之前列出所有的问题以免打断分析组的"创造性思维"。

(2)按照准备好的问题,从工艺进料开始,一直进行到成品产出为止,逐一提出"如果发生那种情况,操作人员应该怎么办"的问题,分别得出正确答案。

3. 编制结果文件

评价结果一般以表格形式表示,其内容主要有提出的问题,回答可能的后果,降低或消除危险性的安全措施。

(三)故障假设分析法的优缺点及适用范围

故障假设分析法较为灵活,适用范围很广,它可以用于工程、系统的任何阶段。

故障假设分析法鼓励思考潜在的事故和后果,它弥补了基于经验的安全检查表编制时经验不足的问题,同时由于检查表可以把故障假设分析法更系统化,因此出现了安全检查表分析与故障假设分析在一起使用的分析方法,以便发挥各自的优点,互相取长补短。

五、危险和可操作性研究法

(一)方法概述

危险和可操作性研究(Hazard and Operability Analysis,简称 HAZOP)是英国帝国化学工业公司(ICI)于 1974 年开发的,是以系统工程为基础,主要针对化工设备、装置而开发的一种定性的危险性评价方法。该方法研究的基本过程是以关键词为引导，寻找系统中工艺过程或状态的偏差，然后再进一步分析造成该变化的原因、可能的后果，并有针对地提出必要的预防对策措施。

运用危险和可操作性研究（HAZOP）分析方法，可以查处系统中存在的危险、有害因素，并能以危险、有害因素可能导致的事故后果确定设备、装置中的主要危险、有害因素。

危险和可操作性研究也能作为确定事故树“顶上事件”的一种方法。

（二）常见术语及引导词

HAZOP分析是对工艺或操作的特殊点进行分析，这些特殊点称为“分析节点”，或工艺单元、操作步骤。通过分析每个“节点”，识别出那些具有潜在危险的偏差，这些偏差通过引导词或关键词引出。一套完整的引导词用于每个可认识的偏差而不被遗漏。

1. 常用 HAZOP 分析术语

（1）工艺单元：具有确定边界的设备单元，对单元内工艺参数的偏差进行分析；对位于PID图上的工艺参数进行偏差分析。

（2）操作步骤：间歇过程的不连续动作，或者是由HAZOP分析组分析的操作步骤；可能是手动、自动或计算机自动控制，间歇过程的每一步使用的偏差可能与连续过程不同。

（3）工艺指标：确定装置如何按照希望的操作而不发生偏差，即工艺过程的正常操作条件；采用一系列的表格，用文字或图表进行说明，如工艺说明、流程图、PID图等。

（4）引导词：用于定性或定量设计工艺指标的简单词语，引导识别工艺过程的危险。

（5）工艺参数：与过程有关的物理和化学特性，包括概念性的项目（如反应、混合、浓度、pH值）及具体项目（如温度、压力、流量等）。

（6）偏差：分析组使用引导词系统地对每个分析节点的工艺参数进行分析后发现的一系列偏离工艺指标的情况，偏差的形式通常用“引导词+工艺参数”。

（7）原因：偏差的原因。一旦找到发生偏差的原因，就意味着找到了对付偏差的方法和手段。

（8）后果：偏差所造成的后果。分析组常常假定发生偏差时，已有安全保护系统失效，不考虑那些细小的与安全无关的后果。

（9）安全保护：指设计的工程系统或调节控制系统，用以避免或减轻偏差时所造成的后果。

（10）措施或建议：修改设计、操作规程，或者进一步分析研究的建议。

2. HAZOP 分析常用引导词及意义

（1）NONE（不或没有）：完成这些意图是不可能的，任何意图都实现不了，但也不会有任何事情发生。

（2）MORE（过量）：数量增加，与标准值相比，数量偏大。

（3）LESS（减少）：数量减少，与标准值相比，数量偏小。

（4）AS WELL AS（伴随）：定性增加，所有的设计与操作意图均伴随其他活动或事件的发生。

(5)PART OF(部分):定向减少,仅仅有一部分意图能实现,一些不能实现。

(6)REVERSE(相逆):逻辑上与意图相反,出现与设计意图完全相反的事或物。

(7)OTHER THAN(异常):完全替换,出现与设计要求不相同的事或物。

引导词用于两类工艺参数,一类是概念性工艺参数,如反应、混合;另一类是具体的工艺参数,如温度、压力。当概念性的工艺参数与引导词组合偏差时常常会发生歧义,分析人员有必要对一些引导词进行修改。

(三)HAZOP 操作步骤

危险和可操作性研究方法的目的主要是调动生产操作人员、安全技术人员、安全管理人员和相关设计人员的想象性思维,使其能够找出设备和装置中的危险、有害因素,为制定安全对策措施提供依据。危险和可操作性研究的本质就是通过系列会议对工艺流程图和操作规程进行分析,由各种专业人员按照规定的方法对偏离设计的工艺条件进行过程危险和可操作性研究。

HAZOP 分析可按以下步骤进行:

1. 成立分析小组

根据研究对象,成立一个由多方面专家(包括操作、管理、技术和设计等各方面人员)组成的分析小组,一般为 4 ~ 8 人组成,并指定负责人。

2. 收集资料

分析小组针对分析对象广泛地收集相关信息、资料,包括产品参数、工艺说明、环境因素、操作规范、管理制度等方面的资料,尤其是带控制点的流程图。

3. 划分评价单元

为了明确系统中各子系统的功能,将研究对象划分成若干单元,一般可按连续生产工艺过程中的单元以管道为主,间歇生产工艺过程中的单元以设备为主的原则进行单元划分。明确单元功能,并说明其运行状态和过程。

4. 定义关键词

按照危险和可操作性研究中给出的关键词,逐一分析各单元可能出现的偏差。

5. 分析产生偏差的原因及其后果

产生偏差的原因一般为直接原因或初始原因,必要时再深入一步到基本原因。产生偏差的后果是指偏离所导致的结果(不利后果),包括人员伤害、财产损失、环境破坏等。

6. 制定相应的对策措施

产生偏差的原因及后果分析后,应采取相应的对策措施,以为了消除或控制危险。

提示

危险和可操作性研究方法与其他安全评价方法的明显不同之处是,其他方法可由某人单独使用,而危险和可操作性研究则必须由一个多方面的、专业的、熟练的人员组成的小组来完成。

（四）HAZOP 的优缺点及适用范围

该方法优点是简便易行，且背景各异的专家在一起工作，在创造性、系统性和风格上互相影响和启发，能够发现和鉴别更多的问题，汇集了集体的智慧，这要比他们单独工作时更为有效。其缺点是分析结果受分析评价人员主观因素的影响。

危险和可操作性研究方法适用于设计阶段和现有的生产装置的评价。起初，英国帝国化学工业公司开发的危险和可操作性研究方法主要在连续的化工生产工艺过程中应用。化工生产工艺过程中，管道内物料工艺参数的变化可以反映各装置、设备的状况，因此在连续过程中分析的对象应确定为管道，通过管道内物料状态及工艺参数产生偏差的分析，查找出系统存在的危险、有害因素以及可能的事故后果。通过对管道的分析，就能够了解整个系统存在的危险。对危险和可操作性研究方法进行适当改进，该方法也能应用于间歇化工生产工艺过程的危险性分析。

六、故障树分析法

（一）方法概述

故障树分析法（Fault Tree Analysis，简称 FTA），又称作事故树分析法，是 60 年代以来迅速发展的系统可靠性分析方法，它采用逻辑方法，将事故因果关系形象的描述为一种有方向的“树”，即把系统可能发生或已发生的事故（称为顶上事件）作为分析起点，将导致事故原因的事件按因果逻辑关系逐层列出，用树形图表示出来，构成一种逻辑模型，然后定性或定量的分析事件发生的各种可能途径及概率，找出避免事故发生的各种方案并优选出安全对策。FTA 法形象、清晰，逻辑性强，它能对各种系统的危险性进行识别评价，既适用于定性分析，又能进行定量分析。

顶事件通常是由故障假设、HAZOP 等危险分析方法识别出来的。故障树模型是原因事件（即故障）的组合（称为故障模式或失效模式），这种组合导致顶上事件。而这些故障模式称为割集，最小割集是原因事件的最小组合。若要使顶上事件发生，则要求最小割集中的所有事件必须全部发生。

（二）故障树的名词术语和符号

1. 事件及其符号

在故障树分析中，各种故障状态或不正常情况皆称故障事件；各种完好状态或正常情况皆称成功事件。两者皆可简称事件。事件符号如下图所示。

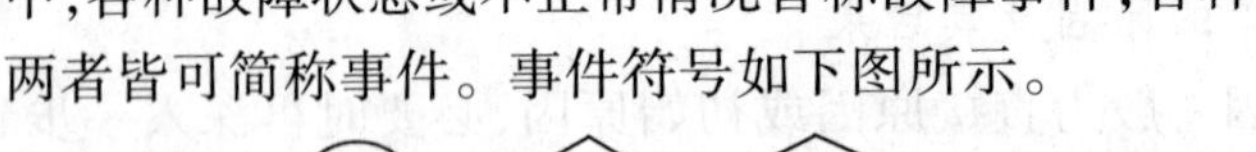

(a)　(b)　(c)　(d)　(e)

(1)结果事件

结果事件是故障树分析中由其他事件或事件组合所导致的事件。结果事件总位于某个逻辑门的输出端，用矩形符号表示结果事件，如上图(a)所示。

结果事件分为：

①顶上事件，是故障树分析中所关心的结果事件。顶上事件位于故障树的顶端，总是所讨论故障树中逻辑门的输出事件而不是输入事件。

②中间事件,是位于顶上事件和底事件的结果事件。中间事件既是某个逻辑门的输出事件,又是别的逻辑门的输入事件。

(2)底事件

底事件是故障树分析中仅导致其他事件的原因事件。底事件位于所讨论的故障树底端,总是某个逻辑门的输入事件而不是输出事件。

底事件分为:

①基本事件,是在特定的故障树分析中无须探明发生原因的底事件,用上图(b)的圆形符号表示。

②未探明事件,是原则上进一步探明但暂时不能或不必探明原因的底事件,用上图(c)的菱形符号表示。

(3)特殊事件

特殊事件是指在故障树分析中所需要特殊符号表明,起特殊或引起注意的事件。

特殊事件分为:

①开关事件,是在正常工作条件下必然发生或者必然不发生的特殊事件,用上图(d)的屋形符号表示。

②条件事件,是描述逻辑门起作用的具体限制的特殊事件,用上图(e)的椭圆形符号表示。

2. 逻辑门及其符号

在故障树分析中逻辑门只描述事件间的逻辑因果关系。

逻辑门包括:

(1)与门。与门可以连接数个输入事件($E_1,E_2,\cdots,E_n$)和一个输出事件E,表示仅当所有输入事件发生时,输出事件才发生的逻辑关系。与门符号如下图所示。

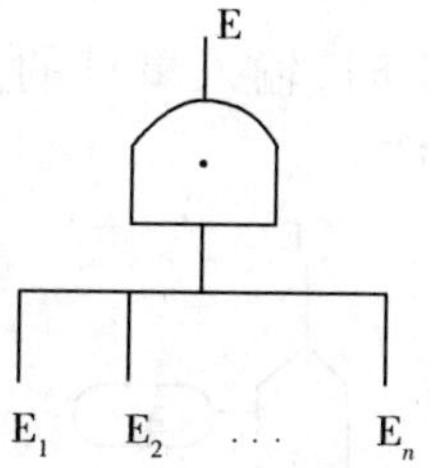

(2)或门。或门可以连接数个输入事件($E_1,E_2,\cdots,E_n$)和一个输出事件E,表示至少一个输入事件发生时,输出事件就发生的逻辑关系。或门符号如下图所示。

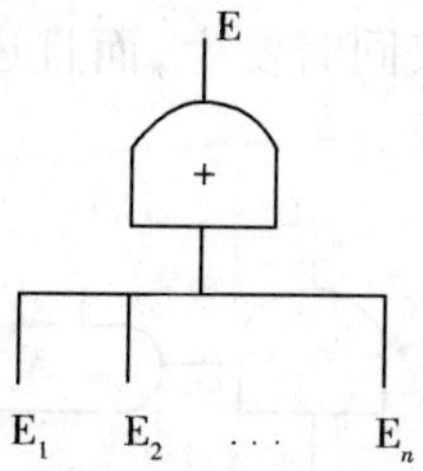

(3)非门。表示输出事件是输入事件的对立事件。非门符号如下图所示。

(4)特殊门:

①表决门。表示仅当输入事件有 $m(m \leqslant n)$ 个或 m 个以上事件同时发生时,输出事件才发生。表决门符号如下图所示。或门、与门都是表决门的特例,或门是 $m=1$ 时的表决门;与门是 $m=n$ 时的表决门。

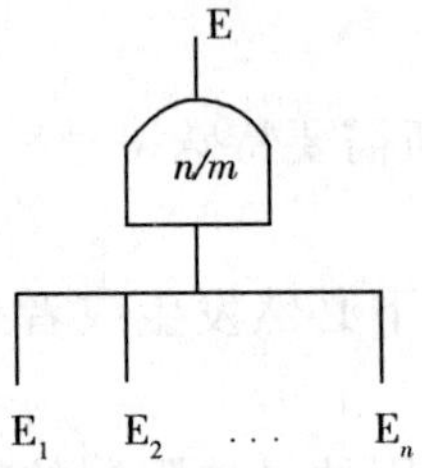

②异或门。表示仅当单个输入事件发生时,输出事件才发生。异或门符号如下图所示。

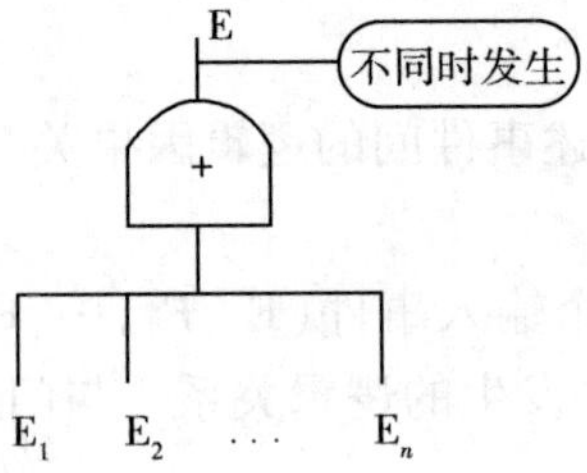

③禁门。表示仅当条件事件发生时,输入事件的发生方导致输出事件的发生。禁门符号如下图所示,A 为禁门打开的条件。

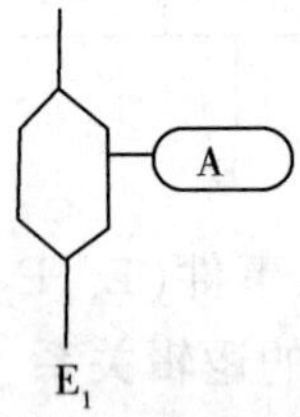

④顺序与门。表示输入事件不仅同时发生,而且还必须满足顺序条件 A,才会有输出事件发生。顺序与门符号如下图所示。

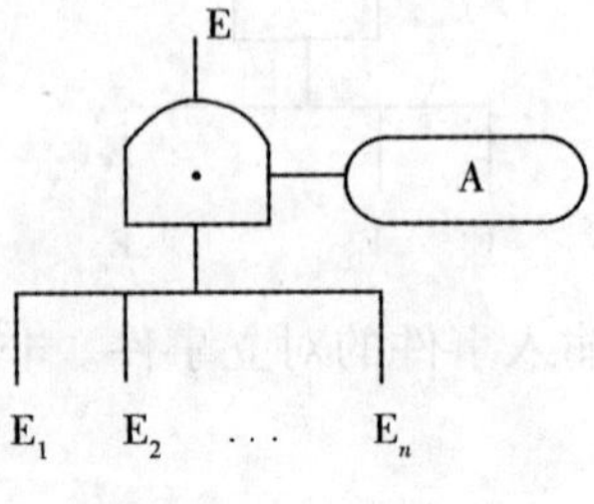

3. 转移符号

转移符号是为了避免画图时重复和使图形简明而设置的符号。

(1)相同转移符号。下图所示是一对相同转移符号,用以指明子树的位置。左侧是相同转向符号,表示“下面转到以字母数字为代号所指的子树去”。右侧是转此符号,表示“由具有相同字母数字的转向符号处转到这里来”。

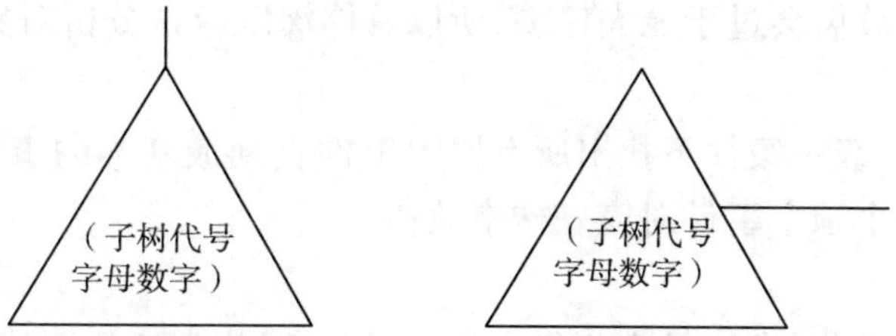

(2)相似转移符号。下图所示是一对相似转移符号,用以指明相似子树的位置。左侧是相似转向符号,表示“下面转到以字母数字为代号所指结构相似而事件标号不同的子树去”,不同的事件标号在三角形旁边注明。右侧是相似转此符号,表示“相似转向符号所指子树与此处子树相似但事件符号不同”。

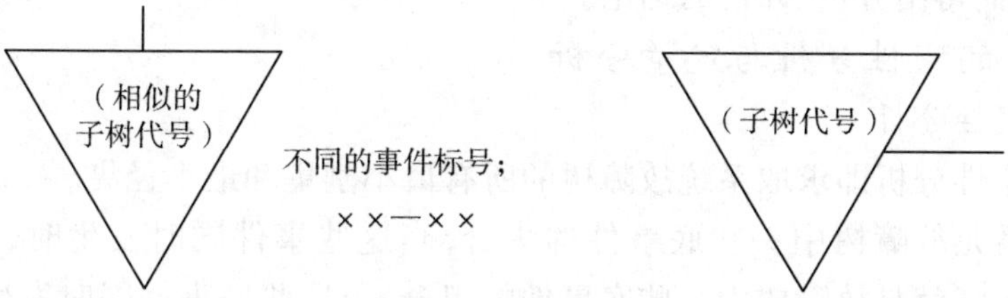

(三)FTA 操作步骤

1. 熟悉分析系统

首先要详细了解要分析的对象,包括工艺流程、设备构造、操作条件、环境状况及控制系统和安全装置等,同时还可以广泛收集同类系统发生的事故。

2. 确定分析对象系统和分析的对象事件(顶上事件)

通过实验分析、事故分析以及故障类型和影响分析确定顶上事件;明确对象系统的边界、分析深度、初始条件、前提条件和不考虑条件。

3. 确定分析边界

在分析之前要明确分析的范围和边界以及系统内容。特别是化工、石油化工生产过程都具有连续化、大型化的特点,各工序、设备之间相互连接,如果不划定界限,得到的事故树将会非常庞大,不利于研究。

4. 确定安全目标值

确定系统事故发生概率、事故损失的安全目标值。

5. 调查原因事件

顶上事件确定之后,就要分析与之有关的原因事件,也就是找出系统中所有潜在危险因素的薄弱环节,包括设备元件等硬件故障、软件故障、人为差错及环境因素。凡是事故有关的原因都找出来,作为事件树的原因事件。

6. 确定不予考虑的事件

与事故有关的原因各种各样，但是有些原因根本不可能发生或发生的概率很小，如雷电、飓风、地震等，编制事故树时一般都不予考虑，但要先加以说明。

7. 确定分析的深度

在分析原因事件时，要分析到哪一层为止，需要事先确定。分析得太浅可能发生遗漏；分析得太深，则事故树会过于庞大繁琐，所以具体深度应视分析对象而定。

8. 编制事故树

从顶上事件起，一级一级往下找出所有原因事件直到最基本的事件为止，按其逻辑关系画出事故树。每一个顶上事件对应一株事故树。

9. 定量分析

按事故结构进行简化，求出最小割集和最小径集，求出概率重要度和临界重要度。

10. 结论

当事故发生概率超过预定目标值时，从最小割集着手研究降低事故发生概率的所有可能方案，利用最小径集找出消除事故的方案；通过重要度分析确定采取对策措施的重点和先后顺序，从而得出分析、评价的结论。

（四）FTA 的定性分析与定量分析

1. FTA 的定性分析

故障树的定性分析即求取系统故障树的所有最小割集和最小径集。

所谓割集就是故障树中一些底事件的集合，当这些事件同时发生时，顶事件必然发生。所谓最小割集就是故障树中一些底事件的组合，当这些底事件同时发生时，顶事件必然发生，若这些底事件中去掉任意一个顶事件将不再发生，则这个底事件组合就是最小割集。因此，最小割集的意义在于描绘了处于故障状态的系统必须要处理的基本故障，指出了系统中最薄弱的环节。最小割集反映了系统的危险程度，最小割集越多，系统越危险。

在故障树中，当所有基本事件都不发生时，顶事件肯定不会发生。然而，顶事件不发生常常并不要求所有基本事件都不发生，而只要某些基本事件不发生顶事件就不会发生。这些不发生的基本事件的集合称为径集，也称通集或路集。在同一故障树中，不包含其他径集的径集称为最小径集。如果径集中任意去掉一个基本事件后就不再是径集，那么该径集就是最小径集。所以，最小径集是保证顶事件不发生的充分必要条件。最小径集反映了系统的安全程度，最小径集越多，系统越安全。

2. FTA 的定量分析

在故障树定性分析求出全部最小割集和最小径集的基础上，把故障树顶事件表示为最小割集和最小径集中底事件积之和的最简布尔表达式，即可对顶事件发生的概率进行定量计算。

链接

由元素 $a,b,\cdots\cdots$ 组成的集合称为一个布尔代数，布尔代数的基本运算规律包括结合律、交换律、分配律、互补律、对合律、幂等律、重叠律、吸收律、德·摩根律。

故障树进行定量分析的步骤为：获取基本事件发生概率→利用最小割集和最小径集计算顶上事件发生概率→结构重要度分析→概率重要度分析→临界重要度分析。

最小割集或最小径集排列结构重要度顺序如下：

(1)当最小割(径)集中的基本事件个数不等时，少事件割(径)集中的基本事件比多事件割(径)集中的基本事件结构重要度大。

(2)仅在同一个最小割(径)集中出现的所有基本事件，而且在其他最小割(径)集中不再出现，则所有基本事件的结构重要度相等。

(3)当最小割(径)集中的基本事件数目相等时，出现次数多的基本事件比出现次数少的基本事件结构重要度大。

(4)在基本事件少的最小割(径)集内出现次数少的基本事件与在基本事件多的最小割(径)集内出现次数多的基本事件相比较，一般说前者结构重要度大于后者，极个别情况下两者相等。

(五)FTA的特点及适用范围

我国在1978年由天津东方化工厂首先将事故树分析法用于高氯酸生产过程中的危险性分析，对减少和预防事故的发生取得了明显的效果。之后又在化工、冶金、机械、航空等工业部门得到普遍的推广和应用。它具有以下几个特点：

(1)事故树分析法是采用演绎的方法分析事故的因果关系，能详细找出系统各种固有的潜在危险因素，为安全设计、制定安全技术措施和安全管理要点提供了依据。

(2)能简洁形象地表示出事故和各原因之间的因果关系及逻辑关系。

(3)在事故分析中，顶上事件可以是已发生的事故，也可以是预想的事故。通过分析找出原因，采取对策加以控制，从而起到预防事故的作用。

(4)可以用于定性分析，求出危险因素对事故影响的大小；也可以用于定量分析，由各危险因素的概率计算出事故发生的概率，从数量上说明是否能满足预定目标值的要求，从而确定采取措施的重点和轻重缓急顺序。

(5)可选择最感兴趣的事故作为顶上事件进行分析。

(6)分析人员必须非常熟悉对象系统，具有丰富的实践，能准确、熟悉地应用分析方法。往往出现不同分析人员编制的事故树和分析结果不同的现象。

(7)复杂系统的事故树往往很庞大，分析、计算的工作量大。

(8)进行定量分析时，必须知道事故树中各事件的故障数据，如果这些数据不准确，定量分析就不可能进行。

七、事件树分析法

(一)方法概述

事件树分析法(Event Tree Analysis，简称ETA)的理论基础是决策论。它是一种从原因到结果的自上而下的分析方法。从一个初始事件开始，交替考虑成功与失败的两种可能性，然后再以这两种可能性作为新的初始事件，如此继续分析下去，直到找到最后的结果。因此ETA是一种归纳逻辑树图,能够看到事故发生的动态发展过程,提供事故后果。

事故的发生是若干事件按时间顺序相继出现的结果,每一个初始事件都可能导致灾难性的后果,但不一定是必然的后果。因为事件向前发展的每一步都会受到安全防护措施、操作人员的工作方式、安全管理及其他条件的制约,因此每一阶段都有两种可能性结果,即达到既定目标的"成功"和达不到目标的"失败"。

ETA从事故的初始事件开始,经原因事件到结果事件为止,每一事件都按成功和失败两种状态进行分析。成功或失败的分叉称为歧点,用树枝的上分支作为成功事件,下分支作为失败事件,按照事件发展顺序不断延续分析直至最后结果,最终形成一个在水平方向横向展开的树形图。

(二)事件树分析法的操作步骤

1. 确定初始事件

初始事件一般指系统故障、设备失效、工艺异常、人的失误等,它们都是由事先设想或估计的。确定初始事件一般依靠分析人员的经验和有关运行、故障、事故统计资料来确定;对于新开发系统或复杂系统,往往先应用其他分析、评价方法从分析的因素中选定,再用事件树分析方法做进一步的重点分析。

2. 判定安全功能

在所研究的系统中包含许多能消除、预防、减弱初始事件影响的安全功能。常见的安全功能有自动控制装置、报警系统、安全装置、屏蔽装置和操作人员采取的措施等。

3. 发展事件树和简化事件树

从初始事件开始,自左向右发展事件树,首先把初始事件一旦发生时起作用的安全功能状态画在上面的分支,不能发挥安全功能的状态画在下面的分支。然后依次考虑每种安全功能分支的两种状态,层层分解直至系统发生事故或故障为止。

4. 分析事件树

(1)找出事故连锁和最小割集事件树,每个分支代表初始事件一旦发生后其可能的发展途径,其中导致系统事故的途径即为事故连锁,一般导致系统事故的途径有很多,即有很多事故连锁。

(2)找出预防事故的途径,事件树中最终达到安全的途径指导人们如何采取措施预防事故发生。在达到安全的途径中,安全功能发挥作用的事件构成事件树的最小径集。一般事件树中包含多个最小径集,即可以通过若干途径防止事故发生。

由于事件树表现了事件间的时间顺序,所以应尽可能地从最先发挥作用的安全功能着手。

5. 事件树的定量分析

由各事件发生的概率计算系统事故或故障发生的概率,下面以典型例题的形式进行讲解。

典型例题

【单选题】某化工厂的油料输送系统主要设备为泵 A、阀门 B 和阀门 C。为了提高该系统的可靠性，委托某安全评价单位对泵物料输送系统进行事件树分析。安全评价单位对泵 A、阀门 B 和阀门 C 发生的故障事件进行统计分析，得出泵 A、阀门 B 和阀门 C 的故障概率分别为 0.1，0.05，0.05。根据事件树定量分析方法，该系统发生故障的概率是(　　)。

A. 0.150 0　　　　B. 0.187 8

C. 0.160 0　　　　D. 0.812 2

B。【解析】事件树定量分析方法，是由各事件发生概率计算系统故障发生的概率。系统故障发生的概率 = 1 - 系统故障不发生故障的概率。故该系统发生故障的概率 $=1-[(1-0.1)\times(1-0.05)\times(1-0.05)]\approx0.1878$。

(三)事件树分析法的优缺点及适用范围

事件树分析法是一种图解形式，层次清楚。可以看作是 FTA 的补充，可以将严重事故的动态发展过程全部揭示出来。

该方法的优点有：层次清楚，能够直观地展现事故发展过程，整个结果的范围可以在事件树中得到改善；采用定性分析、定量计算；事件树可以分析系统故障、设备失效、工艺异常、人的失误等多阶段、多因素的复杂事件的动态发展过程。

该方法的缺点有：一个事件的所有可能的后继事件情况比较复杂，考虑比较困难；对于一个复杂系统，事件树会变得非常复杂；事件树成长较快，为保持合理的大小，往往进行粗略的分析，不适用于详细分析。

八、化工企业六阶段安全评价法

(一)方法概述

日本劳动省颁布的化工企业六阶段安全评价法，综合应用安全检查表、定量危险性评价、事故信息评价、故障树分析以及事件树分析等方法，分成六个阶段采取逐步深入，定性与定量结合，层层筛选的方式识别、分析、评价危险，并采取措施消除危险。

(二)六阶段安全评价法步骤

1. 第一阶段：资料准备

首先准备的资料有：建厂条件；装置平面图；构筑物平面、断面、立面图；原料和产品的物化性质及对人的影响；反应过程；制造工程概要；流程图；流程机械表；配管、仪表系统图；安全设备种类及设置地点；运转要点；人员配置；安全教育训练计划等其他有关资料。

2. 第二阶段：定性评价

应用安全检查表主要针对厂址选择、工厂内部布置、建构物、工艺流程和设备布置、原材料、中间体、产品、输送存储系统、消防设施等方面进行检查，发现问题改进设计。

3. 第三阶段：定量评价

将装置划分成若干个单元，对各单元的物料、容量、温度、压力和操作等进行评价，每项又分为 A，B，C，D 四个分段，分别对应分值 10 分、5 分、2 分、0 分，最后按这些项的分数之和来评定该单元的危险度等级。

4. 第四阶段:制定安全对策

根据单元的危险度等级,按照方法推荐的各评价等级应采取的措施和要求,采取相应技术、设备和组织管理等方面的安全对策措施。

5. 第五阶段:用过去类似设备和装置的事故资料进行复查评价

根据设计内容参照过去同样的设备和装置的事故情报进行再评价,如果有应改进的地方,再按第四阶段要求进一步采取措施。

6. 第六阶段:再评价

用故障树、事件树进行再评价。

(三)六阶段安全评价法的优缺点及适用范围

该方法综合运用检查表、定量评价法、类比法、故障树、事件树反复评价,准确性高,但工作量大,它是一种周到的评价方法,除化工厂外,还可以用于其他行业的安全评价。

九、道化学公司火灾、爆炸危险指数评价法

(一)方法概述

1964 年美国道(DOW)化学公司根据化工生产的特点,首先开发出"火灾、爆炸危险指数评价法",用于对化工生产装置进行安全性评价。该方法经过多次修订,不断完善。该方法以以往的事故统计资料、物质的能量和现行的安全防护措施的状况为依据,以单元重要危险物质在标准状态下的火灾、爆炸或释放出危险性潜在能量大小为基础,同时考虑工艺过程的危险性,计算单元火灾、爆炸指数,确定危险等级,还根据特定物质、一般工艺及特定工艺的危险修正系数,求出火灾、爆炸指数。定量地对工艺过程和生产装置及所含物料的实际潜在火灾、爆炸和反应性危险逐步推算进行客观的评价。再根据指数的大小分成几个等级,按等级的要求及火灾爆炸危险的分组采取相应的安全措施。由于该评价方法切合实际、科学合理,并提供了火灾、爆炸总体的关键数据,因此,已经被世界化学工业及石油化学工业公认为最主要的危险指数评价法。

(二)操作步骤

采用火灾、爆炸危险指数评价法应遵循的操作步骤如下:

(1)确定评价的工艺单元。

(2)求取单元内的物质系数。

(3)按单元的工艺条件,选用恰当的危险系数,得出一般工艺危险系数和特殊工艺危险系数。

(4)用一般工艺危险系数乘以特殊工艺危险系数,求出工艺单元危险系数。

(5)将工艺单元危险系数与物质系数相乘,求出火灾、爆炸危险指数。

(6)用火灾、爆炸指数求单元暴露区域半径,并计算暴露面积。

(7)查出单元暴露区域内的所有设备的更换价值,并确定破坏危险系数,求出基本最大可能财产损失。

(8)应用安全措施补偿系数乘以基本最大可能财产损失,确定实际最大可能财产损失。

(9)根据实际最大可能财产损失,确定最大可能工作日损失(停工天数)。

(10)用停产损失工作日确定停产损失。

(三)道化学火灾、爆炸危险指数评价法的特点及适用范围

该方法是指数评价法的一种,指数的采用使得系统结构复杂、用概率难以表述其危险性单元的评价有了一个可行的方法。这类方法操作简单,是目前应用较多的评价方法之一。该评价方法的基本特点有:

(1)整个评价基于对物质危险性的评价和对工艺过程危险性的评价。两者相比又以物质的危险性更为基础,整个危险指数可认为是工艺过程通过对物质及其反应的影响而体现的。

(2)所评价的危险性指数反映了系统的最大潜在危险,预测事故可能导致的最大危害程度与停产损失,是系统中物质、工艺定下来以后的固有危险性,基本上未涉及当时生产过程中人和管理的因素。

(3)评价中所用的数据来源于以往事故的统计资料、物质的潜在能量和现行安全防灾措施的经验。所以尽管把这些经验量化成了数据,但本质上仍属定性的、相对比较的方法。

(4)固有危险和安全措施的效能最后都通过折算为美元来表现,风险评价与保险的目的很突出。

十、蒙德火灾、爆炸、毒性指数评价法

(一)方法概述

1974年英国帝国化学工业公司(ICI)蒙德分部在道化学指数评价法的基础上引进了毒性概念,并发展了一些新的补偿系数,提出了“蒙德火灾、爆炸、毒性指数评价法”。

蒙德法在对现有装置及计划建设装置的危险性研究中,尤其是在新设计项目的潜在危险评价时,对道化学公司方法进行改进和补充。其中最重要的两个方面是:

(1)引进了毒性的概念,将道化学公司的“火灾、爆炸指数”扩展到包括物质毒性在内的“火灾、爆炸、毒性指数”的初期评价。

(2)发展了新的补偿系数,进行装置现实危险性水平再评价。

(二)相关操作要求

1. 评价单元的确定

“单元”是装置的一个独立部分,一是在布置上的独立性,即与装置的其他部分之间有一定的安全距离 ,或由防火墙、防火堤等屏障相隔开;二是指工艺上的不同性,即一个单元一般情况下是一种工艺。

2. 单元内的重要物质及其物质系数的确定

(1)选取单元内的重要物质。在选择单元中以较多数量存在的、危险性潜能较大的物质作为单元内的重要物质对单元进行评价。

(2)物质系数的确定。物质系数是指重要物质在标准状态(25 ℃,0.1 MPa)下的火灾、爆炸或放出能量的危险性潜能的尺度。

3. 单元危险性的初期评价

(1)特殊物质的危险性。决定特殊物质危险性时,对重要的物质的特殊性质、重要物质在单元内与催化剂等其他物质混合的情况要重新进行评价。要根据该单元内重要物质的数量、在火灾或可能出现火灾的条件下对其特定性质所产生的影响来决定特殊物质危险性系数的标准。

(2)一般工艺过程危险性。这类危险性与单元内进行的工艺及其操作的基本类型有关。

(3)特殊工艺过程危险性。在重要物质或基本的工艺和操作性质所评价的评分基础上,有些操作过程及其工艺会使总体的危险性增加。

(4)数量的危险性。处理大量的可燃性、着火性和分解性物质时,要给予附加的危险性系数。计算所研究的单元中物质总量应考虑反应器、管道、供料槽、塔等设备内的全部物料数量。可以根据物质质量直接计算,也可以根据体积和密度计算。根据气体、固体、液体及其混合物的质量,可以进行危险性的比较。

(5)布置上的危险性。单元布置引起的危险性系数所考察的重要项目是大量可燃性物质在单元内存在的高度。

(6)毒性的危险性。它是关于毒性危险性的相对评分及其对综合危险性评价的影响。

(7)初期评价结果的计算。对所记录的各种系数先进行小计,再根据 DOW 最初确定的方法变换为 DOW/ICI 的总指标。

4. 计算综合危险性指数 R

考虑装置布置的总危险性评分是根据 DOW/ICI 总指标确定,而总指标受火灾负荷、单元毒性指标、内部爆炸指标、气体爆炸因素等的影响较大,因此,用综合危险性指数 R 评价这些因素是更为合适的方法。

5. 单元的补偿评价

在实际生产过程中,采取了各种安全对策措施和预防手段。这些措施和手段从两方面来降低危险性:一是降低事故的频率,即预防事故的发生;二是减小事故的规模,即事故发生后,将其影响控制在最小限度。对主要的安全措施,逐项给定一个小于 1 的补偿系数。

十一、演绎推理评价法和归纳推理评价法

按照安全评价的逻辑推理过程分类,安全评价方法可分为演绎推理评价法和归纳推理评价法。

演绎推理评价法是从结果推论原因,即从事故开始,推论事故的直接因素,再分析间接因素,最后找出事故发生的最基本的有害因素。

归纳推理评价法是从原因推论结果,即从最基本的有害因素开始,逐步分析事故发生的直接因素,最后分析可能的事故。

十二、其他安全评价方法

(一)作业条件危险性评价法

作业条件危险性评价法是一种简便易行的衡量人们在某种具有潜在危险的环境中作

业的危险性的评价方法。它是由美国安全专家格雷厄姆和金尼提出的。该方法以与系统风险率有关的三种因素指标值之积来评价系统人员伤亡风险的大小，并将所得作业条件危险性数值与规定的作业条件危险性等级相比较，从而确定作业条件的危险程度。

作业条件的危险性(D)大小，取决于三个因素：

(1)发生事故或危险的可能性(L)。

(2)暴露在危险环境中的频率(E)。

(3)发生事故可能会造成的后果，即事故发生的严重度(C)。

(二)故障类型和影响分析法

故障类型和影响分析法(Failure Mode and Effects Analysis，简称 FMEA)是对系统各组成部分、元件进行分析的重要方法。系统的子系统或元件在运行过程中会发生故障，而且往往可能发生不同类型的故障。不同类型的故障对系统的影响是不同的。这种分析方法首先是找出系统中各子系统及元件可能发生的故障及其类型，查明各种类型故障对邻近子系统或元件的影响以及最终对系统的影响，再提出消除或控制这些影响的措施。

故障类型和影响分析法是一种定性分析方法，故障类型和影响分析通常包括以下四个方面：

(1)掌握和了解对象系统。

(2)对系统元件的故障类型和产生原因进行分析。

(3)故障类型对系统和元件的影响。

(4)汇总结果和提出改正措施。

链接

安全评价方法的分类，如下表所示。

分类依据	类型
按评价结果的量化程度	(1)定性安全评价法。安全检查表法、作业条件危险性评价法、危险和可操作性研究法、故障类型和影响分析法、因素图分析法、专家现场询问观察法、事故引发和发展分析法。 (2)定量安全评价法。危险指数评价法(如道化学火灾、爆炸危险指数评价法，蒙德火灾、爆炸、毒性指数评价法)、概率风险评价法(如事故树分析法、统计图表分析法)、伤害(或破坏)范围评价法等
按评价达到的目的	事故后果安全评价法(定量安全评价法)、危险性分级安全评价法(定性、定量安全评价法)、事故致因因素安全评价法(定性安全评价法)
按评价的推理过程	演绎推理评价法、归纳推理评价法
按评价对象	物质系数评价法、系统危险性评价法、设备故障率评价法、人员失误率评价法

选择安全评价方法应遵循充分性、适应性、系统性、针对性和合理性的原则。选择安全评价方法时，先分析被评价系统，收集并分析安全评价方法，确定可获取的基础数据和资料，最后确定安全评价方法。

第六章 安全文化

第一节 企业安全文化建设

根据《企业安全文化建设导则》,企业安全文化是指被企业组织的员工群体所共享的安全价值观、态度、道德和行为规范组成的统一体。企业安全文化建设是指通过综合的组织管理等手段,使企业的安全文化不断进步和发展的过程。

一、企业安全文化建设的总体要求

企业安全文化和企业文化目标基本一致,即"以人为本",以人的"灵性管理"为基础。企业在安全文化建设过程中,应充分考虑自身内部的和外部的文化特征,引导全体员工的安全态度和安全行为,实现在法律和政府监管要求之上的安全自我约束,通过全员参与实现企业安全生产水平持续进步。

企业安全文化建设的总体模式如下图所示。

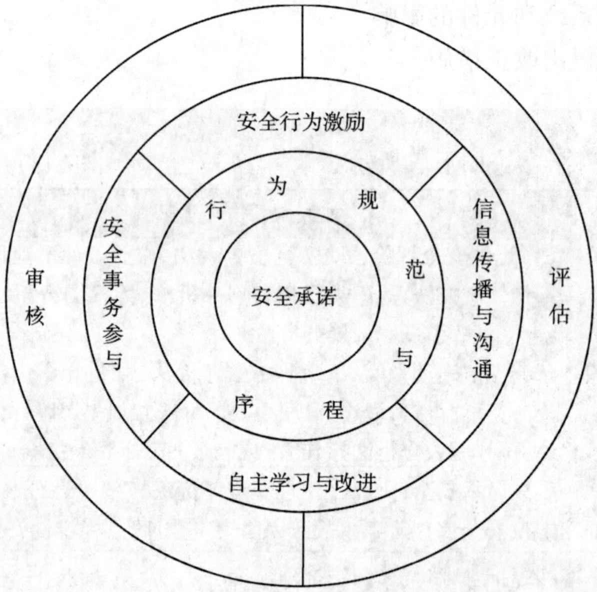

二、企业安全文化建设的基本要素与基本功能

(一)企业安全文化建设的基本要素

1. 安全承诺

企业应建立包括安全价值观、安全愿景、安全使命和安全目标等在内的安全承诺。安全承诺应:

(1)切合企业特点和实际,反映共同安全志向。

(2)明确安全问题在组织内部具有最高优先权。

(3)声明所有与企业安全有关的重要活动都追求卓越。

(4)含义清晰明了,并被全体员工和相关方所知晓和理解。

企业的领导者应对安全承诺做出有形的表率,应让各级管理者和员工切身感受到领导者对安全承诺的实践。领导者应:

(1)提供安全工作的领导力,坚持保守决策,以有形的方式表达对安全的关注。

(2)在安全生产上真正投入时间和资源。

(3)制定安全发展的战略规划以推动安全承诺的实施。

(4)接受培训,在与企业相关的安全事务上具有必要的能力。

(5)授权组织的各级管理者和员工参与安全生产工作,积极质疑安全问题。

(6)安排对安全实践或实施过程的定期审查。

(7)与相关方进行沟通和合作。

企业的各级管理者应对安全承诺的实施起到示范和推进作用,形成严谨的制度化工作方法,营造有益于安全的工作氛围,培育重视安全的工作态度。各级管理者应:

(1)清晰界定全体员工的岗位安全责任。

(2)确保所有与安全相关的活动均采用了安全的工作方法。

(3)确保全体员工充分理解并胜任所承担的工作。

(4)鼓励和肯定在安全方面的良好态度,注重从差错中学习和获益。

(5)在追求卓越的安全绩效、质疑安全问题方面以身作则。

(6)接受培训,在推进和辅导员工改进安全绩效上具有必要的能力。

(7)保持与相关方的交流合作,促进组织部门之间的沟通与协作。

企业的员工应充分理解和接受企业的安全承诺,并结合岗位工作任务实践这种安全承诺。每个员工应:

(1)在本职工作上始终采取安全的方法。

(2)对任何与安全相关的工作保持质疑的态度。

(3)对任何安全异常和事件保持警觉并主动报告。

(4)接受培训,在岗位工作中具有改进安全绩效的能力。

(5)与管理者和其他员工进行必要的沟通。

企业应将自己的安全承诺传达到相关方。必要时应要求供应商、承包商等相关方提供相应的安全承诺。

2. 行为规范与程序

企业内部的行为规范是企业安全承诺的具体体现和安全文化建设的基础要求。企业应确保拥有能够达到和维持安全绩效的管理系统,建立清晰界定的组织结构和安全职责体系,有效控制全体员工的行为。行为规范的建立和执行应:

(1)体现企业的安全承诺。

(2)明确各级、各岗位人员在安全生产工作中的职责与权限。

(3)细化有关安全生产的各项规章制度和操作程序。

(4)行为规范的执行者参与规范系统的建立,熟知自己在组织中的安全角色和责任。

(5)由正式文件予以发布。

(6)引导员工理解和接受建立行为规范的必要性,知晓由于不遵守规范所引发的潜在不利后果。

(7)通过各级管理者或被授权者观测员工行为,实施有效监控和缺陷纠正。

(8)广泛听取员工意见,建立持续改进机制。

程序是行为规范的重要组成部分。企业应建立必要的程序,以实现对与安全相关的所有活动进行有效控制的目的。程序的建立和执行应:

(1)识别并说明主要的风险,简单易懂,便于实际操作。

(2)程序的使用者(必要时包括承包商)参与程序的制定和改进过程,并应清楚理解不遵守程序可导致的潜在不利后果。

(3)由正式文件予以发布。

(4)通过强化培训,向员工阐明在程序中给出特殊要求的原因。

(5)对程序的有效执行保持警觉,即使在生产经营压力很大时,也不能容忍走捷径和违反程序。

(6)鼓励员工对程序的执行保持质疑的安全态度,必要时采取更加保守的行动并寻求帮助。

3. 安全行为激励

企业在审查和评估自身安全绩效时,除使用事故发生率等消极指标外,还应使用旨在对安全绩效给予直接认可的积极指标。

员工应该受到鼓励,在任何时间和地点,挑战所遇到的潜在不安全实践,并识别所存在的安全缺陷。对员工所识别的安全缺陷,企业应给予及时处理和反馈。

企业宜建立员工安全绩效评估系统,应建立将安全绩效与工作业绩相结合的奖励制度。审慎对待员工的差错,应避免过多关注错误本身,而应以吸取经验教训为目的。应仔细权衡惩罚措施,避免因处罚而导致员工隐瞒错误。

企业宜在组织内部树立安全榜样或典范,发挥安全行为和安全态度的示范作用。

4. 安全信息传播与沟通

企业应建立安全信息传播系统,综合利用各种传播途径和方式,提高传播效果。

企业应优化安全信息的传播内容,将组织内部有关安全的经验、实践和概念作为传播内容的组成部分。

企业应就安全事项建立良好的沟通程序,确保企业与政府监管机构和相关方、各级管理者与员工、员工相互之间的沟通。沟通应满足:

(1)确认有关安全事项的信息已经发送,并被接受方所接收和理解。

(2)涉及安全事件的沟通信息应真实、开放。

(3)每个员工都应认识到沟通对安全的重要性,从他人处获取信息和向他人传递信息。

5. 自主学习与改进

企业应建立有效的安全学习模式,实现动态发展的安全学习过程,保证安全绩效的持续改进。

企业应建立正式的岗位适任资格评估和培训系统，确保全体员工充分胜任所承担的工作。因此，企业应：

(1)制定人员聘任和选拔程序，保证员工具有岗位适任要求的初始条件。

(2)安排必要的培训及定期复训，评估培训效果。

(3)培训内容除有关安全知识和技能外，还应包括对严格遵守安全规范的理解，以及个人安全职责的重要意义和因理解偏差或缺乏严谨而产生失误的后果。

(4)除借助外部培训机构外，应选拔、训练和聘任内部培训教师，使其成为企业安全文化建设过程的知识和信息传播者。

企业应将与安全相关的任何事件，尤其是人员失误或组织错误事件，当作能够从中汲取经验教训的宝贵机会与信息资源，从而改进行为规范和程序，获得新的知识和能力。

应鼓励员工对安全问题予以关注，进行团队协作，利用既有知识和能力，辨识和分析可供改进的机会，对改进措施提出建议，并在可控条件下授权员工自主改进。

经验教训、改进机会和改进过程的信息宜编写到企业内部培训课程或宣传教育活动的内容中，使员工广泛知晓。

6. 安全事务参与

全体员工都应认识到自己负有对自身和同事安全做出贡献的重要责任。员工对安全事务的参与是落实这种责任的最佳途径。

员工参与的方式可包括但不局限于以下类型：

(1)建立在信任和免责备基础上的微小差错员工报告机制。

(2)成立员工安全改进小组，给予必要的授权、辅导和交流。

(3)定期召开有员工代表参加的安全会议，讨论安全绩效和改进行动。

(4)开展岗位风险预见性分析和不安全行为或不安全状态的自查自评活动。

企业组织应根据自身的特点和需要确定员工参与的形式。

所有承包商对企业的安全绩效改进均可做出贡献。企业应建立让承包商参与安全事务和改进过程的机制，包括：

(1)应将与承包商有关的政策纳入安全文化建设的范畴。

(2)应加强与承包商的沟通和交流，必要时给予培训，使承包商清楚企业的要求和标准。

(3)应让承包商参与工作准备、风险分析和经验反馈等活动。

(4)倾听承包商对企业生产经营过程中所存在的安全改进机会的意见。

7. 审核与评估

企业应对自身安全文化建设情况进行定期的全面审核，包括：

(1)领导者应定期组织各级管理者评审企业安全文化建设过程的有效性和安全绩效结果。

(2)领导者应根据审核结果确定并落实整改不符合、不安全实践和安全缺陷的优先次序，并识别新的改进机会。

(3)必要时，应鼓励相关方实施这些优先次序和改进机会，以确保其安全绩效与企业协调一致。

在安全文化建设过程中及审核时，应采用有效的安全文化评估方法，关注安全绩效下滑的前兆，给予及时地控制和改进。

（二）企业安全文化的基本功能

安全文化具有规范人们行为的作用，其基本功能如下。

1. 导向功能

企业安全文化提倡、崇尚什么将通过潜移默化作用，接受共同的价值观念，职工的注意力必然转向所提倡、崇尚的内容，将职工个人目标引导到企业目标上来。

2. 激励功能

文化力的激励功能，指的是文化力能使企业成员从内心产生一种情绪高昂、奋发进取的效应。通过发挥人的主动性、创造性、积极性、智慧能力，使人产生激励作用。

3. 辐射和同化功能

企业安全文化形成后，在企业内部发挥作用，对企业员工产生较大影响，通过传播不断向周边辐射，形成浓厚的安全文化氛围。新员工入职后，能够主动接受该企业安全文化并被其同化，自觉坚持与传播它。

4. 凝聚功能

当一种企业安全文化的价值观被该企业成员认同之后，它就会成为一种粘合剂，从各方面把其成员团结起来，形成巨大的向心力和凝聚力，这就是文化力的凝聚功能。

典型例题

【单选题】某企业在推动安全文化建设过程中，首先从人员的行为规范入手，在厂区内实行人车分流管理模式，指定人车行走轨迹路线，倡导员工“两人成行，三人成列”。按照指定的人行路线出入厂区形了浓厚的安全文化氛围。2019 年 9 月，企业从学校和社会分别招聘了 5 名员工。一周后，这 10 名员工也按照指定行走路线，自觉做到出入厂区时“两人成行，三人成列”。新员工的这种行为，体现了安全文化功能中的（　　）。

A. 导向功能　　B. 激励功能

C. 辐射和同化功能　　D. 凝聚功能

C。【**解析**】新员工的这种行为，体现了安全文化功能中的辐射和同化功能。

三、企业安全文化建设的推进与保障

（一）规划与计划

企业应充分认识安全文化建设的阶段性、复杂性和持续改进性，由最高领导人组织制定推动本企业安全文化建设的长期规划和阶段性计划。规划和计划应在实施过程中不断完善。

（二）保障条件

企业应充分提供安全文化建设的保障条件，包括：

（1）明确安全文化建设的领导职能，建立领导机制。

（2）确定负责推动安全文化建设的组织机构与人员，落实其职能。

(3)保证必需的建设资金投入。

(4)配置适用的安全文化信息传播系统。

(三)推动骨干的选拔和培养

企业宜在管理者和普通员工中选拔和培养一批能够有效推动安全文化发展的骨干。这些骨干扮演员工、团队和各级管理者指导老师的角色,承担辅导和鼓励全体员工向良好的安全态度和行为转变的职责。

四、安全文化建设的操作程序

企业开展安全文化建设的操作程序为:建立安全文化建设的机构→制定安全文化建设的规划→开展安全文化骨干培训→开展安全文化宣传教育→进行实践。建立安全文化建设机构时,安全文化建设委员会的主任必须由生产经营单位主要负责人担任,常务副主任应由生产经营单位的高层领导人担任。

制定安全文化建设的规划,下面以典型例题的形式进行讲解。

典型例题

【单选题】某公司开展企业安全文化建设规划,聘请第三方机构对公司的安全生产管理和状态进行了初始评估,评估结果为处于“依靠严格监督”的阶段,建议未来3年的安全文化发展目标定为达到“员工的自我管理”阶段。依据企业开展安全文化建设规划的操作步骤,其下一步工作应为(　　)。

A. 编制安全文化规章制度　　B. 开展安全文化宣传教育

C. 开展安全文化骨干培训　　D. 定格设计安全文化理念

D。**【解析】**制定安全文化建设规划时,首先应初始评估本单位的安全生产观念和状态,然后定格设计本单位的安全文化理念,最后编制时间表和推进计划。

第二节　企业安全文化建设的评价

一、相关术语和定义

安全文化评价:为了解企业安全文化现状或企业安全文化建设效果,而采取的系统化测评行为,并得出定性或定量的分析结论。

评价指标:企业安全文化评价的要素。分为可计量指标(定量指标)和非计量指标(定性指标)。

指标权重:指该指标在评价指标体系中的相对重要程度,权重大小采用数值来表示。

应激反应:人体对外界或内部的各种非常刺激所产生的非特异性应答反应。

二、评价指标

(一)基础特征

1. 企业状态特征

企业自身的成长、发展、经营、市场状态,主要从企业历史、企业规模、市场地位、盈利状况等方面进行评价。

2. 企业文化特征

企业文化层面的突出特征，主要评估企业文化的开放程度、员工凝聚力的强弱、学习型组织的构建情况、员工执行力状况等。

3. 企业形象特征

员工、社会公众对企业整体形象的认识和评价。

4. 企业员工特征

充分明确员工的整体状况，总体教育水平、工作经验和操作技能、道德水平等。

5. 企业技术特征

企业在工程技术方面的使用、改造情况，比如技术设备的先进程度、技术改造状况、工艺流程的先进性以及人机工程建设情况。

6. 监管环境

企业所在地政府安监及相关部门的职能履行情况，包括监管人员的业务素质、监管力度、法律法规的公布及执行情况。

7. 经营环境

主要反映企业所在地的经济发展、市场经营状况等商业环境，诸如人力资源供给程度、信息交流情况、地区整体经济实力等。

8. 文化环境

反映企业所在地域的社会文化环境，主要包括民族传统、地域文化特征等。

（二）企业安全承诺

1. 安全承诺内容

综合考量承诺内容的涉及范围，表述理念的先进性、时代性，与企业实际的契合程度。

2. 安全承诺表述

企业安全承诺在阐述和表达上应完整准确，具有较强的普适性、独特性和感召力。

3. 安全承诺传播

企业的安全承诺需要在内部及外部进行全面、及时、有效地传播，涉及不同的传播方式，选择适当的传播频度，达到良好的认知效果。

4. 安全承诺认同

考察企业内部对企业安全承诺的共鸣程度，主要包括：安全承诺能否得到全体员工特别是基层员工的深刻理解和广泛认同，企业领导能否做到身体力行、率先垂范，全体员工能否切实把承诺内容应用于安全管理和安全生产的实践当中。

（三）企业安全管理

1. 安全权责

企业的安全管理权责分配依据的原则、权责对应或背离程度以及在实际工作当中的执行效果。

2. 管理机构

企业应设置专人专职专责的安全管理机构，并配备充足的、符合要求的人力、物力资源，保障其独立履职的管理效果。企业安全管理部门及人员应当具有明确的管理权力与责任，在权责的分配上应充分考虑企业安全工作实际，有效保证管理权责的匹配性、一致性和平衡性。

3. 制度执行

企业安全管理的制度执行力度与障碍情况。

4. 管理效果

结合企业实际，从安全绩效改善程度、应急机制完善程度、事故与事件管理水平等方面，客观评估企业安全管理工作在一定时期内的实施效果。

（四）企业安全环境

1. 安全指引

企业应综合运用各种途径和方法，有效引导员工安全生产。主要从安全标识运用、安全操作指示、安全绩效引导、应激调适机制等方面进行评估。

2. 安全防护

企业应依据生产作业环境特点，做好安全防护工作，安装有效的防护设施和设备，提供充足的个体防护用品。

3. 环境感受

环境感受是员工对一般作业环境和特殊作业环境的综合感观和评价，是对作业环境的安全保障效果的主观性评估。主要从作业现场的清洁、安全、人性化等方面，考察员工的安全感、舒适感和满意度。

（五）企业安全培训与学习

1. 重要性体现

企业各级人员对安全培训工作重要性的认识程度，直接体现在培训资源投入力度、培训工作的优先保证程度及企业用人制度等方面。

2. 充分性体现

企业应向员工提供充足的培训机会，根据实际需要和长远目标规范培训内容，科学设置培训课时，竭力开发、运用员工喜闻乐见的有效培训方式。

3. 有效性体现

科学判断企业安全培训的实施效果，主要从员工安全态度的端正程度、安全技能的提升幅度、安全行为和安全绩效的改善程度等方面进行评估。

（六）企业安全信息传播

1. 信息资源

根据安全文化传播需要，企业应分别建立和完善安全管理信息库、安全技术信息库、安全事故信息库和安全知识信息库等各种安全信息库，储备大量的安全信息资源。

2. 信息系统

企业围绕安全信息传播工作，设置专职操作机构，建立完备的管理机制，搭建稳定的信息传播与管理平台，创造完善齐全的信息传播载体。

3. 效能体现

根据员工获取和交流企业安全信息的便捷程度，企业安全信息传播的有效到达率、知晓率和开放程度，综合衡量企业安全信息传播的实际效果。

（七）安全行为激励

1. 激励机制

围绕安全发展这一激励目标，企业应建立一套理性化的管理制度以规范安全激励工作，实现安全激励制度化，保证安全绩效的优先权。

2. 激励方式

根据企业实际兼顾精神和物质两个层面，采取最可靠、最有效的安全激励方式。

3. 激励效果

员工对企业安全激励机制、激励方式的响应体现为绩效改善与行为改善的正负效应。

（八）安全事务参与

1. 安全会议与活动

企业应根据实际需要，定期举办以安全为主题的各种会议和活动，鼓励并邀请相关员工积极参与。

2. 安全报告

企业应建立渠道通畅的各级安全报告制度，确保报告反馈的及时、高效，注重各种报告、处理等信息的公开、共享。

3. 安全建议

企业应建立科学有效的安全建议制度，疏通各种安全建议渠道，以及时反馈、择优采纳等实际行动鼓励员工积极参与安全建议。

4. 沟通交流

在企业内部和外部创造良好的安全信息沟通氛围，实现企业各层级员工有效的纵向沟通和横向交流，同时及时与企业不同层面的合作伙伴互通安全信息。

（九）企业决策层行为

1. 公开承诺

企业决策层应适时亲自公布企业相关安全承诺与政策，参与安全责任体系的建立，做出重大安全决策。

2. 责任履行

在企业人事政策、安全投入、员工培训等方面，企业决策层应充分履行自己的安全职责，确保安全在各工作环节的重要地位。

3. 自我完善

企业决策层应接受充分的安全培训，加强与外部进行安全信息沟通交流，全面提高自身安全素质，做好遵章守制、安全生产的表率。

（十）企业管理层行为

1. 责任履行

企业管理层应明确所担负的建立并完善制度、加强监督管理、改善安全绩效等重要安全责任，并严格履行职责。

2. 指导下属

企业管理层应对员工进行资格审定，有效组织安全培训和现场指导。

3. 自我完善

企业管理层应注重安全知识和技能的更新，积极完善自我，加强沟通交流。

（十一）企业员工层行为

1. 安全态度

主要从安全责任意识、安全法律意识和安全行为意向等方面，判断员工对待安全的态度。

2. 知识技能

除熟练掌握岗位安全技能外，员工还应具备充分的辨识风险、应急处置等各种安全知识和操作能力。

3. 行为习惯

员工应养成良好的安全行为习惯，积极交流安全信息，主动参与各种安全培训和活动，严格遵守规章制度。

4. 团队合作

在安全生产过程中，同事之间要增进了解，彼此信任，加强互助合作，主动关心、保护同伴，共同促进团队安全绩效的提升。

三、减分指标

（一）死亡事故

在进行安全评价的前1年内，如发生死亡事故，则视情况（事故性质、伤亡人数）扣减安全文化评价得分5～15分。

（二）重伤事故

在进行安全评价的前1年内，如发生重伤事故，则视情况扣减安全文化评价得分3～10分。

（三）违章记录

在进行安全评价的前1年内，根据企业的“违章指挥、违章操作、违反劳动纪律”记录情况，视程度扣减安全文化评价得分1～8分。

四、评价程序

（一）建立评价组织机构与评价实施机构

企业开展安全文化评价工作时，首先应成立评价组织机构，并由其确定评价工作的实施机构。

企业实施评价时，由评价组织机构负责确定评价工作人员并成立评价工作组。必要时可选聘有关咨询专家或咨询专家组。咨询专家（组）的工作任务和工作要求由评价组织机构明确。

评价工作人员应具备以下基本条件：

（1）熟悉企业安全文化评价相关业务，有较强的综合分析判断能力与沟通能力。

（2）具有较丰富的企业安全文化建设与实施专业知识。

（3）坚持原则、秉公办事。

(4)评价项目负责人应有丰富的企业安全文化建设经验,熟悉评价指标及评价模型。

(二)制定评价工作实施方案

评价实施机构应参照本标准制定《评价工作实施方案》。方案中应包括所用评价方法、评价样本、访谈提纲、测评问卷、实施计划等内容,并应报送评价组织机构批准。

(三)下达《评价通知书》

在实施评价前,由评价组织机构向选定的样本单位下达《评价通知书》。《评价通知书》中应当明确评价的目的、用途、要求、应提供的资料及对所提供资料应负的责任、其他需在《评价通知书》中明确的事项。

(四)调研、收集与核实基础资料

根据本标准设计评价的调研问卷,根据《评价工作方案》收集整理评价基础数据和基础资料。资料收集可以采取访谈、问卷调查、召开座谈会、专家现场观测、查阅有关资料和档案等形式进行。评价人员要对评价基础数据和基础资料进行认真检查、整理,确保评价基础资料的系统性和完整性。评价工作人员应对接触的资料内容履行保密义务。

(五)数据统计分析

对调研结果和基础数据核实无误后,可借助 EXCEL、SPSS、SAS 等统计软件进行数据统计,然后根据本标准建立的数学模型和实际选用的调研分析方法,对统计数据进行分析。

(六)撰写评价报告

统计分析完成后,评价工作组应按照规范的格式,撰写《企业安全文化建设评价报告》,报告评价结果。

(七)反馈企业征求意见

评价报告提出后,应反馈企业征求意见并作必要修改。

(八)提交评价报告

评价工作组修改完成评价报告后,经评价项目负责人签字,报送评价组织机构审核确认。

(九)进行评价工作总结

评价项目完成后,评价工作组要进行评价工作总结,将工作背景、实施过程、存在的问题和建议等形成书面报告,报送评价组织机构。同时建立好评价工作档案。

第七章 危险化学品重大危险源

第一节 危险化学品重大危险源辨识

一、相关术语和定义

危险化学品：具有毒害、腐蚀、爆炸、燃烧、助燃等性质，对人体、设施、环境具有危害的剧毒化学品和其他化学品。例如，氨（液氨、氨气）、二氧化硫、二氧化氮、甲醛、硫化氢、氯（液氯、氯气）、煤气、硝化甘油、甲烷、氢（氢气）、乙炔、乙烯、氧（液氧、氧气）、苯、甲醇、乙醇、白磷、钾、钠等。

单元：涉及危险化学品的生产、储存装置、设施或场所，分为生产单元和储存单元。

临界量：某种或某类危险化学品构成重大危险源所规定的最小数量。

危险化学品重大危险源：长期地或临时地生产、储存、使用和经营危险化学品，且危险化学品的数量等于或超过临界量的单元。

生产单元：危险化学品的生产、加工及使用等的装置及设施，当装置及设施之间有切断阀时，以切断阀作为分隔界限划分为独立的单元。

储存单元：用于储存危险化学品的储罐或仓库组成的相对独立的区域，储罐区以罐区防火堤为界限划分为独立的单元，仓库以独立库房（独立建筑物）为界限划分为独立的单元。

混合物：由两种或者多种物质组成的混合体或者溶液。

二、重大危险源的辨识指标

生产单元、储存单元内存在危险化学品的数量等于或超过规定的临界量，即被定为重大危险源。单元内存在的危险化学品的数量根据危险化学品种类的多少区分为以下两种情况：

（1）生产单元、储存单元内存在的危险化学品为单一品种时，该危险化学品的数量即为单元内危险化学品的总量，若等于或超过相应的临界量，则定为重大危险源。

（2）生产单元、储存单元内存在的危险化学品为多品种时，按下式计算，若满足下式，则定为重大危险源：

$$S = q_1/Q_1 + q_2/Q_2 + \cdots + q_n/Q_n \geqslant 1$$

式中 S——辨识指标；

$q_1, q_2, \cdots, q_n$——每种危险化学品的实际存在量，单位为吨（t）；

$Q_1, Q_2, \cdots, Q_n$——与各危险化学品相对应的临界量，单位为吨（t）。

危险化学品储罐以及其他容器、设备或仓储区的危险化学品的实际存在量按设计最大量确定。

对于危险化学品混合物，如果混合物与其纯物质属于相同危险类别，则视混合物为纯物质，按混合物整体进行计算。如果混合物与其纯物质不属于相同危险类别，则应按新危险类别考虑其临界量。

危险化学品重大危险源的辨识流程如下图所示：

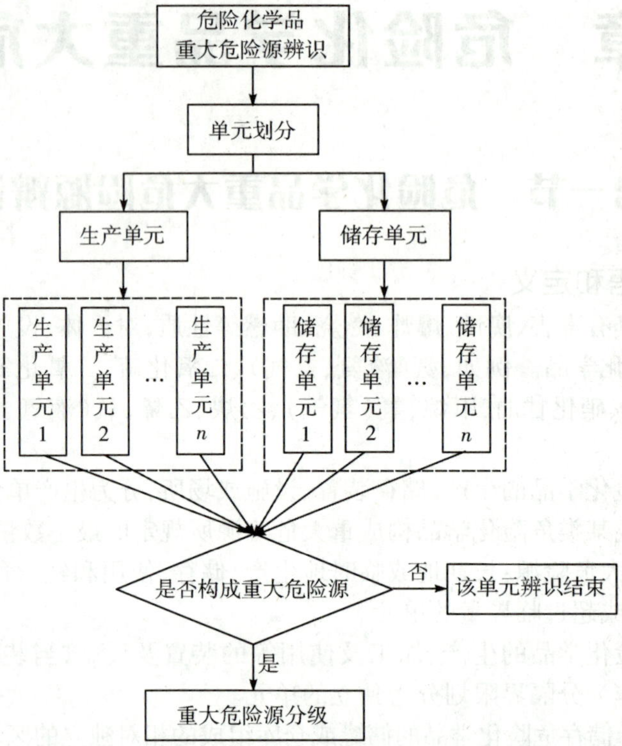

典型例题

【单选题】某安全评价机构对一石化企业开展危险化学品重大危险源评价工作，评价人员在进行重大危险源评价单元划分时产生了分歧，根据《危险化学品重大危险源辨识》，以下设备、设施、场所不能划分为同一危险化学品重大危险源评价单元的是(　　)。

A. 危险化学品独立库房　　B. 一个防火堤内的汽油储罐

C. 生产区的常减压装置　　D. 生产区的所有地面管道

D。【解析】重大危险源评价以危险单元作为评价对象。一般把装置的一个独立部分称为单元。每个单元都有一定的功能特点，如原料供应区、反应区、产品蒸馏区、吸收或洗涤区、成品或半成品储存区、运输装卸区、催化剂处理区、副产品处理区、废液处理区、配管桥区等。在一个共同厂房内的装置可以划分为一个单元；在一个共同堤坝内的全部储罐也可划分为一个单元；散设地上的管道不作为独立的单元处理，但配管桥区例外。

三、重大危险源的分级

(一)重大危险源的分级指标

采用单元内各种危险化学品实际存在量与其相对应的临界量比值，经校正系数校正后的比值之和 R 作为分级指标。

（二）重大危险源分级指标的计算方法

重大危险源的分级指标按照按下式计算：

$$R=\alpha\left(\beta_1\frac{q_1}{Q_1}+\beta_2\frac{q_2}{Q_2}+\cdots+\beta_n\frac{q_n}{Q_n}\right)$$

式中　R——重大危险源分级指标；

$q_1,q_2,\cdots,q_n$——每种危险化学品实际存在量，单位为吨(t)；

$Q_1,Q_2,\cdots,Q_n$——与各危险化学品相对应的临界量，单位为吨(t)；

$\beta_1,\beta_2,\cdots,\beta_n$——与各危险化学品相对应的校正系数；

α——该危险化学品重大危险源厂区外暴露人员的校正系数。

根据单元内危险化学品的类别不同，设定校正系数 β 值。

根据危险化学品重大危险源的厂区边界向外扩展 500 m 范围内常住人口数量，设定暴露人员校正系数 α 值。

提示

上述公式中的临界量、校正系数(α,β)的数值，一般会在题干中给出。

（三）重大危险源分级标准

根据计算出来的 R 值，确定危险化学品重大危险源的级别。重大危险源级别和 R 值的对应关系，如下表所示。

重大危险源级别	R 值
一级	$R\geqslant100$
二级	$100>R\geqslant50$
三级	$50>R\geqslant10$
四级	$R<10$

典型例题

【多选题】某企业因产能扩大，在原危险化学品库房（独立建筑物）中间设置一道防火墙将原库房分成1#、2#危险化学品库房，并对消防设施、电气线路及照明、安全设施、安全出口进行了改造，满足合规性要求。1#库房存放乙醇 250 t($\beta_1=1$，临界量 500 t)、乙炔 5 t($\beta_2=1.5$，临界量 1 t)，2#库房存放过乙酸 25 t($\beta_3=1.5$，临界量10 t)、发烟硝酸 10 t($\beta_4=1$，临界量 20 t)暴露人员校正系数 $\alpha=2$，根据《危险化学品重大危险源辨识》，对1#、2#危险化学品库房危险源辨识和评价，正确的有(　　)。

A. 划分为 2 个评价单元

B. 构成 1 个重大危险源，重大危险源级别是 4 级

C. 划分为 1 个评价单元

D. 构成 1 个重大危险源，重大危险源级别是 3 级

E. 构成 2 个重大危险源，重大危险源级别是 4 级

CD。【解析】储存单元是指用于储存危险化学品的储罐或仓库组成的相对独立的区域，储罐区以罐区防火堤为界限划分为独立的单元，仓库以独立库房（独立建筑物）为界限划分为独立的单元。在仓库中设置防火墙无效，应按照单个独立的库房划分评价单元，所以该库房应划分为 1 个评价单元。危险化学品重大危险源是指长期地或临时地生产、储存、使用和经营危险化学品，且危险化学品的数量等于或超过临界量的单元。生产单元、储存单元内存在的危险化学品为多品种时，按下式计算，若满足下式，则定为重大危险源：$S = q_1/Q_1 + q_2/Q_2 + \cdots + q_n/Q_n \geqslant 1$。经计算可判断该库房构成重大危险源。重大危险源分级指标 $= 2 \times (1 \times 250/500 + 1.5 \times 5/1 + 1.5 \times 25/10 + 1 \times 10/20) = 24.5$。因为 $50 > R \geqslant 10$，故该重大危险源级别是 3 级。

第二节　危险化学品重大危险源的相关规定

一、《危险化学品重大危险源监督管理暂行规定》的相关规定

（一）一般规定

危险化学品单位是本单位重大危险源安全管理的责任主体，其主要负责人对本单位的重大危险源安全管理工作负责，并保证重大危险源安全生产所必需的安全投入。

重大危险源的安全监督管理实行属地监管与分级管理相结合的原则。县级以上地方人民政府应急管理部门按照有关法律、法规、标准和相关规定，对本辖区内的重大危险源实施安全监督管理。

国家鼓励危险化学品单位采用有利于提高重大危险源安全保障水平的先进适用的工艺、技术、设备以及自动控制系统，推进应急管理部门重大危险源安全监管的信息化建设。

链接

《中共中央 国务院关于推进安全生产领域改革发展的意见》中指出，构建国家、省、市、县四级重大危险源信息管理体系，对重点行业、重点区域、重点企业实行风险预警控制，有效防范重特大生产安全事故。

（二）辨识与评估的规定

危险化学品单位应当按照《危险化学品重大危险源辨识》标准，对本单位的危险化学品生产、经营、储存和使用装置、设施或者场所进行重大危险源辨识，并记录辨识过程与结果。

危险化学品单位应当对重大危险源进行安全评估并确定重大危险源等级。危险化学品单位可以组织本单位的注册安全工程师、技术人员或者聘请有关专家进行安全评估，也可以委托具有相应资质的安全评价机构进行安全评估。

依照法律、行政法规的规定，危险化学品单位需要进行安全评价的，重大危险源安全

评估可以与本单位的安全评价一起进行，以安全评价报告代替安全评估报告，也可以单独进行重大危险源安全评估。重大危险源根据其危险程度，分为一级、二级、三级和四级，一级为最高级别。

重大危险源有下列情形之一的，应当委托具有相应资质的安全评价机构，按照有关标准的规定采用定量风险评价方法进行安全评估，确定个人和社会风险值：

（1）构成一级或者二级重大危险源，且毒性气体实际存在（在线）量与其在《危险化学品重大危险源辨识》中规定的临界量比值之和大于或等于1的。

（2）构成一级重大危险源，且爆炸品或液化易燃气体实际存在（在线）量与其在《危险化学品重大危险源辨识》中规定的临界量比值之和大于或等于1的。

链接

根据《化工过程安全管理导则》，企业应选用合适的风险评估方法对所辨识出的危害实施风险评估，确定残余风险是否可以达到政府、企业的相关风险可接受标准要求。

重大危险源安全评估报告应当客观公正、数据准确、内容完整、结论明确、措施可行。

危险化学品单位以安全评价报告代替安全评估报告的，其安全评价报告中有关重大危险源的内容应当符合规定要求。

有下列情形之一的，危险化学品单位应当对重大危险源重新进行辨识、安全评估及分级：

（1）重大危险源安全评估已满3年的。

（2）构成重大危险源的装置、设施或者场所进行新建、改建、扩建的。

（3）危险化学品种类、数量、生产、使用工艺或者储存方式及重要设备、设施等发生变化，影响重大危险源级别或者风险程度的。

（4）外界生产安全环境因素发生变化，影响重大危险源级别和风险程度的。

（5）发生危险化学品事故造成人员死亡，或者10人以上受伤，或者影响到公共安全的。

（6）有关重大危险源辨识和安全评估的国家标准、行业标准发生变化的。

（三）安全管理的规定

危险化学品单位应当建立完善重大危险源安全管理规章制度和安全操作规程，并采取有效措施保证其得到执行。

危险化学品单位应当根据构成重大危险源的危险化学品种类、数量、生产、使用工艺（方式）或者相关设备、设施等实际情况，按照下列要求建立健全安全监测监控体系，完善控制措施：

（1）重大危险源配备温度、压力、液位、流量、组分等信息的不间断采集和监测系统以及可燃气体和有毒有害气体泄漏检测报警装置，并具备信息远传、连续记录、事故预警、信息存储等功能；一级或者二级重大危险源，具备紧急停车功能。记录的电子数据的保存时间不少于30天。

（2）重大危险源的化工生产装置装备满足安全生产要求的自动化控制系统；一级或者二级重大危险源，装备紧急停车系统。

(3)对重大危险源中的毒性气体、剧毒液体和易燃气体等重点设施,设置紧急切断装置;毒性气体的设施,设置泄漏物紧急处置装置;涉及毒性气体、液化气体、剧毒液体的一级或者二级重大危险源,配备独立的安全仪表系统(SIS)。

(4)重大危险源中储存剧毒物质的场所或者设施,设置视频监控系统。

(5)安全监测监控系统符合国家标准或者行业标准的规定。

链接

各城市应建立重大危险源监管子系统,各城市的重大危险源监管子系统应采集城市辖区内的重大危险源信息,采集信息后,还要实现与国家重大危险源监管系统的信息共享。

通过定量风险评价确定的重大危险源的个人和社会风险值,不得超过《危险化学品重大危险源监督管理暂行规定》中所列的个人和社会可容许风险限值标准。超过个人和社会可容许风险限值标准的,危险化学品单位应当采取相应的降低风险措施。

链接

根据《危险化学品生产、储存装置个人可接受风险标准和社会可接受风险标准(试行)》,个人风险是指因危险化学品生产、储存装置各种潜在的火灾、爆炸、有毒气体泄漏事故造成区域内某一固定位置人员的个体死亡概率,即单位时间内(通常为1年)的个体死亡率。通常用个人风险等值线表示。

社会风险是对个人风险的补充,指在个人风险确定的基础上,考虑到危险源周边区域的人口密度,以免发生群死群伤事故的概率超过社会公众的可接受范围。通常用累积频率和死亡人数之间的关系曲线($F-N$曲线)表示。我国社会可接受风险标准如下图所示,横坐标对应的是死亡人数,用N表示;纵坐标对应的是所有超过该死亡人数事故的累积频率,用F表示。

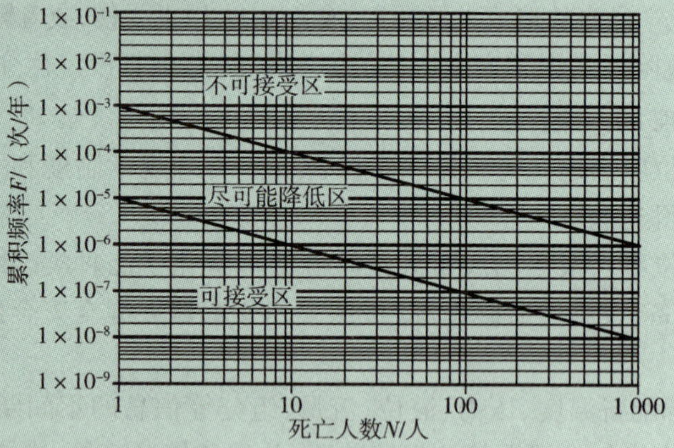

危险化学品单位应当按照国家有关规定,定期对重大危险源的安全设施和安全监测监控系统进行检测、检验,并进行经常性维护、保养,保证重大危险源的安全设施和安全监测监控系统有效、可靠运行。维护、保养、检测应当做好记录,并由有关人员签字。

链接

2021 年 9 月 23 日国务院安委会办公室发布《城市安全风险综合监测预警平台建设指南（试行）》（安委办函〔2021〕45 号），将城市安全风险综合监测预警平台应用系统总体设计基于“感、传、知、用”的总体框架，分为“五层两翼”。“五层”依次为风险监测感知层、网络传输层、数据服务层、应用系统层和前端展示层；“两翼”是指系统建设应遵循的标准规范体系和安全保障体系。2021 年 3 月 28 日应急管理部发布了《“工业互联网＋危化安全生产”试点建设方案》，“工业互联网＋危化安全生产”整体架构设计上，按照感知层、企业层、园区层、政府层“多层布局、三级联动”的思路，推动企业、园区、行业、政府各主体多级协同、纵向贯通，覆盖危险化学品生产、储存、使用、经营、运输等各环节，实现全要素、全价值横向一体化。

危险化学品单位应当明确重大危险源中关键装置、重点部位的责任人或者责任机构，并对重大危险源的安全生产状况进行定期检查，及时采取措施消除事故隐患。事故隐患难以立即排除的，应当及时制定治理方案，落实整改措施、责任、资金、时限和预案。

危险化学品单位应当对重大危险源的管理和操作岗位人员进行安全操作技能培训，使其了解重大危险源的危险特性，熟悉重大危险源安全管理规章制度和安全操作规程，掌握本岗位的安全操作技能和应急措施。

危险化学品单位应当在重大危险源所在场所设置明显的安全警示标志，写明紧急情况下的应急处置办法。

危险化学品单位应当将重大危险源可能发生的事故后果和应急措施等信息，以适当方式告知可能受影响的单位、区域及人员。

危险化学品单位应当依法制定重大危险源事故应急预案，建立应急救援组织或者配备应急救援人员，配备必要的防护装备及应急救援器材、设备、物资，并保障其完好和方便使用；配合地方人民政府应急管理部门制定所在地区涉及本单位的危险化学品事故应急预案。

对存在吸入性有毒、有害气体的重大危险源，危险化学品单位应当配备便携式浓度检测设备、空气呼吸器、化学防护服、堵漏器材等应急器材和设备；涉及剧毒气体的重大危险源，还应当配备两套以上（含本数）气密型化学防护服；涉及易燃易爆气体或者易燃液体蒸气的重大危险源，还应当配备一定数量的便携式可燃气体检测设备。

危险化学品单位应当制定重大危险源事故应急预案演练计划，并按照下列要求进行事故应急预案演练：

（1）对重大危险源专项应急预案，每年至少进行一次。

（2）对重大危险源现场处置方案，每半年至少进行一次。

应急预案演练结束后，危险化学品单位应当对应急预案演练效果进行评估，撰写应急预案演练评估报告，分析存在的问题，对应急预案提出修订意见，并及时修订完善。

危险化学品单位应当对辨识确认的重大危险源及时、逐项进行登记建档。重大危险源档案应当包括下列文件、资料：

（1）辨识、分级记录。

（2）重大危险源基本特征表。

(3)涉及的所有化学品安全技术说明书。

(4)区域位置图、平面布置图、工艺流程图和主要设备一览表。

(5)重大危险源安全管理规章制度及安全操作规程。

(6)安全监测监控系统、措施说明、检测、检验结果。

(7)重大危险源事故应急预案、评审意见、演练计划和评估报告。

(8)安全评估报告或者安全评价报告。

(9)重大危险源关键装置、重点部位的责任人、责任机构名称。

(10)重大危险源场所安全警示标志的设置情况。

(11)其他文件、资料。

危险化学品单位在完成重大危险源安全评估报告或者安全评价报告后15日内,应当填写重大危险源备案申请表,连同规定的重大危险源档案材料(其中"重大危险源安全管理规章制度及安全操作规程"的文件资料只需提供清单),报送所在地县级人民政府应急管理部门备案。

县级人民政府应急管理部门应当每季度将辖区内的一级、二级重大危险源备案材料报送至设区的市级人民政府应急管理部门。设区的市级人民政府应急管理部门应当每半年将辖区内的一级重大危险源备案材料报送至省级人民政府应急管理部门。

重大危险源出现上述"危险化学品单位应当对重大危险源重新进行辨识、安全评估及分级"所列情形之一的,危险化学品单位应当及时更新档案,并向所在地县级人民政府应急管理部门重新备案。

危险化学品单位新建、改建和扩建危险化学品建设项目,应当在建设项目竣工验收前完成重大危险源的辨识、安全评估和分级、登记建档工作,并向所在地县级人民政府应急管理部门备案。

(四)监督检查的规定

县级人民政府应急管理部门应当建立健全危险化学品重大危险源管理制度,明确责任人员,加强资料归档。

县级人民政府应急管理部门应当在每年1月15日前,将辖区内上一年度重大危险源的汇总信息报送至设区的市级人民政府应急管理部门。设区的市级人民政府应急管理部门应当在每年1月31日前,将辖区内上一年度重大危险源的汇总信息报送至省级人民政府应急管理部门。省级人民政府应急管理部门应当在每年2月15日前,将辖区内上一年度重大危险源的汇总信息报送至国家应急管理一部。

重大危险源经过安全评价或者安全评估不再构成重大危险源的,危险化学品单位应当向所在地县级人民政府应急管理部门申请核销。申请核销重大危险源应当提交下列文件、资料:

(1)载明核销理由的申请书。

(2)单位名称、法定代表人、住所、联系人、联系方式。

(3)安全评价报告或者安全评估报告。

县级人民政府应急管理部门应当自收到申请核销的文件、资料之日起30日内进行审查，符合条件的，予以核销并出具证明文书；不符合条件的，说明理由并书面告知申请单位。必要时，县级人民政府应急管理部门应当聘请有关专家进行现场核查。

县级人民政府应急管理部门应当每季度将辖区内一级、二级重大危险源的核销材料报送至设区的市级人民政府应急管理部门。设区的市级人民政府应急管理部门应当每半年将辖区内一级重大危险源的核销材料报送至省级人民政府应急管理部门。

县级以上地方各级人民政府应急管理部门应当加强对存在重大危险源的危险化学品单位的监督检查，督促危险化学品单位做好重大危险源的辨识、安全评估及分级、登记建档、备案、监测监控、事故应急预案编制、核销和安全管理工作。首次对重大危险源的监督检查应当包括下列主要内容：

(1)重大危险源的运行情况、安全管理规章制度及安全操作规程制定和落实情况。

(2)重大危险源的辨识、分级、安全评估、登记建档、备案情况。

(3)重大危险源的监测监控情况。

(4)重大危险源安全设施和安全监测监控系统的检测、检验以及维护保养情况。

(5)重大危险源事故应急预案的编制、评审、备案、修订和演练情况。

(6)有关从业人员的安全培训教育情况。

(7)安全标志设置情况。

(8)应急救援器材、设备、物资配备情况。

(9)预防和控制事故措施的落实情况。

应急管理部门在监督检查中发现重大危险源存在事故隐患的，应当责令立即排除；重大事故隐患排除前或者排除过程中无法保证安全的，应当责令从危险区域内撤出作业人员，责令暂时停产停业或者停止使用；重大事故隐患排除后，经应急管理部门审查同意，方可恢复生产经营和使用。

县级以上地方各级人民政府应急管理部门应当会同本级人民政府有关部门，加强对工业(化工)园区等重大危险源集中区域的监督检查，确保重大危险源与周边单位、居民区、人员密集场所等重要目标和敏感场所之间保持适当的安全距离。

提示

重大危险源的安全生产监督管理工作主要由区县一级安全生产监督管理部门进行；市级安全生产监督管理部门应通过网络对重点地进行现场监督；国家安全生产监督管理部门通过网络监督各城市一级危险源的监察情况。

二、其他相关规定

(一)《危险化学品重大危险源安全监控通用技术规范》的相关规定

危险化学品重大危险源安全监控预警系统应满足下列要求：

(1)重大危险源(储罐区、库区和生产场所)应设有相对独立的安全监控预警系统，相关现场探测仪器的数据宜直接接入到系统控制设备中，系统应符合本标准的规定。

(2)系统中的设备应符合有关国家法规或标准的规定，按照经规定程序批准的图样及文件制造和成套,并经国家权威部门检测检验认证合格。

(3)系统所用设备应符合现场和环境的具体要求,具有相应的功能和使用寿命。在火灾和爆炸危险场所设置的设备,应符合国家有关防爆、防雷、防静电等标准和规范的要求。

(4)控制设备应设置在有人值班的房间或安全场所。

(5)系统报警等级的设置应同事故应急处置与救援相协调,不同级别的事故分别启动相对应的应急预案。

(6)对于容易发生燃烧、爆炸和毒物泄漏等事故的高度危险场所、远距离传输、移动监测、无人值守或其他不宜于采用有线数据传输的应用环境,应选用无线传输技术与装备。

该规范对于危险化学品重大危险源安全监控预警系统的应用环境、供电电源、监控项目、系统设计、功能设计等方面进行了具体要求。系统设计要求中,由外部本安电源供电的设备应能在 9 ~24 V 范围内正常工作。

链接

监控预警系统应具备重大危险源在正常运行阶段、事故临界状态、事故初始阶段的参数记录、报表等功能。在正常运行阶段,重大危险源监控预警系统应能够实现主要参数的数据显示、报表、超限报警,以及自动判断是否转入应急控制程序等功能;在事故临界状态,重大危险源监控预警系统应能够实现发出报警信息、应急控制指令等功能;在事故初始阶段,重大危险源监控预警系统应能够实现火灾事故初始阶段智能定位,自动启动应急控制系统的功能。

(二)《危险化学品企业重大危险源安全包保责任制办法(试行)》的相关规定

本办法适用于取得应急管理部门许可的涉及危险化学品重大危险源(以下简称重大危险源)的危险化学品生产企业、经营(带储存)企业、使用危险化学品从事生产的化工企业(以下简称危险化学品企业),不含无生产实体的集团公司总部。

危险化学品企业应当明确本企业每一处重大危险源的主要负责人、技术负责人和操作负责人,从总体管理、技术管理、操作管理三个层面对重大危险源实行安全包保。

1. 管理措施

危险化学品企业应当在重大危险源安全警示标志位置设立公示牌,写明重大危险源的主要负责人、技术负责人、操作负责人姓名、对应的安全包保职责及联系方式,接受员工监督。重大危险源安全包保责任人、联系方式应当录入全国危险化学品登记信息管理系统,并向所在地应急管理部门报备,相关信息变更的,应当于变更后 5 日内在全国危险化学品登记信息管理系统中更新。

危险化学品企业应当按照《应急管理部关于全面实施危险化学品企业安全风险研判与承诺公告制度的通知》有关要求,向社会承诺公告重大危险源安全风险管控情况,在安全承诺公告牌企业承诺内容中增加落实重大危险源安全包保责任的相关内容。

危险化学品企业应当建立重大危险源主要负责人、技术负责人、操作负责人的安全包保履职记录,做到可查询、可追溯,企业的安全管理机构应当对包保责任人履职情况进行评估,纳入企业安全生产责任制考核与绩效管理。

地方各级应急管理部门应当完善危险化学品安全生产风险监测预警机制，保证重大危险源预警信息能够及时推送给对应的安全包保责任人。

各级应急管理部门、危险化学品企业应当结合安全生产标准化建设、风险分级管控和隐患排查治理体系建设，运用信息化工具，加强重大危险源安全管理。

2. 监督检查

地方各级应急管理部门应当运用危险化学品安全生产风险监测预警系统，加强对重大危险源安全运行情况的在线巡查抽查，将重大危险源安全包保责任制落实情况纳入监督检查范畴。

危险化学品企业未按照相关要求对重大危险源安全进行监测监控的，未明确重大危险源中关键装置、重点部位的责任人的，未对重大危险源的安全生产状况进行定期检查、采取措施消除事故隐患的，以及存在其他违法违规行为的，由县级以上应急管理部门依法依规查处；有关责任人员构成犯罪的，依法追究刑事责任。

地方各级应急管理部门应当加强对涉及重大危险源的危险化学品企业的监督检查，督促有关企业做好重大危险源辨识、评估、备案、核销等工作，并及时通过危险化学品登记信息管理系统填报重大危险源有关信息。

链接

危险化学品以外的其他重大危险源，应以危险单元作为评价对象，如同一堤坝内的全部储罐、同一厂房内的装置可以化为同一个单元进行评价。进行事故严重度评价时，可根据不同类别危险物质，遵循最大危险原则（某种危险物质具有多种事故形态，且事故后果相差较大）或概率求和原则（某种危险物质具有多种事故形态，且事故后果相差不大）。此外，第 8 类危险物质即毒性物质，该类物质事故易发性参数包括毒性等级、物质的状态、气味、重度。

其他重大危险源评价时，评价指标集的组成分别为：工艺、设备、容器和建筑结构抵消因子，23 个指标；安全管理状况，11 类 72 个指标；危险岗位操作人员素质，4 个指标。

其他重大危险源分级时，单元的危险性级别越高，要求的受控级别一般也越高。单元危险性控制程度分为 A 级、B 级、C 级、D 级，一级危险源在 A 级以上，二级危险源在 B 级以上，三级危险源和四级危险源在 C 级以上。

第八章　安全生产规章制度

第一节　安全生产规章制度体系的建立

从企业层面而言,安全生产规章制度是企业根据国家的安全生产方针、政策和法律法规,结合自己的情况和特点,制定并在企业内部发布施行的安全生产行为规范和准则,包括章程、规定、规则、细则、守则、公约、实施办法、操作规程和各项安全生产管理制度与内部监督制度等,是企业的“法规”。企业安全生产规章制度是国家安全生产方针、政策和法律、法规在企业中的延伸和具体化,因而也属于法规性文书或规范性文件的范畴。

新的法律法规、标准或其他要求颁布时,企业须及时组织相关部门对安全生产规章制度予以修订,并及时组织培训。新的法律法规、标准或其他要求已生效时,企业安全生产规章制度尚未修订完毕,员工应按照现有制度予以执行。

一、安全生产规章制度的作用

企业安全生产规章制度是各项规章制度中的一个重要组成部分,是搞好安全工作、有条不紊地组织生产的基础,是保证劳动者的安全和健康、保证生产活动顺利进行的重要手段。通过制定和实施安全生产规章制度,可以促进各级领导、各类管理人员和广大劳动者树立“安全第一、预防为主”的思想,正确处理安全与生产、安全与管理、安全与经营的关系,使“安全第一、预防为主、综合治理”的方针落实到企业生产经营活动中的各个环节,从而实现安全生产状况的稳定好转。概括起来如下:

(1)促使安全生产工作规范化、标准化。

(2)促使安全管理工作制度化、系统化。

(3)帮助人们有效地组织安全生产,处理问题,调整关系。

(4)遏制和减少事故发生。

链接

安全生产规章制度的建立原则包括:主要负责人负责的原则;“安全第一、预防为主、综合治理”的原则;规范化和标准化原则;制度化和系统化原则。其中,系统化原则是指安全生产规章制度应涵盖生产经营的全过程、全员和全方位。

二、安全生产规章制度建立的意义

安全生产规章制度建立的意义如下:

(1)建立、健全安全生产规章制度是生产经营单位的法定责任。

(2)建立、健全安全生产规章制度是生产经营单位安全生产的重要保障。

(3)建立、健全安全生产规章制度是生产经营单位保护从业人员安全与健康的重要手段。

《安全生产法》规定,生产经营单位必须遵守本法和其他有关安全生产的法律、法规,加强安全生产管理,建立、健全全员安全生产责任制和安全生产规章制度,加大对安全生产资金、物资、技术、人员的投入保障力度,改善安全生产条件,加强安全生产标准化、信息化建设,构建安全风险分级管控和隐患排查治理双重预防机制,健全风险防范化解机制,提高安全生产水平,确保安全生产。生产经营单位生产、经营、运输、储存、使用危险物品或者处置废弃危险物品,必须执行有关法律、法规和国家标准或者行业标准,建立专门的安全管理制度,采取可靠的安全措施,接受有关主管部门依法实施的监督管理。

《矿山安全法》规定,矿山企业必须建立、健全安全生产责任制。

《消防法》规定,机关、团体、企业、事业等单位应当落实消防安全责任制,制定本单位的消防安全制度、消防安全操作规程,制定灭火和应急疏散预案。

《建筑法》规定,建筑工程安全生产管理必须坚持安全第一、预防为主的方针,建立、健全安全生产的责任制度和群防群治制度。

《突发事件应对法》规定,所有单位应当建立、健全安全管理制度,定期检查本单位各项安全防范措施的落实情况,及时消除事故隐患;掌握并及时处理本单位存在的可能引发社会安全事件的问题,防止矛盾激化和事态扩大;对本单位可能发生的突发事件和采取安全防范措施的情况,应当按照规定及时向所在地人民政府或者人民政府有关部门报告。

《劳动法》规定,用人单位必须建立、健全劳动安全卫生制度,严格执行国家劳动安全卫生规程和标准,对劳动者进行劳动安全卫生教育,防止劳动过程中的事故,减少职业危害。

《职业病防治法》规定,用人单位应当建立、健全职业病防治责任制,加强对职业病防治的管理,提高职业病防治水平,对本单位产生的职业病危害承担责任。

生产经营单位为了降低生产经营中存在的风险,会系统分析生产工艺过程、机械设备及人员操作,并制定出一系列的安全控制措施及安全操作规程,从而保证生产经营能够安全、有序、合法地进行。生产经营单位长期积累的风险辨识、评价、控制技术以及相关安全生产事故的经验,使其能够更加完善其安全生产规章制度。

安全生产经营单位建立、健全安全生产规章制度,能够更好地体现出企业贯彻国家有关安全生产法律法规及标准的具体实施,从而使从业人员能够更加明确自身的权利和义务。同时可以防止企业管理的随意性,更有效地保护从业人员的安全与健康。

三、安全生产规章制度的类别

安全生产规章制度按照安全系统工程原理,分为综合安全管理、设备设施安全管理、环境安全管理、人员安全管理四类,下面以典型例题的形式进行讲解。

典型例题

【单选题】某企业按照安全系统工程和人机工程原理编制了四类安全生产规章制度。下列制度中,属于综合安全管理制度的是(　　)。

A. 安全教育培训制度　　B. 安全操作规程

C. 安全设施和费用管理制度　　D. 安全标志管理制度

C。【解析】选项 A 属于人员安全管理制度；选项 B 属于设备设施安全管理制度；选项 C 属于综合安全管理制度；选项 D 属于环境安全管理制度。人员安全管理制度、设备设施安全管理制度、综合安全管理制度、环境安全管理制度包含的具体制度见下表。

类别	包含的具体制度
人员安全管理制度	安全教育培训制度；现场作业安全管理制度；安全工器具的使用管理制度；职业健康检查制度；劳动防护用品发放使用和管理制度；岗位安全规范；特种作业及特殊作业管理制度
设备设施安全管理制度	安全操作规程；"三同时"制度；定期检测、检验制度；定期维护检修制度；定期巡视检查制度
综合安全管理制度	安全设施和费用管理制度；安全生产责任制；危险物品使用管理制度；重大危险源管理制度；消防安全管理制度；安全管理定期例行工作制度；安全风险分级管控和隐患排查治理双重预防工作制度；安全生产管理目标、指标和总体原则；事故调查报告处理制度；应急管理制度；安全奖惩制度；承包与发包工程安全管理制度；交通安全管理制度；防灾减灾管理制度
环境安全管理制度	安全标志管理制度；工业卫生管理制度；作业环境管理制度

【单选题】某公司为了提高安全生产管理水平，成立工作组对公司的安全生产规章制度进行系统梳理，按照安全系统和人机工程原理健全安全生产规章制度体系。为了完成这项工作，工作组召开会议进行了专题研究。关于各项管理制度分类的说法，正确的是(　　)。

A. 安全标志管理制度属于综合安全管理制度

B. 安全工器具的使用管理制度属于人员安全管理制度

C. 安全设施和费用管理制度属于设备设施安全管理制度

D. 现场作业安全管理制度属于环境安全管理制度

B。【解析】选项 A 属于环境安全管理制度；选项 B 属于人员安全管理制度；选项 C 属于综合安全管理制度；选项 D 属于人员安全管理制度。

第二节　生产经营单位的安全生产规章制度

一、安全生产规章制度的编制程序

安全生产规章制度的编制程序大体分为起草环节、会签环节、审核环节、签发环节、发布环节、培训环节、反馈环节、持续改进环节，具体内容下面以典型例题的形式进行讲解。

典型例题

【单选题】建立健全安全生产规章制度是生产经营单位的法定职责之一。关于安全生产规章制度编制程序的说法，错误的是(　　)。

A. 涉及全局性的综合管理类安全规章制度应由生产经营单位主管安全生产的领导签发

B. 根据生产经营单位安全生产责任制的编制规则，由负有安全生产管理职能的部门负责起草

C. 责任部门起草的规章制度草案，应通过正式渠道征求有关部门或员工的意见和建议

D. 新修订的安全规章制度应组织相关人员进行培训，对安全操作规程类制度，还应组织考试

A。【解析】签发环节中，涉及全局性的综合管理类安全规章制度应由生产经营单位主要负责人签发；而对于技术性较强的安全生产规章制度，通常由生产经营单位主管安全生产的领导(或总工程师)签发。故选项 A 错误。起草环节中，根据生产经营单位安全生产责任制的编制规则，由负有安全生产管理职能的部门负责起草。故选项 B 正确。会签环节中，责任部门起草的规章制度草案，应通过正式渠道征求有关部门或员工的意见和建议。故选项 C 正确。培训环节中，新修订和新颁布的安全规章制度应组织相关人员进行培训，对安全操作规程类制度，还应组织考试。故选项 D 正确。

【单选题】某公司财务部按照要求编制了安全生产费用的提取和使用管理办法，经公司分管的副总经理书面批准，以公司红头文件的形式发布。但文件执行过程中，公司计划部和安全生产部提出反对意见，认为该管理办法与公司现行预算管理制度相矛盾。该管理办法在编制过程中，可能缺失的环节是(　　)。

A. 起草环节　　B. 审核环节

C. 培训环节　　D. 会签环节

D。【解析】会签环节中，责任部门起草的规章制度草案，应通过正式渠道征求有关部门或员工的意见和建议。该公司编制的管理办法在执行过程中，计划部与安全生产部提出反对意见，说明规章制度在编制过程中未征求其意见与建议，缺失会签环节。此外，审核环节中，合规性审查由生产经营单位法务部门进行；技术性较强的安全生产规章制度的审核由相关专家进行；涉及单位全体员工的安全生产规章制度的审核由职工代表大会(或职工代表)进行。持续改进环节中，生产经营单位应每年对安全规章制度进行一次修订；对于安全操作规程类安全规章制度，还应每 3 ~ 5 年组织进行一次全面修订。

二、安全生产规章制度的相关要求

(一)安全生产责任制

生产经营单位的安全生产责任制是明确生产经营单位全员在安全生产方面应履行的职责的制度。安全生产责任制是生产经营单位明确“谁干什么”的制度,是安全生产规章制度建立的基础。

1. 制定安全生产责任制的要求

(1)要明确生产经营单位全员(包括各级领导、各职能管理部门、各级管理人员、各工作岗位)的安全生产职责,做到“纵向到顶、纵向到底、横向到边、人人有责”。

(2)要把为实现安全生产应做的全部工作都分配到有关岗位的安全生产职责中,做到“事事有人干”。

(3)在建立安全生产组织保证体系时,要遵循分线负责,系统管理;分级管理,下管一级;责权一致的原则。

(4)确定岗位安全生产职责的原则包括:

①管生产必须同时管安全。安全问题发生在生产过程中,不安全因素是伴随生产产生的,安全不是离开生产而独立存在的,是贯穿于整个生产过程的。安全与生产是一个不可分割的整体,要使生产能顺利进行,必须确保安全的前提。否则,生产将会因发生事故而被迫停止。所以,安全管理工作是生产工作的重要内容之一,生产经营单位的管理人员在管生产的时候,必须同时管好安全工作。

②谁主管、谁负责。生产经营单位的法定代表人或者主要经营管理者是该单位的安全生产第一责任人,对本单位的安全生产负全面责任;分管安全生产的负责人是安全生产直接责任人,对本单位的安全生产负直接领导责任;其他负责人对各自分管业务范围内的安全生产负领导责任。

③五同时。生产经营单位的各级领导和管理人员在计划、布置、检查、总结、评比生产工作的同时,进行计划、布置、检查、总结、评比安全工作的原则。

④职能部门在各自的业务范围内对实现安全生产的要求负责。

⑤从业人员遵章守纪。不少事故教训告诉我们,生产经营单位要实现安全生产,不单单要管理者管安全,还要被管理者服从管理,自觉、严格遵守安全生产的规章制度和劳动纪律。严格遵守本单位的安全生产规章制度和劳动纪律是生产经营单位从业人员的法定义务。所以,应该把自觉、严格遵守安全生产的规章制度和劳动纪律作为生产经营单位每个从业人员的安全生产职责。

(5)要明确检查、考核安全生产责任制落实的规定。

2. 检查考核安全生产责任制落实的规定

(1)应编制检查安全生产责任制落实情况的检查表,定期使用检查表进行检查,以发现没有履行安全生产职责的情况。

(2)应分析安全生产检查中发现的人的不安全行为和物的不安全状态之所以存在的

原因，查找出没有履行安全生产职责的情况。

(3)应根据事故调查证实的材料，查找出没有履行安全生产职责的情况。

(4)对没有落实安全生产职责的情况应及时予以制止、纠正。

(5)应根据上述情况对照安全生产责任制，确定没有履行或没有严格履行安全生产职责的失职人员。

(6)应建立严格的考核规定，追究没有履行或没有严格履行安全生产职责的失职人员的责任，视情节轻重和造成危险的程度及事故后果的严重情况，给予失职人员批评教育、经济处罚或行政处分。

(二)安全操作规程

1. 制定安全操作规程的程序

(1)本单位主要负责人组织生产工艺管理、设备管理、生产操作管理、安全生产管理等的有关管理部门和有关人员组成编写组。

(2)调查本单位现行的生产工艺、已投入生产的生产设备设施、在用的工具、作业场所环境等有关资料及情况。例如，生产设备的使用说明书，生产设备的设计、制造及工作原理资料。

(3)收集并学习与本单位生产工艺、生产设备设施、生产区域(作业场所)作业条件相关的国家安全生产法规、标准和行业标准及安全规程等有关资料。

(4)根据本单位生产工艺规程确定的生产工艺、生产工艺流程和作业场所的环境条件，对全部生产岗位的全部生产操作过程，主要应用伤亡事故致因理论中的能量错误释放理论和轨迹交叉理论进行危险、危害辨识。以及潜在的错误释放能量(危害因素)及其活动轨迹，以及生产操作者的活动轨迹，确定错误释放能量(危害因素)的活动轨迹与生产操作者的活动轨迹在时间、空间上的交叉点。

(5)制定相应的安全操作对策措施(包括正确使用劳动防护用品的对策措施)，约束操作者的行为，以防止人的活动轨迹与错误释放能量(危害因素)的活动轨迹在时间、空间上的交叉。由设备管理部门制定如何正常操作设备设施的技术操作规程，以防止因操作不当而导致设备设施损坏事故。结合本单位的具体情况制定贯彻执行国家相关法律法规、标准的实施细则。

(6)对安全操作对策措施、设备设施技术操作规程和实施细则进行归纳、整理，按工种(工种岗位)和工序拟定安全操作规程。

(7)把拟定的安全操作规程(征求意见稿)印发给有关部门(如设备管理部门、使用部门)和有关人员，广泛征求修改意见，以确保所制定的操作规程安全可行。

(8)对修改意见加以研究、分析，采用其中合理的意见，修改定稿。

(9)把经修改定稿的安全操作规程(报批稿)报生产经营单位的主要负责人审批。

(10)把经生产经营单位的主要负责人批准的安全操作规程以文件的形式予以颁布，要求本单位有关部门、有关人员贯彻执行。

2. 制定安全操作规程的形式

安全操作规程通常应由企业主要负责人组织编制，其格式一般分为“全式”和“简式”两种。行业性规程多为“全式”规程，主要包括总则、引用标准、名词说明、操作安全要求等。生产经营单位内部制定的安全操作规程多采用“简式”，即规定操作安全要求，着重于针对性和可操作性。此外，对于发生事故时的既定程序处理，也可以将安全操作规程进行图表化、流程化，使应用更加方便。

3. 制定安全操作规程的内容

安全操作规程的内容，下面以典型例题的形式进行讲解。

典型例题

【单选题】某企业电焊机安全操作规程的部分内容为：“电焊机应放在通风、干燥处，放置平稳；检查焊接面罩，应无漏光、无破损；导线有受潮、断股现象时应立即更换；施焊中，如发现自动停电装置失效，应及时停机，断电后检修处理；必须在潮湿处施焊时，焊工应站在绝缘木板上，不准用手触摸焊机导线，不准用臂夹持带电焊钳，以免触电”。以上描述中，未涉及的安全操作规程重要内容的是（　　）。

A. 劳动防护用品的穿戴要求

B. 操作前的准备

C. 操作的先后顺序、方式

D. 操作人员所处的位置

A。【解析】安全操作规程一般包括下列内容：(1)操作前的准备。(2)劳动防护用品的穿戴要求。(3)操作的先后顺序以及操作的方式。(4)操作过程中机器设备的状态。(5)操作过程需要进行何种测试和调整及进行方式。(6)操作人员在操作过程中所处的位置以及姿势。(7)操作过程中的禁止行为。(8)一些特殊要求。(9)异常情况的处理方法。(10)其他要求。本题描述中未涉及作业人员劳动防护用品的穿戴要求。

【单选题】操作人员所处的位置和操作时的规范姿势是安全操作规程内容之一，关于操作放置和操作姿势的说法，正确的是（　　）。

A. 10 kV 电气设备不停电时作业安全距离为 0.5 m

B. 冲洗压力容器水位计时，应站在水位计的正面

C. 拆除压力螺栓作业时，人员应该站在下风口方向

D. 人员应该在转动机械的轴向方向

D。【解析】10 kV 及以下电气设备不停电时的作业安全距离为 0.7 m。故选项 A 错误。冲洗压力容器水位计时，应站在水位计的侧面，打开阀门时应缓慢小心。故选项 B 错误。拆除压力螺栓作业时，人员应该站在上风口方向，且不应对法兰缝隙，防止物料喷出造成伤害。故选项 C 错误。在转动机械试运行启动时，除运行操作人员外，其他人员应远离，并站在转动机械的轴向位置，以防转动部分飞出伤人。故选项 D 正确。

4. 制定安全操作规程的要求

(1)不能以制定约束人的行为的安全操作规程取代国家安全生产法规、国家标准及行业标准规定的生产经营单位应具备的安全生产条件。

(2)要在已确定生产工艺及其流程和作业场所环境条件的前提下,以及在进行危险、危害辨识和安全评价的基础上制定安全操作规程。

(3)安全操作规程应包含生产经营单位根据相关的国家安全生产法规、国家标准和行业标准中的安全操作规定,结合本单位的具体情况而制定的实施细则。

(4)要吸取教训(包括本单位曾发生的事故和尽可能搜集到的同行业、同类型单位曾发生的事故),把处理事故时制定的防止重复性事故的措施中有关规范和约束操作者行为的措施写进安全操作规程。

(5)安全操作规程不能只作原则性或抽象的规定,不能只明确"不准干什么、不准怎样干",而不明确"应怎么干",不能留有让从业人员"想当然、自由发挥"的余地。安全操作规程中的要求和规定不能只突出重点,而放弃次点,宜细不宜粗,要具体详尽,应有可操作性,应明确操作中必须禁止的操作,必须的操作步骤、操作方法、操作事项和正确使用劳动防护用品的要求以及出现异常时的应急措施(如设备出现故障停车情形时的处理方法)。涉及设备设施操作的安全操作规程应包括如何正确操作设备设施,以防止因操作不当而导致设备设施破坏事故的发生。

(6)安全操作规程的文字表述要直观、简明,便于操作者理解、掌握和记忆。新设备投入使用前应制定、修订相应的安全操作规程。

(7)生产经营单位在安全生产管理的实践过程中要注意总结经验,不断修订完善安全操作规程。随着生产工艺的变化、新设备的使用、新材料和新技术的应用,要及时地修改、补充,以保证其健全、完善、有效。

链接

企业在编制安全操作规程时的主要依据有:企业的安全生产责任制及工作制度;设备的使用说明书;设备的工作原理资料,以及设计、制造资料;国家和行业标准、规范;安全规程;作业场所的环境条件;以往的危险、事故案例等。

(三)安全生产教育制度

生产经营单位制定本单位安全生产教育制度的要求有以下方面:

(1)严格按照国家安全生产法规中关于安全生产教育的规定制定本单位的安全生产教育制度。

(2)安全生产教育制度应明确教育培训的对象、形式、内容、合格标准以及责任。教育培训的对象应为全员;教育培训的形式主要有主要负责人教育、安全生产管理人员教育、特种作业人员教育、管理人员教育、三级教育、换岗教育、四新教育、复工前教育、事故责任者教育、事故案例教育、违章人员教育、工程技术人员教育和经常性教育等;培训的责任有保证管理人员熟悉与本职管理工作相应的安全生产技术知识、安全生产管理知识和管理能力,保证生产操作人员具备必要的安全生产知识、熟悉有关的安全生产规章制度和安全操作规程、掌握本岗位的安全操作技能,未经安全生产教育和培训合格的从业人员,不得上岗作业。

(3)安全生产教育制度应明确生产经营单位应按有关法规规定,组织本单位的主要负责人、安全生产管理机构负责人及其工作人员或未设安全生产管理机构的专(兼)职安全生产管理人员、特种作业人员参加单位所在地负有安全生产监督管理部门职责的组织的安全生产教育培训和考核。

(4)安全生产教育制度应明确对经安全生产培训合格并取得培训证书者或经安全资格培训并考核合格取得安全资格证书的本单位的主要负责人、拟聘任的省级或国家注册安全工程师,还应进行本单位的安全生产规章制度教育;对已取得特种作业操作证的特种作业人员,还应进行“三级教育”。

(5)安全生产教育制度应根据本单位管理机构设置、人员配备的具体情况,把法律规定的生产经营单位安全生产教育培训的责任分解落实到岗位。

(6)安全生产教育制度应明确,为提高安全生产教育培训的质量,为解决安全生产教育培训的工作量大而人手不足的矛盾,必须增加投入,改善安全教育的手段,尽可能使用电化教学设备,用形象生动、寓教于乐等形式方法进行培训。

(7)安全生产教育制度应明确,为避免因教师的随意性而导致应教的内容没有教,宜编写书面教材,按教材施教。

(8)安全生产教育制度应明确,为避免经培训考核合格的从业人员还处于“要我安全,不会安全”的状态,生产经营单位要按照教育培训合格标准制定具体考核方案,并确保按此方案考核合格者能达到教育培训合格标准的要求。

(9)安全生产教育制度应明确建立、健全从业人员的安全生产教育培训档案的规定。

(四)安全生产检查制度

生产经营单位制定本单位安全生产检查制度的要求有以下方面:

(1)安全生产检查制度应明确安全生产检查应做到五个相结合,即政府(上级)检查与本单位自查相结合,以本单位自查为主;管理者检查与岗位自查相结合,以本岗位自查为主;综合性检查与专项检查相结合;经常性检查与定期检查相结合;检查与整改相结合。

(2)安全生产检查制度应明确各有关管理岗位的安全生产检查职责、检查的周期、检查的对象、检查的内容、检查的方法和抽查的量。

(3)安全生产检查制度应强调必须使用安全检查表进行检查,并做好检查的书面记录,检查的书面记录应由检查者签名确认并存档备查。

(五)奖惩制度

生产经营单位制定奖惩制度应遵循的原则:

(1)“追究不履行或不严格履行安全生产职责者责任”的原则。

(2)“平教育,依章处分违章操作者”的原则。

(3)“依法追究事故责任者责任”的原则。

(4)“教育与惩罚相结合,以教育为主,惩罚为辅”的原则。

(5)“参照相关法律法规规定追究有关人员安全生产法律责任”的原则。

(6)“奖励与惩罚相结合,以奖励为主,惩罚为辅”的原则。

(7)“精神激励与物质奖励相结合,以精神激励为主,物质奖励为辅”的原则。

(8)“惩罚力度适度”的原则。设定经济处罚最低下限;不得违反国家规定的相关要求;对违章者的处罚采取累进加重处罚力度的办法;根据违章可能导致事故的严重程度采取不同的处罚力度的办法;根据违章可能导致事故的不同的伤害对象采取不同的处罚力度的办法。

(9)“可得之奖,可避之罚”的原则。

(六)事故管理制度

生产经营单位制定事故管理制度的要求中,处理事故必须遵循“四不放过”原则:

(1)事故原因未查清不放过。

(2)责任人员未处理不放过。

(3)整改措施未落实不放过。

(4)有关人员未受到教育不放过。

第九章　安全操作规程

第一节　特种设备设施的安全操作规程

一、特种设备的定义与分类

(一)特种设备的定义

特种设备是指涉及生命安全、危险性较大的锅炉、压力容器(含气瓶,下同)、压力管道、电梯、起重机械、客运索道、大型游乐设施和场(厂)内专用机动车辆。

《特种设备安全法》所称的特种设备是指对人身和财产安全有较大危险性的锅炉、压力容器(含气瓶,下同)、压力管道、电梯、起重机械、客运索道、大型游乐设施和场(厂)内专用机动车辆,以及法律、行政法规规定适用本法的其他特种设备。

(二)特种设备的分类

1. 承压类特种设备

(1)锅炉,是指利用各种燃料、电或者其他能源,将所盛装的液体加热到一定的参数,并通过对外输出介质的形式提供热能的设备。其范围规定为设计正常水位容积大于或者等于 30 L,且额定蒸汽压力大于或者等于 0.1 MPa(表压)的承压蒸汽锅炉;出口水压大于或者等于 0.1 MPa(表压),且额定功率大于或者等于 0.1 MW 的承压热水锅炉;额定功率大于或者等于 0.1 MW 的有机热载体锅炉。在锅炉运行管理过程中,过载保护器是根据电气控制行业的实际需要设计的电路保护装置。对防爆型事故风机设置过载保护器,可防止风机由于长时间超荷载运行而损坏。

(2)压力容器,是指盛装气体或者液体,承载一定压力的密闭设备,其范围规定为最高工作压力大于或者等于 0.1 MPa(表压)的气体、液化气体和最高工作温度高于或者等于标准沸点的液体、容积大于或者等于 30 L 且内直径(非圆形截面指截面内边界最大几何尺寸)大于或者等于 150 mm 的固定式容器和移动式容器。盛装公称工作压力大于或者等于 0.2 MPa(表压),且压力与容积的乘积大于或者等于 1.0 MPa · L 的气体、液化气体和标准沸点等于或者低于 60 ℃液体的气瓶;氧舱。

(3)压力管道,是指利用一定的压力,用于输送气体或者液体的管状设备,其范围规定为最高工作压力大于或者等于 0.1 MPa(表压),介质为气体、液化气体、蒸汽或者可燃、易爆、有毒、有腐蚀性、最高工作温度高于或者等于标准沸点的液体,且公称直径大于或者等于 50 mm 的管道。公称直径小于 150 mm,且其最高工作压力小于 1.6 MPa(表压)的输送无毒、不可燃、无腐蚀性气体的管道和设备本体所属管道除外。其中,石油天然气管道的安全监督管理还应按照《安全生产法》《石油天然气管道保护法》等法律法规实施。

2. 机电类特种设备

(1)电梯,是指动力驱动,利用沿刚性导轨运行的箱体或者沿固定线路运行的梯级(踏步),进行升降或者平行运送人、货物的机电设备,包括载人(货)电梯、自动扶梯、自动人行道等。非公共场所安装且仅供单一家庭使用的电梯除外。

(2)起重机械,是指用于垂直升降或者垂直升降并水平移动重物的机电设备,其范围规定为额定起重量大于或者等于0.5 t的升降机;额定起重量大于或者等于3 t(或额定起重力矩大于或者等于40 t·m的塔式起重机,或生产率大于或者等于300 t/h的装卸桥)。且提升高度大于或者等于2 m的起重机;层数大于或者等于2层的机械式停车设备。

(3)客运索道,是指动力驱动,利用柔性绳索牵引箱体等运载工具运送人员的机电设备,包括客运架空索道、客运缆车、客运拖牵索道等。非公用客运索道和专用于单位内部通勤的客运索道除外。

(4)大型游乐设施,是指用于经营目的,承载乘客游乐的设施,其范围规定为设计最大运行线速度大于或者等于2 m/s,或者运行高度距地面高于或者等于2 m的载人大型游乐设施。用于体育运动、文艺演出和非经营活动的大型游乐设施除外。

(5)场(厂)内专用机动车辆,是指除道路交通、农用车辆以外仅在工厂厂区、旅游景区、游乐场所等特定区域使用的专用机动车辆。

特种设备包括其所用的材料、附属的安全附件、安全保护装置和与安全保护装置相关的设施。

二、特种设备的采购和生产

(一)特种设备采购的一般要求

特种设备的型号、指标、参数、性能等符合强制性规定和设计要求。

特种设备应由具有相应制造资质的单位进行制造。

特种设备应随附安全技术规范要求的设计文件、产品质量合格证明、安装及使用维护保养说明、监督检验证明等相关技术资料和文件。

(二)特种设备的生产要求

国家按照分类监督管理的原则对特种设备生产实行许可制度。特种设备生产单位应当具备下列条件,并经负责特种设备安全监督管理的部门许可,方可从事生产活动:

(1)有与生产相适应的专业技术人员。

(2)有与生产相适应的设备、设施和工作场所。

(3)有健全的质量保证、安全管理和岗位责任等制度。

特种设备生产单位应当保证特种设备生产符合安全技术规范及相关标准的要求,对其生产的特种设备的安全性能负责。不得生产不符合安全性能要求和能效指标以及国家明令淘汰的特种设备。

锅炉、气瓶、氧舱、客运索道、大型游乐设施的设计文件,应当经负责特种设备安全监督管理的部门核准的检验机构鉴定,方可用于制造。

特种设备产品、部件或者试制的特种设备新产品、新部件以及特种设备采用的新材料,按照安全技术规范的要求需要通过型式试验进行安全性验证的,应当经负责特种设备安全监督管理的部门核准的检验机构进行型式试验。

特种设备出厂时,应当随附安全技术规范要求的设计文件、产品质量合格证明、安装及使用维护保养说明、监督检验证明等相关技术资料和文件,并在特种设备显著位置设置产品铭牌、安全警示标志及其说明。

电梯的安装、改造、修理，必须由电梯制造单位或者其委托的依照《特种设备安全法》取得相应许可的单位进行。电梯制造单位委托其他单位进行电梯安装、改造、修理的，应当对其安装、改造、修理进行安全指导和监控，并按照安全技术规范的要求进行校验和调试。电梯制造单位对电梯安全性能负责。

特种设备安装、改造、修理的施工单位应当在施工前将拟进行的特种设备安装、改造、修理情况书面告知直辖市或者设区的市级人民政府负责特种设备安全监督管理的部门。

链接

根据《特种设备安全监察条例》，锅炉、压力容器、起重机械、客运索道、大型游乐设施的安装、改造、维修以及场(厂)内专用机动车辆的改造、维修，必须由依照本条例取得许可的单位进行。电梯的安装、改造、维修，必须由电梯制造单位或者其通过合同委托、同意的依照本条例取得许可的单位进行。电梯制造单位对电梯质量以及安全运行涉及的质量问题负责。特种设备安装、改造、维修的施工单位应当在施工前将拟进行的特种设备安装、改造、维修情况书面告知直辖市或者设区的市的特种设备安全监督管理部门，告知后即可施工。

特种设备安装、改造、修理竣工后，安装、改造、修理的施工单位应当在验收后 30 日内将相关技术资料和文件移交特种设备使用单位。特种设备使用单位应当将其存入该特种设备的安全技术档案。

锅炉、压力容器、压力管道元件等特种设备的制造过程和锅炉、压力容器、压力管道、电梯、起重机械、客运索道、大型游乐设施的安装、改造、重大修理过程，应当经特种设备检验机构按照安全技术规范的要求进行监督检验；未经监督检验或者监督检验不合格的，不得出厂或者交付使用。

链接

根据《特种设备安全监察条例》，锅炉、压力容器、压力管道元件、起重机械、大型游乐设施的制造过程和锅炉、压力容器、电梯、起重机械、客运索道、大型游乐设施的安装、改造、重大维修过程，必须经国务院特种设备安全监督管理部门核准的检验检测机构按照安全技术规范的要求进行监督检验；未经监督检验合格的不得出厂或者交付使用。

国家建立缺陷特种设备召回制度。因生产原因造成特种设备存在危及安全的同一性缺陷的，特种设备生产单位应当立即停止生产，主动召回。国务院负责特种设备安全监督管理的部门发现特种设备存在应当召回而未召回的情形时，应当责令特种设备生产单位召回。

三、特种设备作业人员的要求

锅炉、压力容器、电梯、起重机械、客运索道、大型游乐设施、场(厂)内专用机动车辆的作业人员及其相关管理人员，应当按照国家有关规定经特种设备安全监督管理部门考核合格，取得国家统一格式的特种作业人员证书，方可从事相应的作业或者管理工作。

链接

电梯、客运索道、大型游乐设施等为公众提供服务的特种设备的运营使用单位，应当对特种设备的使用安全负责，设置特种设备安全管理机构或者配备专职的特种设备安全管理人员；其他特种设备使用单位，应当根据情况设置特种设备安全管理机构或者配备专职、兼职的特种设备安全管理人员。

特种设备生产、使用单位应当聘(雇)用取得《特种设备作业人员证》的人员从事相关管理和作业工作，并对作业人员进行严格管理。

作业人员的具体条件应当按照相关安全技术规范的规定执行。特种设备作业人员应当遵守以下规定：

(1)作业时随身携带证件，并自觉接受用人单位的安全管理和质量技术监督部门的监督检查。

(2)积极参加特种设备安全教育和安全技术培训。

(3)严格执行特种设备操作规程和有关安全规章制度。

(4)拒绝违章指挥。

(5)发现事故隐患或者不安全因素应当立即向现场管理人员和单位有关负责人报告。

(6)其他有关规定。

《特种设备作业人员证》每 4 年复审一次。持证人员应当在复审期满 3 个月前，向发证部门提出复审申请。复审合格的，由发证部门在证书正本上签章。对在 2 年内无违规、违法等不良记录，并按时参加安全培训的，应当按照有关安全技术规范的规定延长复审期限。

链接

根据《特种设备使用单位落实使用安全主体责任监督管理规定》，起重机械使用单位主要负责人应当支持和保障起重机械安全总监和起重机械安全员依法开展起重机械使用安全管理工作，在作出涉及起重机械安全的重大决策前，应当充分听取起重机械安全总监和起重机械安全员的意见和建议。起重机械安全员发现起重机械存在一般事故隐患时，应当立即进行处理；发现存在严重事故隐患时，应当立即责令停止使用并向起重机械安全总监报告，起重机械安全总监应当立即组织分析研判，采取处置措施，消除严重事故隐患。

四、特种设备的使用

(一)基本要求

1. 登记要求

特种设备使用单位应当在特种设备投入使用前或者投入使用后 30 日内，向负责特种设备安全监督管理的部门办理使用登记，取得使用登记证书。登记标志应当置于该特种设备的显著位置。

链接

特种设备使用单位应当将登记证明文件置于设备的显著位置，如电梯的登记证明文件可以置于轿厢内；锅炉的登记证明文件可以置于操作间或锅炉房内墙上。

特种设备进行改造、修理,按照规定需要变更使用登记的,应当办理变更登记,方可继续使用。

特种设备存在严重事故隐患,无改造、修理价值,或者达到安全技术规范规定的其他报废条件的,特种设备使用单位应当依法履行报废义务,采取必要措施消除该特种设备的使用功能,并向原登记的负责特种设备安全监督管理的部门办理使用登记证书注销手续。

上述报废条件以外的特种设备,达到设计使用年限可以继续使用的,应当按照安全技术规范的要求通过检验或者安全评估,并办理使用登记证书变更,方可继续使用。允许继续使用的,应当采取加强检验、检测和维护保养等措施,确保使用安全。

链接

特种设备达到设计使用年限时,原制造企业不再承担相应的安全责任,而由对该特种设备进行修理、改造或安全评估的机构,承担相应的安全责任。

2. 安全技术档案的要求

特种设备使用单位应当建立特种设备安全技术档案。安全技术档案应当包括以下内容:

(1)特种设备的设计文件、产品质量合格证明、安装及使用维护保养说明、监督检验证明等相关技术资料和文件。

(2)特种设备的定期检验和定期自行检查记录。

(3)特种设备的日常使用状况记录。

(4)特种设备及其附属仪器仪表的维护保养记录。

(5)特种设备的运行故障和事故记录。

提示

上述内容依据的是《特种设备安全法》,安全技术档案除了包括上述内容外,还应包括:特种设备使用登记证和特种设备使用登记表;特种设备安全附件和安全保护装置的校验检验、更换记录及相关报告。

3. 定期检验要求

特种设备使用单位应当对其使用的特种设备进行经常性维护保养和定期自行检查,并作出记录。特种设备使用单位应当对其使用的特种设备的安全附件、安全保护装置进行定期校验、检修,并作出记录。

链接

根据国家相关要求,应对叉车有关项目进行强制性检查。除检查叉车日常运行记录、叉车人员执照等项目外,还应强制性检查叉车年度检测报告。

特种设备使用单位应当按照安全技术规范的要求,在检验合格有效期届满前 1 个月向特种设备检验机构提出定期检验要求。

特种设备检验机构接到定期检验要求后,应当按照安全技术规范的要求及时进行安全性能检验。特种设备使用单位应当将定期检验标志置于该特种设备的显著位置。

未经定期检验或者检验不合格的特种设备,不得继续使用。

特种设备安全管理人员应当对特种设备使用状况进行经常性检查,发现问题应当立即处理;情况紧急时,可以决定停止使用特种设备并及时报告本单位有关负责人。

特种设备作业人员在作业过程中发现事故隐患或者其他不安全因素,应当立即向特种设备安全管理人员和单位有关负责人报告;特种设备运行不正常时,特种设备作业人员应当按照操作规程采取有效措施保证安全。

特种设备出现故障或者发生异常情况,特种设备使用单位应当对其进行全面检查,消除事故隐患,方可继续使用。

锅炉使用单位应当按照安全技术规范的要求进行锅炉水(介)质处理,并接受特种设备检验机构的定期检验。从事锅炉清洗,应当按照安全技术规范的要求进行,并接受特种设备检验机构的监督检验。

4. 其他要求

电梯的维护保养应当由电梯制造单位或者依照《特种设备安全法》取得许可的安装、改造、修理单位进行。电梯的维护保养单位应当在维护保养中严格执行安全技术规范的要求,保证其维护保养的电梯的安全性能,并负责落实现场安全防护措施,保证施工安全。电梯的维护保养单位应当对其维护保养的电梯的安全性能负责;接到故障通知后,应当立即赶赴现场,并采取必要的应急救援措施。

电梯投入使用后,电梯制造单位应当对其制造的电梯的安全运行情况进行跟踪调查和了解,对电梯的维护保养单位或者使用单位在维护保养和安全运行方面存在的问题,提出改进建议,并提供必要的技术帮助;发现电梯存在严重事故隐患时,应当及时告知电梯使用单位,并向负责特种设备安全监督管理的部门报告。电梯制造单位对调查和了解的情况,应当作出记录。

特种设备进行改造、修理,按照规定需要变更使用登记的,应当办理变更登记,方可继续使用。

(二)《特种设备使用管理规则》的相关要求

1. 使用单位及其主要义务

使用单位是指具有特种设备使用管理权的单位或者具有完全民事行为能力的自然人,一般是特种设备的产权单位(产权所有人,下同),也可以是产权单位通过符合法律规定的合同关系确立的特种设备实际使用管理者。特种设备属于共有的,共有人可以委托物业服务单位或者其他管理人管理特种设备,受托人是使用单位;共有人未委托的,实际管理人是使用单位;没有实际管理人的,共有人是使用单位。

特种设备用于出租的,出租期间,出租单位是使用单位;法律另有规定或者当事人合同约定的,从其规定或者约定。

提示

单位包括公司、子公司、机关事业单位、社会团体等具有法人资格的单位和具有营业执照的分公司、个体工商户等。

新安装未移交业主的电梯,项目建设单位是使用单位;委托物业服务单位管理的电梯,物业服务单位是使用单位;产权单位自行管理的电梯,产权单位是使用单位。

气瓶的使用单位一般是指充装单位,车用气瓶、非重复充装气瓶、呼吸器用气瓶的使用单位是产权单位。

特种设备使用单位主要义务如下:

(1)建立并且有效实施特种设备安全管理制度和高耗能特种设备节能管理制度,以及操作规程。

(2)采购、使用取得许可生产(含设计、制造、安装、改造、修理,下同),并且经检验合格的特种设备,不得采购超过设计使用年限的特种设备,禁止使用国家明令淘汰和已经报废的特种设备。

(3)设置特种设备安全管理机构,配备相应的安全管理人员和作业人员,建立人员管理台账,开展安全与节能培训教育,保存人员培训记录。

(4)办理使用登记,领取《特种设备使用登记证》(以下简称使用登记证),设备注销时交回使用登记证。

(5)建立特种设备台账及技术档案。

(6)对特种设备作业人员作业情况进行检查,及时纠正违章作业行为。

(7)对在用特种设备进行经常性维护保养和定期自行检查,及时排查和消除事故隐患,对在用特种设备的安全附件、安全保护装置及其附属仪器仪表进行定期校验(检定、校准,下同)、检修,及时提出定期检验和能效测试申请,接受定期检验和能效测试,并且做好相关配合工作。

(8)制定特种设备事故应急专项预案,定期进行应急演练;发生事故及时上报,配合事故调查处理等。

(9)保证特种设备安全、节能必要的投入。

(10)法律、法规规定的其他义务。

2. 使用登记

流动作业的特种设备,向产权单位所在地的登记机关办理使用登记;移动式大型游乐设施每次重新安装后、投入使用前,使用单位应当向使用地的登记机关申请办理使用登记;车用气瓶应当在投入使用前,向产权单位所在地的登记机关申请办理使用登记;国家明令淘汰或者已经报废的特种设备,不符合安全性能或者能效指标要求的特种设备,不予办理使用登记。

锅炉、压力容器(气瓶除外)、电梯、起重机械、客运索道、大型游乐设施和场(厂)内专用机动车辆应当按台(套)向登记机关办理使用登记,车用气瓶以车为单位进行使用登记。气瓶(车用气瓶除外)、工业管道应当以使用单位为对象向登记机关办理使用登记。

不需要办理使用登记的特种设备:

(1)锅炉。D 级锅炉。

(2)压力容器。深冷装置中非独立的压力容器、直燃型吸收式制冷装置中的压力容器、铝制板翅式热交换器、过程装置中冷箱内的压力容器;盛装第二组介质的无壳体的套管热交换器;超高压管式反应器;移动式空气压缩机的储气罐;水力自动补气气压给水(无塔上水）装置中的气压罐，消防装置中的气体或者气压给水（泡沫）压力罐；水处理设备中的离子交换或者过滤用压力容器、热水锅炉用膨胀水箱；蓄能器承压壳体；简单压力容器；消防灭火用气瓶、呼吸器用气瓶、非重复充装气瓶。

五、事故应急救援与调查处理

国务院负责特种设备安全监督管理的部门应当依法组织制定特种设备重特大事故应急预案，报国务院批准后纳入国家突发事件应急预案体系。县级以上地方各级人民政府及其负责特种设备安全监督管理的部门应当依法组织制定本行政区域内特种设备事故应急预案，建立或者纳入相应的应急处置与救援体系。特种设备使用单位应当制定特种设备事故应急专项预案，并定期进行应急演练。

特种设备发生事故后，事故发生单位应当按照应急预案采取措施，组织抢救，防止事故扩大，减少人员伤亡和财产损失，保护事故现场和有关证据，并及时向事故发生地县级以上人民政府负责特种设备安全监督管理的部门和有关部门报告。县级以上人民政府负责特种设备安全监督管理的部门接到事故报告，应当尽快核实情况，立即向本级人民政府报告，并按照规定逐级上报。必要时，负责特种设备安全监督管理的部门可以越级上报事故情况。对特别重大事故、重大事故，国务院负责特种设备安全监督管理的部门应当立即报告国务院并通报国务院应急管理部门等有关部门。与事故相关的单位和人员不得迟报、谎报或者瞒报事故情况，不得隐匿、毁灭有关证据或者故意破坏事故现场。

事故发生地人民政府接到事故报告，应当依法启动应急预案，采取应急处置措施，组织应急救援。

第二节　危险化学品岗位的安全操作规程

一、生产和使用

车间应根据生产需要，规定危险物品的存放时间、地点和最高允许存放量。原料和成品的成分应经化验确认。生产备料性质相抵触的物料不得放在同一区域，必须分隔清楚。

生产和使用剧毒物品场所及其操作人员，严格执行企业制定的《剧毒危险化学品安全管理制度》，必须加强安全技术措施和个人防护措施。

压缩气体和液化气体（如液氯、液氧、乙炔、液化石油气、氧气、二氧化碳、氮气等）使用时，气瓶内应留有余压，且不低于 0.05 MPa，以防止其他物质窜入。

盛装腐蚀性物品的容器应认真选择，具有氧化性酸类物品不能与易燃液体、易燃固体、自燃物品和遇湿燃烧物品混装，酸类物品严禁与氰化物相遇。

易燃物品的加热禁止使用明火，在高温反应或蒸馏等操作过程中，如必须采用烟道气、有机热载体、电热等加热时，应采取严密隔绝措施。

生产、使用危险物品，应根据生产过程中的火灾危险和毒害程度，采取必要的排气、通风、泄压、防爆、阻止回火、导除静电、紧急放料和自动报警等措施。

输送有毒有害物料，应采取防止泄漏的措施。

输送固体氧化剂、易燃固体等，应防止摩擦、撞击。

容易发生跑气、跑料的大型易燃、易爆、剧毒物品的装置，应设有能迅速停止进料，防止跑气、跑料的安全设施，并应具有捕集中和、解毒和打捞流失危险物品的方法，避免事态扩大。

凡用于生产的有毒有害气体的蒸汽(水)管道，必须与生活用汽(水)管道分开，用途不同的工作气体(液体)管道不应联通。

生产、使用过程中所产生的废水、废气、废渣和粉尘的排放，必须符合国家有关排放标准，凡能相互引起化学反应发生新危害的废物不要混在一起排放。

二、装卸运输

托运危险物品必须出示有关证明，向指定的铁路、交通、航运等部门办理手续，托运物品必须与托运单上所列的品名相符，托运未列入国家品名表内的危险物品，应附交上级主管部门审查同意的技术鉴定书。

危险物品的装卸运输人员，应按装运危险物品的性质，佩戴相应的防护用品，装卸时必须轻装轻卸，严禁摔拖、重压和摩擦，不得损毁包装容器，并注意标志，堆放稳妥。

危险物品装卸前，应对车搬运工具进行必要的通风和清洗，不得留有残渣，对装有剧毒物品的车，卸后必须洗刷干净。

装运爆炸、剧毒、放射性、易燃液体、可燃气体等物品，必须使用符合安全要求的运输工具，操作过程中注意下列事项：禁止用电瓶车、翻斗车、铲车、自行车等运输爆炸物品；运输强氧化剂、爆炸品及用铁桶包装的一级易燃液体时，没有采取可靠的安全措施，不得用铁底板车及汽车挂车；禁止用叉车、铲车、翻斗车搬运易燃、易爆液化气体等危险物品；温度较高地区装运液化气体和易燃液体等危险物品，要有防晒设施；放射性物品应用专用运输搬运车和抬架搬运，装卸机械应按规定负荷降低25%；遇水燃烧物品及有毒害物品，禁止用小型机帆船、小木船和水泥船承运。

运输爆炸、剧毒和放射性物品，应指派专人押运，押运人员不得少于2人。

运输危险物品的车辆，必须保持安全车速保持车距，严禁超车，超速和强行会车。运输危险物品的行车路线，必须事先经当地公安交通部门批准，按指定的路线和时间运输，不可在繁华街道行驶和停留。

运输易燃、易爆物品的机动车，其排气管应装阻火器，并悬挂“危险物品”标志。

运输散装固体危险物品，应根据性质，采取防火、防爆、防水、防粉尘飞扬和遮阳等措施。

三、报废处理

剧毒物品用后的包装箱、纸袋、瓶、桶等必须严加管理，物资部门要统一回收，登记造册，专人负责管理，进行下列处理：

(1)铁制包装容器不经彻底洗刷干净，不得改作他用。

(2)包装容器必须由有资质的专业回收公司回收处理。

化学危险物品和放射性物质等废弃物的报废处理，必须预先提出申请，制订周密的安全保障措施，并经当地有关部门批准后方可处理。

凡拆除的容器、设备和管道内带有危险物品,必须先清洗干净,验收合格后方可报废。
生产过程中产生的化学危险物品废渣等,必须加强管理,不得随同一般垃圾运出。

四、安全技术措施

为防止安全事故的发生,应采取以下技术措施:

(1)改革工艺技术,并采用安全的生产条件,防止和减少毒物溢散。

(2)以密闭、隔离、通风操作代替敞开式操作。

(3)加强设备管理,杜绝跑、冒、滴、漏。

五、个人防护措施

为保证人身安全,应做好以下防护措施:

(1)配备专用的劳动防护用品和器具,专人保管,定期检修,保持完好。

(2)严禁直接接触物品,不准在生产、使用场所饮食。

(3)正确穿戴劳动防护用品,工作结束后必须更换工作服,清洗后方可离开作业场所。

(4)有毒物品场所,应备有一定数量的应急解毒药品。

第十章　安全生产投入与安全生产责任保险

第一节　安全生产投入

一、安全生产投入的基本要求

《安全生产法》规定，生产经营单位应当具备的安全生产条件所必需的资金投入，由生产经营单位的决策机构、主要负责人或者个人经营的投资人予以保证，并对由于安全生产所必需的资金投入不足导致的后果承担责任。有关生产经营单位应当按照规定提取和使用安全生产费用，专门用于改善安全生产条件。安全生产费用在成本中据实列支。安全生产费用提取、使用和监督管理的具体办法由国务院财政部门会同国务院应急管理部门征求国务院有关部门意见后制定。

企业安全生产的责任主体及安全生产费用提取、使用和管理的主体为生产经营单位。根据企业的性质，来确定保证安全生产投入资金的责任主体，责任主体应承担安全生产资金投入不足的责任：

(1)一般个体工商户等个体经济组织，其安全生产投入资金由投资人来保证。

(2)一般国有企业，其安全生产投入资金由厂长或总经理等企业主要负责人来保证。

(3)一般股份制企业、合资企业等，其安全生产投入资金由董事会等决策机构来保证。

二、《企业安全生产费用提取和使用管理办法》的相关规定

2022 年 12 月 13 日，财政部、应急部发布了《关于印发〈企业安全生产费用提取和使用管理办法〉的通知》。

(一)基本规定

企业安全生产费用是指企业按照规定标准提取，在成本(费用)中列支，专门用于完善和改进企业或者项目安全生产条件的资金。

企业安全生产费用管理遵循以下原则：

(1)筹措有章。统筹发展和安全，依法落实企业安全生产投入主体责任，足额提取。

(2)支出有据。企业根据生产经营实际需要，据实开支符合规定的安全生产费用。

(3)管理有序。企业专项核算和归集安全生产费用，真实反映安全生产条件改善投入，不得挤占、挪用。

(4)监督有效。建立健全企业安全生产费用提取和使用的内外部监督机制，按规定开展信息披露和社会责任报告。

（二）企业安全生产费用的提取和使用

1. 煤炭生产企业

煤炭生产是指煤炭资源开采作业有关活动。批准进行联合试运转的基本建设煤矿，按照本节规定提取使用企业安全生产费用。

煤炭生产企业依据当月开采的原煤产量，于月末提取企业安全生产费用。提取标准如下：

（1）煤（岩）与瓦斯（二氧化碳）突出矿井、冲击地压矿井吨煤 50 元。

（2）高瓦斯矿井，水文地质类型复杂、极复杂矿井，容易自燃煤层矿井吨煤 30 元。

（3）其他井工矿吨煤 15 元。

（4）露天矿吨煤 5 元。

多种灾害并存矿井，从高提取企业安全生产费用。

煤炭生产企业安全生产费用应当用于以下支出：

（1）煤与瓦斯突出及高瓦斯矿井落实综合防突措施支出，包括瓦斯区域预抽、保护层开采区域防突措施、开展突出区域和局部预测、实施局部补充防突措施等两个“四位一体”综合防突措施，以及更新改造防突设备和设施、建立突出防治实验室等支出。

（2）冲击地压矿井落实防冲措施支出，包括开展冲击地压危险性预测、监测预警、防范治理、效果检验、安全防护等防治措施，更新改造防冲设备和设施，建立防冲实验室等支出。

（3）煤矿安全生产改造和重大事故隐患治理支出，包括通风、防瓦斯、防煤尘、防灭火、防治水、顶板、供电、运输等系统设备改造和灾害治理工程，实施煤矿机械化改造、智能化建设，实施矿压、热害、露天煤矿边坡治理等支出。

（4）完善煤矿井下监测监控、人员位置监测、紧急避险、压风自救、供水施救和通信联络等安全避险设施设备支出，应急救援技术装备、设施配置和维护保养支出，事故逃生和紧急避难设施设备的配置和应急救援队伍建设、应急预案制修订与应急演练支出。

（5）开展重大危险源检测、评估、监控支出，安全风险分级管控和事故隐患排查整改支出，安全生产信息化建设、运维和网络安全支出。

（6）安全生产检查、评估评价（不含新建、改建、扩建项目安全评价）、咨询、标准化建设支出。

（7）配备和更新现场作业人员安全防护用品支出。

（8）安全生产宣传、教育、培训和从业人员发现并报告事故隐患的奖励支出。

（9）安全生产适用新技术、新标准、新工艺、煤矿智能装备及煤矿机器人等新装备的推广应用支出。

（10）安全设施及特种设备检测检验、检定校准支出。

（11）安全生产责任保险支出。

（12）与安全生产直接相关的其他支出。

2. 非煤矿山开采企业

非煤矿山开采是指金属矿、非金属矿及其他矿产资源的勘探作业和生产、选矿、闭坑及尾矿库运行、回采、闭库等有关活动。

非煤矿山开采企业依据当月开采的原矿产量，于月末提取企业安全生产费用。提取标准如下：

(1)金属矿山，其中露天矿山每吨5元，地下矿山每吨15元。

(2)核工业矿山，每吨25元。

(3)非金属矿山，其中露天矿山每吨3元，地下矿山每吨8元。

(4)小型露天采石场，即年生产规模不超过50万吨的山坡型露天采石场，每吨2元。

上述所称原矿产量，不含金属、非金属矿山尾矿库和废石场中用于综合利用的尾砂和低品位矿石。

地质勘探单位按地质勘查项目或工程总费用的2%，在项目或工程实施期内逐月提取企业安全生产费用。

尾矿库运行按当月入库尾矿量计提企业安全生产费用，其中三等及三等以上尾矿库每吨4元，四等及五等尾矿库每吨5元。尾矿库回采按当月回采尾矿量计提企业安全生产费用，其中三等及三等以上尾矿库每吨1元，四等及五等尾矿库每吨1.5元。

非煤矿山开采企业安全生产费用应当用于以下支出：

(1)完善、改造和维护安全防护设施设备（不含"三同时"要求初期投入的安全设施）和重大事故隐患治理支出，包括矿山综合防尘、防灭火、防治水、危险气体监测、通风系统、支护及防治边帮滑坡、防冒顶片帮设备、机电设备、供配电系统、运输（提升）系统和尾矿库等完善、改造和维护支出以及实施地压监测监控、露天矿边坡治理等支出。

(2)完善非煤矿山监测监控、人员位置监测、紧急避险、压风自救、供水施救和通信联络等安全避险设施设备支出，完善尾矿库全过程在线监测监控系统支出，应急救援技术装备、设施配置及维护保养支出，事故逃生和紧急避难设施设备的配置和应急救援队伍建设、应急预案制修订与应急演练支出。

(3)开展重大危险源检测、评估、监控支出，安全风险分级管控和事故隐患排查整改支出，机械化、智能化建设，安全生产信息化建设、运维和网络安全支出。

(4)安全生产检查、评估评价（不含新建、改建、扩建项目安全评价）、咨询、标准化建设支出。

(5)配备和更新现场作业人员安全防护用品支出。

(6)安全生产宣传、教育、培训和从业人员发现并报告事故隐患的奖励支出。

(7)安全生产适用的新技术、新标准、新工艺、智能化、机器人等新装备的推广应用支出。

(8)安全设施及特种设备检测检验、检定校准支出。

(9)尾矿库闭库、销库费用支出。

(10)地质勘探单位野外应急食品、应急器械、应急药品支出。

(11)安全生产责任保险支出。

(12)与安全生产直接相关的其他支出。

3. 石油天然气开采企业

石油天然气（包括页岩油、页岩气）开采是指陆上采油（气）、海上采油（气）、钻井、物探、测井、录井、井下作业、油建、海油工程等活动。煤层气（地面开采）企业参照陆上采油（气）企业执行。

陆上采油(气)、海上采油(气)企业依据当月开采的石油、天然气产量,于月末提取企业安全生产费用。其中每吨原油20元,每千立方米原气7.5元。钻井、物探、测井、录井、井下作业、油建、海油工程等企业按照项目或工程造价中的直接工程成本的2%逐月提取企业安全生产费用。工程发包单位应当在合同中单独约定并及时向工程承包单位支付企业安全生产费用。石油天然气开采企业的储备油、地下储气库参照危险品储存企业执行。

石油天然气开采企业安全生产费用应当用于以下支出:

(1)完善、改造和维护安全防护设施设备支出(不含"三同时"要求初期投入的安全设施),包括油气井(场)、管道、站场、海洋石油生产设施、作业设施等设施设备的监测、监控、防井喷、防灭火、防坍塌、防爆炸、防泄漏、防腐蚀、防颠覆、防漂移、防雷、防静电、防台风、防中毒、防坠落等设施设备支出。

(2)事故逃生和紧急避难设施设备的配置及维护保养支出,应急救援器材、设备配置及维护保养支出,应急救援队伍建设、应急预案制修订与应急演练支出。

(3)开展重大危险源检测、评估、监控支出,安全风险分级管控和事故隐患排查整改支出,安全生产信息化、智能化建设、运维和网络安全支出。

(4)安全生产检查、评估评价(不含新建、改建、扩建项目安全评价)、咨询、标准化建设支出。

(5)配备和更新现场作业人员安全防护用品支出。

(6)安全生产宣传、教育、培训和从业人员发现并报告事故隐患的奖励支出。

(7)安全生产适用的新技术、新标准、新工艺、新装备的推广应用支出。

(8)安全设施及特种设备检测检验、检定校准支出。

(9)野外或海上作业应急食品、应急器械、应急药品支出。

(10)安全生产责任保险支出。

(11)与安全生产直接相关的其他支出。

4.建设工程施工企业

建设工程是指土木工程、建筑工程、线路管道和设备安装及装修工程,包括新建、扩建、改建。井巷工程、矿山建设参照建设工程执行。

建设工程施工企业以建筑安装工程造价为依据,于月末按工程进度计算提取企业安全生产费用。提取标准如下:

(1)矿山工程3.5%。

(2)铁路工程、房屋建筑工程、城市轨道交通工程3%。

(3)水利水电工程、电力工程2.5%。

(4)冶炼工程、机电安装工程、化工石油工程、通信工程2%。

(5)市政公用工程、港口与航道工程、公路工程1.5%。

建设工程施工企业编制投标报价应当包含并单列企业安全生产费用,竞标时不得删减。国家对基本建设投资概算另有规定的,从其规定。本办法实施前建设工程项目已经完成招投标并签订合同的,企业安全生产费用按照原规定提取标准执行。

建设单位应当在合同中单独约定并于工程开工日一个月内向承包单位支付至少50%企业安全生产费用。总包单位应当在合同中单独约定并于分包工程开工日一个月内将至少50%企业安全生产费用直接支付分包单位并监督使用,分包单位不再重复提取。工程竣工决算后结余的企业安全生产费用,应当退回建设单位。

建设工程施工企业安全生产费用应当用于以下支出:

(1)完善、改造和维护安全防护设施设备支出(不含“三同时”要求初期投入的安全设施),包括施工现场临时用电系统、洞口或临边防护、高处作业或交叉作业防护、临时安全防护、支护及防治边坡滑坡、工程有害气体监测和通风、保障安全的机械设备、防火、防爆、防触电、防尘、防毒、防雷、防台风、防地质灾害等设施设备支出。

(2)应急救援技术装备、设施配置及维护保养支出,事故逃生和紧急避难设施设备的配置和应急救援队伍建设、应急预案制修订与应急演练支出。

(3)开展施工现场重大危险源检测、评估、监控支出,安全风险分级管控和事故隐患排查整改支出,工程项目安全生产信息化建设、运维和网络安全支出。

(4)安全生产检查、评估评价(不含新建、改建、扩建项目安全评价)、咨询和标准化建设支出。

(5)配备和更新现场作业人员安全防护用品支出。

(6)安全生产宣传、教育、培训和从业人员发现并报告事故隐患的奖励支出。

(7)安全生产适用的新技术、新标准、新工艺、新装备的推广应用支出。

(8)安全设施及特种设备检测检验、检定校准支出。

(9)安全生产责任保险支出。

(10)与安全生产直接相关的其他支出。

5. 危险品生产与储存企业

危险品生产与储存是指经批准开展列入国家标准《危险货物品名表》《危险化学品目录》物品,以及列入国家有关规定危险品直接生产和聚积保存的活动(不含销售和使用)。危险品运输适用“6. 交通运输企业”规定。

危险品生产与储存企业以上一年度营业收入为依据,采取超额累退方式确定本年度应计提金额,并逐月平均提取。具体如下:

(1)上一年度营业收入不超过1 000万元的,按照4.5%提取。

(2)上一年度营业收入超过1 000万元至1亿元的部分,按照2.25%提取。

(3)上一年度营业收入超过1亿元至10亿元的部分,按照0.55%提取。

(4)上一年度营业收入超过10亿元的部分,按照0.2%提取。

危险品生产与储存企业安全生产费用应当用于以下支出:

(1)完善、改造和维护安全防护设施设备支出(不含“三同时”要求初期投入的安全设施),包括车间、库房、罐区等作业场所的监控、监测、通风、防晒、调温、防火、灭火、防爆、泄压、防毒、消毒、中和、防潮、防雷、防静电、防腐、防渗漏、防护围堤和隔离操作等设施设备支出。

(2)配备、维护、保养应急救援器材、设备支出和应急救援队伍建设、应急预案制修订与应急演练支出。

(3)开展重大危险源检测、评估、监控支出,安全风险分级管控和事故隐患排查整改支出,安全生产风险监测预警系统等安全生产信息系统建设、运维和网络安全支出。

（4）安全生产检查、评估评价（不含新建、改建、扩建项目安全评价）、咨询和标准化建设支出。

（5）配备和更新现场作业人员安全防护用品支出。

（6）安全生产宣传、教育、培训和从业人员发现并报告事故隐患的奖励支出。

（7）安全生产适用的新技术、新标准、新工艺、新装备的推广应用支出。

（8）安全设施及特种设备检测检验、检定校准支出。

（9）安全生产责任保险支出。

（10）与安全生产直接相关的其他支出。

6. 交通运输企业

交通运输包括道路运输、铁路运输、城市轨道交通、水路运输、管道运输。

交通运输企业以上一年度营业收入为依据，确定本年度应计提金额，并逐月平均提取。具体如下：

（1）普通货运业务1%。

（2）客运业务、管道运输、危险品等特殊货运业务1.5%。

交通运输企业安全生产费用应当用于以下支出：

（1）完善、改造和维护安全防护设施设备支出（不含“三同时”要求初期投入的安全设施），包括道路、水路、铁路、城市轨道交通、管道运输设施设备和装卸工具安全状况检测及维护系统、运输设施设备和装卸工具附属安全设备等支出。

（2）购置、安装和使用具有行驶记录功能的车辆卫星定位装置、视频监控装置、船舶通信导航定位和自动识别系统、电子海图等支出。

（3）铁路和城市轨道交通防灾监测预警设备及铁路周界入侵报警系统、铁路危险品运输安全监测设备支出。

（4）配备、维护、保养应急救援器材、设备支出和应急救援队伍建设、应急预案制修订与应急演练支出。

（5）开展重大危险源检测、评估、监控支出，安全风险分级管控和事故隐患排查整改支出，安全生产信息化、智能化建设、运维和网络安全支出。

（6）安全生产检查、评估评价（不含新建、改建、扩建项目安全评价）、咨询和标准化建设支出。

（7）配备和更新现场作业人员安全防护用品支出。

（8）安全生产宣传、教育、培训和从业人员发现并报告事故隐患的奖励支出。

（9）安全生产适用的新技术、新标准、新工艺、新装备的推广应用支出。

（10）安全设施及特种设备检测检验、检定校准、铁路和城市轨道交通基础设备安全检测支出。

（11）安全生产责任保险及承运人责任保险支出。

（12）与安全生产直接相关的其他支出。

7. 冶金企业

冶金是指黑色金属和有色金属冶炼及压延加工等生产活动。

冶金企业以上一年度营业收入为依据，采取超额累退方式确定本年度应计提金额，并逐月平均提取。具体如下：

(1)上一年度营业收入不超过1 000万元的，按照3%提取。

(2)上一年度营业收入超过1 000万元至1亿元的部分，按照1.5%提取。

(3)上一年度营业收入超过1亿元至10亿元的部分，按照0.5%提取。

(4)上一年度营业收入超过10亿元至50亿元的部分，按照0.2%提取。

(5)上一年度营业收入超过50亿元至100亿元的部分，按照0.1%提取。

(6)上一年度营业收入超过100亿元的部分，按照0.05%提取。

冶金企业安全生产费用应当用于以下支出：

(1)完善、改造和维护安全防护设备设施支出(不含“三同时”要求初期投入的安全设施)，包括车间、站、库房等作业场所的监控、监测、防高温、防火、防爆、防坠落、防尘、防毒、防雷、防窒息、防触电、防噪声与振动、防辐射和隔离操作等设施设备支出。

(2)配备、维护、保养应急救援器材、设备支出和应急救援队伍建设、应急预案制修订与应急演练支出。

(3)开展重大危险源检测、评估、监控支出，安全风险分级管控和事故隐患排查整改支出，安全生产信息化、智能化建设、运维和网络安全支出。

(4)安全生产检查、评估评价(不含新建、改建、扩建项目安全评价)和咨询及标准化建设支出。

(5)安全生产宣传、教育、培训和从业人员发现并报告事故隐患的奖励支出。

(6)配备和更新现场作业人员安全防护用品支出。

(7)安全生产适用的新技术、新标准、新工艺、新装备的推广应用支出。

(8)安全设施及特种设备检测检验、检定校准支出。

(9)安全生产责任保险支出。

(10)与安全生产直接相关的其他支出。

8. 机械制造企业

机械制造是指各种动力机械、矿山机械、运输机械、农业机械、仪器、仪表、特种设备、大中型船舶、海洋工程装备、石油炼化装备、建筑施工机械及其他机械设备的制造活动。

机械制造企业以上一年度营业收入为依据，采取超额累退方式确定本年度应计提金额，并逐月平均提取。具体如下：

(1)上一年度营业收入不超过1 000万元的，按照2.35%提取。

(2)上一年度营业收入超过1 000万元至1亿元的部分，按照1.25%提取。

(3)上一年度营业收入超过1亿元至10亿元的部分，按照0.25%提取。

(4)上一年度营业收入超过10亿元至50亿元的部分，按照0.1%提取。

(5)上一年度营业收入超过50亿元的部分，按照0.05%提取。

机械制造企业安全生产费用应当用于以下支出：

(1)完善、改造和维护安全防护设施设备支出(不含“三同时”要求初期投入的安全设施)，包括生产作业场所的防火、防爆、防坠落、防毒、防静电、防腐、防尘、防噪声与振动、防辐射和隔离操作等设施设备支出，大型起重机械安装安全监控管理系统支出。

(2)配备、维护、保养应急救援器材、设备支出和应急救援队伍建设、应急预案制修订与应急演练支出。

(3)开展重大危险源检测、评估、监控支出,安全风险分级管控和事故隐患排查整改支出,安全生产信息化、智能化建设、运维和网络安全支出。

(4)安全生产检查、评估评价(不含新建、改建、扩建项目安全评价)、咨询和标准化建设支出。

(5)安全生产宣传、教育、培训和从业人员发现并报告事故隐患的奖励支出。

(6)配备和更新现场作业人员安全防护用品支出。

(7)安全生产适用的新技术、新标准、新工艺、新装备的推广应用支出。

(8)安全设施及特种设备检测检验、检定校准支出。

(9)安全生产责任保险支出。

(10)与安全生产直接相关的其他支出。

9. 烟花爆竹生产企业

烟花爆竹是指烟花爆竹制品和用于生产烟花爆竹的民用黑火药、烟火药、引火线等物品。

烟花爆竹生产企业以上一年度营业收入为依据,采取超额累退方式确定本年度应计提金额,并逐月平均提取。具体如下:

(1)上一年度营业收入不超过1 000万元的,按照4%提取。

(2)上一年度营业收入超过1 000万元至2 000万元的部分,按照3%提取。

(3)上一年度营业收入超过2 000万元的部分,按照2.5%提取。

烟花爆竹生产企业安全生产费用应当用于以下支出:

(1)完善、改造和维护安全设备设施支出(不含“三同时”要求初期投入的安全设施),包括作业场所的防火、防爆(含防护屏障)、防雷、防静电、防护围墙(网)与栏杆、防高温、防潮、防山体滑坡、监测、检测、监控等设施设备支出。

(2)配备、维护、保养防爆机械电器设备支出。

(3)配备、维护、保养应急救援器材、设备支出和应急救援队伍建设、应急预案制修订与应急演练支出。

(4)开展重大危险源检测、评估、监控支出,安全风险分级管控和事故隐患排查整改支出,安全生产信息化、智能化建设、运维和网络安全支出。

(5)安全生产检查、评估评价(不含新建、改建、扩建项目安全评价)、咨询和标准化建设支出。

(6)安全生产宣传、教育、培训和从业人员发现并报告事故隐患的奖励支出。

(7)配备和更新现场作业人员安全防护用品支出。

(8)安全生产适用新技术、新标准、新工艺、新装备的推广应用支出。

(9)安全设施及特种设备检测检验、检定校准支出。

(10)安全生产责任保险支出。

(11)与安全生产直接相关的其他支出。

10. 民用爆炸物品生产企业

民用爆炸物品是指列入《民用爆炸物品品名表》的物品。

民用爆炸物品生产企业以上一年度营业收入为依据，采取超额累退方式确定本年度应计提金额，并逐月平均提取。具体如下：

（1）上一年度营业收入不超过1 000万元的，按照4%提取。

（2）上一年度营业收入超过1 000万元至1亿元的部分，按照2%提取。

（3）上一年度营业收入超过1亿元至10亿元的部分，按照0.5%提取。

（4）上一年度营业收入超过10亿元的部分，按照0.2%提取。

民用爆炸物品生产企业安全生产费用应当用于以下支出：

（1）完善、改造和维护安全防护设施设备（不含“三同时”要求初期投入的安全设施），包括车间、库房、罐区等作业场所的监控、监测、通风、防晒、调温、防火、灭火、防爆、泄压、防毒、消毒、中和、防潮、防雷、防静电、防腐、防渗漏、防护屏障、隔离操作等设施设备支出。

（2）配备、维护、保养应急救援器材、设备支出和应急救援队伍建设、应急预案制修订与应急演练支出。

（3）开展重大危险源检测、评估、监控支出，安全风险分级管控和事故隐患排查整改支出，安全生产信息化、智能化建设、运维和网络安全支出。

（4）安全生产检查、评估评价（不含新建、改建、扩建项目安全评价）、咨询和标准化建设支出。

（5）配备和更新现场作业人员安全防护用品支出。

（6）安全生产宣传、教育、培训和从业人员发现并报告事故隐患的奖励支出。

（7）安全生产适用的新技术、新标准、新工艺、新设备的推广应用支出。

（8）安全设施及特种设备检测检验、检定校准支出。

（9）安全生产责任保险支出。

（10）与安全生产直接相关的其他支出。

11. 武器装备研制生产与试验企业

武器装备研制生产与试验，包括武器装备和军工危险化学品的科研、生产、试验、储运、销毁、维修保障等。

武器装备研制生产与试验企业以上一年度军品营业收入为依据，采取超额累退方式确定本年度应计提金额，并逐月平均提取。

（1）军工危险化学品研制、生产与试验企业，包括火炸药、推进剂、弹药（含战斗部、引信、火工品）、火箭导弹发动机、燃气发生器等，提取标准如下：

①上一年度营业收入不超过1 000万元的，按照5%提取。

②上一年度营业收入超过1 000万元至1亿元的部分，按照3%提取。

③上一年度营业收入超过1亿元至10亿元的部分，按照1%提取。

④上一年度营业收入超过10亿元的部分，按照0.5%提取。

（2）核装备及核燃料研制、生产与试验企业，提取标准如下：

①上一年度营业收入不超过1 000万元的，按照3%提取。

②上一年度营业收入超过1 000万元至1亿元的部分，按照2%提取。

③上一年度营业收入超过1亿元至10亿元的部分，按照0.5%提取。

④上一年度营业收入超过10亿元的部分，按照0.2%提取。

（3）军用舰船（含修理）研制、生产与试验企业，提取标准如下：

①上一年度营业收入不超过1 000万元的，按照2.5%提取。

②上一年度营业收入超过1 000万元至1亿元的部分，按照1.75%提取。

③上一年度营业收入超过1亿元至10亿元的部分，按照0.8%提取。

④上一年度营业收入超过10亿元的部分，按照0.4%提取。

（4）飞船、卫星、军用飞机、坦克车辆、火炮、轻武器、大型天线等产品的总体、部分和元器件研制、生产与试验企业，提取标准如下：

①上一年度营业收入不超过1 000万元的，按照2%提取。

②上一年度营业收入超过1 000万元至1亿元的部分，按照1.5%提取。

③上一年度营业收入超过1亿元至10亿元的部分，按照0.5%提取。

④上一年度营业收入超过10亿元至100亿元的部分，按照0.2%提取。

⑤上一年度营业收入超过100亿元的部分，按照0.1%提取。

（5）其他军用危险品研制、生产与试验企业，提取标准如下：

①上一年度营业收入不超过1 000万元的，按照4%提取。

②上一年度营业收入超过1 000万元至1亿元的部分，按照2%提取。

③上一年度营业收入超过1亿元至10亿元的部分，按照0.5%提取。

④上一年度营业收入超过10亿元的部分，按照0.2%提取。

核工程按照工程造价3%提取企业安全生产费用。企业安全生产费用在竞标时列为标外管理。

武器装备研制生产与试验企业安全生产费用应当用于以下支出：

（1）完善、改造和维护安全防护设施设备支出（不含“三同时”要求初期投入的安全设施），包括研究室、车间、库房、储罐区、外场试验区等作业场所监控、监测、防触电、防坠落、防爆、泄压、防火、灭火、通风、防晒、调温、防毒、防雷、防静电、防腐、防尘、防噪声与振动、防辐射、防护围堤和隔离操作等设施设备支出。

（2）配备、维护、保养应急救援、应急处置、特种个人防护器材、设备、设施支出和应急救援队伍建设、应急预案制修订与应急演练支出。

（3）开展重大危险源检测、评估、监控支出，安全风险分级管控和事故隐患排查整改支出，安全生产信息化、智能化建设、运维和网络安全支出。

（4）高新技术和特种专用设备安全鉴定评估、安全性能检验检测及操作人员上岗培训支出。

（5）安全生产检查、评估评价（不含新建、改建、扩建项目安全评价）、咨询和标准化建设支出。

（6）安全生产宣传、教育、培训和从业人员发现并报告事故隐患的奖励支出。

（7）军工核设施（含核废物）防泄漏、防辐射的设施设备支出。

（8）军工危险化学品、放射性物品及武器装备科研、试验、生产、储运、销毁、维修保障过程中的安全技术措施改造费和安全防护（不含工作服）费用支出。

（9）大型复杂武器装备制造、安装、调试的特殊工种和特种作业人员培训支出。

（10）武器装备大型试验安全专项论证与安全防护费用支出。

(11)特殊军工电子元器件制造过程中有毒有害物质监测及特种防护支出。

(12)安全生产适用新技术、新标准、新工艺、新装备的推广应用支出。

(13)安全生产责任保险支出。

(14)与安全生产直接相关的其他支出。

12. 电力生产与供应企业

电力生产是指利用火力、水力、核力、风力、太阳能、生物质能以及地热、潮汐能等其他能源转换成电能的活动。电力供应是指经营和运行电网,从事输电、变电、配电等电能输送与分配的活动。

电力生产与供应企业以上一年度营业收入为依据,采取超额累退方式确定本年度应计提金额,并逐月平均提取。

(1)电力生产企业,提取标准如下:

①上一年度营业收入不超过1 000万元的,按照3%提取。

②上一年度营业收入超过1 000万元至1亿元的部分,按照1.5%提取。

③上一年度营业收入超过1亿元至10亿元的部分,按照1%提取。

④上一年度营业收入超过10亿元至50亿元的部分,按照0.8%提取。

⑤上一年度营业收入超过50亿元至100亿元的部分,按照0.6%提取。

⑥上一年度营业收入超过100亿元的部分,按照0.2%提取。

(2)电力供应企业,提取标准如下:

①上一年度营业收入不超过500亿元的,按照0.5%提取。

②上一年度营业收入超过500亿元至1 000亿元的部分,按照0.4%提取。

③上一年度营业收入超过1 000亿元至2 000亿元的部分,按照0.3%提取。

④上一年度营业收入超过2 000亿元的部分,按照0.2%提取。

电力生产与供应企业安全生产费用应当用于以下支出:

(1)完善、改造和维护安全防护设备、设施支出(不含“三同时”要求初期投入的安全设施),包括发电、输电、变电、配电等设备设施的安全防护及安全状况的完善、改造、检测、监测及维护,作业场所的安全监控、监测以及防触电、防坠落、防物体打击、防火、防爆、防毒、防窒息、防雷、防误操作、临边、封闭等设施设备支出。

(2)配备、维护、保养应急救援器材、设备设施支出和应急救援队伍建设、应急预案制修订与应急演练支出。

(3)开展重大危险源检测、评估、监控支出,安全风险分级管控和事故隐患排查整改支出(不含水电站大坝重大隐患除险加固支出、燃煤发电厂贮灰场重大隐患除险加固治理支出),安全生产信息化、智能化建设、运维和网路安全支出。

(4)安全生产检查、评估评价(不含新建、改建、扩建项目安全评价)、咨询和标准化建设支出。

(5)安全生产宣传、教育、培训和从业人员发现并报告事故隐患的奖励支出。

(6)配备和更新现场作业人员安全防护用品支出。

(7)安全生产适用的新技术、新标准、新工艺、新设备的推广应用支出。

(8)安全设施及特种设备检测检验、检定校准支出。

(9)安全生产责任保险支出。

(10)与安全生产直接相关的其他支出。

(三)企业安全生产费用的管理和监督

企业应当建立健全内部企业安全生产费用管理制度,明确企业安全生产费用提取和使用的程序、职责及权限,落实责任,确保按规定提取和使用企业安全生产费用。

企业应当加强安全生产费用管理,编制年度企业安全生产费用提取和使用计划,纳入企业财务预算,确保资金投入。

企业提取的安全生产费用从成本(费用)中列支并专项核算。符合本办法规定的企业安全生产费用支出应当取得发票、收据、转账凭证等真实凭证。本企业职工薪酬、福利不得从企业安全生产费用中支出。企业从业人员发现报告事故隐患的奖励支出从企业安全生产费用中列支。企业安全生产费用年度结余资金结转下年度使用。企业安全生产费用出现赤字(即当年计提企业安全生产费用加上年初结余小于年度实际支出)的,应当于年末补提企业安全生产费用。

以上一年度营业收入为依据提取安全生产费用的企业,新建和投产不足一年的,当年企业安全生产费用据实列支,年末以当年营业收入为依据,按照规定标准计算提取企业安全生产费用。

企业按本办法规定标准连续两年补提安全生产费用的,可以按照最近一年补提数提高提取标准。本办法公布前,地方各级人民政府已制定下发企业安全生产费用提取使用办法且其提取标准低于本办法规定标准的,应当按照本办法进行调整。

企业安全生产费用月初结余达到上一年应计提金额 3 倍及以上的,自当月开始暂停提取企业安全生产费用,直至企业安全生产费用结余低于上一年应计提金额 3 倍时恢复提取。

企业当年实际使用的安全生产费用不足年度应计提金额 60% 的,除按规定进行信息披露外,还应当于下一年度 4 月底前,按照属地监管权限向县级以上人民政府负有安全生产监督管理职责的部门提交经企业董事会、股东会等机构审议的书面说明。

企业同时开展两项及两项以上以营业收入为安全生产费用计提依据的业务,能够按业务类别分别核算的,按各项业务计提标准分别提取企业安全生产费用;不能分别核算的,按营业收入占比最高业务对应的提取标准对各项合计营业收入计提企业安全生产费用。

企业作为承揽人或承运人向客户提供纳入本办法规定范围的服务,且外购材料和服务成本高于自客户取得营业收入 85% 以上的,可以将营业收入扣除相关外购材料和服务成本的净额,作为企业安全生产费用计提依据。

企业内部有两个及两个以上独立核算的非法人主体,主体之间生产和转移产品和服务按本办法规定需提取企业安全生产费用的,各主体可以以本主体营业收入扣除自其他主体采购产品和服务的成本(即剔除内部互供收入)的净额,作为企业安全生产费用计提依据。

承担集团安全生产责任的企业集团母公司(一级,以下简称集团总部),可以对全资及控股子公司提取的企业安全生产费用按照一定比例集中管理,统筹使用。子公司转出资金作为企业安全生产费用支出处理,集团总部收到资金作为专项储备管理,不计入集团总部收入。集团总部统筹的企业安全生产费用应当用于本办法规定的应急救援队伍建设、应急预案制修订与应急演练,安全生产检查、咨询和标准化建设,安全生产宣传、教育、培训,安全生产适用的新技术、新标准、新工艺、新装备的推广应用等安全生产直接相关支出。

在本办法规定的使用范围内,企业安全生产费用应当优先用于达到法定安全生产标准所需支出和按各级应急管理部门、矿山安全监察机构及其他负有安全生产监督管理职责的部门要求开展的安全生产整改支出。

煤炭生产企业和非煤矿山企业已提取维持简单再生产费用的,应当继续提取,但不得重复开支本办法规定的企业安全生产费用。

企业由于产权转让、公司制改建等变更股权结构或者组织形式的,其结余的企业安全生产费用应当继续按照本办法管理使用。

企业调整业务、终止经营或者依法清算的,其结余的企业安全生产费用应当结转本期收益或者清算收益。下列情形除外:

(1)矿山企业转产、停产、停业或者解散的,应当将企业安全生产费用结余用于矿山闭坑、尾矿库闭库后可能的危害治理和损失赔偿。

(2)危险品生产与储存企业转产、停产、停业或者解散的,应当将企业安全生产费用结余用于处理转产、停产、停业或者解散前的危险品生产或者储存设备、库存产品及生产原料支出。

第(1)和(2)项企业安全生产费用结余,有存续企业的,由存续企业管理;无存续企业的,由清算前全部股东共同管理或者委托第三方管理。

企业提取的安全生产费用属于企业自提自用资金,除集团总部按规定统筹使用外,任何单位和个人不得采取收取、代管等形式对其进行集中管理和使用。法律、行政法规另有规定的,从其规定。

各级应急管理部门、矿山安全监察机构及其他负有安全生产监督管理职责的部门和财政部门依法对企业安全生产费用提取、使用和管理进行监督检查。

企业未按规定提取和使用安全生产费用的,由县级以上应急管理部门、矿山安全监察机构及其他负有安全生产监督管理职责的部门和财政部门按照职责分工,责令限期改正,并依照《安全生产法》《会计法》和相关法律法规进行处理、处罚。情节严重、性质恶劣的,依照有关规定实施联合惩戒。

建设单位未按规定及时向施工单位支付企业安全生产费用、建设工程施工总承包单位未向分包单位支付必要的企业安全生产费用以及承包单位挪用企业安全生产费用的,由建设、交通运输、铁路、水利、应急管理、矿山安全监察等部门按职责分工依法进行处理、处罚。

第二节 安全生产责任保险

一、安全生产责任保险概述

安全生产责任保险是生产经营单位在发生生产安全事故以后对死亡、伤残者履行赔偿责任的保险,对维护社会安定和谐具有重要作用。对于高危行业分布广泛、伤亡事故时有发生的地区，发展安全生产责任保险，用责任保险等经济手段加强和改善安全生产管理，是强化安全事故风险管控的重要措施。安全生产责任保险有利于增强安全生产意识，防范事故发生，促进地区安全生产形势稳定好转；有利于预防和化解社会矛盾，减轻各级政府在事故发生后的救助负担；有利于维护人民群众根本利益，促进经济健康运行，保持社会稳定。

针对高危行业开办的险别，不仅可承保因企业在生产经营过程中，发生生产安全事故所造成的伤亡或者下落不明，还可对应附加医疗费用、第三者责任及事故应急救援和善后处理费用。

保险费根据被保险人营业性质及参保人数对应选择不同的赔偿限额计收。

二、《安全生产责任保险实施办法》的相关规定

（一）总则

安全生产责任保险是指保险机构对投保的生产经营单位发生的生产安全事故造成的人员伤亡和有关经济损失等予以赔偿，并且为投保的生产经营单位提供生产安全事故预防服务的商业保险。

安全生产责任保险的保费由生产经营单位缴纳，不得以任何方式摊派给从业人员个人。

煤矿、非煤矿山、危险化学品、烟花爆竹、交通运输、建筑施工、民用爆炸物品、金属冶炼、渔业生产等高危行业领域的生产经营单位应当投保安全生产责任保险。鼓励其他行业领域生产经营单位投保安全生产责任保险。各地区可针对本地区安全生产特点，明确应当投保的生产经营单位。

对存在高危粉尘作业、高毒作业或其他严重职业病危害的生产经营单位，可以投保职业病相关保险。对生产经营单位已投保的与安全生产相关的其他险种，应当增加或将其调整为安全生产责任保险，增强事故预防功能。

链接

《安全生产法》规定，生产经营单位必须依法参加工伤保险，为从业人员缴纳保险费。国家鼓励生产经营单位投保安全生产责任保险；属于国家规定的高危行业、领域的生产经营单位，应当投保安全生产责任保险。

（二）承保与投保

安全生产责任保险的保险责任包括投保的生产经营单位的从业人员人身伤亡赔偿，第三者人身伤亡和财产损失赔偿，事故抢险救援、医疗救护、事故鉴定、法律诉讼等费用。保险机构可以开发适应各类生产经营单位安全生产保障需求的个性化保险产品。

除被依法关闭取缔、完全停止生产经营活动外，应当投保安全生产责任保险的生产经营单位不得延迟续保、退保。

制定各行业领域安全生产责任保险基准指导费率，实行差别费率和浮动费率。建立费率动态调整机制，费率调整根据以下因素综合确定：

（1）事故记录和等级。费率调整根据生产经营单位是否发生事故、事故次数和等级确定，可以根据发生人员伤亡的一般事故、较大事故、重大及以上事故次数进行调整。

(2)其他。投保生产经营单位的安全风险程度、安全生产标准化等级、隐患排查治理情况、安全生产诚信等级、是否被纳入安全生产领域联合惩戒“黑名单”、赔付率等。

各地区可以参考以上因素,根据不同行业领域实际情况进一步确定具体的费率浮动。

生产经营单位投保安全生产责任保险的保障范围应当覆盖全体从业人员。

(三)事故预防与理赔

保险机构应当建立生产安全事故预防服务制度,协助投保的生产经营单位开展以下工作:

(1)安全生产和职业病防治宣传教育培训。

(2)安全风险辨识、评估和安全评价。

(3)安全生产标准化建设。

(4)生产安全事故隐患排查。

(5)安全生产应急预案编制和应急救援演练。

(6)安全生产科技推广应用。

(7)其他有关事故预防工作。

保险机构应当按照上述规定的服务范围,在安全生产责任保险合同中约定具体服务项目及频次。保险机构开展安全风险评估、生产安全事故隐患排查等服务工作时,投保的生产经营单位应当予以配合,并对评估发现的生产安全事故隐患进行整改;对拒不整改重大事故隐患的,保险机构可在下一投保年度上浮保险费率,并报告应急管理部门和相关部门。

保险机构应当严格按照合同约定及时赔偿保险金;建立快速理赔机制,在事故发生后按照法律规定或者合同约定先行支付确定的赔偿保险金。生产经营单位应当及时将赔偿保险金支付给受伤人员或者死亡人员的受益人(以下统称受害人),或者请求保险机构直接向受害人赔付。生产经营单位怠于请求的,受害人有权就其应获赔偿部分直接向保险机构请求赔付。

同一生产经营单位的从业人员获取的保险金额应当实行同一标准,不得因用工方式、工作岗位等差别对待。

(四)激励与保障

应急管理部门和有关部门应当将安全生产责任保险投保情况作为生产经营单位安全生产标准化、安全生产诚信等级等评定的必要条件,作为安全生产与职业健康风险分类监管,以及取得安全生产许可证的重要参考。安全生产和职业病预防相关法律法规另有规定的,从其规定。

各地区应当在安全生产相关财政资金投入、信贷融资、项目立项、进入工业园区以及相关产业扶持政策等方面,在同等条件下优先考虑投保安全生产责任保险的生产经营单位。

对赔付及时、事故预防成效显著的保险机构,纳入安全生产诚信管理体系,实行联合激励。

各地区将推行安全生产责任保险情况,纳入对本级政府有关部门和下级人民政府安全生产工作巡查和考核内容。

鼓励安全生产社会化服务机构为保险机构开展生产安全事故预防提供技术支撑。

(五)监督与管理

建立应急管理部门和保险监督管理机构信息共享机制。应急管理部门和有关部门应当建立安全生产责任保险信息管理平台,并与安全生产监管信息平台对接,对保险机构开展生产安全事故预防服务及服务费用支出使用情况定期进行分析评估。应急管理部门可以引入第三方机构对安全生产责任保险信息管理平台进行建设维护及对保险机构开展预防服务情况开展评估,并依法保守有关商业秘密。

支持投保的生产经营单位、保险机构和相关社会组织建立协商机制,加强自主管理。

应急管理部门、保险监督管理机构和有关部门应当依据工作职责依法加强对生产经营单位和保险机构的监督管理,对实施安全生产责任保险情况开展监督检查。

三、《工伤保险条例》的相关规定

(一)总则

中华人民共和国境内的企业、事业单位、社会团体、民办非企业单位、基金会、律师事务所、会计师事务所等组织和有雇工的个体工商户(以下称用人单位)应当依照《工伤保险条例》规定参加工伤保险,为本单位全部职工或者雇工(以下称职工)缴纳工伤保险费。

用人单位应当将参加工伤保险的有关情况在本单位内公示。用人单位和职工应当遵守有关安全生产和职业病防治的法律法规,执行安全卫生规程和标准,预防工伤事故发生,避免和减少职业病危害。职工发生工伤时,用人单位应当采取措施使工伤职工得到及时救治。

(二)工伤保险基金

工伤保险基金由用人单位缴纳的工伤保险费、工伤保险基金的利息和依法纳入工伤保险基金的其他资金构成。

工伤保险费根据以支定收、收支平衡的原则,确定费率。国家根据不同行业的工伤风险程度确定行业的差别费率,并根据工伤保险费使用、工伤发生率等情况在每个行业内确定若干费率档次。行业差别费率及行业内费率档次由国务院社会保险行政部门制定,报国务院批准后公布施行。统筹地区经办机构根据用人单位工伤保险费使用、工伤发生率等情况,适用所属行业内相应的费率档次确定单位缴费费率。

国务院社会保险行政部门应当定期了解全国各统筹地区工伤保险基金收支情况,及时提出调整行业差别费率及行业内费率档次的方案,报国务院批准后公布施行。

用人单位应当按时缴纳工伤保险费。职工个人不缴纳工伤保险费。用人单位缴纳工伤保险费的数额为本单位职工工资总额乘以单位缴费费率之积。对难以按照工资总额缴纳工伤保险费的行业,其缴纳工伤保险费的具体方式,由国务院社会保险行政部门规定。

工伤保险基金逐步实行省级统筹。跨地区、生产流动性较大的行业,可以采取相对集中的方式异地参加统筹地区的工伤保险。具体办法由国务院社会保险行政部门会同有关行业的主管部门制定。

工伤保险基金存入社会保障基金财政专户,用于规定的工伤保险待遇,劳动能力鉴定,工伤预防的宣传、培训等费用,以及法律、法规规定的用于工伤保险的其他费用的支付。工伤预防费用的提取比例、使用和管理的具体办法,由国务院社会保险行政部门会同国务院财政、卫生行政、安全生产监督管理等部门规定。任何单位或者个人不得将工伤保险基金用于投资运营、兴建或者改建办公场所、发放奖金,或者挪作其他用途。

工伤保险基金应当留有一定比例的储备金,用于统筹地区重大事故的工伤保险待遇支付;储备金不足支付的,由统筹地区的人民政府垫付。储备金占基金总额的具体比例和储备金的使用办法,由省、自治区、直辖市人民政府规定。

(三)工伤认定

职工有下列情形之一的,应当认定为工伤:

(1)在工作时间和工作场所内,因工作原因受到事故伤害的。

(2)工作时间前后在工作场所内,从事与工作有关的预备性或者收尾性工作受到事故伤害的。

(3)在工作时间和工作场所内,因履行工作职责受到暴力等意外伤害的。

(4)患职业病的。

(5)因工外出期间,由于工作原因受到伤害或者发生事故下落不明的。

(6)在上下班途中,受到非本人主要责任的交通事故或者城市轨道交通、客运轮渡、火车事故伤害的。

(7)法律、行政法规规定应当认定为工伤的其他情形。

职工有下列情形之一的,视同工伤:

(1)在工作时间和工作岗位,突发疾病死亡或者在 48 h 之内经抢救无效死亡的。

(2)在抢险救灾等维护国家利益、公共利益活动中受到伤害的。

(3)职工原在军队服役,因战、因公负伤致残,已取得革命伤残军人证,到用人单位后旧伤复发的。

职工有上述第(1)项、第(2)项情形的,按照有关规定享受工伤保险待遇;职工有上述第(3)项情形的,按照有关规定享受除一次性伤残补助金以外的工伤保险待遇。

职工符合“认定为工伤的情形”“视同工伤的情形”的规定,但是有下列情形之一的,不得认定为工伤或者视同工伤:

(1)故意犯罪的。

(2)醉酒或者吸毒的。

(3)自残或者自杀的。

职工发生事故伤害或者按照职业病防治法规定被诊断、鉴定为职业病,所在单位应当自事故伤害发生之日或者被诊断、鉴定为职业病之日起 30 日内,向统筹地区社会保险行政部门提出工伤认定申请。遇有特殊情况,经报社会保险行政部门同意,申请时限可以适当延长。用人单位未按上述规定提出工伤认定申请的,工伤职工或者其近亲属、工会组织在事故伤害发生之日或者被诊断、鉴定为职业病之日起 1 年内,可以直接向用人单位所在地统筹地区社会保险行政部门提出工伤认定申请。按照规定应当由省级社会保险行政部门进行工伤认定的事项,根据属地原则由用人单位所在地的设区的市级社会保险行政部门办理。用人单位未在规定的时限内提交工伤认定申请,在此期间发生符合规定的工伤待遇等有关费用由该用人单位负担。

提出工伤认定申请应当提交下列材料：

(1)工伤认定申请表。

(2)与用人单位存在劳动关系(包括事实劳动关系)的证明材料。

(3)医疗诊断证明或者职业病诊断证明书(或者职业病诊断鉴定书)。

工伤认定申请表应当包括事故发生的时间、地点、原因以及职工伤害程度等基本情况。工伤认定申请人提供材料不完整的,社会保险行政部门应当一次性书面告知工伤认定申请人需要补正的全部材料。申请人按照书面告知要求补正材料后,社会保险行政部门应当受理。

社会保险行政部门受理工伤认定申请后,根据审核需要可以对事故伤害进行调查核实,用人单位、职工、工会组织、医疗机构以及有关部门应当予以协助。职业病诊断和诊断争议的鉴定,依照职业病防治法的有关规定执行。对依法取得职业病诊断证明书或者职业病诊断鉴定书的,社会保险行政部门不再进行调查核实。职工或者其近亲属认为是工伤,用人单位不认为是工伤的,由用人单位承担举证责任。

社会保险行政部门应当自受理工伤认定申请之日起60日内作出工伤认定的决定,并书面通知申请工伤认定的职工或者其近亲属和该职工所在单位。社会保险行政部门对受理的事实清楚、权利义务明确的工伤认定申请,应当在15日内作出工伤认定的决定。作出工伤认定决定需要以司法机关或者有关行政主管部门的结论为依据的,在司法机关或者有关行政主管部门尚未作出结论期间,作出工伤认定决定的时限中止。社会保险行政部门工作人员与工伤认定申请人有利害关系的,应当回避。

(四)劳动能力鉴定

职工发生工伤,经治疗伤情相对稳定后存在残疾、影响劳动能力的,应当进行劳动能力鉴定。

劳动能力鉴定是指劳动功能障碍程度和生活自理障碍程度的等级鉴定。劳动功能障碍分为十个伤残等级,最重的为一级,最轻的为十级。生活自理障碍分为三个等级:生活完全不能自理、生活大部分不能自理和生活部分不能自理。劳动能力鉴定标准由国务院社会保险行政部门会同国务院卫生行政部门等部门制定。

劳动能力鉴定由用人单位、工伤职工或者其近亲属向设区的市级劳动能力鉴定委员会提出申请,并提供工伤认定决定和职工工伤医疗的有关资料。

省、自治区、直辖市劳动能力鉴定委员会和设区的市级劳动能力鉴定委员会分别由省、自治区、直辖市和设区的市级社会保险行政部门、卫生行政部门、工会组织、经办机构代表以及用人单位代表组成。劳动能力鉴定委员会建立医疗卫生专家库。列入专家库的医疗卫生专业技术人员应当具备下列条件：

(1)具有医疗卫生高级专业技术职务任职资格。

(2)掌握劳动能力鉴定的相关知识。

(3)具有良好的职业品德。

设区的市级劳动能力鉴定委员会收到劳动能力鉴定申请后,应当从其建立的医疗卫生专家库中随机抽取3名或者5名相关专家组成专家组,由专家组提出鉴定意见。设区的市级劳动能力鉴定委员会根据专家组的鉴定意见作出工伤职工劳动能力鉴定结论;必要时,可以委托具备资格的医疗机构协助进行有关的诊断。设区的市级劳动能力鉴定委员会应当自收到劳动能力鉴定申请之日起 60 日内作出劳动能力鉴定结论,必要时,作出劳动能力鉴定结论的期限可以延长 30 日。劳动能力鉴定结论应当及时送达申请鉴定的单位和个人。

申请鉴定的单位或者个人对设区的市级劳动能力鉴定委员会作出的鉴定结论不服的,可以在收到该鉴定结论之日起 15 日内向省、自治区、直辖市劳动能力鉴定委员会提出再次鉴定申请。省、自治区、直辖市劳动能力鉴定委员会作出的劳动能力鉴定结论为最终结论。

劳动能力鉴定工作应当客观、公正。劳动能力鉴定委员会组成人员或者参加鉴定的专家与当事人有利害关系的,应当回避。

自劳动能力鉴定结论作出之日起 1 年后,工伤职工或者其近亲属、所在单位或者经办机构认为伤残情况发生变化的,可以申请劳动能力复查鉴定。

(五)工伤保险待遇

职工因工作遭受事故伤害或者患职业病进行治疗,享受工伤医疗待遇。职工治疗工伤应当在签订服务协议的医疗机构就医,情况紧急时可以先到就近的医疗机构急救。

社会保险行政部门作出认定为工伤的决定后发生行政复议、行政诉讼的,行政复议和行政诉讼期间不停止支付工伤职工治疗工伤的医疗费用。

职工因工作遭受事故伤害或者患职业病需要暂停工作接受工伤医疗的,在停工留薪期内,原工资福利待遇不变,由所在单位按月支付。

工伤职工已经评定伤残等级并经劳动能力鉴定委员会确认需要生活护理的,从工伤保险基金按月支付生活护理费。生活护理费按照生活完全不能自理、生活大部分不能自理或者生活部分不能自理 3 个不同等级支付,其标准分别为统筹地区上年度职工月平均工资的 50%、40%或者 30%。

职工因工致残被鉴定为一级至四级伤残的,保留劳动关系,退出工作岗位,享受以下待遇:

(1)从工伤保险基金按伤残等级支付一次性伤残补助金,标准为:一级伤残为 27 个月的本人工资,二级伤残为 25 个月的本人工资,三级伤残为 23 个月的本人工资,四级伤残为 21 个月的本人工资。

(2)从工伤保险基金按月支付伤残津贴,标准为:一级伤残为本人工资的 90%,二级伤残为本人工资的 85%,三级伤残为本人工资的 80%,四级伤残为本人工资的 75%。伤残津贴实际金额低于当地最低工资标准的,由工伤保险基金补足差额。

(3)工伤职工达到退休年龄并办理退休手续后,停发伤残津贴,按照国家有关规定享受基本养老保险待遇。基本养老保险待遇低于伤残津贴的,由工伤保险基金补足差额。

职工因工致残被鉴定为一级至四级伤残的,由用人单位和职工个人以伤残津贴为基数,缴纳基本医疗保险费。

职工因工致残被鉴定为五级、六级伤残的,享受以下待遇:

(1)从工伤保险基金按伤残等级支付一次性伤残补助金,标准为:五级伤残为 18 个月的本人工资,六级伤残为 16 个月的本人工资。

（2）保留与用人单位的劳动关系，由用人单位安排适当工作。难以安排工作的，由用人单位按月发给伤残津贴，标准为：五级伤残为本人工资的70%，六级伤残为本人工资的60%，并由用人单位按照规定为其缴纳应缴纳的各项社会保险费。伤残津贴实际金额低于当地最低工资标准的，由用人单位补足差额。

经工伤职工本人提出，该职工可以与用人单位解除或者终止劳动关系，由工伤保险基金支付一次性工伤医疗补助金，由用人单位支付一次性伤残就业补助金。一次性工伤医疗补助金和一次性伤残就业补助金的具体标准由省、自治区、直辖市人民政府规定。

职工因工致残被鉴定为七级至十级伤残的，享受以下待遇：

（1）从工伤保险基金按伤残等级支付一次性伤残补助金，标准为：七级伤残为13个月的本人工资，八级伤残为11个月的本人工资，九级伤残为9个月的本人工资，十级伤残为7个月的本人工资。

（2）劳动、聘用合同期满终止，或者职工本人提出解除劳动、聘用合同的，由工伤保险基金支付一次性工伤医疗补助金，由用人单位支付一次性伤残就业补助金。一次性工伤医疗补助金和一次性伤残就业补助金的具体标准由省、自治区、直辖市人民政府规定。

工伤职工工伤复发，确认需要治疗的，享受规定的工伤待遇。

职工因工死亡，其近亲属按照下列规定从工伤保险基金领取丧葬补助金、供养亲属抚恤金和一次性工亡补助金：

（1）丧葬补助金为6个月的统筹地区上年度职工月平均工资。

（2）供养亲属抚恤金按照职工本人工资的一定比例发给由因工死亡职工生前提供主要生活来源、无劳动能力的亲属。标准为：配偶每月40%，其他亲属每人每月30%，孤寡老人或者孤儿每人每月在上述标准的基础上增加10%。核定的各供养亲属的抚恤金之和不应高于因工死亡职工生前的工资。供养亲属的具体范围由国务院社会保险行政部门规定。

（3）一次性工亡补助金标准为上一年度全国城镇居民人均可支配收入的20倍。

伤残职工在停工留薪期内因工伤导致死亡的，其近亲属享受上述规定的待遇。一级至四级伤残职工在停工留薪期满后死亡的，其近亲属可以享受上述第（1）项、第（2）项规定的待遇。

伤残津贴、供养亲属抚恤金、生活护理费由统筹地区社会保险行政部门根据职工平均工资和生活费用变化等情况适时调整。调整办法由省、自治区、直辖市人民政府规定。

职工因工外出期间发生事故或者在抢险救灾中下落不明的，从事故发生当月起3个月内照发工资，从第4个月起停发工资，由工伤保险基金向其供养亲属按月支付供养亲属抚恤金。生活有困难的，可以预支一次性工亡补助金的50%。职工被人民法院宣告死亡的，按照职工因工死亡的规定处理。

工伤职工有下列情形之一的，停止享受工伤保险待遇：

（1）丧失享受待遇条件的。

（2）拒不接受劳动能力鉴定的。

（3）拒绝治疗的。

用人单位分立、合并、转让的，承继单位应当承担原用人单位的工伤保险责任；原用人单位已经参加工伤保险的,承继单位应当到当地经办机构办理工伤保险变更登记。用人单位实行承包经营的,工伤保险责任由职工劳动关系所在单位承担。职工被借调期间受到工伤事故伤害的,由原用人单位承担工伤保险责任,但原用人单位与借调单位可以约定补偿办法。企业破产的,在破产清算时依法拨付应当由单位支付的工伤保险待遇费用。

职工被派遣出境工作,依据前往国家或者地区的法律应当参加当地工伤保险的,参加当地工伤保险,其国内工伤保险关系中止;不能参加当地工伤保险的,其国内工伤保险关系不中止。

职工再次发生工伤,根据规定应当享受伤残津贴的,按照新认定的伤残等级享受伤残津贴待遇。

(六)监督管理

社会保险行政部门、经办机构应当定期听取工伤职工、医疗机构、辅助器具配置机构以及社会各界对改进工伤保险工作的意见。

社会保险行政部门依法对工伤保险费的征缴和工伤保险基金的支付情况进行监督检查。财政部门和审计机关依法对工伤保险基金的收支、管理情况进行监督。

任何组织和个人对有关工伤保险的违法行为,有权举报。社会保险行政部门对举报应当及时调查,按照规定处理,并为举报人保密。

工会组织依法维护工伤职工的合法权益,对用人单位的工伤保险工作实行监督。

第十一章　安全技术措施计划

第一节　安全技术措施计划的编制

一、安全技术措施计划概述

安全技术措施计划是企业为了保护职工在生产过程中的安全和健康，在本年度或一定时期内根据需要而确定的改善劳动条件的项目和措施。安全技术措施计划，过去是企业生产财务计划的主要内容，现在是企业综合计划即生产、经营、财务计划的组成部分。

有计划地改善劳动条件是我国安全生产的方针、政策，也是社会主义制度优越性的具体体现。早在1953年，中财委就向各企业主管部门提出编制安全技术措施计划的建议，要求各地区、产业和企业单位在编制生产财务计划时编制安全生产措施计划。1954年，为深入开展这项工作，原劳动部在总结各地经验的基础上，发出了《关于厂矿企业编制安全技术劳动保护措施计划的通知》，要求企业认真做好这项工作。为规范和完善安全技术措施计划的内容，1956年，原劳动部和全国总工会联合发布《安全技术措施计划的项目总名称表》，使企业安全技术措施项目的确立有据可依。1979年，国家劳动总局、中华全国总工会发出通知，要求继续贯彻两部门联合发布的《安全技术措施计划的项目总名称表》。1963年，国务院在《关于加强企业生产中安全工作的几项规定》中特别提出：企业单位在编制生产、技术、财务计划的同时，必须编制安全技术措施计划；企业领导人应该对安全技术措施计划的编制和贯彻执行负责。1993年，国务院在《关于加强安全生产工作的通知》中指出：要增加安全生产的资金投入，用好措施经费，通过技术改造消除事故隐患，改善劳动条件。经过几十年的努力，编制安全技术措施计划已经成为企业安全工作的重要内容，为企业有计划地改善劳动条件提供了有效途径。

二、安全技术措施计划的编制

（一）编制原则

编制安全技术措施计划的原则：

（1）必要性和可行性原则。在编制安全技术措施计划时，一方面要考虑安全生产的需要，另一方面还要考虑技术上的可能性。

（2）自力更生、勤俭节约的原则。编制安全技术措施计划时要注意充分利用现有的设备和设施，尽可能使用自身的人力、物力，减少不必要的开支。做到效果好、花钱少、不贪大、求高。

（3）轻重缓急的原则。对影响最大、危险性最大的项目应预先考虑，逐步有计划地解决。

（4）领导和群众相结合的原则。依靠群众，发动群众，统一领导与群众的认识，使计划切实可行，以便顺利实施。

（二）编制依据

编制安全技术措施计划的依据是：

(1) 党中央、国务院发布的有关安全生产的方针政策、法律法规等。

(2) 国务院所属各部委与地方人民政府发布的行政法规和技术标准。

(3) 在安全卫生检查中发现尚未解决的问题。

(4) 因生产发展需要所应采取的安全技术与劳动卫生技术措施。

(5) 安全技术革新的项目和职工提出的合理化建议。

（三）编制程序

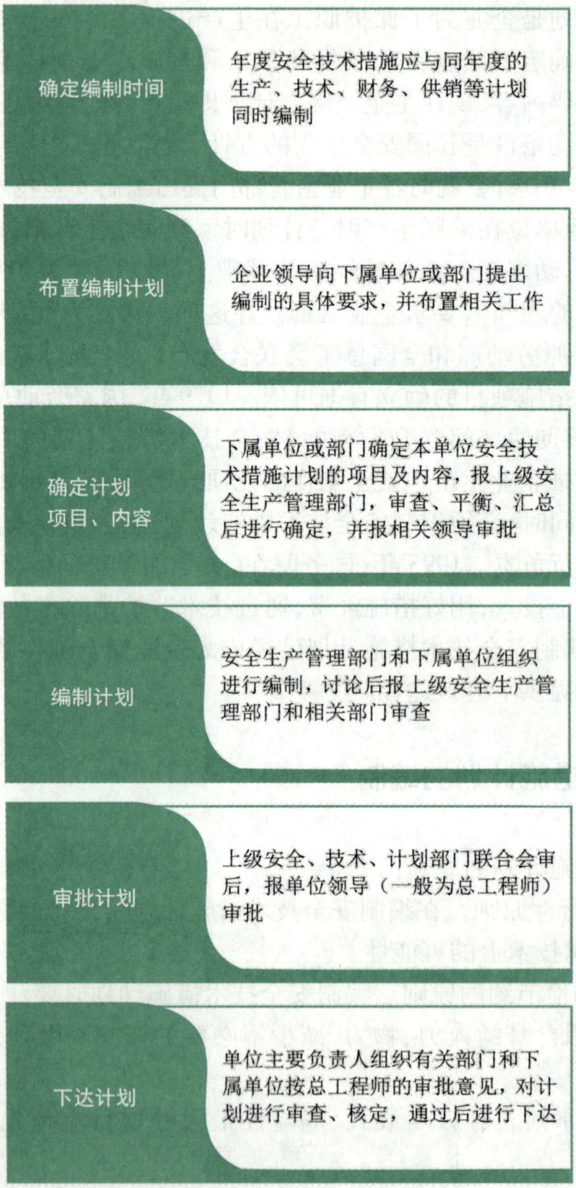

实施计划	各执行部门落实计划中的相关工作，安全管理部门对落实情况进行定期检查。对于完成项目，进行验收；对于不按期完成项目，制定补救措施

提示

安全技术措施计划实施后，进入监督检查的环节。上级安全生产管理部门应定期检查安全技术措施计划的实施情况。

（四）编制内容

安全技术措施计划编制的内容，下面以典型例题的形式进行讲解。

典型例题

【单选题】某建筑施工企业，承建了一大型化工建设项目，安全管理部门编制了安全技术措施计划。其中一项为环氧乙炔储罐安装安全技术措施计划，其内容包括应用单位，具体内容、经费预算，实施部门和负责人、预期效果。根据安全技术措施计划的编制内容规定，该安全技术措施还应包括（　　）等。

A. 编制依据、应急处置方案、政府批文

B. 编制依据、经费来源、政府批文

C. 经费来源、开竣工日期、措施的检查验收

D. 开竣工日期，安全施工协议，应急处置方案

C。【解析】安全技术措施计划编制的内容至少应包括：措施的应用单位（或工作场所）；措施的名称；措施的目的和具体内容；措施的经费预算、经费来源；措施的实施部门和负责人；措施的开竣工日期；措施的预期效果；措施的检查验收。此外，单项投入费用较大的安全技术措施，还应进行可行性论证，编制单独的《可行性研究报告》，编制完成后报上级主管或邀请专家评审《可行性研究报告》。

三、安全施工技术措施

（一）编制要求

工程项目的一切活动必须要有书面的作业指导书，作业指导书中必须要有专项安全施工措施，并在施工前按规定的程序进行审批，对参加施工的所有人员进行交底并签字确认。

工程技术人员在编制安全施工措施时，必须掌握所编制的施工项目特点和施工现场实际状况，明确指出该项施工的主要危险点和危险源，有消除这些危险因素的防范措施，措施的编制应符合下列要求：

（1）根据施工项目可能给施工安全带来的危害，如高处坠落、高处落物、触电、机械和起重伤害、火灾等，从技术上要采取措施，消除危害，保证施工安全。

（2）根据采用的施工机械、设备、工器具可能给施工人员造成不安全因素，从技术措施

和安全装置上加以控制。

(3)根据采用施工方法和特点,从技术上、施工程序上采取保证施工安全的措施。

(4)在施工中,采用或产生有害施工人员身体健康的易燃、易爆等有害物品,应从工业卫生和技术上采取防护措施。

(5)根据施工周围环境特点,给施工人员或他人及材料设备可能带来危险,从技术上采取措施加以保护。

(6)根据施工特点要求,从技术上采取防风、防雨、防雷、防冻、防滑、防倒塌、防暑等防范措施。

安全施工措施经批准后,作业过程中必须严格执行。未经审批人同意,任何人无权擅自更改。对无措施或未经交底即施工和不认真执行措施或擅自更改措施的行为,一经发现,立即停止施工,并对责任单位和责任人进行严肃处理。对于相同施工项目的重复施工,需要重新制定措施、重新批复、重新交底。

作业过程需变更措施和方案,必须经措施审批人同意,并有书面签证。特殊情况下可组织相关单位、相关专业组织会审。

对施工方案的评审意见,组织单位应形成评审会议纪要,经各方签字认可后交编制单位,由编制单位对原施工方案和技术措施作必要修改或调整。修改或调整后的施工方案和技术措施须经项目部和监理单位确认,正式发布后作为施工依据。

(二)审批要求

施工分包单位安全施工措施的审批程序及审批人名单,须报项目部备案。重要工程项目的安全施工措施须报业主/监理审查。原则上,项目重大危险源清单和控制措施中涉及的作业项目,其安全技术措施要经过项目部审批。

重大危险作业、重要安全技术措施审批要求包括:

(1)重要临时设施、重要施工工序、特殊作业、季节性施工、多工种交叉等施工项目的安全施工措施须经项目部施工专业技术人员、安全专业技术人员审查,总工程师或项目经理批准。

(2)重大起重、运输作业,特殊高处作业及带电作业等危险作业项目的安全施工措施及方案,必须办理《安全施工作业票》。

监理单位、业主提出需要监督、审查的安全技术措施计划、作业指导书、安全施工措施及施工项目,应按照监理、业主提出的监督检查方式、程序,取得监理单位、业主的批准后方可实施。

(三)交底要求

安全技术交底是施工工序的重要环节,是过程控制的重要手段,必须坚决执行,除施工人员应知应会的工序外,未经技术交底不得施工。

安全交底时,安全施工技术措施的编制人员、施工人员必须参加,必须由交底负责人填写施工技术交底记录,因故不能参加的,在事后必须补交底。

进行各级安全技术交底时,都应组织参加交底的全部人员认真讨论,使大家充分发表意见,弄清交底内容。必要时,对交底内容进行补充修改,使其更加完善,涉及已批准的方案的变动,应及时报方案的原审核部门和批准人审核批准。

交底后，交底人填写《安全技术交底记录》，参加交底的全部人员要在《安全技术交底记录》上签名。

一般施工项目的安全施工措施，可以在施工作业指导书中同质量、技术一并交底；重要施工项目的安全施工措施应单独制定，专门进行交底。

施工人员必须按交底要求进行施工，不得擅自变更施工方法，如确实需要更改时，必须更改交底记录内容，并经交底人的签字认可。

各级安全、技术负责人对下级安全技术交底执行情况进行监督检查，对无安全施工措施或未经交底即施工，不认真执行措施或擅自更改措施的行为，一经检查发现，应对责任人进行严肃查处。造成严重后果的，应给予行政处分，甚至追究刑事责任。

在工程开工前，项目经理或总工会同项目部安全工程师、各专业工程师依据规范、标准、设计文件、设备说明书、安全质量计划及施工技术措施等资料制定安全技术交底提纲，对分包单位进行安全技术交底。

在进行重大作业和特别作业前，应组织对作业人员的专门安全技术交底，项目部安全专业技术人员全过程监督。

分部分项工程施工开始前，由项目部本专业工程师会同安全工程师按已批准的《分部分项施工组织设计》和工程开工前的安全技术交底内容拟定交底提纲，对分包单位进行交底。

在接受项目部安全交底后，分包单位应对其施工班组及班组技术员进行施工前的安全技术交底，分包单位专职工程师会同安全监察员应根据所接受的交底内容及现场实际情况拟定技术交底大纲，对施工人员进行交底。

施工项目作业前，由班组长或班组技术员根据施工图纸、设备说明书、已批准的施工组织专业设计和作业指导书及上级交底相关内容等资料拟定技术交底提纲，并对班组施工人员进行交底。

第二节　安全技术措施计划的范围、实施及意义

一、安全技术措施计划的项目范围

（一）安全技术措施计划的应列项目

安全技术措施计划的项目范围包括以改善企业劳动条件、防止工伤事故、预防职业病和提高职工安全素质等为目的的一切技术措施。大致可分为安全技术措施、工业卫生技术措施、辅助措施、安全宣传教育措施四类。

1. 安全技术措施

安全技术措施包括以防止工伤事故为目的的一切措施。如各种设备、设施以及安全防护装置、保险装置、信号装置和安全防爆设施等。

2. 工业卫生技术措施

工业卫生技术措施指以改善作业条件防止职业病为目的的一切措施。如防尘、防毒、防噪声、防辐射、通风以及防物理因素危害的措施。

3. 辅助措施

辅助措施指有关劳动卫生方面所必须的房屋及一切设施。如为职工设置的淋浴室、盥洗设施、消毒设备、更衣室、休息室、取暖室、妇女卫生室等。

4. 安全宣传教育措施

安全宣传教育措施指安全宣传教育所需的设施、教材、仪器,以及举办安全技术培训班、展览会,设立教育室等。

典型例题

【单选题】安全技术措施计划的项目范围包括改善劳动条件、防止事故、预防职业病和提高职工安全素质等,类别可分为安全技术措施、卫生技术措施、辅助措施和安全宣传教育措施4类。下列措施中,属于卫生技术措施的是(　　)。

A. 甲公司喷漆房内安装了防爆型电气设备设施

B. 丙公司针对喷漆作业人员设置了淋浴室

C. 丁公司设置了急救室和妇女卫生室

D. 乙公司氩弧焊作业场所设置了局部排风设施

D。**【解析】**工业卫生技术措施指以改善作业条件防止职业病为目的的一切措施。如防尘、防毒、防噪声、防辐射、通风以及防物理因素危害的措施。选项A属于安全技术措施;选项B,C属于辅助措施。

(二)严格区别易被误列为安全技术措施计划的项目

在安全技术措施计划编制过程中,会涉及到某些项目既与改善作业环境、保证劳动者安全健康有关,也与生产经营、消防或福利设施相关,对此必须进行区分,避免将所有这些项目都列入安全技术措施计划内。区分时应注意以下几点:

(1)安全技术措施与改进生产措施,应根据措施的主要目的和效果加以区分。有些措施项目虽与安全有关,但从改进生产的观点看,又是直接需要的措施,不应列入安全技术措施计划,而应列入生产经营计划中。

(2)企业在新建、扩建、改建、技术改造时,应将所需的安全技术措施列入工程项目内,不得列为安全技术措施项目。安全技术问题得到解决才能投入使用。

(3)制造新机器设备时,应包括该机器设备所需的安全防护装置,由制造单位负责,不得列为安全技术措施项目。

(4)企业使用新机器、新设备。采用新技术所需的安全技术措施是该项设备或技术所必须的,不得列为安全技术措施项目。

(5)机器设备检修与保证工人安全相关,但其主要目的在于保证机器设备正常运转、延长机器寿命,不应列为安全技术措施项目。

(6)厂房的坚固与否与工人安全紧密相关,但厂房修理不应列为安全技术措施项目。如果厂房有倒塌危险时,安全技术人员可以建议修理,其费用由一般修理费开支。

(7)辅助房屋及设施与集体福利设施要严格区分。如公共食堂、公共浴室、托儿所、疗养所等,这些福利设施对于保护工人在生产中的安全和健康,并没有直接关系,不应列为安全技术措施项目。

(8)个人防护用品及专用肥皂、药品、饮料等属于劳动保护日常开支,不列为安全技术措施项目。

(9)纯属消防行政的措施,不应列为安全技术措施项目。但在生产过程中所采取的一些防火防爆措施,特别是在化工生产中与安全技术密切相关的措施,可根据具体情况处理。

二、安全技术措施计划的实施

有效地实施安全技术措施计划,有计划地改善劳动条件,才能真正起到保护劳动者安全和健康的作用。在安全技术措施计划执行过程中,有些企业不认真执行计划,措施落实不到位;相同内容的措施项目连续几年出现在安全技术措施计划中,总是借口资金短缺,或技术、物资不落实,使措施计划成为一纸空文,致使企业劳动条件无法改善,工人长期在不安全、不卫生的条件下工作。为了整改这一现象,必须对安全技术措施计划的实施进行控制和监督,发现问题及时解决。

(1)凡当年未竣工或未动工的项目,应提出理由,报请上级主管部门同意后,方可转入下年计划;凡未经审查同意结转或当年未列项目的安全技术措施专款,由企业上级主管部门的安全技术部门汇入生产计划,财务部门于次年集中收缴,用于解决本部门的其他重大问题。

(2)要经常检查安全技术措施计划实施情况。对挪用、占用安全技术措施经费的企业和有关责任者要进行批评教育;对性质严重或因此造成事故的责任者要追究有关人员的法律责任。

(3)对不认真编制安全技术措施计划,经常挪用安全技术措施经费的企业要进行经济处罚,或强行调出其未使用的安全技术措施经费。

(4)对改善劳动条件任务繁重、安全技术措施经费不足、无力自筹资金的企业,可由企业提出措施项目的具体方案,报请上级部门审查、平衡,给予补助或发放低息贷款来解决。

(5)安全技术措施项目竣工后,企业的安全技术部门、工会组织要会同有关部门共同进行竣工验收。投产后的措施设备应纳入企业正常维修管理计划中,统一管理维护。当年完成的措施项目要在计划中注明完成日期;当年完不成的要定出完成期限和责任人。

三、编制安全技术措施计划的意义

(一)使企业劳动条件的改善计划化和制度化

在我国,劳动条件的改善,即为工人创造安全卫生的劳动条件,是目前乃至今后相当一段时间内需要加强的。究其原因,主要是安全技术措施未能跟上生产的发展,生产与安全工作脱节。这既有我国工业基础差、底子薄的历史遗留的客观原因,也有人们重生产、轻安全的主观原因。安全技术措施计划纳入企业生产经营、财务计划,使安全技术措施的发展与生产发展相匹配、相协调,既可克服安全生产“两层皮”的现象,又可使历史遗留的不安全、不卫生问题逐步得到解决,克服了工作中的盲目性,使工作有的放矢。

(二)合理使用有限资金

劳动条件的改善需要经济作保障,没有充分的资金,安全技术措施计划就得不到有效实施。在安全管理中,资金短缺是企业的普遍现象。解放初期,在旧中国留下的烂摊子基础上进行生产,安全问题大量存在。经过几十年的努力,企业劳动条件有了长足进步,但不安全、不卫生的问题仍然不同程度地威胁着工人的身心健康,也制约着企业经济的进一步发展。因此,把有限资金用在"刀刃"上,保证企业重大安全问题能够得到解决,并使劳动条件按轻重缓急逐步得到改善,是编制安全措施计划的又一重要作用。

(三)调动职工积极性,减少决策失误

安全措施计划的提出是民主集中的过程。首先由生产岗位工人提出生产中存在的不安全、不卫生问题,然后逐级汇总,经过广泛讨论和征求意见,并经过职工代表大会审查批准,最终形成计划,而计划的实施,最终也要依靠工人来完成。因此,安全技术措施计划从提出、审查到批准执行的全过程是与群众紧密相连的。这里凝聚了群众的智慧,反映了群众的呼声,解决了群众所需,体现了群众利益。这样既可调动群众的积极性,又可减少编制计划过程的盲目性、主观性,尽量避免决策失误。

第十二章　建设项目安全设施“三同时”

一、《安全生产法》的相关规定

生产经营单位新建、改建、扩建工程项目(以下统称建设项目)的安全设施,必须与主体工程同时设计、同时施工、同时投入生产和使用。安全设施投资应当纳入建设项目概算。

矿山、金属冶炼建设项目和用于生产、储存、装卸危险物品的建设项目,应当按照国家有关规定进行安全评价。

建设项目安全设施的设计人、设计单位应当对安全设施设计负责。矿山、金属冶炼建设项目和用于生产、储存、装卸危险物品的建设项目的安全设施设计应当按照国家有关规定报经有关部门审查,审查部门及其负责审查的人员对审查结果负责。

矿山、金属冶炼建设项目和用于生产、储存、装卸危险物品的建设项目的施工单位必须按照批准的安全设施设计施工,并对安全设施的工程质量负责。矿山、金属冶炼建设项目和用于生产、储存、装卸危险物品的建设项目竣工投入生产或者使用前,应当由建设单位负责组织对安全设施进行验收;验收合格后,方可投入生产和使用。负有安全生产监督管理职责的部门应当加强对建设单位验收活动和验收结果的监督核查。

生产经营单位应当在有较大危险因素的生产经营场所和有关设施、设备上,设置明显的安全警示标志。

安全设备的设计、制造、安装、使用、检测、维修、改造和报废,应当符合国家标准或者行业标准。生产经营单位必须对安全设备进行经常性维护、保养,并定期检测,保证正常运转。维护、保养、检测应当作好记录,并由有关人员签字。生产经营单位不得关闭、破坏直接关系生产安全的监控、报警、防护、救生设备、设施,或者篡改、隐瞒、销毁其相关数据、信息。餐饮等行业的生产经营单位使用燃气的,应当安装可燃气体报警装置,并保障其正常使用。

生产经营单位使用的危险物品的容器、运输工具,以及涉及人身安全、危险性较大的海洋石油开采特种设备和矿山井下特种设备,必须按照国家有关规定,由专业生产单位生产,并经具有专业资质的检测、检验机构检测、检验合格,取得安全使用证或者安全标志,方可投入使用。检测、检验机构对检测、检验结果负责。

二、《建设项目安全设施“三同时”监督管理办法》的相关规定

(一)总则

为加强建设项目安全管理,预防和减少生产安全事故,保障从业人员生命和财产安

全，根据《安全生产法》和《国务院关于进一步加强企业安全生产工作的通知》等法律、行政法规和规定，制定《建设项目安全设施“三同时”监督管理办法》。

经县级以上人民政府及其有关主管部门依法审批、核准或者备案的生产经营单位新建、改建、扩建工程项目（以下统称建设项目）安全设施的建设及其监督管理，适用《建设项目安全设施“三同时”监督管理办法》。法律、行政法规及国务院对建设项目安全设施建设及其监督管理另有规定的，依照其规定。

建设项目安全设施，是指生产经营单位在生产经营活动中用于预防生产安全事故的设备、设施、装置、构（建）筑物和其他技术措施的总称。

链接

安全设施主要分为预防事故设施、控制事故设施和减少与消除事故影响设施：

（1）预防事故设施。主要有安全警示标志、设备安全防护设施（如防护罩、行程限位器）、作业场所防护设施（如防护栏、防静电设施）、防爆设施（如防爆工器具、阻隔防爆器材）、检验检测和报警设施（如可燃气体检测和报警设施）等。

（2）控制事故设施。主要有紧急处理设施（如紧急切断设施、紧急停车设施）、泄压和止逆设施（如泄压阀、逆止阀、爆破片、放空管）等。

（3）减少与消除事故影响设施。主要有灭火设施（如消火栓、泡沫灭火器）、应急救援设施、防止火灾蔓延设施（如防火墙、防爆门）、紧急个体处置设施（如逃生器、应急照明）、劳动防护用品和装备、逃生避难设施等。

生产经营单位是建设项目安全设施建设的责任主体。建设项目安全设施必须与主体工程同时设计、同时施工、同时投入生产和使用（以下简称“三同时”）。安全设施投资应当纳入建设项目概算。

应急管理部对全国建设项目安全设施“三同时”实施综合监督管理，并在国务院规定的职责范围内承担有关建设项目安全设施“三同时”的监督管理。

县级以上地方各级应急管理部门对本行政区域内的建设项目安全设施“三同时”实施综合监督管理，并在本级人民政府规定的职责范围内承担本级人民政府及其有关主管部门审批、核准或者备案的建设项目安全设施“三同时”的监督管理。

跨两个及两个以上行政区域的建设项目安全设施“三同时”由其共同的上一级人民政府应急管理部门实施监督管理。

上一级人民政府应急管理部门根据工作需要，可以将其负责监督管理的建设项目安全设施“三同时”工作委托下一级人民政府应急管理部门实施监督管理。

应急管理部门应当加强建设项目安全设施建设的日常安全监管，落实有关行政许可及其监管责任，督促生产经营单位落实安全设施建设责任。

（二）建设项目安全预评价

下列建设项目在进行可行性研究时，生产经营单位应当按照国家规定，进行安全预评价：

（1）非煤矿矿山建设项目。

（2）生产、储存危险化学品（包括使用长输管道输送危险化学品，下同）的建设项目。

（3）生产、储存烟花爆竹的建设项目。

(4)金属冶炼建设项目。

(5)使用危险化学品从事生产并且使用量达到规定数量的化工建设项目(属于危险化学品生产的除外,以下简称化工建设项目)。

(6)法律、行政法规和国务院规定的其他建设项目。

生产经营单位应当委托具有相应资质的安全评价机构,对其建设项目进行安全预评价,并编制安全预评价报告。建设项目安全预评价报告应当符合国家标准或者行业标准的规定。

生产、储存危险化学品的建设项目和化工建设项目安全预评价报告除符合国家标准或者行业标准的规定外,还应当符合有关危险化学品建设项目的规定。

上述规定的需要进行安全预评价以外的其他建设项目,生产经营单位应当对其安全生产条件和设施进行综合分析,形成书面报告备查。

(三)建设项目安全设施设计审查

生产经营单位在建设项目初步设计时,应当委托有相应资质的设计单位对建设项目安全设施同时进行设计,编制安全设施设计。

安全设施设计必须符合有关法律、法规、规章和国家标准或者行业标准、技术规范的规定,并尽可能采用先进适用的工艺、技术和可靠的设备、设施。上述规定需要进行安全预评价的建设项目安全设施设计还应当充分考虑建设项目安全预评价报告提出的安全对策措施。安全设施设计单位、设计人应当对其编制的设计文件负责。

建设项目安全设施设计应当包括下列内容:

(1)设计依据。

(2)建设项目概述。

(3)建设项目潜在的危险、有害因素和危险、有害程度及周边环境安全分析。

(4)建筑及场地布置。

(5)重大危险源分析及检测监控。

(6)安全设施设计采取的防范措施。

(7)安全生产管理机构设置或者安全生产管理人员配备要求。

(8)从业人员安全生产教育和培训要求。

(9)工艺、技术和设备、设施的先进性和可靠性分析。

(10)安全设施专项投资概算。

(11)安全预评价报告中的安全对策及建议采纳情况。

(12)预期效果以及存在的问题与建议。

(13)可能出现的事故预防及应急救援措施。

(14)法律、法规、规章、标准规定需要说明的其他事项。

非煤矿矿山建设项目,生产、储存危险化学品的建设项目,生产、储存烟花爆竹的建设项目以及金属冶炼建设项目,其安全设施设计完成后,生产经营单位应当按照相关规定向应急管理部门提出审查申请,并提交下列文件资料:

(1)建设项目审批、核准或者备案的文件。

(2)建设项目安全设施设计审查申请。

(3)设计单位的设计资质证明文件。

(4)建设项目安全设施设计。

(5)建设项目安全预评价报告及相关文件资料。

(6)法律、行政法规、规章规定的其他文件资料。

链接

根据《危险化学品建设项目安全监督管理办法》,中华人民共和国境内新建、改建、扩建危险化学品生产、储存的建设项目以及伴有危险化学品产生的化工建设项目(包括危险化学品长输管道建设项目,以下统称建设项目),其安全管理及其监督管理,适用该办法。建设项目安全审查是指建设项目安全条件审查、安全设施的设计审查。国务院应急管理部指导、监督全国建设项目安全审查和建设项目安全设施竣工验收的实施工作,并负责实施下列建设项目的安全审查:

(1)国务院审批(核准、备案)的。

(2)跨省、自治区、直辖市的。

典型例题

【单选题】某液氯生产企业拟在某省甲市乙县投资新建一小型液氯生产厂。根据《危险化学品建设项目安全监督管理办法》,关于该企业新建液氯生产厂安全条件审查和安全设施设计审查的说法,正确的是( )。

A. 安全设施设计由甲市安全生产监督管理部门负责安全审查

B. 在建设项目初步设计开始时,应申请项目安全设施设计审查

C. 安全设施设计单位应具有石油化工医药行业相应资质

D. 安全设施设计申请应包括建设单位的运营资质证明

C。【解析】根据《危险化学品建设项目安全监督管理办法》,生产剧毒化学品的建设项目,应当由省级应急管理部门负责安全审查。故选项 A 错误。建设单位应当在建设项目初步设计完成后、详细设计开始前,向出具建设项目安全条件审查意见书的应急管理部门申请建设项目安全设施设计审查,提交下列文件、资料,并对其真实性负责:(1)建设项目安全设施设计审查申请书及文件。(2)设计单位的设计资质证明文件(复制件)。(3)建设项目安全设施设计专篇。故选项 B,D 错误。建设项目的设计、施工、监理单位和安全评价机构应当具备相应的资质,并对其工作成果负责。涉及重点监管危险化工工艺、重点监管危险化学品或者危险化学品重大危险源的建设项目,应当由具有石油化工医药行业相应资质的设计单位设计。故选项 C 正确。

应急管理部门收到申请后,对属于本部门职责范围内的,应当及时进行审查,并在收到申请后 5 个工作日内作出受理或者不予受理的决定,书面告知申请人;对不属于本部门职责范围内的,应当将有关文件资料转送有审查权的应急管理部门,并书面告知申请人。

对已经受理的建设项目安全设施设计审查申请,应急管理部门应当自受理之日起 20 个工作日内作出是否批准的决定,并书面告知申请人。20 个工作日内不能做出决定的,经本部门负责人批准,可以延长 10 个工作日,并应当将延长期限的理由书面告知申请人。

建设项目安全设施设计有下列情形之一的，不予批准，并不得开工建设：

（1）无建设项目审批、核准或者备案文件的。

（2）未委托具有相应资质的设计单位进行设计的。

（3）安全预评价报告由未取得相应资质的安全评价机构编制的。

（4）设计内容不符合有关安全生产的法律、法规、规章和国家标准或者行业标准、技术规范的规定的。

（5）未采纳安全预评价报告中的安全对策和建议，且未作充分论证说明的。

（6）不符合法律、行政法规规定的其他条件的。

建设项目安全设施设计审查未予批准的，生产经营单位经过整改后可以向原审查部门申请再审。

已经批准的建设项目及其安全设施设计有下列情形之一的，生产经营单位应当报原批准部门审查同意；未经审查同意的，不得开工建设：

（1）建设项目的规模、生产工艺、原料、设备发生重大变更的。

（2）改变安全设施设计且可能降低安全性能的。

（3）在施工期间重新设计的。

非煤矿矿山建设项目，生产、储存危险化学品的建设项目，生产、储存烟花爆竹的建设项目以及金属冶炼建设项目以外的建设项目安全设施设计，由生产经营单位组织审查，形成书面报告备查。

（四）建设项目安全设施施工和竣工验收

建设项目安全设施的施工应当由取得相应资质的施工单位进行，并与建设项目主体工程同时施工。

施工单位应当在施工组织设计中编制安全技术措施和施工现场临时用电方案，同时对危险性较大的分部分项工程依法编制专项施工方案，并附具安全验算结果，经施工单位技术负责人、总监理工程师签字后实施。

施工单位应当严格按照安全设施设计和相关施工技术标准、规范施工，并对安全设施的工程质量负责。

施工单位发现安全设施设计文件有错漏的，应当及时向生产经营单位、设计单位提出。生产经营单位、设计单位应当及时处理。

施工单位发现安全设施存在重大事故隐患时，应当立即停止施工并报告生产经营单位进行整改。整改合格后，方可恢复施工。

工程监理单位应当审查施工组织设计中的安全技术措施或者专项施工方案是否符合工程建设强制性标准。

工程监理单位在实施监理过程中，发现存在事故隐患的，应当要求施工单位整改；情况严重的，应当要求施工单位暂时停止施工，并及时报告生产经营单位。施工单位拒不整改或者不停止施工的，工程监理单位应当及时向有关主管部门报告。

工程监理单位、监理人员应当按照法律、法规和工程建设强制性标准实施监理，并对安全设施工程的工程质量承担监理责任。

建设项目安全设施建成后，生产经营单位应当对安全设施进行检查，对发现的问题及时整改。

上述规定的需要进行安全预评价的建设项目竣工后，根据规定建设项目需要试运行（包括生产、使用，下同）的，应当在正式投入生产或者使用前进行试运行。

试运行时间应当不少于30日，最长不得超过180日，国家有关部门有规定或者特殊要求的行业除外。

生产、储存危险化学品的建设项目和化工建设项目，应当在建设项目试运行前将试运行方案报负责建设项目安全许可的应急管理部门备案。

上述规定的需要进行安全预评价的建设项目安全设施竣工或者试运行完成后，生产经营单位应当委托具有相应资质的安全评价机构对安全设施进行验收评价，并编制建设项目安全验收评价报告。

建设项目安全验收评价报告应当符合国家标准或者行业标准的规定。

生产、储存危险化学品的建设项目和化工建设项目安全验收评价报告除符合国家标准或者行业标准的规定外，还应当符合有关危险化学品建设项目的规定。

建设项目竣工投入生产或者使用前，生产经营单位应当组织对安全设施进行竣工验收，并形成书面报告备查。安全设施竣工验收合格后，方可投入生产和使用。

以往考试中考查过《国家安全监管总局办公厅关于切实做好国家取消和下放投资审批有关建设项目安全监管工作的通知》的相关规定，下面以典型例题的形式进行讲解。

典型例题

【多选题】某大型能源集团公司规划在三年内逐步投资建设一批油田、矿山、炼油、管道等建设项目。下列建设项目中，需要国家负责安全生产监督管理的部门进行设施安全审查的有（　　）。

A. 设计80万吨/年海洋石油新油田开发建设项目

B. 跨省陆地长输天然气管道建设项目

C. 设计50万吨/年陆地新油田开发建设项目

D. 设计100万吨/年地下石膏矿建设项目

E. 设计总坝高100 m的尾矿库建设项目

AB。【解析】根据《国家安全监管总局办公厅关于切实做好国家取消和下放投资审批有关建设项目安全监管工作的通知》，有关建设项目所涉及安全生产监管监察部门的行政许可和备案等事项，按照以下规定实施：海洋石油天然气建设项目、企业投资年产100万吨及以上的陆上新油田开发项目、企业投资年产20亿m^3及以上的陆上新气田开发项目；设计生产能力300万吨/年以上或者设计最大开采深度1 000 m以上的金属非金属地下矿山建设项目、设计生产能力1 000万吨/年以上或者设计边坡200 m以上的金属非金属露天矿山建设项目、设计总容库1亿m^3或者设计总坝高200 m以上的尾矿库建设项目，其安全设施设计审查和竣工验收，继续由国家应急管理部负责实施。根据《危险化学品建设项目安全监督管理办法》，国务院应急管理部指导、监督全国建设项目安全审查和建设项目安全设施竣工验收的实施工作，并负责实施下列建设项目的安全审查：(1)国务院审批（核准、备案）的。(2)跨省、自治区、直辖市的。

第十三章　设备设施安全

第一节　设备设施生命周期全过程管理

传统的设备管理主要侧重于设备的维修阶段，具有相当的局限性。现代意义上的设备管理贯穿于设备的规划、设计、制造、选型、购置、安装、使用、检测、维修、改造以及拆除报废。

设备的全生命周期包含三个方面：一是在三维空间上的全生命周期管理；二是突出在浴盆曲线上不同阶段的不同管理特色；三是全生命周期的费用管理。本节以安全生产的角度着重讲述三维空间管理、设备的阶段性管理、设备的浴盆曲线管理和全生命周期闭环管理。

一、三维空间管理

三维空间上的全生命管理涉及空间维、资源维和功能维，加上全生命周期本身的时间维，就形成四维系统，

空间维指从生产环境、车间、生产线、设备、总成（部件），直到零件，由表及里，步步深入，涉及空间维上的各个要素。

资源维是涉及与设备相关各种资源，包含信息、人力、材料、备件、动力能源、水、气、汽等要素，都是设备和管理上不可或缺的资源要素。

功能维指管理功能，即计划、组织、实施、控制、评价、反馈等内容，这也是广义的PDCA循环过程。从这种意义上说，设备管理是典型的系统工程。

因而，三维空间管理需要部门车间的负责人和设备操作人员做到以下几个方面：

（1）车间生产环境应保持整洁，无大面积积水、积料，落实“5S”。

（2）生产设备应做到“定置管理”，用统一定制线明确。

（3）生产设备应标明设备责任人，设备的责任人负责对设备进行日常维护、检修。

（4）采购设备时采购部和部门车间设备部门对设备信息进行评估研究，符合生产作业需求的方予以采购。

（5）设备的相关操作人员须熟练设备操作规程并进行岗位培训，合格后持证上岗。

（6）设备系统的燃油、润滑油、冷却水和空气要定期进行“滤清处理”，有效控制设备性能劣化。

（7）部门负责人须根据操作人员对设备的运行情况记录做出相应的设备安全运行评价，采取措施延缓设备的老化，保证运行的安全性。操作人员在设备新的运行系统下须及时反馈设备操作及设备运行状态。

二、阶段性管理

设备的阶段性管理是设备全生命周期管理中的主要内容，贯穿于设备的规划、设计、

制造、选型、购置、安装、使用、检测、维修、改造以及拆除报废。主要分为前期管理、运行维修管理、轮换报废管理三个阶段。

(一)设备的前期管理

设备的前期管理包括:设备的规划、设计、制造、选型、购置、安装。

1. 规划

设备部负责前期管理中的规划决策,通过对车间环境、设备布局、生产线的考量,按照生产需求规划设备的设计与购置。

2. 设计与制造

当部门车间需要自行设计制造生产所需设备时,须由设备部负责人和设备操作技术人员共同定制设计规范,设计须符合本质安全。

安全部门负责对设备结构图和相关技术资料进行审核,当确认符合本质安全后,方可由设备部制造相关设备。安全部门同时负责检查设备制造过程中安全防护装置的安装情况。

3. 选型与购置

当部门车间需要另行购买生产所需设备时,须由车间负责人填写《生产设备购置单》,并明确设备型号、大小、附件以及相关运行数据。部门负责人审核通过后交由市场处购置。

当购置设备后需暂时进入库存时,部门车间须安排专人负责购置设备库存期间的安全管理。

4. 安装

因为期限较短,若没有相应的现场安全管理,可能会造成设备库存期与使用期间的管理真空,留下事故隐患。

当购置设备在设备部门的安装能力范围外的,须请相关专业技术人员安装,保留相关设备安装记录;当设备部门自行安装时,安全部门须指派相关安全管理人员,随同部门相关安全负责人监督确保生产设备安全防护装置安装到位,在进行现场设备测试时设置安全防护距离及警示标志。

(二)设备的运行维修管理

设备的运行维修管理包括:设备的使用、检测、维修。

设备的使用应符合下列要求:

(1)设备使用前,部门车间根据设备操作规程制定岗位人员操作规程。

(2)设备使用前,确保设备安全防护装置安装到位、牢固可靠。

(3)人员上岗前,部门须组织岗位培训,考核合格后持证上岗。

(4)设备使用时,操作人员须遵守设备安全操作规程,禁止“三违操作”,杜绝超负荷运转。

设备的检测与维修应符合下列要求:

(1)设备负责人应针对设备运行状态,制定设备的检测计划和设备运行台账。

(2)闲置超过 3 个月的生产设备,再次使用前须进行全面的检测,确保安全。

(3)当设备需要进行维修时,须由设备部门、维修人员协同安全部门,根据生产需要和设备实际运转状况,制定设备的维修计划。

(4)在设备完成维修后,须进行设备的质量验收,合格后方可投入生产使用。

(5)在设备完成维修后,依据系统工程和行为科学的管理方法,分析设备使用过程中造成设备老化的人为因素,采取措施降低设备的误操作,规范设备的使用,延长其使用寿命。

(6)设备的检测、维修必须按照设备设施检修、维护、保养等相关管理制度严格执行,部门车间以及安全部门负责监督制度落实情况,并保存相关记录。

按照设备检修前的安全要求,在签订设备检修合同时,应同时签订安全管理协议。对检修设备上的电器电源,应采取可靠的断电措施,确认断电后在电源开关处设置安全警示标牌或加锁。多工种、多层次交叉作业时,应统一协调,采取相应的防护措施。

(三)设备的轮换报废管理

设备的轮换报废管理包括:设备的改造、拆除、报废。

1. 改造

对于部门可修复设备,设备的定期轮换、改造、再使用在一定程度上延长了设备的使用寿命,降低部门的设备购置成本。设备的改造须经过相关技术许可,在改造完的设备能够保证安全生产的前提下,部门报安全部门审核,重大改造须经安委会研究通过后方予以进行技术改造。

2. 拆除与报废

当设备整体已达到使用寿命,故障频发,影响设备组的可靠性,其维修成本已超出设备购置费用时,必须进行设备的拆除与报废。

设备的拆除与报废须符合以下几点:

(1)设备部门负责设备拆除报废的申请,安全部门审核批准后,协助设备部门负责拆除报废现场的风险评价和控制措施,落实现场安全管理工作。

(2)拆除人员须遵守有关规定,有顺序地进行拆除工作,禁止违章作业。

(3)拆除完毕后,部门车间填写《资产处置审核流程单》。

(4)设备的拆除、报废必须按照相关制度严格执行,部门车间以及安全部门负责监督制度落实情况,并保存相关记录。

三、设备的浴盆曲线管理

设备的浴盆曲线又称为故障率曲线,包含初始故障期、偶发故障期和耗损故障期。

(一)初始故障期

在初始故障期,因为机械处于磨合阶段,啮合不顺,润滑油污染快,紧固件也容易松动。电气系统处于元件的初始“时效老化”时期,容易出现电参数的漂移或偏差,加上操作的熟练度不够,出现故障的频率较高,此时的设备管理须着重对设备的检查、记录、紧固、调整、润滑、磨合期的油品替换、控制生产负荷逐渐达到设定值。

(二)偶发故障期

偶发故障期的设备运行较为顺畅,但部分短寿命周期的易损零件会出现劣化,此时的管理需注意设备的清扫、检查、润滑、调整、堵漏、防腐,同时要研究设备劣化条件,控制劣化,进行设备的健康管理。比如经常对设备系统的燃油、润滑油、冷却水和空气进行滤清处理,有效控制设备性能的劣化,延长设备寿命。对于周期性的损耗件,进行局部保养及修理,包括调整、修复或者换件。

(三)耗损故障期

耗损故障期,部分零件或者总成已经进入快速劣化阶段,有的失去设计功能,有的可能导致安全事故,有的造成能源消耗过量,也有的可能造成环境破坏。除了应该做好常规清扫、检查、润滑、调整、堵漏、防腐之外,还要注意可裁剪式纠正性维修,对设备进行局部改造和不拘泥于原有设计机构,立足于根除故障的主动维修,以便恢复设备功能,达到根除某些固有故障效果。

四、全生命周期闭环管理

设备在管理的过程中会经历一系列的设备及财务的台账和管理及维修记录。如设备的可靠性管理及维修费用的历史数据,都可以作为设备的全生命周期的分析依据,最终可以在设备报废之后,对设备整体使用的可靠性、经济性及管理成本做科学的分析,并辅助设备采购决策,更换更加先进的设备进行重新全生命周期的跟踪,也可以仍然使用原型号的设备,应用原设备的历史数据进行更加科学的可靠性管理及维修策略,使其可靠性及维修经济更加优化,从而使设备全寿命周期管理形成闭环。

第二节　设备检修与设备事故

一、设备检维修作业风险分析和安全措施

设备检维修作业风险分析和安全措施,如下表所示。

序号	风险分析	安全措施
1	作业人员不清楚现场危险状况	作业前必须进行安全教育
2	存在危险化学品	清洗、置换至分析合格
3	系统未彻底隔绝	连接的所有阀门关闭,必要时使用盲板或拆除一段管道隔绝
4	监护不足	指派专人监护,并坚守岗位
5	未佩戴劳动防护用品	按规定佩戴
6	与生产现场联系不足	检修前,检修项目负责人应当与当班班长取得联系
7	存在运转设备	切断需检修设备的电源,并经启动复查确认无电后,在电源开关处挂上“禁止启动”的安全标志
8	检修器材不符合安全要求	查材料、器具、设备必须安全可靠
9	其他辅助器材不符合安全要求	对需使用的气体防护器材、消防器材、通信设备、照明设备等进行检查,保证安全可靠,合理放置
10	行走设施不符合安全要求	对检修现场的爬梯、栏杆、平台、盖板等进行检查,保证安全可靠

（续表）

序号	风险分析	安全措施
11	使用移动式电气工(器)具	配有漏电保护装置
12	检修场所存在腐蚀性介质	备有冲洗用水源
13	检修场所有危险品或其他影响检修安全的杂物	将检修现场的易燃易爆物品、障碍物、油污、积水、废弃物等杂物清理干净
14	检修现场存在坑、井、洼、沟、陡坡等	填平或铺设与地面平齐的盖板,也可设置围栏和警告标志,并设夜间警示红灯
15	安全通道受阻	应检查、清理检修现场的消防通道、行车通道,保证畅通无阻
16	夜间检修	作业场所设有足够亮度的照明装置
17	电气设备检修	遵守电气安全工作规定
18	需进行高处作业、动火、动土、断路、吊装、抽堵盲板、进入设备内等作业	按规定办理相应的安全作业证
19	违反本工种安全规程	停止其作业
20	出现危险品泄漏	立即停止作业,撤离人员
21	检修项目有遗漏	会同有关检修人员彻底检查
22	现场有杂物	清理现场

以往考试中会考查不同设备检修的具体规定,下面以典型例题的形式进行讲解。

典型例题

【单选题】设备检修前,应对检修现场的梯子、栏杆、平台、盖板等进行检查,确保安全检修,组合梯应有与梯子为一体的金属撑杆,以确保梯子前后部分保持在张开位置。根据《便携式金属梯安全要求》,撑杆距底部支撑表面的高度应不大于(　　)m。

A. 2.5　　B. 3

C. 2　　D. 3.5

C。【解析】根据《便携式金属梯安全要求》,便携式金属组合梯是指能够作为折梯、单梯或延伸梯使用,主要构件(梯框及踏棍)为金属材料制造的便携式梯子。组合梯应有与梯子合为一体的金属撑杆(或锁定装置),以确保梯子前后部分保持在张开位置。撑杆距底部支撑面的高度应不大于 2 m。

【单选题】某企业生产车间内安装了 12 个不锈钢材质储罐,分 2 排布置,罐体高度为 15 m,半径均为 2 m,主要用于存放生产用的原料。为了便于设备检查、维修和日常管理,在罐体两侧分别设置了钢直梯,在罐体顶部设置了检修平台。根据《固定式钢梯及平台安全要求 第 1 部分:钢直梯》《固定式钢梯及平台安全要求 第 3 部分:工业防护栏杆及钢平台》,关于钢直梯护笼设置及检修平台护栏高度要求的说法,正确的是(　　)。

A. 护笼设 4 根立杆,应在水平笼箍内侧固定;护栏高度不低于 1.2 m

B. 护笼设 5 根立杆,应在水平笼箍内侧固定;护栏高度不低于 1.05 m

C. 护笼设 4 根立杆,应在水平笼箍外侧固定;护栏高度不低于 1.2 m

D. 护笼设 5 根立杆,应在水平笼箍外侧固定;护栏高度不低于 1.05 m

B。【解析】根据《固定式钢梯及平台安全要求 第 1 部分:钢直梯》,护笼宜采用圆形结构,应包括一组水平笼箍和至少 5 根立杆。水平笼箍应固定到梯梁上,立杆应在水平笼箍内侧并间距相等,与其牢固连接。根据《固定式钢梯及平台安全要求 第 3 部分:工业防护栏杆及钢平台》,在距基准面高度大于等于 2 m 并小于 20 m 的平台、通道及作业场所的防护栏杆高度应不低于 1 050 mm。

二、设备故障

(一)设备故障的分类

设备的故障按技术性原因,可分为四大类,即磨损性故障、腐蚀性故障、断裂性故障及老化性故障。

1. 磨损性故障

由于运动部件磨损,在某一时刻超过极限值所引起的故障。

所谓磨损是指机械在工作过程中,互相接触做相互运动的对偶表面,在摩擦的作用下发生尺寸、形状和表面质量变化的现象。按其形成机理又可分为黏附磨损、表面疲劳磨损、腐蚀磨损、微动磨损等类型。

2. 腐蚀性故障

按腐蚀机理不同,可分化学腐蚀、电化学腐蚀和物理腐蚀三类。

(1)化学腐蚀

金属和周围介质直接发生化学反应所造成的腐蚀,反应过程中没有电流产生。

(2)电化学腐蚀

金属与电介质溶液发生电化学反应所造成的腐蚀,反应过程中有电流产生。

(3)物理腐蚀

金属与熔融盐、熔碱、液态金属相接触,使金属某一区域不断熔解,另一区域不断形成的物质转移现象,即物理腐蚀。

在实际生产中,常以金属腐蚀不同形式来分类,常见的有八种腐蚀形式,即均匀腐蚀、电偶腐蚀、缝隙腐蚀、小孔腐蚀、晶间腐蚀、选择性腐蚀、磨损性腐蚀、应力腐蚀。

3. 断裂性故障

可分为脆性断裂、疲劳断裂、应力腐蚀断裂、塑性断裂等。

(1)脆性断裂

产生的原因包括下列方面:

①材料性质不均匀。

②加工工艺处理不当,如在锻、铸、焊、磨、热处理等工艺过程中处理不当,就容易产生脆性断裂。

③恶劣环境，如温度过低，使材料的机械性能降低，主要是指冲击韧性降低，因此低温容器必须选用冲击值大于一定值的材料，再如放射线辐射能引起材料脆化，从而引起脆性断裂。

(2)疲劳断裂

产生的原因包括下列方面：

①热疲劳，如高温疲劳等。

②机械疲劳，又分为弯曲疲劳、扭转疲劳、接触疲劳、复合载荷疲劳等。

③复杂环境下的疲劳，各种综合因素共同作用。

(3)应力腐蚀断裂

一个有热应力、焊接应力、残余应力或其他外加拉应力的设备，如果同时存在与金属材料相匹配的腐蚀介质，则将使材料产生裂纹，并以显著速度发展的一种开裂。如不锈钢在氯化物介质中的开裂，黄铜在含氨介质中的开裂，都是应力腐蚀。又如所谓氢脆和碱脆现象造成的破坏，是应力腐蚀断裂。

(4)塑性断裂

塑性断裂是由过载断裂和撞击断裂所引起。

4. 老化性故障

上述综合因素作用于设备，使其性能老化所引起的故障。

(二)设备故障的分析方法

故障分析的方法一般有统计分析法、分步分析法、故障树分析法和典型事故分析法等。

1. 统计分析法

通过统计某一设备或同类设备的零部件(如活塞、填料等)或因某方面技术问题(如腐蚀、强度等)所发生的故障，占该设备或该类设备各故障的百分比，然后分析设备故障发生的主要问题所在，为修理和经营决策提供依据的一种故障分析法，统称为统计分析法。

2. 分步分析法

分步分析法是对设备故障的分析范围由大到小、由粗到细逐步进行，最终必将找出故障频率最高的设备零部件或主要故障的形成原因，并采取对策。这对大型化、连续化的现代工作，准确地分析故障的主要原因和倾向，是很有帮助的。

3. 故障树分析法

从系统的角度来说，故障既有因设备中具体部件(硬件)的缺陷和性能恶化所引起的，也有因软件，如自控装置中的程序错误等引起的。此外，还有因为操作人员操作不当或不经心而引起的损坏故障。

故障树分析法是一种从系统到部件，再到零件，按“下降形”分析的方法。它从系统开始，通过由逻辑符号绘制出的一个逐渐展开成树状的分枝图，来分析故障事件发生的概率，同时也可以用来分析零件、部件或子系统故障对系统故障的影响，其中包括人为因素和环境条件等在内。

4. 典型事故分析法

所谓典型事故分析法是以某一常见高发故障为例，全面分析这个故障发生的原因，研究解决故障的办法和提出分析过程的步骤，将这个分析法作为一个典型案例应用到全部或大部分故障分析中去。

三、设备事故

(一)主要分类

1. 按照有关制度规定进行分类

(1)重大设备事故

设备损坏严重,多系统企业影响日产量25%或修复费用达4 000元以上的;单系统企业影响日产量50%或修复费用达4 000元以上的;虽未达到上述条件,但性质恶劣,影响大,经单位讨论,领导同意,也可认为是重大事故。

(2)普通设备事故

设备零部件损坏,以致影响到一种成品或半成品减产;多系统企业占日产量5%或修复费用达800元以上的;单系统企业占日产量10%或修复费用达800元以上的。

(3)微小事故

损失小于普通设备事故的,均为微小事故。事故损失金额是修复费、减产损失费和成品、半成品损失费之和。其中:

①修复费包括人工费、材料费、备品配件费以及各种附加费。

②减产损失费是以减产数量乘以工厂年度计划单位利润。设备修复后,因能力降低而减产的部分可不计算。

③成品或半成品损失费是以损失的成品或半成品的数量乘以工厂年度计划单位成本进行计算。

2. 按设备事故发生的性质分类

(1)责任事故

凡属人为原因,如违反操作规程、擅离工作岗位、超负荷运转、加工工艺不合理及维护修理不当等,致使设备损坏或效能降低者,称为责任事故。

(2)质量事故

凡因设备原设计、制造、安装等原因,致使设备损坏或效能降低者,称为质量事故。

(3)自然事故

凡因遭受自然灾害,致使设备损坏或效能降低者,称为自然事故。

(二)设备事故的预防

对设备事故的防备和控制要以人为主,通过开展防备性达到保证设备运行的目的。设备事故预防的措施有:

(1)选购合格设备。

(2)做好设备的安装、调试和验收。

(3)为设备运行提供优异的环境。

(4)为设备运行提供人的素质保证。

(5)遵循法规,保证设备运行。

(6)做好设备定期补缀。

(7)做好设备的日常维护保养。

(8)做好设备运行中的搜检。

(9)汲取事故教训,避免同类事故重复发生。

(10)做好设备的更新改造。

(三)事故管理

1. 设备科对设备事故的管理

设备科内应设专人管理全厂的设备事故,设备事故管理人员,必须责任心强,能坚持原则,并具有一定的专业知识及管理经验,应按照政府的有关法令,上级及本企业的有关制度和规定进行工作。

设备事故管理人员主要工作内容为:

(1)根据政府法令和上级有关规定,并结合本企业具体情况,草拟必要的规章制度或规定。

(2)组织或参加设备事故的调查处理,研究防止发生事故的措施。

(3)配合安全科组织对机修新工人或外单位施工人员进行安全教育。

(4)经常地对全厂职工进行防止设备事故的教育。

(5)定期总结、交流预防事故发生的经验和措施。

(6)做好日常的事故管理工作。

日常事故管理工作包括:

(1)事故的调查、登记、统计和上报。

(2)整理和保管事故档案。

(3)进行月、季、年的设备事故分析,研究事故的规律和防止事故发生的对策,并采取相应的措施。

2. 车间设备事故的管理

车间的设备主任、工艺员、设备员、工段长和班组长等,通常是生产第一线的有丰富实践经验的组织者和指挥者,同样他们在设备及事故管理方面也负有重要的责任。要认真贯彻上级的各项法令、规定、指示及各项制度,要狠抓落实,要经常对操作工、检修工的实际操作进行指导和监督,特别是要及时纠正错误的操作,加强设备检查,发现异常情况要及时解决,把事故消灭在萌芽状态。

车间设备管理员是设备事故的具体管理者,很多工作是通过设备管理员进行的。车间设备管理员首先要了解本车间设备的结构、原理、性能及工艺特点,从而掌握本车间存在哪些不安全因素,危险较大的应及时采取措施予以消除;对现场操作及维修人员,进行安全监督;参加车间设备事故调查处理,填事故报表,提出防止设备事故的措施,对设备操作人员、检修人员进行有关安全教育考试。对某些工种,如司炉工、起重工、吊车操作工、机动车驾驶员、高压容器焊工、气焊工以及在易燃、易爆、高速、高压等设备工作的工种,要严格执行未经考试合格者不准操作的规定。

生产车间发生事故,必须按规定向上级报告,同时应注意保护事故现场,待上级部门到现场察看完毕后才能加以清理。

生产车间应积极参与事故调查。事故取得正确结论后,应立即采取措施,防止再次发生类似事故,并把事故教训广泛宣传,提高安全生产的自觉性。

3. 设备事故的处理

在设备事故发生后要及时保护现场,尽快调查、研究分析,找出事故原因,吸取教训,提出防范措施,并及时提出书面报告,上报主管部门,并相应地做好事故处理和职工教育工作,以求不再发生类似事故。

(四)事故调查程序

1. 迅速进行事故现场的调查工作

凡发生重大设备事故后应保护好现场,若有伤员则应组织抢救,上级主管部门的有关人员未到场,任何人不得改变现场状况。

设备科接到事故报告后,应立即派人前往事故现场,着手进行调查,不能拖延。因为事故现场是分析事故的客观基础,为了掌握事故原因的第一手材料,避免发生错误判断,把本来属于操作不当或工艺不合理等原因造成的事故误认为设备事故,所以设备科人员尽快赶到事故现场是非常必要的。调查工作开展的越早,可得到的原始数据越多,分析事故的根据就越充足,防范措施就越准确。

2. 拍照、绘图、记录现场情况

特别是重大事故发生后,事故现场存在许多遗迹,为避免"时过境迁"或因抢救工作需要,现场很快要施工,应立即将这些遗物、痕迹拍摄成照片,收集有关资料,以便用这些照片较长时间进行细致的分析研究,以得到正确的结论。特别是在发生化工设备、压力容器爆炸,吊车、建筑物倒塌等重大事故时,更是必不可少的。

若有些情况难以拍摄,则要绘制示意图,并做好化工工艺或设备工艺的原始记录的收集工作。例如:流量、压力、流速等各项参数,还要注意各辅助设施,如冷却水、润滑油管路、风机管路等各项工艺状况,供事故分析和建立各项档案之用。

3. 成立专门组织,分析调查

按事故严重程度成立由厂长或车间主任负责组织,由安全管理科、设备科等有关部门参加的事故调查组。若发生设备事故的同时也发生了人身伤亡或使生产受到重大损失时,要由上级管理部门及其他有关部门参加调查指导事故调查组工作,压力容器、锅炉发生事故时应上报劳动局,并要邀请其参加调查组。

调查工作首先应请现场操作人员和其他现场人员如实介绍情况,广泛地向他们了解情况,弄清事故发生前的操作内容、方法等,力求把事故全过程真相搞准确。尤其是化工设备爆炸,事前可能无特异征兆,当事者又可能死亡或受伤,如发生这种情况,更应反复详细调查,不可仓促形成结论。

调查的笔录,至少要有两人负责,要经当事人过目并签名。要由主要当事人写出事故发生的过程,并存入档案。向主要当事人了解情况时要问清操作方法、操作次序、当时的外界条件等情况,同时要本着实事求是的态度,耐心、细致地做好当事人的思想工作,使当事人能反映出真实情况,给分析提供可靠资料。

4. 模拟实验,分析化验

在调查中除了查阅有关技术档案、运行日志外,为了弄清事故原因,可以进一步进行分析和化验工作,以取得所要求的数据,如润滑油是否变质,亦可分析气体成分、材料强度等。操作过程是否超温、超压则可作模拟实验,按形成的后果来推算事故发生的情况。

若本企业没有条件,则可委托有关单位做化验分析,并要说明情况,以引起高度重视,认真地做好分析化验工作。

5. 讨论分析,作出结论

在以上各项工作的基础上,调查组进行实事求是的科学分析,从而得出结论,向企业领导汇报,并以企业名义向上级机关报告。

在分析讨论过程中,若仍有部分人持异议,则在结论中将这种不同意见详加说明,并存档备查。

6. 建立事故档案

每次事故发生后,经调查处理上报,应将每次事故的原始记录及各种调查材料立卷存档,妥善编号保存。对重大设备事故,更应强调保存一切资料,以备今后查阅。

7. 采取对策,防止事故发生

事故的调查,目的不仅是为了调查事故发生的原因,更重要的是据以制定出防止事故发生的措施,限期实施。但是设备事故发生的原因可能不是一个,因此预防措施也可能不是一个,必须一一落实,而其中最主要的预防措施必须严格实施。

(五)事故处理

设备事故发生后,对事故责任者,在查清原因的基础上,要认真、严肃、实事求是地给予适当的处理,以教育事故本人和其他职工。各级领导也应从中找出企业管理的不足之处,主动承担领导应承担的责任。

任何责任事故都要查清原因和责任,对事故责任者应按情节轻重、责任大小、认错态度分别给予批评教育、行政处分或经济处罚,触犯刑律者要依法制裁。

对设备事故隐瞒不报或弄虚作假的单位和个人,应加重处罚,并追究领导责任。设备事故频率应按规定统计,按期上报。

(六)损失计算

1. 停产和修理时间的计算

停产时间:从设备损坏停产时起到修复投入使用时止。

修理时间:从动工修理起到全部修理完交付使用时止。

2. 修理费用的计算

修理费用是指设备事故修理所花的费用,其计算方法为:修理费 = 修理材料费 + 备件费 + 工具辅材费 + 工时费。

3. 停产损失费用的计算

停产损失费用是指设备因事故停机造成的工厂生产损失,其计算方法为:停产损失费 = 停机时间 × 每小时生产成本费用 × 成本利润率。

4. 事故损失费用的计算

事故损失费用是指由于发生事故,迫使设备停产和修理而造成的费用损失,其计算方法如下:事故损失费 = 停产损失费 + 修理费。

链接

以往考试中考查过防爆电气设备的相关内容。防爆电气设备的类型中，本质安全型“i”是电气设备的一种防爆型式，它将设备内部和暴露于爆炸性环境的连接导线可能产生的电火花或热效应能量限制在不能产生点燃的水平。增安型“e”是电气设备或Ex元件的一种防爆型式，采取附加措施以提高其安全性，防止温度过高和产生电弧和火花。液浸型“o”是电气设备的一种防爆型式，将电气设备或电气设备部件整个浸在保护液体中，使设备不能够点燃液面上或外壳外部的爆炸性气体环境。隔爆外壳“d”是内装可能点燃爆炸性气体环境的部件，能承受内部爆炸性混合物爆炸产生的压力，并阻止爆炸传播到外壳周围爆炸性气体环境的外壳。其中，本质安全型“i”设备的类型中，正常工作、发生一个及两个故障时不能点燃爆炸性混合物的电气设备为ia级本质安全型设备；正常工作及发生一个故障时不能点燃爆炸性混合物的电气设备为ib级本质安全型设备。本质安全型“i”设备只能用于弱电设备，ia适用于0区、1区、2区危险环境，ib适用于1区、2区危险环境。

设备保护级别是指根据设备成为点燃源的可能性和爆炸性气体环境、爆炸性粉尘环境及煤矿瓦斯爆炸性环境所具有的不同特征而对设备规定的保护等级。具体级别如下：

（1）Ma级。安装在煤矿瓦斯爆炸性环境中的设备，具有“很高”的保护等级，该级别具有足够的安全性，使设备在正常运行、出现预期故障或罕见故障，甚至在气体突然出现设备仍带电的情况下均不可能成为点燃源。

（2）Mb级。安装在煤矿瓦斯爆炸性环境中的设备，具有“高”的保护等级，该级别具有足够的安全性，使设备在正常运行中或在气体突然出现和设备断电之间的时间内出现的预期故障条件下不可能成为点燃源。

（3）Ga级。爆炸性气体环境用设备，具有“很高”的保护等级，在正常运行、出现的预期故障或罕见故障时不是点燃源。

（4）Gb级。爆炸性气体环境用设备，具有“高"的保护等级，在正常运行或预期故障条件下不是点燃源。

（5）Gc级。爆炸性气体环境用设备，具有“一般”的保护等级，在正常运行中不是点燃源，也可采取一些附加保护措施，保证在点燃源预期经常出现的情况下（例如灯具的故障）不会形成有效点燃。

（6）Da级。爆炸性粉尘环境用设备，具有“很高”的保护等级，在正常运行、出现预期故障或罕见故障条件下不是点燃源。

（7）Db级。爆炸性粉尘环境用设备，具有“高”的保护等级，在正常运行或出现的预期故障条件下不是点燃源。

（8）Dc级。爆炸性粉尘环境用设备，具有“一般”的保护等级，在正常运行过程中不是点燃源，也可采取一些附加保护措施，保证在点燃源预期经常出现的情况下（例如灯具的故障）不会形成有效点燃。

第十四章　作业场所环境管理

第一节　作业场所环境管理的概述

作业场所环境管理的核心是如何保持作业场所环境的整洁有序与无毒无害，以给作业人员创造一个良好的作业场所环境，确保他们的身心健康，实现安全生产。

整洁有序就是作业场所环境的布设问题，无毒无害则是作业场所环境有毒有害的防治问题。

一、作业场所环境管理的任务

作业场所环境管理的基本任务就是发现、分析和消除作业场所环境中的各种有害因素，防止职业病害的发生，清理整顿作业场所环境，保持作业场所环境的整洁有序，创造良好的作业场所环境，防止安全事故的发生，保障职工的安全与健康，不断促进生产率的提高和生产的发展。

(一)作业场所环境不良条件状况的分析

1. 作业场所环境布设的不良状况

(1)物的布置不合理。

(2)现场物流规划不合理。

(3)安全距离不足。

(4)作业场所环境安全标志不符合要求。

(5)作业场所环境安全信息设置不合理。

(6)作业场所环境卫生条件不良。

2. 作业场所环境有害因素

作业场所环境有害因素是指生产作业场所环境中存在的、可能使作业人员某些器官和系统发生异常改变、形成急性或慢性病变的因素。这些因素也称为职业性有害因素。

(1)化学性因素

①生产性粉尘。

②生产性毒物。

(2)物理性因素

①不良的气象条件。

②电离辐射与非电离辐射。

③噪声和振动。

④高气压与低气压。

(3)生物性因素

包括各种细菌和病毒，如布氏杆菌、炭疽杆菌、森林脑炎病毒。

(二)作业场所环境有害作业点的调查与评定

1. 有害作业点的调查界定方法

(1)工艺分析法。

(2)现场观察法。

(3)实测法。

2. 有害作业点的评定

(1)有害作业点达标率。

(2)职业危害分级。

(3)有害作业点治理率。

(三)不良作业场所环境的改善

1. 作业场所环境布设不良的改善

(1)要合理规划厂区(符合工业企业设计卫生标准)。

(2)要合理布置作业场所。

(3)应按安全生产要求设置各类安全标志。

(4)应保证作业场所环境有合理的照明与和谐的环境。

2. 有害因素的防治

(1)以无毒或毒性小的原材料代替有毒或毒性大的原材料。

(2)改变操作方法。

(3)隔离或密闭法。

(4)湿式作业(使物料含水量保持在3% ~10%,即可避免粉尘飞扬)。

(5)隔绝热源。

(6)通风。

(7)个体防护措施。

3. 作业场所环境空气质量的改善

改善作业场所环境空气质量的措施有控制污染源头、加强环境通风和增强个体防护。其中,从根本上控制污染源才能有效改善作业场所环境,使其污染物浓度降至最小,该措施主要通过改进工艺技术的方法实现。

(四)作业场所环境的日常检查管理

要坚持作业场所环境的日常检查管理,发现问题应及时指正、解决。

二、作业场所环境管理的内容

作业场所环境布设方面的管理内容包括:作业场所环境的合理布设与定置管理;安全标志的布设;照明的合理布设;作业场所环境的和谐要求等。

有害因素对象方面的管理内容主要包括:作业场所环境、热湿环境的改善;生产性粉尘防治;生产性毒物防治;噪声危害防治;辐射危害的防治等的管理内容。

第二节　作业场所环境的布设

一个合理的作业场所环境应该是使作业者在任何时刻的操作、观察都很方便,即使较长时间维持某种作业姿势，也尽可能少地产生不适感与疲劳，没有危害操作者健康的有毒有害因素，各种安全标志齐全、装置符合标准。

一、作业场所环境布置原则

作业场所环境布置原则如下：

（1）人机工程学原则。

（2）重要性原则。

（3）使用频率原则。

（4）功能原则。

（5）使用顺序原则。

二、作业场所环境布置设计

作业场所环境布置设计包括：生产区的布置设计；车间的布置设计和作业空间（或作业岗位）的布置设计。

（一）厂区的选址要求

厂址布设要考虑环保和安全方面的要求，应综合考虑生产、污染特点及区域的水文地质、气象和当地布局情况。

厂区应布置在当地夏季最小频率风向上风侧，有严重污染和危害的厂区应远离城区内和居民区，“三废”排放要符合要求、不危害周围环境。

厂址选择应考虑周围环境是否存在威胁本厂区的不安全因素。

（二）生产区布置设计

生产区布置设计的相关要求如下：

（1）布置必须适宜生产程序和物料流程。

（2）应考虑安全与卫生的要求，做到全面规划、布局合理。

（3）仓库必须有严格的管理制度和防火、防爆等保障安全的措施。

（4）管线铺设要符合国家有关安全、卫生以及防火、防爆要求，应尽量采取直线少弯，平行道路中心线和建筑物走向，专用线路应沿管网较稀地带布置或有专用管道通行线。

（5）遇火燃烧、爆炸的原材料、设备和产品的上方，均不得架设架空管线。

（三）车间布置设计

1. 布置设计的要求

（1）应根据生产流程特点与要求，将整个车间进行功能分区。

（2）考虑控制装置的合理布局，将使用频率高的控制装置布置在最适于作业的区域，并按操作的先后顺序，把它们相互之间尽量安排得近一些，形成一个流畅的作业线路。

（3）根据设备本身的特点（功能、形状、色彩、数量和使用情况等），尽量把功能相同和相互联系的设备组合在一起，做到机器设备布局合理，以利于操作、监视和管理。

2. 功能分区后，进行作业空间定位的要求

（1）充分考虑作业者的行动空间。

（2）对于多人集体作业应考虑协同作业空间。

（3）考虑预留空间。

3. 其他布置的设计

(1)材料、物品的搬运路线布局，包括人行走路线，搬运车行走路线的布局。

(2)各种管线的布设，包括动力线、照明线、水管、蒸汽管、气体或液体原料管等。

(3)危险点位防护栏或安全装置的布置设计，包括消防设施的布置。

(4)车间各种标志的布设，包括通道标志、危险标志等。

(四)作业空间布置设计

作业空间设计的主要内容包括：应按照人的操作要求，对机器、设备、工具合理地进行空间布置，合理地安排机器、设备上的控制器、显示器和零部件的位置，给操作者创造安全、舒适的作业条件。

第三节　作业场所环境的安全定置管理

定置管理起源于“IE 工程学”(工业工程学)，最早由日本当代企业管理专家清水千里先生总结出来，并从 20 世纪 70 年代中期以后，在日本大中型企业中应用与推广。

20 世纪 80 年代中期，定置管理传入我国，很快被我国一些企业所接受，并在结合自身实际情况的基础上，不断完善和提高，现已形成了具有自己特点的定置管理技术。

一、安全定置管理的内容与原则

(一)定置管理的含义

定置管理是对生产现场中的人、物、场所三者之间的关系进行科学的分析研究，使之达到最佳结合状态的一门科学管理方法。

(二)定置管理的目的和范畴

定置管理的目的是消除人的无效劳动，防止和避免生产中的不安全因素，为生产者以最少的时间、最低的成本生产出合格的产品而创造条件。

定置管理的范畴是对生产现场物品的定置过程进行设计、组织、实施、调整，并使生产、工作的现场管理达到科学化、规范化、标准化。

(三)安全定置管理的内容

从管理活动内容方面，安全定置管理内容包括：分析、设计、组织、实施等。

1. 人、物、场所结合状态的分析

人、物结合状态分析，是开展定置管理中最关键的一个环节。

在生产现场，人与物的结合有两种形式，即直接结合和间接结合。

人与物的结合可归纳为 A，B，C 三种基本状态，其中 A 状态为良好状态；B 状态为需要改进的状态；C 状态为最差的状态；必须彻底改进。

2. 定置管理设计

定置管理就是要通过相应的设计、改进和控制，消除 C 状态，改进 B 状态，使之都成为 A 状态，并长期保持下去。

定置管理设计，就是对各种场地(厂区、车间、仓库)及物品(机台、货架、箱柜、工位器具等)如何科学、合理定置的统筹安排。

（1）定置图设计

定置图是对生产现场所在物进行定置，并通过调整物品来改善场所中人与物、人与场所、物与场所相互关系的综合反映图。

其种类有室外区域定置图，车间定置图，各作业区定置图，仓库、资料室、工具室、计量室、办公室等定置图和特殊要求定置图（如工作台面、工具箱内，以及对安全、质量有特殊要求的物品定置图）。

定置图绘制的原则包括：

①现场中的所有物均应绘制在图上。

②定置图绘制以简明、扼要、完整为原则，物形为大概轮廓、尺寸按比例，相对位置要准确，区域划分清晰鲜明。

③生产现场暂时没有，但已定置并决定制作的物品，也应在图上表示出来，准备清理的无用之物不得在图上出现。

④定置物可用标准信息符号或自定信息符号进行标注，并均在图上加以说明。

⑤定置图应按定置管理标准的要求绘制，但应随着定置关系的变化而进行修改。

（2）信息媒介物设计

①信息符号设计。

②指示图、标牌设计。

3. 定置调整

（1）固定位置

①场所固定。

②物品存放位置固定。

③物品的信息媒介物固定。

（2）自由位置

即相对地固定一个存放物品的区域，至于在这区域内的具体放置位置，则根据当时的生产情况及一定的规则来决定。

（四）安全定置管理的原则

安全定置管理的原则如下：

（1）坚持相对稳定、持续改进、不断深化的原则。

（2）从实际出发，讲究实用的原则。

（3）静态定置与动态定置相结合的原则。

（4）规范化、制度化原则。

（5）实行群体参与原则。

二、安全定置管理的实施程序

安全定置管理的实施程序如下：

（1）现场调查。

（2）分析研究。

（3）定置管理设计。

(4)定置管理实施。“有图必有物,有物必有区,有区必挂牌,有牌必分类”;按图定置,按类存放,账(图)物一致。

(5)定置管理的检查与考核。

三、安全定置管理的“5S”方法

“5S”的含义:是整理(Seiri)、整顿(Seiton)、清扫(Seiso)、清洁(Seiketsu)和素养(Shitsuke)这5个词的缩写。

因为这5个词日语中罗马拼音的第一个字母都是S,所以简称为“5S”。

(一)“5S”活动的内容

1. 整理

整理就是把要与不要的人、事、物分开,再将不需要的人、事、物加以处理。日本有的公司提出口号:效率和安全始于整理。

(1)一般原则

①把永远不可能用到的物品清理掉。

②把长期不用,但有潜在可用性的物品指定地方放置。

③把经常使用的物品放在容易取到的地方。

④坚决把现场不需要的东西清理掉。

(2)目的

①改善和增加作业面积。

②现场无杂物,行道通畅,提高工作效率。

③减少磕碰的机会,保障安全,提高质量。

④消除管理上的混放、混料等差错事故。

⑤有利于减少库存量,节约资金。

⑥改变作风,提高工作情绪。

2. 整顿

整顿的含义:把需要的人、事、物定量、定位地摆放整齐,明确地标示。整顿也可称为定置定位,即明确物品的摆放区域和形式。

目的是:整齐、有标示,不用浪费时间找东西。

整顿活动的要点是:

(1)物品摆放要有固定的地点和区域。

(2)物品摆放地点要科学合理。

(3)物品摆放目视化。

3. 清扫

清扫就是把工作场所打扫干净,防止污染发生;设备异常时马上修理,使之恢复正常。其要点主要包括:

(1)建立清扫责任区,标示各责任区及负责人。

(2)对设备的清扫,着眼于对设备的维护保养。清扫设备要同设备的点检结合起来,清扫即点检;清扫设备要同时做设备的润滑工作,清扫也是保养。

(3)清扫也是为了改善,为了更好地防止污染,应调查污染源,从源头杜绝。

4. 清洁

清洁是对前三项活动的坚持与深入，从而消除发生安全事故的根源。清洁活动的要点包括：

(1)车间环境不仅要整齐，而且要做到清洁卫生，保证工人身体健康，提高工人劳动热情。

(2)不仅物品要清洁，而且工人本身也要做到清洁，如工作服要清洁，仪表要整洁，及时理发、剃须、修指甲、洗澡等。

(3)工人不仅要做到形体上的清洁，而且要做到精神上的“清洁”，待人要讲礼貌，要尊重别人。

(4)要使环境不受污染，进一步消除混浊的空气、粉尘、噪音和污染源，消灭职业病。

(5)应将整理、整顿、清扫做到制度化、规范化，并贯彻执行及维持成果。

清洁的标准应为：地面要清洁；墙面要清洁；物料架要清洁；物料无积尘；通风要好；工作台面要清洁；设备要清洁；光线要充足；办公桌面要清洁；档案柜要清洁；抽屉要清洁；文件、记录不肮脏破烂。

5. 素养

素养即职业素质，努力提高人员的素养，养成严格遵守规章制度的习惯和作风，这是“5S”活动的核心。

没有人员素质的提高，各项活动就不能顺利开展，开展了也坚持不了。抓“5S”活动，要始终着眼于提高人的素质。

(二)“5S 活动”的功能

开展“5S 活动”的作用：

(1)提升企业形象。

(2)保障品质。

(3)提升效率。

(4)推行标准化。

(5)提高现场生产的安全性。

典型例题

【单选题】某企业为规范作业现场安全管理，推行了“5S”管理。实施半年后，员工的安全意识普遍提高，现场状况明显改善。关于“5S”作业现场管理的说法，正确的是(　　)。

A. “5S”整顿就是归类为“要”或“不要”

B. 定置定位就是固定作业现场的工具及设备不得移动

C. “5S”素养就是提高安全管理水平

D. “5S”管理就是整理、整顿、清扫、清洁、素养

D。**【解析】**“5S”的整顿是把需要的人、事、物定量、定位地摆放整齐，明确地标示。故选项 A 错误。定置定位是明确物品的摆放区域和形式。故选项 B 错误。“5S”的素养即职业素质，努力提高人员的素养。故选项 C 错误。

第四节　安全标志及其布设

一、安全标志的定义与类型

（一）定义

安全标志是指用以表达特定安全信息的标志，由图形符号、安全色、几何形状（边框）或文字构成。安全色是指传递安全信息含义的颜色，包括红、蓝、黄、绿四种颜色。

（二）类型

安全标志分禁止标志、警告标志、指令标志和提示标志四大类型。其中，禁止标志是指禁止人们不安全行为的图形标志；警告标志是指提醒人们对周围环境引起注意，以避免可能发生危险的图形标志；指令标志是指强制人们必须做出某种动作或采用防范措施的图形标志；提示标志是指向人们提供某种信息（如标明安全设施或场所等）的图形标志。

1. 禁止标志

禁止标志的基本形式是带斜杠的圆边框（红框红杠），使用颜色为白色背景和黑色图形符号。

部分禁止标志，如下表所示。

图形标志	名称	设置范围和地点
	禁止吸烟	有甲、乙、丙类火灾危险物质的场所和禁止吸烟的公共场所等，如：木工车间、油漆车间、沥青车间、纺织厂、印染厂等
	禁止烟火	有甲、乙类、丙类火灾危险物质的场所，如：面粉厂、煤粉厂、焦化厂、施工工地等
	禁止用水灭火	生产、储运、使用中有不准用水灭火的物质的场所，如：变压器室、乙炔站、化工药品库、各种油库等
	禁止靠近	不允许靠近的危险区域，如：高压试验区、高压线、输变电设备的附近

链接

除上表中所列标志外，禁止标志还包括：禁止带火种、禁止放置易燃物、禁止堆放、禁止启动、禁止合闸、禁止转动、禁止叉车和厂内机动车辆通行、禁止乘人、禁止入内、禁止推动、禁止停留、禁止通行、禁止跨越、禁止攀登、禁止跳下、禁止伸出窗外、禁止倚靠、禁止坐卧、禁止蹬踏、禁止触摸、禁止伸入、禁止饮用、禁止抛物、禁止戴手套、禁止穿化纤服装、禁止穿带钉鞋、禁止开启无线移动通信设备、禁止携带金属物或手表等。

2. 警告标志

警告标志的基本形式是正三角形边框（黑框），使用颜色为黄色背景和黑色符号。部分警告标志，如下表所示。

图形标志	名称	设置范围和地点
	注意安全	易造成人员伤害的场所及设备等
	当心火灾	易发生火灾的危险场所，如：可燃性物质的生产、储运、使用等地点
	当心爆炸	易发生爆炸危险的场所，如易燃易爆物质的生产、储运、使用或受压容器等地点
	当心腐蚀	有腐蚀性物质的作业地点
	当心触电	有可能发生触电危险的电器设备和线路，如：配电室、开关等
	当心机械伤人	易发生机械卷入、轧压、碾压、剪切等机械伤害的作业地点

链接

除上表中所列标志外，警告标志还包括：当心中毒、当心感染、当心电缆、当心自动启动、当心塌方、当心冒顶、当心坑洞、当心落物、当心吊物、当心碰头、当心挤压、当心烫伤、当心伤手、当心夹手、当心扎脚、当心有犬、当心弧光、当心高温表面、当心低温、当心磁场、当心电离辐射、当心裂变物质、当心激光、当心微波、当心叉车、当心车辆、当心火车、当心坠落、当心障碍物、当心跌落、当心滑倒、当心落水、当心缝隙等。

3. 指令标志

指令标志的基本形式是圆形边框，使用颜色为蓝色背景和白色图形。

部分指令标志，如下表所示。

图形标志	名称	设置范围和地点
	必须佩戴遮光护目镜	存在紫外、红外、激光等光辐射的场所，如电气焊等
	必须戴护耳器	噪声超过 85 dB 的作业场所，如：铆接车间、织布车间、射击场、工程爆破、风动掘进等处
	必须戴安全帽	头部易受外力伤害的作业场所，如：矿山、建筑工地、伐木场、造船厂及起重吊装处等

链接

除上表中所列标志外，指令标志还包括：必须戴防护眼镜、必须戴防尘口罩、必须戴防毒面具、必须戴防护帽、必须系安全带、必须穿救生衣、必须穿防护服、必须戴防护手套、必须穿防护鞋、必须吸收、必须加锁、必须接地、必须拔出插头等。

4. 提示标志

提示标志的基本形式是正方形边框，使用颜色为绿色背景和白色图形。

部分提示标志，如下表所示。

图形标志	名称	设置范围和地点
	紧急出口	便于安全疏散的紧急出口处，与方向箭头结合设在通向紧急出口的通道、楼梯口等处
	避险处	铁路桥、公路桥、矿井及隧道内躲避危险的地点
	可动火区	经有关部门划定的可使用明火的地点

链接

除上表中所列标志外，提示标志还包括：应急避难场所、击碎板面、急救点、应急电话、紧急医疗站等。

典型例题

【单选题】某医药研发企业设有一冰醋酸专用储存间，根据《安全标志及其使用导则》，不需要设置的安全标志是(　　)。

A. 当心低温　　　　B. 禁止烟火

C. 当心腐蚀　　　　D. 必须戴防护眼镜

A。【解析】冰醋酸是无色透明液体，低温下凝固为冰状晶体，有刺激性气味，能与水、乙醇、乙醚和四氯化碳等有机溶剂相混溶，不溶于二硫化碳。其易燃，具腐蚀性、强刺激性，可致人体灼伤，蒸气与空气可形成爆炸性混合物，遇明火、高热能引起燃烧爆炸。另外，冰醋酸与铬酸、过氧化钠、硝酸或其他氧化剂接触，有爆炸危险。因此，需要设置“禁止烟火”和“当心腐蚀”的安全标志。浓度较高时，挥发后对眼睛伤害较大，需佩戴防护眼镜。

二、安全标志牌的使用要求

标志牌应设在与安全有关的醒目地方，并使大家看见后，有足够的时间来注意它所表示的内容。环境信息标志宜设在有关场所的入口处和醒目处；局部信息标志应设在所涉及的相应危险地点或设备(部件)附近的醒目处。

标志牌不应设在门、窗、架等可移动的物体上，以免标志牌随母体物体相应移动，影响认读。标志牌前不得放置妨碍认读的障碍物。

标志牌应设置在明亮的环境中。多个标志牌在一起设置时,应按警告、禁止、指令、提示类型的顺序,先左后右、先上后下地排列。

典型例题

【多选题】某食品加工企业采取4条皮带并列布置的方式输送粮食,其中100 m长的输送带处于20 m高的栈桥内,为避免发生人员伤害事故,栈桥内张贴了相关安全标志。根据《安全标志及其使用导则》,下列安全标志中,应张贴的安全标志有(　　)。

A. 禁止烟火　　B. 当心机械伤人

C. 当心落物　　D. 当心腐蚀

E. 当心触电

ABE。【解析】有甲、乙类、丙类火灾危险物质的场所,如面粉厂、煤粉厂、焦化厂、施工工地等要设置禁止烟火的标志。有可能发生触电危险的电器设备和线路,如配电室、开关等要设置当心触电的标志。易发生机械卷入、轧压、碾压、剪切等机械伤害的作业地点要设置当心机械伤人的标志。

第五节　有毒作业危害程度分级

一、相关定义

有毒作业是指职工在存在生产性毒物的工作地点从事生产和劳动的作业。

生产性毒物是指在生产中使用和产生的,并在作业时以较少的量经呼吸道、皮肤、口进入人体,与人体发生化学作用,而对健康产生危害的物质。

二、生产性毒物的危害

生产性毒物主要以气体、蒸气或气溶胶的形态存在,气溶胶包括尘、烟、雾等形态。具体如下:

(1)气体,如氯、丁二烯、二甲基甲酰胺、苯乙烯、硫化氢、二氧化硫、一氧化碳等,这些化学物质常温、常压下以气态存在于生产环境的空气中。

(2)蒸气,常温下某些液体或固体挥发时可形成蒸气,如苯常温下是液态,挥发成气体;酚常温下是固体,挥发成气体。

(3)尘,属于固态分散性气溶胶,如热电厂的煤尘等生产性粉尘。

(4)烟,属于固态凝集性气溶胶,在切割和焊接过程中会产生金属氧化物烟尘,印刷厂熔铅过程中会产生铅烟。

(5)雾,包括液态分散性气溶胶和液态凝集性气溶胶。液态分散性气溶胶,如电镀铬雾等;液态凝集性气溶胶,如喷漆时的漆雾、碱液加热浓缩等。

生产性毒物可经皮肤、呼吸道或消化道进入人体,损害几乎所有的人体组织和器官,导致多种疾病甚至造成急性中毒死亡,而且有些可产生遗传后果。侵入人体的生产性毒物可引起职业中毒,分为慢性中毒(长时期小剂量接触毒物)、亚急性中毒、急性中毒(短时期大剂量接触毒物）三种类型。

生产性毒物的危害，下面以典型例题的形式进行讲解。

典型例题

【单选题】在生产经营活动中，生产或使用的化学物质散发到工作环境中，会对劳动者的健康产生危害，这些化学物质称为生产性毒物。关于生产性毒物及其危害的说法，错误的是（　　）。

A. 毒性大小可以用引起某种毒性反应的剂量表示

B. 毒物透入人体内需要达到一定剂量才会引起中毒

C. 毒性大的物质其危害性一定大

D. 烟酒嗜好往往增加毒物的毒性作用

C。【解析】毒性大小可以用引起某种毒性反应的剂量表示，同等效应下，剂量越小，毒性越大。毒物透入人体内需要达到一定剂量才会引起中毒。毒性与危害性不能等同，毒性大的物质其危害性不一定大。个体状态影响毒物的毒性作用，如烟酒嗜好往往增加毒物的毒性作用。

【单选题】毒物的危害性不仅取决于毒物的毒性，还受生产条件、劳动者个体差异的影响。关于毒物危害性的说法，正确的是（　　）。

A. 同类有机化合物中，卤族元素取代氢时，毒性减小

B. 毒物在水中溶解度越小，其毒性越大

C. 毒物沸点与空气中毒物浓度和危害程度成反比

D. 氮气是一种无毒的惰性气体，不会产生危害性

C。【解析】同类有机化合物中，卤族元素取代氢时，毒性增加。在各类有机非电解质之间，毒性从小到大依次为：脂肪烃 < 环烃 < 酮 < 醇 < 芳烃。毒物在水中溶解度越大，其毒性越大。毒物的挥发性越大，危害性越大。通常毒物沸点与空气中毒物浓度和危害程度成反比。对于氮气，本身无毒，但若空气中氮气含量较高，会引起窒息甚至死亡。

三、有毒作业分级原则

毒物危害程度级别、有毒作业劳动时间、毒物浓度超标倍数是有毒作业分级的三项指标。其中，毒物危害程度级别分为四级，即Ⅰ级（极度危害）、Ⅱ级（高度危害）、Ⅲ级（中度危害）、Ⅳ级（轻度危害）。

根据有毒作业的毒物浓度超标倍数、毒物危害程度级别、有毒作业劳动时间三项指标综合评价，并实行简化，制定出《有毒作业分级》级别表。有毒作业的级别可分为0级（安全作业）、一级（轻度危害作业）、二级（中度危害作业）、三级（高度危害作业）、四级（极度危害作业）。

第十五章　安全生产教育和培训

第一节　安全生产的概述

一、安全生产的概念和目的

安全生产是指在劳动生产过程中,要努力改善劳动条件、克服不安全因素,防止死亡事故的发生,使劳动生产在保证劳动者安全健康和国家财产及人民生命财产安全的前提下顺利进行。

二、我国的安全生产方针

我国的安全生产方针,是指党和国家对安全生产工作的总要求,它是安全生产工作的方向。我国的安全生产方针是"安全第一,预防为主,综合治理"。保护劳动者的安全与健康是国家的一项基本政策,也是管理生产企业的重要原则之一。

三、安全生产的地位

安全是人类永恒的主题,人们从出生那天开始,每时每刻都面对着人身安全问题。进入生产企业,安全问题更为突出,在交错复杂环境和在机械设备不停转动的周围工作,在日益剧增市场经济中,随着工作节奏不断加快,相应的危险危害因素随之增加,尤其是化工生产企业,一旦出现失误,就会导致事故,后果十分严重,事实表明,安全生产在企业的地位越来越重要。

作为一名企业的员工,要从思想上清醒地意识到安全生产的地位及其重要性,安全生产要警钟长鸣,工作中时刻都要把安全生产放在首位,坚持"安全第一、预防为主、综合治理"的安全工作方针,要自觉遵守国家有关安全法规和企业安全生产规章制度;在生产中,从小事做起,正确保管和使用劳动保护用品用具,自觉维护安全防护设施,真正做到"四不伤害"(即:不伤害自己;不伤害他人;不被他人伤害;保护他人不受伤害),才能保证生产正常运行;只有人人在生产过程中,保持高度警惕,意识到安全生产的地位及重要性,才能有利于促进安全生产和提高企业经济效益。换言之,企业以安全为天,则兴;员工以安全为本,则安。

四、安全生产原则

(一)管生产必须管安全的原则

一切从事生产、经营活动的单位和管理部门必须管安全;管生产的同时要管安全;应贯彻、落实国家相关法律、政策和标准,制定安全生产规章制度等来落实此原则。

(二)谁主管谁负责的原则

这是落实安全生产责任制的一项重要原则。企业的生产、技术、机动(设备)、供销、贮运都必须按照“谁主管谁负责”的原则，制订本部门、本单位的安全生产责任制，并严格执行，发生事故同样要追究主管人员的责任。

（三）属地管理的原则

属地即工作管辖范围，可以是工作区域、管理的实物资产和具体工作任务（项目），也可以是权限和责任范围。属地特性有明确的范围界限，有具体的管理对象（人、事、物等），有清晰的标准和要求。属地管理即对属地内的管理对象按标准和要求进行组织、协调、领导和控制，属地主管即是属地的直接管理者。属地管理就是要让员工产生“当家做主”的归属感，赋予员工对其属地享有管理权，即属地主管要对自身和进入其管辖区域的各类人员（包括施工人员、参观人员、服务人员等）实施管理。

（四）安全生产人人有责的原则

现代化工工艺复杂，操作要求严格，安全生产更是一个综合性工作。领导者的指挥、决策稍有失误，操作者在操作中稍有疏忽，检修和检验人员稍有不慎都可能酿成重大事故，所以必须强调“安全生产，人人有责”。

（五）坚持“四不放过”原则

国家要求企业一旦发生事故，在处理时实施“四不放过”原则。即对发生的事故原因分析不清楚不放过；事故责任者没有严肃处理不放过；广大员工没有受到教育不放过；没有落实防范措施不放过。

实施这条原则，是为了对发生的事故找出原因，惩前毖后，吸取教训，采取措施，防止事故再发生。

五、事故预防

（一）防止人的不安全行为

人的不安全行为主要是人的失误，人失误是指人的行为的结果偏离了规定的目标，或超出了可接受的界限，并产生了不良的后果。一般来讲，不安全行为是操作者在生产过程中发生的、直接导致事故的人失误，是人失误的特例。

（二）控制物的不安全状态

控制物的不安全状态主要从设计、制（建）造、使用、维修等方面消除不安全因素，创造本质安全条件。

具体内容为：

（1）工程设计包括工艺设计、产品设计和建筑设计等，工艺设计应考虑尽量排除或减少一切有毒、有害、易燃、易爆等不安全因素对人体的影响；产品设计应充分考虑产品的可靠性和安全性。总之，工程设计要满足人机工程的设计要求和其他安全要求。

（2）使用应严格按照设计规定的要求精心操作，坚决反对违章指挥、违章操作。特别要反对脱岗、睡岗、超负荷运转、任意拆除安全装置设施等不良行为。

（3）维护和检修是保障机械设备正常运转的重要环节。因此，应坚持日常维护、检修制度，把物的不安全状态消灭在萌芽状态，减少因机械设备的缺陷引发的事故。

六、从业人员的权利

《安全生产法》明确赋予了从业人员享有工伤保险和获得伤亡赔偿的权利，因生产安全事故受到损害的从业人员，除依法享有工伤社会保险外，依照有关民事法律尚有获得赔偿的权利的，有权向本单位提出赔偿要求。

从业人员享有对危险因素和应急措施的知情权：生产经营单位的从业人员有权了解其作业场所和工作岗位存在的危险因素、防范措施及事故应急措施，有权对本单位的安全生产工作提出建议。

从业人员享有批评检控权及拒绝违章指挥和强令冒险作业权：从业人员有权对本单位安全生产工作中存在的问题提出批评、检举、控告；有权拒绝违章指挥和强令冒险作业。生产经营单位不得因从业人员对本单位安全生产工作提出批评、检举、控告或者拒绝违章指挥、强令冒险作业而降低其工资、福利等待遇或者解除与其订立的劳动合同。

从业人员享有在紧急情况下停止作业和紧急撤离的权利：从业人员发现直接危及人身安全的紧急情况时，有权停止作业或者在采取可能的应急措施后撤离作业场所。

七、从业人员的义务

从业人员应履行的义务有：

(1)遵章守规，服从管理的义务，即从业人员在作业过程中，应当严格遵守本单位的安全生产规章制度和操作规程，服从管理，正确佩戴和使用劳动防护用品。

(2)接受安全生产教育和培训的义务，即从业人员应当接受安全生产教育和培训，掌握本职工作所需的安全生产知识，提高安全生产技能，增强事故预防和应急处理能力。

(3)发现不安全因素报告的义务，即从业人员发现事故隐患或者其他不安全因素，应当立即向现场安全生产管理人员或者本单位负责人报告；接到报告的人员应当及时予以处理。

(4)不消除周围易燃物，禁止动火。

(5)不按时作动火分析，禁止动火。

(6)没有消防措施，禁止动火。

第二节　安全生产教育培训的相关规定

一、安全生产教育培训

生产经营单位应当对从业人员进行安全生产教育和培训，保证从业人员具备必要的安全生产知识，熟悉有关的安全生产规章制度和安全操作规程，掌握本岗位的安全操作技能，了解事故应急处理措施，知悉自身在安全生产方面的权利和义务。未经安全生产教育和培训合格的从业人员，不得上岗作业。生产经营单位采用新工艺、新技术、新材料或者使用新设备，必须了解、掌握其安全技术特性，采取有效的安全防护措施，并对从业人员进行专门的安全生产教育和培训。生产经营单位使用被派遣劳动者的，应当将被派遣劳动者纳入本单位从业人员统一管理，对被派遣劳动者进行岗位安全操作规程和安全操作技能的教育和培训。劳务派遣单位应当对被派遣劳动者进行必要的安全生产教育和培训。生产经营单位接收中等职业学校、高等学校学生实习的,应当对实习学生进行相应的安全生产教育和培训,提供必要的劳动防护用品。学校应当协助生产经营单位对实习学生进行安全生产教育和培训。生产经营单位应当建立安全生产教育和培训档案,如实记录安全生产教育和培训的时间、内容、参加人员以及考核结果等情况。

(一)《生产经营单位安全培训规定》的相关规定

1. 总则

为加强和规范生产经营单位安全培训工作,提高从业人员安全素质,防范伤亡事故,减轻职业危害,根据安全生产法和有关法律、行政法规,制定《生产经营单位安全培训规定》。

工矿商贸生产经营单位(以下简称生产经营单位)从业人员的安全培训,适用本规定。

生产经营单位负责本单位从业人员安全培训工作。生产经营单位应当按照安全生产法和有关法律、行政法规和本规定,建立健全安全培训工作制度。

生产经营单位应当进行安全培训的从业人员包括主要负责人、安全生产管理人员、特种作业人员和其他从业人员。

生产经营单位使用被派遣劳动者的,应当将被派遣劳动者纳入本单位从业人员统一管理,对被派遣劳动者进行岗位安全操作规程和安全操作技能的教育和培训。劳务派遣单位应当对被派遣劳动者进行必要的安全生产教育和培训。

生产经营单位接收中等职业学校、高等学校学生实习的,应当对实习学生进行相应的安全生产教育和培训,提供必要的劳动防护用品。学校应当协助生产经营单位对实习学生进行安全生产教育和培训。

生产经营单位从业人员应当接受安全培训,熟悉有关安全生产规章制度和安全操作规程,具备必要的安全生产知识,掌握本岗位的安全操作技能,了解事故应急处理措施,知悉自身在安全生产方面的权利和义务。未经安全培训合格的从业人员,不得上岗作业。

国家应急管理部指导全国安全培训工作,依法对全国的安全培训工作实施监督管理。国务院有关主管部门按照各自职责指导监督本行业安全培训工作,并按照本规定制定实施办法。国家煤矿安全监察局指导监督检查全国煤矿安全培训工作。各级应急管理部门和煤矿安全监察机构(以下简称安全生产监管监察部门)按照各自的职责,依法对生产经营单位的安全培训工作实施监督管理。

2. 主要负责人、安全生产管理人员的安全培训

生产经营单位主要负责人和安全生产管理人员应当接受安全培训,具备与所从事的生产经营活动相适应的安全生产知识和管理能力。

生产经营单位主要负责人安全培训应当包括下列内容:

(1)国家安全生产方针、政策和有关安全生产的法律、法规、规章及标准。

(2)安全生产管理基本知识、安全生产技术、安全生产专业知识。

(3)重大危险源管理、重大事故防范、应急管理和救援组织以及事故调查处理的有关规定。

(4)职业危害及其预防措施。

(5)国内外先进的安全生产管理经验。

(6)典型事故和应急救援案例分析。

(7)其他需要培训的内容。

生产经营单位安全生产管理人员安全培训应当包括下列内容:

(1)国家安全生产方针、政策和有关安全生产的法律、法规、规章及标准。

(2)安全生产管理、安全生产技术、职业卫生等知识。

(3)伤亡事故统计、报告及职业危害的调查处理方法。

(4)应急管理、应急预案编制以及应急处置的内容和要求。

(5)国内外先进的安全生产管理经验。

(6)典型事故和应急救援案例分析。

(7)其他需要培训的内容。

提示

上述内容分别是生产经营单位主要负责人和安全生产管理人员的初次安全培训内容。对于已经取得上岗资格证书的主要负责人和安全生产管理人员,应每年进行再培训,再培训的内容包括:安全生产管理经验;安全生产的新知识、新技术;新知识、新技术和新颁布的法规、政策;有关安全生产的规章、政策、标准、规程、法律法规;典型事故案例。

生产经营单位主要负责人和安全生产管理人员初次安全培训时间不得少于32学时。每年再培训时间不得少于12学时。煤矿、非煤矿山、危险化学品、烟花爆竹、金属冶炼等生产经营单位主要负责人和安全生产管理人员初次安全培训时间不得少于48学时,每年再培训时间不得少于16学时。

生产经营单位主要负责人和安全生产管理人员的安全培训必须依照安全生产监管监察部门制定的安全培训大纲实施。非煤矿山、危险化学品、烟花爆竹、金属冶炼等生产经营单位主要负责人和安全生产管理人员的安全培训大纲及考核标准由国家应急管理部统一制定。煤矿主要负责人和安全生产管理人员的安全培训大纲及考核标准由国家煤矿安全监察局制定。煤矿、非煤矿山、危险化学品、烟花爆竹、金属冶炼以外的其他生产经营单位主要负责人和安全管理人员的安全培训大纲及考核标准,由省、自治区、直辖市应急管理部门制定。

链接

根据《安全生产培训管理办法》,安全培训应当按照规定的安全培训大纲进行。安全监管监察人员,危险物品的生产、经营、储存单位与非煤矿山、金属冶炼单位的主要负责人和安全生产管理人员、特种作业人员以及从事安全生产工作的相关人员的安全培训大纲,由国家安全监管总局组织制定。煤矿企业的主要负责人和安全生产管理人员、特种作业人员的培训大纲由国家煤矿安监局(现为国家矿山安监局)组织制定。除危险物品的生产、经营、储存单位和矿山、金属冶炼单位以外其他生产经营单位的主要负责人、安全生产管理人员及其他从业人员的安全培训大纲,由省级安全生产监督管理部门、省级煤矿安全培训监管机构组织制定。

3. 其他从业人员的安全培训

煤矿、非煤矿山、危险化学品、烟花爆竹、金属冶炼等生产经营单位必须对新上岗的临时工、合同工、劳务工、轮换工、协议工等进行强制性安全培训，保证其具备本岗位安全操作、自救互救以及应急处置所需的知识和技能后，方能安排上岗作业。

加工、制造业等生产单位的其他从业人员，在上岗前必须经过厂(矿)、车间(工段、区、队)、班组三级安全培训教育。生产经营单位应当根据工作性质对其他从业人员进行安全培训，保证其具备本岗位安全操作、应急处置等知识和技能。

生产经营单位新上岗的从业人员，岗前安全培训时间不得少于 24 学时。煤矿、非煤矿山、危险化学品、烟花爆竹、金属冶炼等生产经营单位新上岗的从业人员安全培训时间不得少于 72 学时，每年再培训的时间不得少于 20 学时。

厂(矿)级岗前安全培训内容应当包括：本单位安全生产情况及安全生产基本知识；本单位安全生产规章制度和劳动纪律；从业人员安全生产权利和义务；有关事故案例等。

煤矿、非煤矿山、危险化学品、烟花爆竹、金属冶炼等生产经营单位厂(矿)级安全培训除包括上述内容外，应当增加事故应急救援、事故应急预案演练及防范措施等内容。

车间(工段、区、队)级岗前安全培训内容应当包括：工作环境及危险因素；所从事工种可能遭受的职业伤害和伤亡事故；所从事工种的安全职责、操作技能及强制性标准；自救互救、急救方法、疏散和现场紧急情况的处理；安全设备设施、个人防护用品的使用和维护；本车间(工段、区、队)安全生产状况及规章制度；预防事故和职业危害的措施及应注意的安全事项；有关事故案例；其他需要培训的内容。

班组级岗前安全培训内容应当包括：岗位安全操作规程；岗位之间工作衔接配合的安全与职业卫生事项；有关事故案例；其他需要培训的内容。

提示

班组级安全教育培训由所在班组组织实施，由班组长、班组技术员、安全员对从业人员进行安全培训。进入班组的实习生，在实习期间不得单独安排上岗作业。

岗位安全教育培训是指在岗位连续工作时需进行的培训，包括专题安全教育培训、定期安全考试、日常安全教育培训。

(1) 专题安全教育培训是指针对某一具体问题进行的培训，常见的有事故案例培训、安全知识竞赛、“三新”安全教育培训等。

(2) 定期安全考试是指针对规章制度、安全工作规程、事故案例等进行定期考试，考试合格后才能上岗作业。

(3) 日常安全教育培训是指重点针对安全生产规章制度、安全操作规程、作业岗位安全风险、事故案例等进行培训，常见的有安全日活动、班前班后会等。

从业人员在本生产经营单位内调整工作岗位或离岗一年以上重新上岗时，应当重新接受车间(工段、区、队)和班组级的安全培训。生产经营单位实施新工艺、新技术、新材料或者使用新设备时，应当对有关从业人员重新进行有针对性的安全培训。

提示

原则上,应由车间级负责组织调整岗位和离岗后重新上岗的安全教育培训工作。

生产经营单位的特种作业人员,必须按照国家有关法律、法规的规定接受专门的安全培训,经考核合格,取得特种作业操作资格证书后,方可上岗作业。特种作业人员的范围和培训考核管理办法,另行规定。

链接

根据《安全生产培训管理办法》,国务院应急管理部负责省级以上安全生产监督管理部门的安全生产监管人员、各级煤矿安全监察机构的煤矿安全监察人员的考核;负责中央企业的总公司、总厂或者集团公司的主要负责人和安全生产管理人员的考核。省级安全生产监督管理部门负责市级、县级安全生产监督管理部门的安全生产监管人员的考核;负责省属生产经营单位和中央企业分公司、子公司及其所属单位的主要负责人和安全生产管理人员的考核;负责特种作业人员的考核。市级安全生产监督管理部门负责本行政区域内除中央企业、省属生产经营单位以外的其他生产经营单位的主要负责人和安全生产管理人员的考核。省级煤矿安全培训监管机构负责所辖区域内煤矿企业的主要负责人、安全生产管理人员和特种作业人员的考核。除主要负责人、安全生产管理人员、特种作业人员以外的生产经营单位的其他从业人员的考核,由生产经营单位按照省级安全生产监督管理部门公布的考核标准,自行组织考核。

4. 安全培训的组织实施

生产经营单位从业人员的安全培训工作,由生产经营单位组织实施。生产经营单位应当坚持以考促学、以讲促学,确保全体从业人员熟练掌握岗位安全生产知识和技能;煤矿、非煤矿山、危险化学品、烟花爆竹、金属冶炼等生产经营单位还应当完善和落实师傅带徒弟制度。

具备安全培训条件的生产经营单位,应当以自主培训为主;可以委托具备安全培训条件的机构,对从业人员进行安全培训。不具备安全培训条件的生产经营单位,应当委托具备安全培训条件的机构,对从业人员进行安全培训。生产经营单位委托其他机构进行安全培训的,保证安全培训的责任仍由本单位负责。

生产经营单位应当将安全培训工作纳入本单位年度工作计划。保证本单位安全培训工作所需资金。生产经营单位的主要负责人负责组织制定并实施本单位安全培训计划。

生产经营单位应当建立健全从业人员安全生产教育和培训档案,由生产经营单位的安全生产管理机构以及安全生产管理人员详细、准确记录培训的时间、内容、参加人员以及考核结果等情况。

生产经营单位安排从业人员进行安全培训期间,应当支付工资和必要的费用。

5. 监督管理

煤矿、非煤矿山、危险化学品、烟花爆竹、金属冶炼等生产经营单位主要负责人和安全生产管理人员，自任职之日起6个月内，必须经安全生产监管监察部门对其安全生产知识和管理能力考核合格。

安全生产监管监察部门依法对生产经营单位安全培训情况进行监督检查，督促生产经营单位按照国家有关法律法规和本规定开展安全培训工作。县级以上地方人民政府负责煤矿安全生产监督管理的部门对煤矿井下作业人员的安全培训情况进行监督检查。煤矿安全监察机构对煤矿特种作业人员安全培训及其持证上岗的情况进行监督检查。

各级安全生产监管监察部门对生产经营单位安全培训及其持证上岗的情况进行监督检查，主要包括以下内容：

(1)安全培训制度、计划的制定及其实施的情况。

(2)煤矿、非煤矿山、危险化学品、烟花爆竹、金属冶炼等生产经营单位主要负责人和安全生产管理人员安全培训以及安全生产知识和管理能力考核的情况；其他生产经营单位主要负责人和安全生产管理人员培训的情况。

(3)特种作业人员操作资格证持证上岗的情况。

(4)建立安全生产教育和培训档案，并如实记录的情况。

(5)对从业人员现场抽考本职工作的安全生产知识。

(6)其他需要检查的内容。

安全生产监管监察部门对煤矿、非煤矿山、危险化学品、烟花爆竹、金属冶炼等生产经营单位的主要负责人、安全管理人员应当按照本规定严格考核。考核不得收费。安全生产监管监察部门负责考核的有关人员不得玩忽职守和滥用职权。

安全生产监管监察部门检查中发现安全生产教育和培训责任落实不到位、有关从业人员未经培训合格的，应当视为生产安全事故隐患，责令生产经营单位立即停止违法行为，限期整改，并依法予以处罚。

6. 罚则

生产经营单位有下列行为之一的，由安全生产监管监察部门责令其限期改正，可以处1万元以上3万元以下的罚款：

(1)未将安全培训工作纳入本单位工作计划并保证安全培训工作所需资金的。

(2)从业人员进行安全培训期间未支付工资并承担安全培训费用的。

生产经营单位有下列行为之一的，由安全生产监管监察部门责令其限期改正，可以处5万元以下的罚款；逾期未改正的，责令停产停业整顿，并处5万元以上10万元以下的罚款，对其直接负责的主管人员和其他直接责任人员处1万元以上2万元以下的罚款：

(1)煤矿、非煤矿山、危险化学品、烟花爆竹、金属冶炼等生产经营单位主要负责人和安全管理人员未按照规定经考核合格的。

(2)未按照规定对从业人员、被派遣劳动者、实习学生进行安全生产教育和培训或者未如实告知其有关安全生产事项的。

(3)未如实记录安全生产教育和培训情况的。

(4)特种作业人员未按照规定经专门的安全技术培训并取得特种作业人员操作资格证书，上岗作业的。

链接

2021 年 9 月 1 日起实施的《安全生产法》，加大了处罚力度。生产经营单位有下列行为之一的，责令限期改正，处 10 万元以下的罚款；逾期未改正的，责令停产停业整顿，并处 10 万元以上 20 万元以下的罚款，对其直接负责的主管人员和其他直接责任人员处 2 万元以上 5 万元以下的罚款：

（1）未按照规定设置安全生产管理机构或者配备安全生产管理人员、注册安全工程师的。

（2）危险物品的生产、经营、储存、装卸单位以及矿山、金属冶炼、建筑施工、运输单位的主要负责人和安全生产管理人员未按照规定经考核合格的。

（3）未按照规定对从业人员、被派遣劳动者、实习学生进行安全生产教育和培训，或者未按照规定如实告知有关的安全生产事项的。

（4）未如实记录安全生产教育和培训情况的。

（5）未将事故隐患排查治理情况如实记录或者未向从业人员通报的。

（6）未按照规定制定生产安全事故应急救援预案或者未定期组织演练的。

（7）特种作业人员未按照规定经专门的安全作业培训并取得相应资格，上岗作业的。

县级以上地方人民政府负责煤矿安全生产监督管理的部门发现煤矿未按照本规定对井下作业人员进行安全培训的，责令限期改正，处 10 万元以上 50 万元以下的罚款；逾期未改正的，责令停产停业整顿。

煤矿安全监察机构发现煤矿特种作业人员无证上岗作业的，责令限期改正，处 10 万元以上 50 万元以下的罚款；逾期未改正的，责令停产停业整顿。

安全生产监管监察部门有关人员在考核、发证工作中玩忽职守、滥用职权的，由上级安全生产监管监察部门或者行政监察部门给予记过、记大过的行政处分。

7. 附则

生产经营单位主要负责人是指有限责任公司或者股份有限公司的董事长、总经理，其他生产经营单位的厂长、经理、（矿务局）局长、矿长（含实际控制人）等。

生产经营单位安全生产管理人员是指生产经营单位分管安全生产的负责人、安全生产管理机构负责人及其管理人员，以及未设安全生产管理机构的生产经营单位专、兼职安全生产管理人员等。

生产经营单位其他从业人员是指除主要负责人、安全生产管理人员和特种作业人员以外，该单位从事生产经营活动的所有人员，包括其他负责人、其他管理人员、技术人员和各岗位的工人以及临时聘用的人员。

省、自治区、直辖市应急管理部门和省级煤矿安全监察机构可以根据本规定制定实施细则，报应急管理部和国家煤矿安全监察局备案。

（二）《特种作业人员安全技术培训考核管理规定》的相关规定

1. 总则

为了规范特种作业人员的安全技术培训考核工作，提高特种作业人员的安全技术水平，防止和减少伤亡事故，根据《安全生产法》《行政许可法》等有关法律、行政法规，制定本规定。

生产经营单位特种作业人员的安全技术培训、考核、发证、复审及其监督管理工作，适用《特种作业人员安全技术培训考核管理规定》。

特种作业是指容易发生事故，对操作者本人、他人的安全健康及设备、设施的安全可能造成重大危害的作业。特种作业的范围由特种作业目录规定。特种作业人员，是指直接从事特种作业的从业人员。

链接

特种作业的种类：

（1）电工作业。例如，高压电工作业、低压电工作业、防爆电气作业。

（2）焊接与热切割作业。例如，熔化焊接与热切割作业、压力焊作业、钎焊作业。

（3）高处作业。例如，登高架设作业，高处安装、维护、拆除作业。

（4）制冷与空调作业。例如，制冷与空调设备运行操作作业、制冷与空调设备安装修理作业。

（5）煤矿安全作业。例如，煤矿井下电气作业、煤矿井下爆破作业、煤矿安全监测监控作业。

（6）金属非金属矿山安全作业。例如，金属非金属矿井通风作业、尾矿作业、金属非金属矿山安全检查作业、金属非金属矿山提升机操作作业。

（7）石油天然气安全作业。

（8）冶金（有色）生产安全作业。

（9）危险化学品安全作业。例如，光气及光气化工艺作业、氯碱电解工艺作业、氯化工艺作业。

（10）烟花爆竹安全作业。例如，烟火药制造作业、黑火药制造作业、引火线制造作业、烟花爆竹储存作业。

（11）应急管理部认定的其他作业。

特种作业人员必须经专门的安全技术培训并考核合格，取得《中华人民共和国特种作业操作证》（以下简称特种作业操作证）后，方可上岗作业。

特种作业人员的安全技术培训、考核、发证、复审工作实行统一监管、分级实施、教考分离的原则。

对特种作业人员安全技术培训、考核、发证、复审工作中的违法行为，任何单位和个人均有权向安全监管总局、煤矿安监局和省、自治区、直辖市及设区的市人民政府安全生产监督管理部门、负责煤矿特种作业人员考核发证工作的部门或者指定的机构举报。

2. 培训

特种作业人员应当接受与其所从事的特种作业相应的安全技术理论培训和实际操作培训。已经取得职业高中、技工学校及中专以上学历的毕业生从事与其所学专业相应的特种作业，持学历证明经考核发证机关同意，可以免予相关专业的培训。跨省、自治区、直辖市从业的特种作业人员，可以在户籍所在地或者从业所在地参加培训。

对特种作业人员的安全技术培训，具备安全培训条件的生产经营单位应当以自主培训为主，也可以委托具备安全培训条件的机构进行培训。不具备安全培训条件的生产经营单位，应当委托具备安全培训条件的机构进行培训。生产经营单位委托其他机构进行特种作业人员安全技术培训的，保证安全技术培训的责任仍由本单位负责。

从事特种作业人员安全技术培训的机构（以下统称培训机构），应当制定相应的培训计划、教学安排，并按照安全监管总局、煤矿安监局制定的特种作业人员培训大纲和煤矿特种作业人员培训大纲进行特种作业人员的安全技术培训。

3. 考核发证

特种作业人员的考核包括考试和审核两部分。考试由考核发证机关或其委托的单位负责；审核由考核发证机关负责。

考核发证机关委托承担特种作业操作资格考试的单位应当具备相应的场所、设施、设备等条件，建立相应的管理制度，并公布收费标准等信息。

对已经受理的申请，考核发证机关应当在20个工作日内完成审核工作。符合条件的，颁发特种作业操作证；不符合条件的，应当说明理由。

特种作业操作证有效期为6年，在全国范围内有效。特种作业操作证由安全监管总局统一式样、标准及编号。

特种作业操作证遗失的，应当向原考核发证机关提出书面申请，经原考核发证机关审查同意后，予以补发。特种作业操作证所记载的信息发生变化或者损毁的，应当向原考核发证机关提出书面申请，经原考核发证机关审查确认后，予以更换或者更新。

4. 复审

特种作业操作证每3年复审1次。特种作业人员在特种作业操作证有效期内，连续从事本工种10年以上，严格遵守有关安全生产法律法规的，经原考核发证机关或者从业所在地考核发证机关同意，特种作业操作证的复审时间可以延长至每6年1次。

特种作业操作证需要复审的，应当在期满前60日内，由申请人或者申请人的用人单位向原考核发证机关或者从业所在地考核发证机关提出申请，并提交下列材料：社区或者县级以上医疗机构出具的健康证明；从事特种作业的情况；安全培训考试合格记录。特种作业操作证有效期届满需要延期换证的，应当按照前款的规定申请延期复审。

特种作业操作证申请复审或者延期复审前，特种作业人员应当参加必要的安全培训并考试合格。安全培训时间不少于8个学时，主要培训法律、法规、标准、事故案例和有关新工艺、新技术、新装备等知识。

申请复审的，考核发证机关应当在收到申请之日起20个工作日内完成复审工作。复审合格的，由考核发证机关签章、登记，予以确认；不合格的，说明理由。申请延期复审的，经复审合格后，由考核发证机关重新颁发特种作业操作证。

特种作业人员有下列情形之一的，复审或者延期复审不予通过：

（1）健康体检不合格的。

（2）违章操作造成严重后果或者有2次以上违章行为，并经查证确实的。

（3）有安全生产违法行为，并给予行政处罚的。

（4）拒绝、阻碍安全生产监管监察部门监督检查的。

(5)未按规定参加安全培训,或者考试不合格的。

(6)具有规定的其他情形的。

特种作业操作证复审或者延期复审符合规定情形的,按照规定经重新安全培训考试合格后,再办理复审或者延期复审手续。再复审、延期复审仍不合格,或者未按期复审的,特种作业操作证失效。

申请人对复审或者延期复审有异议的,可以依法申请行政复议或者提起行政诉讼。

5. 监督管理

考核发证机关或其委托的单位及其工作人员应当忠于职守、坚持原则、廉洁自律,按照法律、法规、规章的规定进行特种作业人员的考核、发证、复审工作,接受社会的监督。

离开特种作业岗位6个月以上的特种作业人员,应当重新进行实际操作考试,经确认合格后方可上岗作业。

生产经营单位应当加强对本单位特种作业人员的管理,建立健全特种作业人员培训、复审档案,做好申报、培训、考核、复审的组织工作和日常的检查工作。

生产经营单位不得印制、伪造、倒卖特种作业操作证,或者使用非法印制、伪造、倒卖的特种作业操作证。特种作业人员不得伪造、涂改、转借、转让、冒用特种作业操作证或者使用伪造的特种作业操作证。

二、安全检查与整改制度

安全检查是依据党和国家有关安全生产的方针、政策、法规、标准,以及企业的规章制度,结合企业自身的生产特点,对劳动过程中的安全进行经常性的、突击性的或者专业性的检查活动。

(1)安全检查的内容包括软件和硬件两部分,主要是:

①查领导:是否对安全有正确认识;关心职工安全健康;重视安全工作;正确处理安全与生产、效益关系;坚持“三同时”“五同时”“四不放过”原则;安全投入保证等。

②查思想:是否牢固树立“安全第一、预防为主、综合治理”的思想。

③查制度:是否有完善的安全管理制度和操作规程,并严格执行。

④查管理:是否有安全组织、安全网络、全员管理、目标管理、全过程管理等。

⑤查隐患:查生产现场、管理上的漏洞,人的不安全行为和物的不安全状态。

(2)安全检查应本着突出重点的原则,对于危险性大、易发事故、事故危害大的生产系统、部位装置、设备等应加强检查。

(3)安全检查的组织形式要根据检查的目的和内容而定。常规形式有:

①综合性安全大检查:企业领导亲自组织,各级职能部门领导和技术人员参加的安全大检查。

②季节性、节假日前安全大检查:根据季节性特点,由公司安全管理部门组织有关职能部门参加的,如春季防雷,夏季防汛、防触电,秋季防火、防静电,冬季防冻、防滑等安全大检查。

③专业性安全大检查:以专业管理部门和技术人员(或聘请专家)为主体的组织形式开展安全检查评估活动。

④月查、周查和日巡查:车间、班组等基层单位组织的月检查、周检查和日常巡回安全检查等。

⑤自查:以员工为主体的自查形式。

(4)安全检查发现问题的处理。

检查的目的在于发现问题、解决问题,应该在检查过程中或以后,发动员工及时整改。整改应实行“三定、四不推”的原则(即“三定”:定措施、定时间、定责任人;“四不推”:班组能解决的不推到工段、工段能解决的不推到车间、车间能解决的不推到公司、公司能解决的不推到上级)。对于一些长期危害职工安全健康的重大隐患,整改措施应件件有交代,条条有落实。为了督促部门搞好事故隐患整改工作,常用《事故隐患整改通知书》,指定被查单位限期整改。

第十六章　安全生产检查与隐患排查治理

第一节　安全生产检查

企业的任何生产过程都会伴随一定的不安全因素。为减少生产安全事故的发生，就必须预测可能发生事故的各种不安全因素（危险因素），针对这些不安全因素，制订防范措施。而安全检查及检查所使用的安全检查表就是发现不安全因素（危险因素）的手段和工具，是最基础、最简便的识别潜在不安全因素（潜在的危险因素）的方法之一。

一、安全生产检查的目的

安全生产检查是建立良好的安全生产作业环境和秩序的重要手段之一。安全生产检查的目的在于发现不安全因素（危险因素）的存在的状况，如装置、设备、设施、工具、附件等的潜在不安全因素状况、不安全的作业环境场所条件、不安全的作业职工行为和操作潜在危险，以利采取防范措施，防止或减少伤亡事故的发生。

二、安全生产检查的内容

安全生产检查的内容很多，大致有如下三个方面：

（1）检查企业是否建立健全了安全生产组织和安全生产责任制，是否贯彻“五同时”（即在计划、布置、检查、总结、评比生产工作的同时，计划、布置、检查、总结、评比安全工作）、“三同时”（即在新建、扩建、改建工程项目时，与安全防范保护措施同时设计、同时施工、同时投入生产和使用），对职工伤亡事故的调查报告和处理中是否坚持了“四不放过”的原则、企业各项规章制度（如安全培训、教育制度、各级岗位责任制、各工种安全操作规程等）是否健全完善、是否严格执行，企业安全技术措施经费有无保证等。

（2）检查企业生产作业现场环境及设备、物质（原材物料）的状态，即查企业作业环境及劳动条件、生产设备及相应的安全防护设施是否符合安全标准的要求。如查各种设备、设施的安全运行和维修情况，查原材料使用及有毒有害气体、蒸汽、粉尘等引发安全事故的防范措施，查电气、锅炉、压力容器、各种工业气瓶的使用状况，查易燃易爆物料和有毒有害物料的贮存、运输和使用情况，查个人防护用品的使用是否符合安全防护标准，以及通风、照明、安全通道、安全出口等作业环境、劳动条件是否符合相关安全防护的标准。

（3）检查企业作业职工是否有不安全行为，如作业职工是否按相关工种的安全操作规程操作，操作时的动作是否符合安全要求等。

典型例题

【单选题】某负有安全生产管理职责的部门在对 10 kV 高压配电室进行防火防爆专项检查时发现，该配电室未设置电气火灾监控探测器，地面绝缘垫不符合防火要求，电缆进出口未做封堵，室内灰尘较多，灭火器数量不足等现象。下列整改措施中，符合防火防爆要求的是（　　）。

A. 设置接触式测温电气火灾监控探测器　　B. 按照面积配置要求，增配 CO_2 灭火器

C. 室内进行通风增湿，做好降尘除尘　　D. 更换绝缘垫，使用 b1 级橡胶绝缘垫

D。【解析】保护对象为 1 kV 及以下的配电线路，测温式电气火灾监控探测器应采用接触式布置；保护对象为 1 kV 以上的供电线路，测温式电气火灾监控探测器宜选择光栅光纤测温式或红外测温式电气火灾监控探测器，光栅光纤测温式电气火灾监控探测器应直接设置在保护对象的表面。故选项 A 错误。二氧化碳本身不导电，无污染，是电气设备灭火的首选灭火器，但当电压超过 600 V 时，会将二氧化碳击穿，存在安全隐患，因此高压配电室不能使用二氧化碳灭火器。故选项 B 错误。配电室宜采用自然通风。设置在地下或地下室的变、配电所，宜装设除湿、通风换气设备；控制室和值班室宜设置空气调节设施。故选项 C 错误。

从我国近 50 年来所发生的死亡事故统计资料来看，其中由于作业职工违反操作规程、误操作和环境条件、设备、工具、附件、工艺流程有缺陷造成的伤亡事故占事故总数的 60% 以上，因此，安全检查的重点应放在不安全的物质状态（含机械设备、设施、使用的原材物料等）和人的不安全行为上，找出其不安全因素（危险因素），进行安全防范措施的整改。

总的来说，安全生产检查的内容主要包括软件系统和硬件系统。软件系统主要是查思想、查意识、查制度、查管理、查事故处理、查隐患、查整改。硬件系统主要是查生产设备、查作业环境、查安全设施、查辅助设施。

对于非矿山企业和矿山企业的强制性检查项目，下面以典型例题的形式进行讲解。

典型例题

【单选题】某企业是一家食品机械设备加工企业，有焊接、机加工、装配、调试车间以及锅炉房、配电房等辅助设施。该企业必须进行强制性检查的项目是（　　）。

A. 焊接车间的噪声　　B. 机加工车间的温度

C. 装配车间的固定式 5 t 电动葫芦　　D. 锅炉房的常压热水锅炉

C。【解析】对于非矿山企业，国家规定要求强制性检查的项目有：压力容器、压力管道、锅炉、起重机、施工升降机、电梯、自动扶梯、客运索道、游艺机、游乐设施、防爆电器以及作业场所的噪声、粉尘、振动、辐射、温度（高温、低温）和有毒物质的浓度等。承重形式固定的电动葫芦属于特种设备中的起重机械。对于矿山企业，国家有关规定要求强制性检查的项目有：矿山放射性物质及其他有毒有害物质；电器安全保护装置、防爆电器；矿井风量、风质、风速；井下温度、湿度、噪声；瓦斯、粉尘；瓦斯抽放设备、起重设备、压缩气体设备、提升设备、运输设备、排水设备、通风设备；防尘口罩、面罩；防噪声耳塞、耳罩；露天矿山边坡；尾矿坝；瓦斯、粉尘及其他有毒有害物质检测仪器、仪表；安全帽；自救器；救护设备；钢丝绳、矿灯；防护服、防护鞋等。

三、安全生产检查的方法

（一）常规检查

常规检查是常见的一种检查方法。通常是由安全管理人员作为检查工作的主体，到作业场所现场，通过感观或辅助一定的简单工具、仪表等，对作业人员的行为、作业场所的环境条件、生产设备设施等进行的定性检查。安全检查人员通过这一手段，及时发现现场存在的不安全隐患并采取措施予以消除，纠正施工人员的安全行为。

这种方法完全依靠安全检查人员的经验和能力，检查的结果直接受安全检查人员个人素质的影响。因此，对安全检查人员要求较高。

（二）安全检查表法

为使安全检查工作更加规范，将个人的行为对检查结果的影响减少到最小，常采用安全检查表法。

安全检查表是为了系统地找出系统中的不安全因素，事先把系统加以剖析，列出各层次的不安全因素，确定检查项目。并把检查项目按系统的组成顺序编制成表，以便进行检查或评审，这种表就叫作安全检查表。

安全检查表应列举需查明的所有会导致事故的不安全因素。每个检查表均需注明检查时间、检查者、直接负责人等，以便分清责任。

（三）仪器检查法

机器、设备内部的缺陷及作业环境条件的真实信息或定量数据，只能通过仪器检查法来进行定量化的检验与测量，才能发现不安全隐患，从而为后续整改提供信息。因此必要时需要实施仪器检查。由于被检查对象不同，检查所用的仪器和手段也不同。

（四）数据分析法

对于具有在线数据检测系统的机器、设备、系统等，通过数据的变化趋势分析进行安全检查。

四、安全生产检查的形式

安全生产检查的形式可分为日常性检查（经常性检查）、专业（项）性检查、季节性检查、节假日前后的检查、定期检查、不定期的特种检查以及综合性检查等。

（一）日常安全检查

日常安全检查是指按企业制订的检查制度每天都进行的、贯穿生产过程的安全检查。如生产岗位的班组长和作业职工应严格履行交接班检查和班中巡回检查，非生产岗位的班组长和作业职工应依据岗位特点，在作业前和作业中进行检查。各级领导和各级安全生产管理人员应在各自业务范围内，经常深入作业现场，进行安全检查，发现不安全问题及时督促有关部门解决。

（二）专业（项）性安全检查

对易发生安全事故的特种设备、特殊场所或特殊操作工序，除综合性检查外，还应组织有关专业技术人员、管理人员、操作职工或委托有资格的相关专业技术检查评价单位，进行安全检查。应明确重点、手段、方法，如对电气焊、起重、运输车辆、锅炉及各种压力容器、各种反应罐(釜)、易燃、易爆场所等。必要时要对某些设备或操作进行长时间的观察和检查,对相关设备运行情况、作业职工操作情况、调试及维修等情况、安全防护措施及个人防护用品使用情况等进行连续检查,以确保其防护功能。发现问题及时纠正,采取相应的防范措施。

(三)季节性安全检查

根据季节特点对企业安全的影响,由安技部门组织相关人员进行的检查。如春节前后以防火、防爆为主要内容,夏季以防暑降温为主要内容,雨季以防雷、防静电、防触电、防洪、防建筑物倒塌为主要内容,冬季以防寒、保暖为主要内容的检查。

(四)节假日前后的安全检查

节假日前,要针对职工思想不集中、精力分散,提示注意的综合安全检查。节后要进行遵章守纪的检查,防止人的不安全行为而造成事故。

(五)定期检查

通常情况下,应由生产经营单位根据确定的检查周期有计划、有组织、有目的地进行安全生产检查,如年度检查、月度检查等。

(六)不定期的特种检查

由于新建、改建、扩建工程的新作业环境条件、新工艺、新设备等可能会带来新的不安全因素(危险因素),在这些设备、设施投产前后的时间内进行的检查;竣工验收检查;工程项目开工前的“类比”预先安全检查;检修中、检修后的试运转检查。

(七)综合性检查

通常情况下,由上级主管部门组织对生产单位进行的安全生产检查,以全面了解被检查单位的安全生产状况。

五、安全生产检查的组织、领导及人员组成

依据安全生产检查的规模、内容和要求,以企业安技部门为主建立适应检查需要的临时组织(安技部门是企业安全生产委员会的常务办事机构,又是企业负责安技的行政监督及管理业务部门)。若是全厂性的安全检查,应由主要领导组织安技、保卫、工会等有关部门的专业技术人员、有经验的职工参加,并分别组织若干安全检查组,深入现场、基层,依靠广大职工,坚持领导与群众相结合的原则,进行检查。如果不是大规模的,可由企业各级领导,安技部门组织的专业技术人员,有经验的作业职工及相关部门参加组成三结合的安全检查。参加检查的人必须是有较高的专业技术知识,又懂安全技术,并有丰富实践经验的操作人员。人员要少而精,杜绝走过场,要扎实工作,能发现不安全因素的问题所在,能找出原因及提出解决问题的初步意见。

六、安全生产检查的工作步骤

(一)安全生产检查的准备

为使安全生产检查达到预期效果,必须做好充分准备,准备工作内容主要包括:确定安全生产检查的目的、任务和对象;挑选检查人员并进行培训;制定安全生产检查计划,并确定安全生产检查的内容、方法、工作步骤;编制安全生产检查提纲或者安全生产检查表;

准备安全生产检查必需的仪器、工具等；针对检查项目，学习相关法规、政策、标准、规程等文件；分析、了解检查对象的生产情况、危害情况以及工艺流程等信息。

（二）安全生产检查的实施

安全生产检查人员可通过现场观察、仪器测量、查阅文件和记录、访谈等形式进行安全生产检查。

（三）安全生产检查情况的综合分析

通常情况下，生产经营单位自行组织进行安全生产检查后，由安全管理部门会同其他相关部门对安全生产检查情况进行综合分析；上级主管部门或者负有安全生产监督管理职责的政府部门组织进行安全生产检查后，由安全生产检查组给出安全生产检查结论或意见。

（四）安全生产检查的结果反馈

安全生产检查的结果反馈可采用书面反馈和现场反馈等形式。上级主管部门或者负有安全生产监督管理职责的政府部门组织的安全生产检查，一般采用书面反馈形式将检查结论或意见反馈给被检查对象。

（五）提出整改措施和要求

通常情况下，生产经营单位自行组织的安全生产检查，由安全管理部门会同其他相关部门共同制定相应的整改措施并组织实施；上级主管部门或者负有安全生产监督管理职责的政府部门组织的安全生产检查，由安全生产检查组提出整改要求，生产经营单位制定相应的整改措施并组织实施。

（六）安全生产问题隐患的整改落实

生产经营单位应建立安全生产问题隐患台账，定期跟踪安全生产隐患的整改落实情况，确保隐患按要求整改完成，形成隐患整改的闭环管理。

（七）信息反馈和持续改进

对安全生产检查问题隐患进行整改落实后，应组织对整改落实情况进行复查或验收。生产经营单位应从各个环节入手，持续改进安全生产问题，提高安全生产管理水平，防范生产安全事故的发生。

七、安全生产检查应注意的事项

进行安全生产检查时，应注意以下事项：

（1）将自查与互查有机结合起来。基层以自查为主，行业（或分区、片）互相检查，相互取长补短，相互学习、借鉴。

（2）坚持检查与整改相结合。检查中发现的不安全因素，要根据检查记录进行整理和分析，采取整改措施。应分情况处理，一时难以整改的，要采取切实有效的防范措施。

（3）制定和建立安全档案，收集基本数据，掌握基本安全情况，实现安全事故隐患及不安全因素源点的动态管理，为及时消除事故隐患（潜在危险因素）提供数据，同时为以后的安全检查奠定基础。

安全生产检查是企业（行业）安全管理的一种既简便又行之有效的一种方法。而安全生产检查的记录，是对企业安全工作作出评价的依据，是企业（行业）对安全工作实行现代化管理的基础资料。

第二节　安全生产检查表

实践证明，安全生产检查的最有效工具是安全生产检查表。它是为检查某些系统的安全状况而事先制定的问题清单。为了使检查表能全面查出不安全因素，又便于操作，根据安全生产检查的需要、目的、被检查的对象，可编制多种类型的相对通用的安全生产检查表，如项目工程设计审查用的安全生产检查表，项目工程竣工验收用的安全生产检查表，企业综合安全管理状况的安全生产检查表，企业主要危险设备、设施的安全生产检查表，不同专业类型的安全生产检查表，面向车间、工段、岗位不同层次的安全生产检查表等。制订安全生产检查表的人员应当是熟悉该系统或该专业的安全技术法规、标准和安全操作规程的工程技术人员、作业职工等。按照安全生产检查表进行安全生产检查，可提高检查质量，防止漏掉主要的不安全因素(危险因素)。安全生产检查表的制定、使用、修改、完善的过程，实际是对安全工作的不断总结提高的过程。

一、安全生产检查表的编制依据

进行安全生产检查表编制时，应当依据下列内容：

(1)国家、地方的相关安全法规、政策、规程、规范和标准，行业、企业的规章制度、标准及企业安全生产操作规程。

(2)上级、行业和单位(企业)领导对安全生产的要求。

(3)国内外行业、企业事故统计案例，经验教训。结合本企业的实际情况，有可能导致事故的危险因素。

(4)行业及企业安全生产的经验，特别是本企业安全生产的实践经验，引发事故的各种潜在不安全因素及成功杜绝或减少事故发生的经验。

(5)系统安全分析的结果，即是为防止重大事故的发生而采用事故树分析方法，对系统进行分析得出能导致引发事故的各种不安全因素的基本事件，作为防止事故控制点源列入安全生产检查表。

二、编制安全生产检查表应注意的问题

安全生产检查表要力求系统完整，不漏掉任何能引发事故的危险关键因素，因此，编制安全生产检查表应注意如下问题：

(1)检查表内容要重点突出，简繁适当，有启发性。

(2)各类检查表的项目、内容，应针对不同被检查对象有所侧重，分清各自职责内容，尽量避免重复。

(3)检查表的每项内容要定义明确，便于操作。

(4)检查表的项目、内容能随工艺的改造、设备的变动、环境的变化和生产异常情况的出现而不断修订、变更和完善。

(5)凡能导致事故的一切不安全因素都应列出，以确保各种不安全因素能及时被发现或消除。

（6）实施安全生产检查表应依据其适用范围，并经各级领导审批。检查人员检查后应签字，对查出的问题要及时反馈到各相关部门并落实整改措施，做到责任明确。

三、安全生产检查表的种类

根据检查的周期不同，可分为定期安全生产检查表和不定期安全生产检查表。

根据检查的作用不同，可分为提示（提醒）型安全生产检查表和规范型安全生产检查表。

根据检查的对象不同，可分为项目设计审查、竣工验收、专业检查、厂级安全生产检查、车间安全生产检查、工段或岗位安全生产检查等安全生产检查表。

四、安全生产检查表的内容

安全生产检查表的内容决定其应用的针对性和效果。安全生产检查表必须包括系统的全部主要检查部位，不能忽略主要的、潜在不安全因素，应从检查部位中引申和发掘与之有关的其他潜在危险因素。每项检查要点，要定义明确，便于操作。安全生产检查表的格式内容应包括分类、项目、检查要点、检查情况和处理、检查日期及检查者。通常情况下检查项目内容及检查要点要用提问方式列出。检查情况用“是”“否”或者用“√”“×”表示。

安全生产检查表项目大致可分以下几类：

（1）设计审查用安全生产检查表。主要用于设计人员和安全监察人员及安全评价人员在设计审核时，对企业生产性建设和技改工程项目进行设计审核时使用。也可作为“三同时”的安全预评价审核的依据。其主要内容应包括：

①平面布置。

②装置、设备、设施工艺流程的安全性。

③机械设备设施的可靠性。

④主要安全装置与设备设施布置及操作的安全性。

⑤消防设施与消防器材。

⑥防尘防毒设施、措施的安全性。

⑦危险物质的储存、运输、使用。

⑧通风、照明、安全通道等方面。

这些内容，要求系统、全面、明了，符合安全防护措施规范和标准，并按一定格式的要求列成表格。

（2）企业（厂级）安全生产检查表。主要用于全厂性安全生产检查和安全生产动态的检查，为安全监察部门进行日常安全检查和 24 h 安全巡回检查时使用。其主要内容包括：

①各生产设备、设施、装置、装备的安全可靠性，各个系统的重点不安全部位和不安全点（源）。

②主要安全设备、装置与设施的灵敏性、可靠性。

③危险物质的储存与使用。

④消防和防护设施的完整可靠性。

⑤作业职工操作管理及遵章守纪等。

检查要突出重点部位的危险因素源点及影响大的不安全状态和不安全行为，按一定格式要求列成表格。

(3)各专业性安全生产检查表。主要用于专业性的安全生产检查或特种设备的安全生产检验，如防火防爆、防尘防毒、防冻防凝、防暑降温、压力容器、锅炉、工业气瓶、配电装置、起重设备、机动车辆、电气焊等。检查表的内容应符合专业安全技术防护措施要求，如设备结构的安全性、设备安装的安全性、设备运行的安全性及运行参数指标的安全性、安全附件和报警信号装置的安全可靠性、安全操作的主要要求及特种作业人员的安全技术考核等。按一定格式要求列成表格。

五、安全生产检查表应用中应注意的问题

为了取得预期目的，应用安全生产检查表时，应注意以下几个问题：

(1)各类安全生产检查表都有适用对象，不宜通用。如专业检查表与日常定期检查表要有区别。专业检查表应详细、突出专业设备安全参数的定量界限，而日常检查表尤其是岗位检查表应简明扼要，突出关键和重点部位。

(2)应用安全生产检查表实施检查时，应落实安全生产检查人员。企业厂级日常安全生产检查，可由安技部门现场人员和安全监督巡检人员会同有关部门联合进行。车间的安全生产检查，可由车间主任或指定车间安全员检查。岗位安全生产检查一般指定专人进行。检查后应签字并提出处理意见备查。

(3)为保证检查的有效定期实施，应将检查表列入相关安全生产检查管理制度，或制定安全生产检查表的实施办法。如把安全生产检查表和巡回检查制度结合起来，列入安全例会制度、定期检查工作制度或班组交接班制度中。

(4)应用安全生产检查表检查，必须注意信息的反馈及整改。对查出的问题，凡是检查者当时能督促整改和解决的应立即解决；当时不能整改和解决的应进行反馈登记、汇总分析，由有关部门列入计划安排解决。

(5)应用安全生产检查表检查，必须按编制的内容，逐项目、逐内容、逐点检查。有问必答，有点必检，按规定的符号填写清楚。为系统分析及安全评价提供可靠准确的依据。

第三节 隐患排查治理

隐患排查治理是指对高危行业等重点行业的排查治理。按照国务院的通知，在重点行业和领域开展安全生产隐患排查治理专项行动。通过开展隐患排查治理专项行动，进一步落实企业的安全生产主体责任。

《安全生产法》规定，生产经营单位应当建立安全风险分级管控制度，按照安全风险分级采取相应的管控措施。生产经营单位应当建立健全并落实生产安全事故隐患排查治理制度，采取技术、管理措施，及时发现并消除事故隐患。事故隐患排查治理情况应当如实记录，并通过职工大会或者职工代表大会、信息公示栏等方式向从业人员通报。其中，重大事故隐患排查治理情况应当及时向负有安全生产监督管理职责的部门和职工大会或者

职工代表大会报告。县级以上地方各级人民政府负有安全生产监督管理职责的部门应当将重大事故隐患纳入相关信息系统，建立健全重大事故隐患治理督办制度，督促生产经营单位消除重大事故隐患。

提示

生产经营单位应构建安全风险分级管控和隐患排查治理双重预防机制（简称“双重预防机制”），可先通过危险源辨识、安全风险评估，采取对应的安全管控措施，使危险源得到有效控制；若安全管控措施失效，可通过隐患排查治理工作，将风险再次控制在可接受程度。

《国务院关于进一步加强企业安全生产工作的通知》中指出，企业要经常性开展安全隐患排查，并切实做到整改措施、责任、资金、时限和预案“五到位”。建立以安全生产专业人员为主导的隐患整改效果评价制度，确保整改到位。对隐患整改不力造成事故的，要依法追究企业和企业相关负责人的责任。对停产整改逾期未完成的不得复产。

隐患排查治理专项行动的范围主要包括：煤矿、金属非金属矿山、石油、化工、烟花爆竹、冶金、有色、建筑施工、民爆器材、电力等工矿企业；道路交通、水运、铁路、民航等交通运输企业；渔业、农机、水利等单位；人员密集场所；以及其他行业和领域近年来发生重特大事故的单位。

一、工作要求

进行隐患排查治理工作的要求如下：

（1）加强领导，落实责任。

（2）突出重点，强化督导。

（3）广泛发动，群防群治。

（4）立足当前，着眼长远。

（5）广泛宣传，舆论监督。

二、工作流程及实施

企业隐患排查治理流程，如下图所示。

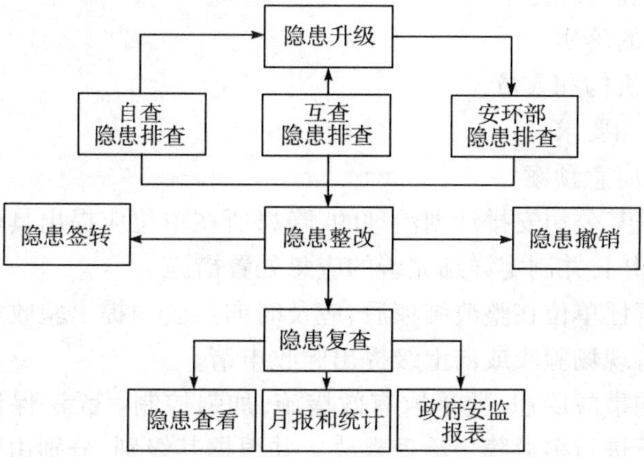

企业隐患排查治理的工作流程：

(1)新隐患填报(自查、互查、安环部检查)。

(2)隐患整改。

(3)隐患复查。

(4)隐患签转与撤销。

(5)隐患统计、报表、给上级主管部门上报数据。

企业隐患排查治理现在基本上已经引入信息化手段，一些国内厂商都有隐患排查治理软件或者移动隐患排查治理软件。企业隐患排查治理软件提供对隐患按照上报、整改与复查的闭环管理，在流程中对“整改措施、责任、资金、时限和预案”五到位进行严格控制管理，管理人员可以在平台中即时查询隐患的发现和治理情况，对发现的问题进行复查；系统可以输出符合国家安监系统要求的隐患报告单和统计报表，帮助企业完成对隐患排查治理的相关要求。系统一般都符合：

(1)由发现(评估)、整改、复查三个主干节点构成的隐患排查治理业务流程，重点实现隐患的闭环管理。

(2)实现隐患排查信息及时上报，整改批复及时下达，加速信息周转效率。

(3)建立隐患排查全企业一本动态台账。

(4)实时数据和历史数据的图形化的统计，为管理者提供决策依据。

(5)规范的隐患通知单打印。

(6)符合国家要求的隐患排查治理报表生成。

三、事故隐患的治理

事故隐患排查治理应本着“边排查、边整改”和“三定四不推”的原则，严格按照“责任落实、措施落实、资金落实、时限落实”的要求，组织开展事故隐患治理整改，确保治理整改到位。

一般事故隐患：责任单位应限期治理；重大事故隐患：由某公司(指实行隐患排查治理的公司)组织专业部门制定整改方案，采取强制性监控措施，进行限期整改。整改方案应包括以下内容：

(1)整改的目标和任务。

(2)采取的方法和措施。

(3)经费和物资的落实。

(4)负责整改的机构和人员。

(5)整改的时限和要求。

(6)安全措施和应急预案。

重大事故隐患需某公司安排计划治理的，隐患所在单位应提出具体整改方案，及时上报某公司安全专业部门，并制定详细完善的应急处置措施。

重大事故隐患责任单位在整改结束后，应及时向某公司提出验收申请，由某公司对事故隐患治理情况进行现场验收或向上级提出验收申请。

暂时整改不了的事故隐患，要采取有效措施，加强控制。无法保证安全的，应在停产或停止使用的情况下进行事故隐患治理整改。并根据其级别，分别由所在单位进行检查，检查主体为对应级别的负责人或分管专业部门。

建立事故隐患报告和举报奖励制度，鼓励、发动职工发现和排除事故隐患，对发现、排除和举报事故隐患的有功人员，经单位申报、专业部门审核、某公司批准后，给予一次性奖励，奖励标准按某公司相关规定执行。

未按规定对事故隐患进行排查、整改或上报，导致发生事故，对责任单位及责任人进行严格考核。情节严重的，由某公司专业部门提出意见，按有关规定进行处理。

以往考试中会考查具体施工作业中的隐患排查治理要求，下面以典型例题的形式进行讲解。

典型例题

【单选题】某电力集团建筑项目由于洪水影响停工半个月，复工后集团安全部为保证复工后施工安全，委托第三方进行专项隐患排查，关于隐患安全管理的说法，错误的是(　　)。

A. 正在使用的脚手架下面，应禁止挖洞

B. 脚手架外侧密目式安全网应使用限燃材料

C. 停用 2 个月的脚手架应重新确认其安全性

D. 临边作业的防护栏杆高度为 1 m

D。【解析】根据《建筑施工高处作业安全技术规范》，临边作业的防护栏杆应由横杆、立杆及挡脚板组成，防护栏杆应符合下列规定：(1)防护栏杆应为两道横杆，上杆距地面高度应为 1.2 m，下杆应在上杆和挡脚板中间设置。(2)当防护栏杆高度大于 1.2 m 时，应增设横杆，横杆间距不应大于 600 mm。(3)防护栏杆立杆间距不应大于 2 m。(4)挡脚板高度不应小于 180 mm。故选项 D 错误。

第四节　《安全生产事故隐患排查治理暂行规定》的相关内容

一、总则

为了建立安全生产事故隐患排查治理长效机制，强化安全生产主体责任，加强事故隐患监督管理，防止和减少事故，保障人民群众生命财产安全，根据安全生产法等法律、行政法规，制定《安全生产事故隐患排查治理暂行规定》。

生产经营单位安全生产事故隐患排查治理和应急管理部门、煤矿安全监察机构(以下统称安全监管监察部门)实施监管监察，适用《安全生产事故隐患排查治理暂行规定》。有关法律、行政法规对安全生产事故隐患排查治理另有规定的，依照其规定。

安全生产事故隐患(以下简称事故隐患)，是指生产经营单位违反安全生产法律、法规、规章、标准、规程和安全生产管理制度的规定，或者因其他因素在生产经营活动中存在可能导致事故发生的物的危险状态、人的不安全行为和管理上的缺陷。

事故隐患分为一般事故隐患和重大事故隐患。一般事故隐患，是指危害和整改难度较小，发现后能够立即整改排除的隐患。重大事故隐患，是指危害和整改难度较大，应当全部或者局部停产停业，并经过一定时间整改治理方能排除的隐患，或者因外部因素影响致使生产经营单位自身难以排除的隐患。

生产经营单位应当建立健全事故隐患排查治理制度。生产经营单位主要负责人对本单位事故隐患排查治理工作全面负责。

各级安全监管监察部门按照职责对所辖区域内生产经营单位排查治理事故隐患工作依法实施综合监督管理;各级人民政府有关部门在各自职责范围内对生产经营单位排查治理事故隐患工作依法实施监督管理。

任何单位和个人发现事故隐患,均有权向安全监管监察部门和有关部门报告。安全监管监察部门接到事故隐患报告后,应当按照职责分工立即组织核实并予以查处;发现所报告事故隐患应当由其他有关部门处理的,应当立即移送有关部门并记录备查。

二、生产经营单位的职责

生产经营单位应当依照法律、法规、规章、标准和规程的要求从事生产经营活动。严禁非法从事生产经营活动。

生产经营单位是事故隐患排查、治理和防控的责任主体。生产经营单位应当建立健全事故隐患排查治理和建档监控等制度,逐级建立并落实从主要负责人到每个从业人员的隐患排查治理和监控责任制。

生产经营单位应当保证事故隐患排查治理所需的资金,建立资金使用专项制度。

生产经营单位应当定期组织安全生产管理人员、工程技术人员和其他相关人员排查本单位的事故隐患。对排查出的事故隐患,应当按照事故隐患的等级进行登记,建立事故隐患信息档案,并按照职责分工实施监控治理。

生产经营单位应当建立事故隐患报告和举报奖励制度,鼓励、发动职工发现和排除事故隐患,鼓励社会公众举报。对发现、排除和举报事故隐患的有功人员,应当给予物质奖励和表彰。

生产经营单位将生产经营项目、场所、设备发包、出租的,应当与承包、承租单位签订安全生产管理协议,并在协议中明确各方对事故隐患排查、治理和防控的管理职责。生产经营单位对承包、承租单位的事故隐患排查治理负有统一协调和监督管理的职责。

安全监管监察部门和有关部门的监督检查人员依法履行事故隐患监督检查职责时,生产经营单位应当积极配合,不得拒绝和阻挠。

生产经营单位应当每季、每年对本单位事故隐患排查治理情况进行统计分析,并分别于下一季度15日前和下一年1月31日前向安全监管监察部门和有关部门报送书面统计分析表。统计分析表应当由生产经营单位主要负责人签字。

对于重大事故隐患,生产经营单位除依照前款规定报送外,应当及时向安全监管监察部门和有关部门报告。重大事故隐患报告内容应当包括:

(1)隐患的现状及其产生原因。

(2)隐患的危害程度和整改难易程度分析。

(3)隐患的治理方案。

对于一般事故隐患,由生产经营单位(车间、分厂、区队等)负责人或者有关人员立即组织整改。对于重大事故隐患，由生产经营单位主要负责人组织制定并实施事故隐患治理方案。

重大事故隐患治理方案应当包括以下内容：

（1）治理的目标和任务。

（2）采取的方法和措施。

（3）经费和物资的落实。

（4）负责治理的机构和人员。

（5）治理的时限和要求。

（6）安全措施和应急预案。

生产经营单位在事故隐患治理过程中，应当采取相应的安全防范措施，防止事故发生。事故隐患排除前或者排除过程中无法保证安全的，应当从危险区域内撤出作业人员，并疏散可能危及的其他人员，设置警戒标志，暂时停产停业或者停止使用；对暂时难以停产或者停止使用的相关生产储存装置、设施、设备，应当加强维护和保养，防止事故发生。

生产经营单位应当加强对自然灾害的预防。对于因自然灾害可能导致事故灾难的隐患，应当按照有关法律、法规、标准和本规定的要求排查治理，采取可靠的预防措施，制定应急预案。在接到有关自然灾害预报时，应当及时向下属单位发出预警通知；发生自然灾害可能危及生产经营单位和人员安全的情况时，应当采取撤离人员、停止作业、加强监测等安全措施，并及时向当地人民政府及其有关部门报告。

地方人民政府或者安全监管监察部门及有关部门挂牌督办并责令全部或者局部停产停业治理的重大事故隐患，治理工作结束后，有条件的生产经营单位应当组织本单位的技术人员和专家对重大事故隐患的治理情况进行评估；其他生产经营单位应当委托具备相应资质的安全评价机构对重大事故隐患的治理情况进行评估。

经治理后符合安全生产条件的，生产经营单位应当向安全监管监察部门和有关部门提出恢复生产的书面申请，经安全监管监察部门和有关部门审查同意后，方可恢复生产经营。申请报告应当包括治理方案的内容、项目和安全评价机构出具的评价报告等。

三、监督管理

安全监管监察部门应当指导、监督生产经营单位按照有关法律、法规、规章、标准和规程的要求，建立健全事故隐患排查治理等各项制度。

安全监管监察部门应当建立事故隐患排查治理监督检查制度，定期组织对生产经营单位事故隐患排查治理情况开展监督检查；应当加强对重点单位的事故隐患排查治理情况的监督检查。对检查过程中发现的重大事故隐患，应当下达整改指令书，并建立信息管理台账。必要时，报告同级人民政府并对重大事故隐患实行挂牌督办。

安全监管监察部门应当配合有关部门做好对生产经营单位事故隐患排查治理情况开展的监督检查，依法查处事故隐患排查治理的非法和违法行为及其责任者。安全监管监察部门发现属于其他有关部门职责范围内的重大事故隐患的，应该及时将有关资料移送有管辖权的有关部门，并记录备查。

已经取得安全生产许可证的生产经营单位，在其被挂牌督办的重大事故隐患治理结束前，安全监管监察部门应当加强监督检查。必要时，可以提请原许可证颁发机关依法暂扣其安全生产许可证。

安全监管监察部门应当会同有关部门把重大事故隐患整改纳入重点行业领域的安全专项整治中加以治理，落实相应责任。

对挂牌督办并采取全部或者局部停产停业治理的重大事故隐患，安全监管监察部门收到生产经营单位恢复生产的申请报告后，应当在 10 日内进行现场审查。审查合格的，对事故隐患进行核销，同意恢复生产经营；审查不合格的，依法责令改正或者下达停产整改指令。对整改无望或者生产经营单位拒不执行整改指令的，依法实施行政处罚；不具备安全生产条件的，依法提请县级以上人民政府按照国务院规定的权限予以关闭。

安全监管监察部门应当每季将本行政区域重大事故隐患的排查治理情况和统计分析表逐级报至省级安全监管监察部门备案。省级安全监管监察部门应当每半年将本行政区域重大事故隐患的排查治理情况和统计分析表报国家应急管理部备案。

四、罚则

生产经营单位及其主要负责人未履行事故隐患排查治理职责，导致发生生产安全事故的，依法给予行政处罚。

链接

根据《安全生产法》，生产经营单位有下列行为之一的，责令限期改正，处 5 万元以下的罚款；逾期未改正的，处 5 万元以上 20 万元以下的罚款，对其直接负责的主管人员和其他直接责任人员处 1 万元以上 2 万元以下的罚款；情节严重的，责令停产停业整顿；构成犯罪的，依照刑法有关规定追究刑事责任：

（1）未在有较大危险因素的生产经营场所和有关设施、设备上设置明显的安全警示标志的。

（2）安全设备的安装、使用、检测、改造和报废不符合国家标准或者行业标准的。

（3）未对安全设备进行经常性维护、保养和定期检测的。

（4）关闭、破坏直接关系生产安全的监控、报警、防护、救生设备、设施，或者篡改、隐瞒、销毁其相关数据、信息的。

（5）未为从业人员提供符合国家标准或者行业标准的劳动防护用品的。

（6）危险物品的容器、运输工具，以及涉及人身安全、危险性较大的海洋石油开采特种设备和矿山井下特种设备未经具有专业资质的机构检测、检验合格，取得安全使用证或者安全标志，投入使用的。

（7）使用应当淘汰的危及生产安全的工艺、设备的。

（8）餐饮等行业的生产经营单位使用燃气未安装可燃气体报警装置的。

生产经营单位违反本规定，有下列行为之一的，由安全监管监察部门给予警告，并处 30 000 元以下的罚款：

（1）未建立安全生产事故隐患排查治理等各项制度的。

（2）未按规定上报事故隐患排查治理统计分析表的。

(3)未制定事故隐患治理方案的。

(4)重大事故隐患不报或者未及时报告的。

(5)未对事故隐患进行排查治理擅自生产经营的。

(6)整改不合格或者未经安全监管监察部门审查同意擅自恢复生产经营的。

承担检测检验、安全评价的中介机构,出具虚假评价证明,尚不够刑事处罚的,没收违法所得,违法所得在5 000 元以上的,并处违法所得2 倍以上5 倍以下的罚款,没有违法所得或者违法所得不足5 000 元的,单处或者并处5 000 元以上20 000 元以下的罚款,同时可对其直接负责的主管人员和其他直接责任人员处5 000 元以上50 000 元以下的罚款;给他人造成损害的,与生产经营单位承担连带赔偿责任。对有前款违法行为的机构,撤销其相应的资质。

生产经营单位事故隐患排查治理过程中违反有关安全生产法律、法规、规章、标准和规程规定的,依法给予行政处罚。

安全监管监察部门的工作人员未依法履行职责的,按照有关规定处理。

第十七章　职业病危害预防和管理

第一节　职业病危害的概述

一、职业病的概念及分类

职业病是指企业、事业单位和个体经济组织等用人单位的劳动者在职业活动中，因接触粉尘、放射性物质和其他有毒、有害因素而引起的疾病。各国法律都有对于职业病预防方面的规定，一般来说，凡是符合法律规定的疾病才能称为职业病。

根据《职业病分类和目录》，职业病的分类如下表所示。

分类	内容
职业性尘肺病及其他呼吸系统疾病	(1)尘肺病。矽肺(矽肺发病人数占尘肺病总人数第一位)、煤工尘肺(矽肺发病人数占尘肺病总人数第二位)、石墨尘肺、碳黑尘肺、石棉肺、滑石尘肺、水泥尘肺、云母尘肺、陶工尘肺、铝尘肺、电焊工尘肺、铸工尘肺等。 (2)其他呼吸系统疾病。过敏性肺炎、棉尘病、哮喘、金属及其化合物粉尘肺沉着病(锡、铁、锑、钡及其化合物等)、刺激性化学物所致慢性阻塞性肺疾病、硬金属肺病
职业性皮肤病	接触性皮炎、光接触性皮炎、电光性皮炎、黑变病、痤疮、溃疡、化学性皮肤灼伤、白斑等
职业性眼病	化学性眼部灼伤、电光性眼炎、白内障(含放射性白内障、三硝基甲苯白内障)
职业性耳鼻喉口腔疾病	噪声聋、铬鼻病、牙酸蚀病、爆震聋
职业性化学中毒	铅及其化合物中毒(不包括四乙基铅)、汞及其化合物中毒、锰及其化合物中毒、镉及其化合物中毒、铍病、铊及其化合物中毒、砷化氢中毒、氯气中毒、二氧化硫中毒、光气中毒、氨中毒、一氧化碳中毒、二硫化碳中毒、硫化氢中毒、苯中毒、甲苯中毒、甲醇中毒、甲醛中毒、氯乙酸中毒等
物理因素所致职业病	中暑、减压病、高原病、航空病、手臂振动病、激光所致眼(角膜、晶状体、视网膜)损伤、冻伤
职业性放射性疾病	外照射急性放射病、外照射亚急性放射病、外照射慢性放射病、内照射放射病、放射性皮肤疾病、放射性肿瘤(含矿工高氡暴露所致肺癌)、放射性骨损伤、放射性甲状腺疾病、放射性性腺疾病、放射复合伤等
职业性传染病	炭疽、森林脑炎、布鲁氏菌病、艾滋病(限于医疗卫生人员及人民警察)、莱姆病
职业性肿瘤	石棉所致肺癌、间皮瘤，联苯胺所致膀胱癌，苯所致白血病，氯甲醚、双氯甲醚所致肺癌，砷及其化合物所致肺癌、皮肤癌，氯乙烯所致肝血管肉瘤，焦炉逸散物所致肺癌，六价铬化合物所致肺癌，毛沸石所致肺癌、胸膜间皮瘤，煤焦油、煤焦油沥青、石油沥青所致皮肤癌，β－萘胺所致膀胱癌
其他职业病	金属烟热，滑囊炎(限于井下工人)，股静脉血栓综合征、股动脉闭塞症或淋巴管闭塞症(限于刮研作业人员)

链接

职业性致癌物的主要类别（致癌部位）包括：炼焦油（鼻中、皮肤或唇部）、石棉（胸膜间皮瘤、肺部）、氯乙烯（肝血管瘤）、苯（白血病）、芥子气（鼻、喉、气管、肺部）、氯甲醚（肺部）、甲醛（鼻窦、鼻咽）、沥青（皮肤）、砷及其化合物（喉、肺部、皮肤）、铍及其化合物（肺部）、焦炉逸散物（肺部）、联苯胺（泌尿系统膀胱）、苯并[a]芘（皮肤、肺部）等。

界定法定职业病的基本条件，下面以典型例题的形式进行讲解。

典型例题

【多选题】列入国家主管部门公布的职业病目录的职业病称为法定职业病。界定法定职业病的基本条件有（　　）。

A. 在职业活动中产生　　B. 接触职业病危害因素

C. 列入国家职业病范围　　D. 与劳动用工行为相联系

E. 接触职业危害的时间

ABCD。【解析】界定法定职业病的基本条件有 4 个，即选项 A，B，C，D。

二、职业病危害因素的分类

（一）《职业病危害因素分类目录》中的分类

1. 粉尘

矽尘（游离 SiO_2 含量≥10%）、煤尘、石墨粉尘、炭黑粉尘、石棉粉尘、滑石粉尘、水泥粉尘、云母粉尘、陶土粉尘、铝尘、电焊烟尘、铸造粉尘、白炭黑粉尘、白云石粉尘、玻璃钢粉尘、玻璃棉粉尘、茶尘、大理石粉尘 、二氧化钛粉尘、沸石粉尘、谷物粉尘（游离 SiO_2 含量＜10%）、硅灰石粉尘、硅藻土粉尘（游离 SiO_2 含量＜10%）、活性炭粉尘、聚丙烯粉尘、聚丙烯腈纤维粉尘、聚氯乙烯粉尘、聚乙烯粉尘、矿渣棉粉尘、麻尘（亚麻、黄麻和苎麻）（游离 SiO_2 含量＜10%）、棉尘、木粉尘、膨润土粉尘、皮毛粉尘、桑蚕丝尘、砂轮磨尘、石膏粉尘（硫酸钙）、石灰石粉尘、碳化硅粉尘、碳纤维粉尘、稀土粉尘（游离 SiO_2 含量＜10%）、烟草尘、岩棉粉尘、萤石混合性粉尘、珍珠岩粉尘、蛭石粉尘、重晶石粉尘（硫酸钡）、锡及其化合物粉尘、铁及其化合物粉尘、锑及其化合物粉尘、硬质合金粉尘等。

2. 化学因素

铅及其化合物（不包括四乙基铅）、汞及其化合物、锰及其化合物、砷化氢、氯气、二氧化硫、光气（碳酰氯）、氨、氮氧化合物、一氧化碳、二硫化碳、硫化氢、苯、甲苯、二甲苯、甲醇、酚、甲醛、氢氧化铵、丁烯、丁醇、乙酸、臭氧等。

3. 物理因素

噪声、高温、高气压、低气压、高原低氧、振动、激光、低温、微波、紫外线、红外线、工频电磁场、高频电磁场、超高频电磁场等。

链接

生产性噪声可引起的职业病是噪声聋；高温可引起体内水盐代谢紊乱，发生中暑等；高气压作业中，在加压阶段可引起头晕、耳鸣、鼓膜破裂，在减压过速阶段可引起减压病；低气压可引起高原病；生产性振动可引起手臂振动病；紫外线辐射可引起光感性皮炎、电光性眼炎、太阳光眼炎或雪盲症；红外线辐射可引起白内障。

4. 放射性因素

密封放射源产生的电离辐射（主要产生 γ、中子等射线）、非密封放射性物质（可产生 α、β、γ 射线或中子）、X 射线装置（含 CT 机）产生的电离辐射、加速器产生的电离辐射（可产生电子射线、X 射线、质子、重离子、中子以及感生放射性等）、中子发生器产生的电离辐射（主要是中子、γ 射线等）、氡及其短寿命子体（限于矿工高氡暴露）、铀及其化合物等。

5. 生物因素

艾滋病病毒（限于医疗卫生人员及人民警察）、布鲁氏菌、伯氏疏螺旋体、森林脑炎病毒、炭疽芽孢杆菌等。

链接

布鲁氏菌病是由布鲁菌引起的急性发热性传染病，主要发生于皮毛加工厂的工作人员等。森林脑炎是一种由病毒引起经蜱传播的自然疫源性疾病，主要发生于森林工作人员。炭疽病是炭疽杆菌引起的人畜共患的急性动物源性传染病，炭疽主要发生于食草动物炭疽病，比如牛、羊、马等。牧场工人、屠宰工、毛纺工、剪毛工、皮革厂工人、搬运工、缝皮工及兽医等是炭疽病的职业性高危人群。莱姆病是一种由伯氏疏螺旋体所引起，经蜱为主要传播媒介的自然疫源性疾病，主要发生于进入或居住于林区的人群中（林业工人等），男性略多于女性。

6. 其他因素

金属烟、井下不良作业条件（限于井下工人）、刮研作业（限于手工刮研作业人员）等。

（二）按职业病危害因素来源进行的分类

1. 生产过程中产生的危害因素

（1）化学因素。包括：化学有毒物质，如硫化氢、一氧化碳、铅及其化合物、汞及其化合物、锰及其化合物、苯、甲醇、甲醛等；生产性粉尘，如矽尘、煤尘、石墨粉尘、炭黑粉尘、石棉粉尘、铝尘、电焊烟尘、铸造粉尘等。

链接

生产性粉尘引起的职业病病理性质如下：

（1）面粉粉尘、羽毛粉尘、黄麻粉尘、大麻粉尘、锌烟粉尘引起变态反应性。

（2）沥青粉尘引起光感应性。

（3）矽尘、煤尘、矽酸盐尘引起尘肺。

（4）水泥粉尘、生石灰粉尘、漂白粉粉尘、烟草粉尘引起局部刺激性。

（5）铅粉尘、锰粉尘、砷化物粉尘引起全身中毒性。

（6）石棉粉尘、铬粉尘、镍粉尘、砷粉尘、某些光感应性和放射性物质的粉尘引起致癌性。

(2)物理因素。包括噪声、高温、高湿、低气压、高气压、振动、激光、低温、辐射等。

链接

生产性噪声按其声音的来源可大致分为以下几种:机械性噪声,由于机器转动、摩擦、撞击而产生的噪声;空气动力性噪声,由于气体体积突然发生变化引起压力突变或气体中有涡流,引起气体分子扰动而产生的噪声;电磁性噪声,由于电机中交变力相互作用而产生的噪声。

(3)生物因素。包括甘蔗渣上的真菌、皮毛上的炭疽杆菌、医疗卫生人员接触的生物传染性病原物等。

2. 劳动过程中的危害因素

(1)劳动组织和制度的不合理,如劳动时间过长、工休制度不健全或不合理等。

(2)劳动中的精神过度紧张,如在生产流水线上的装配作业人员等。

(3)劳动强度过大或劳动安排不当,如安排的作业与劳动者的生理状况不相适应或生产定额过高或超负荷的加班加点等。

(4)个别器官或系统过度紧张,如由于光线不足而引起的视力紧张等。

(5)长时间处于某种不良的体位或使用不合理的工具、设备等。

3. 生产环境中的危害因素

生产环境可以是大自然的环境,也可以是按生产过程的需要而建立起来的人工环境。

生产过程中的职业危害因素包括:自然环境中的因素,如炎热季节的太阳辐射;房屋建筑或布置不合理,如有毒工段与无毒工段安排在一个车间;由不合理生产过程所致的环境污染等。

三、职工工伤与职业病致残等级

根据《劳动能力鉴定 职工工伤与职业病致残等级》,根据条目划分原则以及工伤致残程度,综合考虑各门类间的平衡,将残情级别分为一至十级。最重为第一级,最轻为第十级。具体定级原则如下:

(1)一级。器官缺失或功能完全丧失,其他器官不能代偿,存在特殊医疗依赖,或完全或大部分或部分生活自理障碍。

(2)二级。器官严重缺损或畸形,有严重功能障碍或并发症,存在特殊医疗依赖,或大部分或部分生活自理障碍。

(3)三级。器官严重缺损或畸形,有严重功能障碍或并发症,存在特殊医疗依赖,或部分生活自理障碍。

(4)四级。器官严重缺损或畸形,有严重功能障碍或并发症,存在特殊医疗依赖,或部分生活自理障碍或无生活自理障碍。

(5)五级。器官大部缺损或明显畸形,有较重功能障碍或并发症,存在一般医疗依赖,无生活自理障碍。

(6)六级。器官大部缺损或明显畸形,有中等功能障碍或并发症,存在一般医疗依赖,无生活自理障碍。

(7)七级。器官大部缺损或畸形,有轻度功能障碍或并发症,存在一般医疗依赖,无生活自理障碍。

(8)八级。器官部分缺损,形态异常,轻度功能障碍,存在一般医疗依赖,无生活自理障碍。

(9)九级。器官部分缺损,形态异常,轻度功能障碍,无医疗依赖或者存在一般医疗依赖,无生活自理障碍。

(10)十级。器官部分缺损,形态异常,无功能障碍或轻度功能障碍,无医疗依赖或者存在一般医疗依赖,无生活自理障碍。

四、职业禁忌证

根据《职业健康监护技术规范》,职业禁忌证是指劳动者从事特定职业或者接触特定职业病危害因素时,比一般职业人群更易于遭受职业病危害和罹患职业病或者可能导致原有自身疾病病情加重,或者在作业过程中诱发可能导致对他人生命健康构成危险的疾病的个人特殊生理或病理状态。

对于接触有害化学因素作业人员的职业禁忌证,下面以典型例题的形式进行讲解。

典型例题

【单选题】某企业在组织新入职的作业人员进行岗前体检时发现,王某患有支气管哮喘。根据《职业健康监护技术规范》,王某的职业禁忌岗位是(　　)。

A. 汽油作业岗位　　B. 甲醇作业岗位

C. 苯作业岗位　　D. 氨作业岗位

D。**【解析】**根据《职业健康监护技术规范》,氨的职业禁忌证有:(1)慢性阻塞性肺病。(2)支气管哮喘。(3)慢性间质性肺病。汽油的职业禁忌证有:(1)严重慢性皮肤疾患。(2)多发性周围神经病。甲醇的职业禁忌证有:(1)视网膜及视神经病。(2)中枢神经系统器质性疾病。苯的职业禁忌证有:(1)血常规检出异常者。(2)造血系统疾病。

第二节　职业病危害的评价及预防

一、职业病危害评价

职业病危害评价是指对建设项目或用人单位的职业病危害因素及其接触水平、职业病防护设施与效果、相关职业病防护措施与效果以及职业病危害因素对劳动者的健康影响情况等做出的综合评价。

(一)职业病危害评价的类别

根据评价的对象、评价的时机和评价的目的不同,职业病危害评价可分为职业病危害预评价、职业病危害控制效果评价和职业病危害现状评价三类。

1. 职业病危害预评价

评价的对象为可能产生职业病危害的建设项目;评价的时机为建设项目的可行性论

证阶段;评价的依据是有关职业病防治的法律法规、标准以及建设项目的可行性研究报告等;评价的范围是以拟建项目可行性研究报告中提出的建设内容为准;评价的目的是明确建设项目在职业病防治方面的可行性,并为建设项目的职业病危害分类管理以及职业病防护设施的初步设计提供科学依据。

2. 职业病危害控制效果评价

评价的对象为可能产生职业病危害的建设项目;评价的时机为建设项目完工后、竣工验收前;评价的依据是有关职业病防治的法律法规、标准、职业病防护设施设计以及建设项目试运行阶段的职业卫生实际状况等;评价的范围是以建设项目实施的工程内容为准;评价的目的是明确建设项目的职业病危害程度以及职业病防护设施的效果等,并为政府监管部门对建设项目职业病防护设施竣工验收以及建设单位职业病防治的日常管理提供科学依据。

3. 职业病危害现状评价

评价的对象为可能存在职业病危害的用人单位;评价的时机为用人单位正常生产期间;评价的依据是有关职业病防治的法律法规、标准以及用人单位从事生产经营活动过程中的职业卫生实际现状等;评价的范围是以用人单位生产经营活动所涉及的内容、场所以及过程等为准;评价的目的是明确用人单位生产经营活动过程中的职业病危害程度以及职业病防护设施和职业卫生管理措施的效果等,并为政府监管部门职业卫生行政许可以及用人单位职业病防治的日常管理提供科学依据。

(二)职业病危害评价的基本原则

(1)贯彻落实预防为主、防治结合的方针。

(2)遵循科学、公正、客观、真实的原则。

(3)遵循国家法律法规的有关规定。

(三)职业病危害评价的内容

(1)总体布局、生产工艺和设备布局。

(2)建筑卫生学、辅助用室。

(3)职业病危害因素及其危害程度。

(4)职业病防护设施。

(5)辐射防护措施与评价,辐射防护监测计划与实施等。

(6)个人使用的职业病防护用品。

(7)职业健康监护及其处置措施。

(8)应急救援措施。

(9)职业卫生管理措施。

(10)其他应评价的内容。

(四)职业病危害评价的方法

根据建设项目或用人单位职业病危害特点以及职业病危害评价目的需要等,可采用职业卫生现场调查、职业卫生检测、职业健康检查、类比法、检查表分析法、辐射防护屏蔽计算、职业病危害作业分级等方法进行综合分析、定性和定量评价,必要时可采用其他评价方法。

职业病危害的常用评价方法如下：

(1)职业病危害作业分级法。根据作业场所职业病危害因素的检测(类比检测)结果，按照国家有关职业病危害作业分级标准对不同职业病危害作业的危害程度进行分级。

(2)类比法。通过对与拟评价项目相同或相似工程(项目)的职业卫生调查、工作场所职业病危害因素浓度(强度)检测以及对拟评价项目有关的文件、技术资料的分析，类推拟评价项目的职业病危害因素的种类和危害程度，对职业病危害进行风险评估，预测拟采取的职业病危害防护措施的防护效果。

(3)检查表分析法。依据国家有关职业卫生的法律、法规和技术规范、标准，以及操作规程、职业病危害事故案例等，通过对拟评价项目的详细分析和研究，列出检查单元、部位、项目、内容、要求等，编制成表，逐项检查符合情况，确定拟评价项目存在的问题、缺陷和潜在危害。

(4)职业卫生调查法。是指运用现场观察、文件资料收集与分析、人员沟通等方法，了解调查对象相关卫生信息的过程。职业卫生调查内容主要包括：工程概况、试运行情况、总体布局、生产工艺、生产设备及布局、生产过程中的物料及产品、建筑卫生学、职业病防护设施、个人使用的职业病防护用品、辅助用室、应急救援、职业卫生管理、职业病危害因素以及时空分布、预评价报告与防护设施设计及审查意见的落实情况等。

(五)职业病危害评价的质量控制

职业病危害评价应符合有关标准的要求，并通过(不限于)下列措施进行质量控制：

(1)合同评审。在职业病危害评价项目签订合同之前，对其进行评价范围及评价能力的确认，以确保评价机构的资质业务范围以及现有评价专业人员构成能够满足评价项目的需要，并确定是否聘请相关专业的技术专家等。

(2)评价方案审核。对制定的职业病危害评价方案进行审核，以确保评价组专业人员的构成、评价范围、评价方法以及职业卫生调查与检测等内容，符合评价项目的实际需求以及相关标准的技术要求。

(3)评价报告审核。对评价报告进行内部审核、技术负责人审核和质量负责人审核的内部三级审核，确保评价报告的规范性与科学性。

二、职业病危害预防

(一)前期预防

根据《职业病防治法》，产生职业病危害的用人单位的设立除应当符合法律、行政法规规定的设立条件外，其工作场所还应当符合下列职业卫生要求：

(1)职业病危害因素的强度或者浓度符合国家职业卫生标准。

(2)有与职业病危害防护相适应的设施。

(3)生产布局合理，符合有害与无害作业分开的原则。

(4)有配套的更衣间、洗浴间、孕妇休息间等卫生设施。

(5)设备、工具、用具等设施符合保护劳动者生理、心理健康的要求。

(6)法律、行政法规和国务院卫生行政部门关于保护劳动者健康的其他要求。

国家建立职业病危害项目申报制度。用人单位工作场所存在职业病目录所列职业病的危害因素的，应当及时、如实向所在地卫生行政部门申报危害项目，接受监督。职业病危害因素分类目录由国务院卫生行政部门会同国务院卫生行政部门制定、调整并公布。职业病危害项目申报的具体办法由国务院卫生行政部门制定。

新建、扩建、改建建设项目和技术改造、技术引进项目（以下统称建设项目）可能产生职业病危害的，建设单位在可行性论证阶段应当进行职业病危害预评价。医疗机构建设项目可能产生放射性职业病危害的，建设单位应当向卫生行政部门提交放射性职业病危害预评价报告。卫生行政部门应当自收到预评价报告之日起30日内，作出审核决定并书面通知建设单位。未提交预评价报告或者预评价报告未经卫生行政部门审核同意的，不得开工建设。职业病危害预评价报告应当对建设项目可能产生的职业病危害因素及其对工作场所和劳动者健康的影响作出评价，确定危害类别和职业病防护措施。建设项目职业病危害分类管理办法由国务院卫生行政部门制定。

建设项目的职业病防护设施所需费用应当纳入建设项目工程预算，并与主体工程同时设计，同时施工，同时投入生产和使用。建设项目的职业病防护设施设计应当符合国家职业卫生标准和卫生要求；其中，医疗机构放射性职业病危害严重的建设项目的防护设施设计，应当经卫生行政部门审查同意后，方可施工。建设项目在竣工验收前，建设单位应当进行职业病危害控制效果评价。医疗机构可能产生放射性职业病危害的建设项目竣工验收时，其放射性职业病防护设施经卫生行政部门验收合格后，方可投入使用；其他建设项目的职业病防护设施应当由建设单位负责依法组织验收，验收合格后，方可投入生产和使用。卫生行政部门应当加强对建设单位组织的验收活动和验收结果的监督核查。

链接

用人单位是职业病防治的责任主体，并对本单位产生的职业病危害承担责任。用人单位的主要负责人对本单位的职业病防治工作全面负责。

（二）劳动过程中的防护

用人单位应当采取下列职业病防治措施：

（1）设置或者指定职业卫生管理机构或者组织，配备专职或者兼职的职业卫生管理人员，负责本单位的职业病防治工作。

（2）制定职业病防治计划和实施方案。

（3）建立、健全职业卫生管理制度和操作规程。

（4）建立、健全职业卫生档案和劳动者健康监护档案。

（5）建立、健全工作场所职业病危害因素监测及评价制度。

（6）建立、健全职业病危害事故应急救援预案。

产生职业病危害的用人单位，应当在醒目位置设置公告栏，公布有关职业病防治的规章制度、操作规程、职业病危害事故应急救援措施和工作场所职业病危害因素检测结果。对产生严重职业病危害的作业岗位，应当在其醒目位置，设置警示标识和中文警示说明。警示说明应当载明产生职业病危害的种类、后果、预防以及应急救治措施等内容。

对可能发生急性职业损伤的有毒、有害工作场所，用人单位应当设置报警装置，配置现场急救用品、冲洗设备、应急撤离通道和必要的泄险区。对放射工作场所和放射性同位素的运输、贮存,用人单位必须配置防护设备和报警装置,保证接触放射线的工作人员佩戴个人剂量计。对职业病防护设备、应急救援设施和个人使用的职业病防护用品,用人单位应当进行经常性的维护、检修,定期检测其性能和效果,确保其处于正常状态,不得擅自拆除或者停止使用。

在剧毒、强腐蚀及温度高于70 ℃的化学品以及酸性、碱性物料的生产和使用区内,包括装卸、储存、分析取样点附近,需要设置安全喷淋洗眼器,其位置设置在离事故发生处(危险处)3 ~6 m,但不得小于3 m,并应避开化学品喷射方向布置,以免事故发生时影响它的使用。

(三)职业病危害事故现场警示线的设置

根据《工作场所职业病危害警示标识》,警示线是界定和分隔危险区域的标识线,分为红色、黄色和绿色三种。在高毒物品作业场所,设置红色警示线。在一般有毒物品作业场所,设置黄色警示线。警示线设在使用有毒作业场所外缘不少于30 cm处。

在职业病危害事故现场,根据实际情况,设置临时警示线,划分出不同功能区:

(1)红色警示线设在紧邻事故危害源周边,将危害源与其外的区域分隔开来,限佩戴相应防护用具的专业人员可以进入此区域。

(2)黄色警示线设在危害区域的周边,其内外分别是危害区和洁净区,此区域内的人员要佩戴适当的防护用具,出入此区域的人员必须进行洗消处理。

(3)绿色警示线设在救援区域的周边,将救援人员与公众隔离开来。患者的抢救治疗、指挥机构设在此区内。

三、职业病危害控制

职业病危害控制措施主要包括工程技术措施、个体防护措施和组织管理措施等。下面以典型例题的形式进行讲解。

典型例题

【多选题】某企业实行8 h工作制,每周工作5天,该企业金属冶炼车间存在噪声、高温、粉尘等多种职业病危害因素,为降低职业危害,采取了多项措施。下列控制职业病危害因素的措施中,正确的有(　　)。

A. 定期组织职业病体检
B. 合理规划作业人员的作业时间
C. 为工人配备专用口罩
D. 升级设备降低噪声
E. 对厂房进行合理布局增强散热

BCDE。【解析】职业病危害控制措施主要包括工程技术措施、个体防护措施和组织管理措施等。工程技术措施是指采用工程技术的手段,将作业环境中有害因素的浓度或强度降至容许范围之内,如控制粉尘、噪声、化学毒物等采取的技术措施。个体防护措施是指为劳动者配备有效的个体防护用品等。组织管理措施是指通过建立、健全职业病危害预防控制规章制度,确保职业病危害预防控制有关要素的良好与有效运行。选项B属于组织管理措施;选项C属于个体防护措施;选项D,E属于工程技术措施。

链接

根据《工作场所职业病危害作业分级 第4部分：噪声》，噪声危害程度可分为轻度危害、中度危害、重度危害、极重危害，见下表。噪声危害控制的技术措施有采用吸声降噪技术、采取耳罩降噪措施等。粉尘控制的技术措施有采用湿式作业、密闭抽风除尘等措施。化学毒物控制的技术措施有局部送风、全面通风、排出气体净化等措施。

分级	等效声级 $L_{EX,8\,h}$/dB	危害程度
Ⅰ	$85 \leqslant L_{EX,8\,h} < 90$	轻度危害
Ⅱ	$90 \leqslant L_{EX,8\,h} < 94$	中度危害
Ⅲ	$95 \leqslant L_{EX,8\,h} < 100$	重度危害
Ⅳ	$L_{EX,8\,h} \geqslant 100$	极重危害

第三节　职业病危害管理

一、劳动过程中的管理

（一）作业场所危害管理

用人单位应当实施由专人负责的职业病危害因素日常监测，并确保监测系统处于正常运行状态。用人单位应当按照国务院卫生行政部门的规定，定期对工作场所进行职业病危害因素检测、评价。检测、评价结果存入用人单位职业卫生档案，定期向所在地卫生行政部门报告并向劳动者公布。职业病危害因素检测、评价由依法设立的取得国务院卫生行政部门或者设区的市级以上地方人民政府卫生行政部门按照职责分工给予资质认可的职业卫生技术服务机构进行。职业卫生技术服务机构所作检测、评价应当客观、真实。发现工作场所职业病危害因素不符合国家职业卫生标准和卫生要求时，用人单位应当立即采取相应治理措施，仍然达不到国家职业卫生标准和卫生要求的，必须停止存在职业病危害因素的作业；职业病危害因素经治理后，符合国家职业卫生标准和卫生要求的，方可重新作业。

国家对从事放射性、高毒、高危粉尘等作业实行特殊管理。具体管理办法由国务院制定。

（二）设备和材料危害管理

向用人单位提供可能产生职业病危害的设备的，应当提供中文说明书，并在设备的醒目位置设置警示标识和中文警示说明。警示说明应当载明设备性能、可能产生的职业病危害、安全操作和维护注意事项、职业病防护以及应急救治措施等内容。

向用人单位提供可能产生职业病危害的化学品、放射性同位素和含有放射性物质的材料的，应当提供中文说明书。说明书应当载明产品特性、主要成分、存在的有害因素、可能产生的危害后果、安全使用注意事项、职业病防护以及应急救治措施等内容。产品包装应当有醒目的警示标识和中文警示说明。贮存上述材料的场所应当在规定的部位设置危险物品标识或者放射性警示标识。国内首次使用或者首次进口与职业病危害有关的化学材料，使用单位或者进口单位按照国家规定经国务院有关部门批准后，应当向国务院卫生行政部门报送该化学材料的毒性鉴定以及经有关部门登记注册或者批准进口的文件等资料。进口放射性同位素、射线装置和含有放射性物质的物品的，按照国家有关规定办理。

用人单位对采用的技术、工艺、设备、材料，应当知悉其产生的职业病危害，对有职业病危害的技术、工艺、设备、材料隐瞒其危害而采用的，对所造成的职业病危害后果承担责任。

二、职业卫生培训

用人单位的主要负责人和职业卫生管理人员应当接受职业卫生培训，遵守职业病防治法律、法规，依法组织本单位的职业病防治工作。用人单位应当对劳动者进行上岗前的职业卫生培训和在岗期间的定期职业卫生培训，普及职业卫生知识，督促劳动者遵守职业病防治法律、法规、规章和操作规程，指导劳动者正确使用职业病防护设备和个人使用的职业病防护用品。劳动者应当学习和掌握相关的职业卫生知识，增强职业病防范意识，遵守职业病防治法律、法规、规章和操作规程，正确使用、维护职业病防护设备和个人使用的职业病防护用品，发现职业病危害事故隐患应当及时报告。劳动者不履行前款规定义务的，用人单位应当对其进行教育。

劳动者享有下列职业卫生保护权利：

(1)获得职业卫生教育、培训。

(2)获得职业健康检查、职业病诊疗、康复等职业病防治服务。

(3)了解工作场所产生或者可能产生的职业病危害因素、危害后果和应当采取的职业病防护措施。

(4)要求用人单位提供符合防治职业病要求的职业病防护设施和个人使用的职业病防护用品，改善工作条件。

(5)对违反职业病防治法律、法规以及危及生命健康的行为提出批评、检举和控告。

(6)拒绝违章指挥和强令进行没有职业病防护措施的作业。

(7)参与用人单位职业卫生工作的民主管理，对职业病防治工作提出意见和建议。

用人单位应当保障劳动者行使前款所列权利。因劳动者依法行使正当权利而降低其工资、福利等待遇或者解除、终止与其订立的劳动合同的，其行为无效。

三、职业健康监护管理

职业健康监护是以预防为目的，根据劳动者的职业接触史，通过定期或不定期的医学健康检查和健康相关资料的收集，连续性地监测劳动者的健康状况，分析劳动者健康变化与所接触的职业病危害因素的关系，并及时地将健康检查和资料分析结果报告给用人单位和劳动者本人，以便及时采取干预措施，保护劳动者健康。职业健康监护主要包括职业健康检查、离岗后健康检查、应急健康检查和职业健康监护档案管理等内容。

职业健康检查是通过医学手段和方法，针对劳动者所接触的职业病危害因素可能产生的健康影响和健康损害进行临床医学检查，了解受检者健康状况，早期发现职业病、职业禁忌证和可能的其他疾病和健康损害的医疗行为。职业健康检查是职业健康监护的重要内容和主要的资料来源。职业健康检查包括上岗前、在岗期间、离岗时健康检查。

（一）粉尘作业劳动者职业健康监护

1. 游离二氧化硅粉尘（结晶型二氧化硅粉尘，又称矽尘）

（1）上岗前职业健康检查

检查内容：

①症状询问。重点询问呼吸系统、心血管系统疾病史、吸烟史及咳嗽、咳痰、喘息、胸痛、呼吸困难、气短等症状。

②体格检查。内科常规检查，重点检查呼吸系统、心血管系统。

③实验室和其他检查。必检项目有血常规、尿常规、心电图、血清 ALT、后前位 X 射线高千伏胸片或数字化摄影胸片（DR 胸片）、肺功能。

（2）在岗期间职业健康检查

检查内容：

①症状询问。重点询问咳嗽、咳痰、胸痛、呼吸困难，也可有喘息、咯血等症状。

②体格检查。内科常规检查，重点检查呼吸系统和心血管系统。

③实验室和其他检查。必检项目有后前位 X 射线高千伏胸片或数字化摄影胸片（DR 胸片）、心电图、肺功能；选检项目有血常规、尿常规、血清 ALT。

健康检查周期：

①生产性粉尘作业分级Ⅰ级，2 年 1 次；生产性粉尘作业分级Ⅱ级及以上，1 年 1 次。

②X 射线胸片表现为观察对象者健康检查每年 1 次，连续观察 5 年，若 5 年内不能确诊为矽肺患者，按①要求执行。

③矽肺患者原则每年检查 1 次，或根据病情随时检查。

提示

职业健康监护管理中，主要学习“在岗期间职业健康检查”的相关内容。

（3）离岗时职业健康检查

检查内容同“在岗期间职业健康检查”。

（4）离岗后健康检查（推荐性）

检查内容：

①症状询问。重点询问咳嗽、咳痰、胸痛、呼吸困难、喘息、咯血等症状。

②体格检查。内科常规检查，重点检查呼吸系统和心血管系统。

③实验室和其他检查。必检项目有后前位 X 射线高千伏胸片或数字化摄影胸片（DR 胸片）。

2. 煤尘

（1）上岗前职业健康检查

检查内容：

①症状询问。重点询问呼吸系统、心血管系统疾病史、吸烟史及咳嗽、咳痰、喘息、胸痛、呼吸困难、气短等症状。

②体格检查。内科常规检查，重点是呼吸系统、心血管系统。

③实验室和其他检查。必检项目有血常规、尿常规、心电图、血清 ALT、后前位 X 射线高千伏胸片或数字化摄影胸片（DR 胸片）、肺功能。

（2）在岗期间职业健康检查

检查内容：

①症状询问。重点询问咳嗽、咳痰、胸痛、呼吸困难，也可有喘息、咯血等症状。

②体格检查。内科常规检查，重点是呼吸系统和心血管系统。

③实验室和其他检查。必检项目有后前位 X 射线高千伏胸片或数字化摄影胸片（DR 胸片）、心电图、肺功能；选检项目有血常规、尿常规、血清 ALT。

健康检查周期：

①生产性粉尘作业分级Ⅰ级，3 年 1 次；生产性粉尘作业分级Ⅱ级及以上，2 年 1 次。

②X 射线胸片表现为观察对象者健康检查每年 1 次，连续观察 5 年，若 5 年内不能确诊为煤工尘肺患者，按①要求执行。

③煤工尘肺患者每 1～2 年检查 1 次，或根据病情随时检查。

（3）离岗时职业健康检查

检查内容同"在岗期间职业健康检查"。

（4）离岗后健康检查（推荐性）

检查内容：

①症状询问。重点询问咳嗽、咳痰、胸痛、呼吸困难、喘息、咯血等症状。

②体格检查。内科常规检查，重点检查呼吸系统和心血管系统。

③实验室和其他检查。必检项目有后前位 X 射线高千伏胸片或数字化摄影胸片（DR 胸片）。

3. 石棉粉尘

（1）上岗前职业健康检查

检查内容：

①症状询问。重点询问呼吸系统、心血管系统疾病史、吸烟史及咳嗽、咳痰、喘息、胸痛、呼吸困难、气短等症状。

②体格检查。内科常规检查，重点检查呼吸系统、心血管系统。

③实验室和其他检查。必检项目有血常规、尿常规、心电图、血清 ALT、后前位 X 射线高千伏胸片或数字化摄影胸片（DR 胸片）、肺功能；选检项目有肺弥散功能。

（2）在岗期间职业健康检查

检查内容：

①症状询问。重点询问咳嗽、咳痰、胸痛、呼吸困难，也可有喘息、咯血等症状。

②体格检查。内科常规检查，重点检查呼吸系统和心血管系统。

③实验室和其他检查。必检项目有后前位 X 射线高千伏胸片或数字化摄影胸片(DR 胸片)、肺功能、心电图;选检项目有侧位 X 射线高千伏胸片、CT 检查、胸腔穿刺和病理检查、肺弥散功能、血常规、尿常规、肝功能。

健康检查周期:

①生产性粉尘作业分级Ⅰ级,2 年 1 次;生产性粉尘作业分级Ⅱ级及以上,1 年 1 次。

②X 射线胸片表现为观察对象者健康检查每年 1 次,连续观察 5 年,若 5 年内不能确诊为石棉肺患者,按①要求执行。

③石棉肺患者每年检查 1 次,或根据病情随时检查。

(3)离岗时职业健康检查

检查内容同“在岗期间职业健康检查”。

(4)离岗后健康检查(推荐性)

检查内容:

①症状询问。重点询问咳嗽、咳痰、胸痛、呼吸困难、喘息、咯血等症状。

②体格检查。内科常规检查,重点检查呼吸系统和心血管系统。

③实验室和其他检查。必检项目有后前位 X 射线高千伏胸片或数字化摄影胸片(DR 胸片);选检项目有侧位 X 射线高千伏胸片。

4. 其他致尘肺病的无机粉尘

其他致尘肺病的无机粉尘是指炭黑粉尘、石墨粉尘、滑石粉尘、云母粉尘、水泥粉尘、铸造粉尘、陶瓷粉尘、铝尘(铝、铝矾土、氧化铝)、电焊烟尘等粉尘。

(1)上岗前职业健康检查

检查内容:

①症状询问。重点询问呼吸系统、心血管系统疾病史、吸烟史及咳嗽、咳痰、喘息、胸痛、呼吸困难、气短等症状。

②体格检查。内科常规检查,重点检查呼吸系统、心血管系统。

③实验室和其他检查。必检项目有血常规、尿常规、心电图、血清 ALT、后前位 X 射线高千伏胸片或数字化摄影胸片(DR 胸片)、肺功能。

(2)在岗期间职业健康检查

检查内容:

①症状询问。重点询问咳嗽、咳痰、胸痛、呼吸困难,也可有喘息、咯血等症状。

②体格检查。内科常规检查,重点检查呼吸系统和心血管系统。

③实验室和其他检查。必检项目有后前位 X 射线高千伏胸片或数字化摄影胸片(DR 胸片)、心电图、肺功能;选检项目有血常规、尿常规、血清 ALT。

健康检查周期:

①生产性粉尘作业分级Ⅰ级,4 年 1 次;生产性粉尘作业分级Ⅱ级及以上,2 ~ 3 年 1 次。

②X 射线胸片表现为观察对象者健康检查每年 1 次,连续观察 5 年,若 5 年内不能确诊为尘肺患者,按①要求执行。

③尘肺患者每1~2年进行1次医学检查,或根据病情随时检查。

(3)离岗时职业健康检查

检查内容同“在岗期间职业健康检查”。

(4)离岗后健康检查(推荐性)

检查内容:

①症状询问。重点询问咳嗽、咳痰、胸痛、呼吸困难、喘息、咯血等症状。

②体格检查。内科常规检查,重点检查呼吸系统和心血管系统。

③实验室和其他检查。必检项目有后前位X射线高千伏胸片或数字化摄影胸片(DR胸片)。

(二)接触有害物理因素作业人员职业健康监护

1. 噪声

(1)上岗前职业健康检查

检查内容:

①症状询问。有无中、外耳疾患史;可能影响听力的外伤史、爆震史;药物史;中毒史;感染史;遗传史;有无噪声接触史及个人防护情况。

②体格检查。内科常规检查;耳科常规检查。

③实验室和其他检查。必检项目有血常规、尿常规、心电图、血清ALT、纯音听阈测试;选检项目有声导抗、耳声发射。

(2)在岗期间职业健康检查

检查内容:

①症状询问。同“上岗前职业健康检查”。

②体格检查。同“上岗前职业健康检查”。

③实验室和其他检查。必检项目有纯音气导听闻测试、心电图;选检项目有纯音骨导听阈测试、声导抗、耳声发射、听觉诱发电反应测听。

(3)离岗时职业健康检查

检查内容同“在岗期间职业健康检查”。

2. 高温

(1)上岗前职业健康检查

检查内容:

①症状询问。重点询问有无心血管系统、泌尿系统及神经系统症状等。

②体格检查。内科常规检查,重点进行心血管系统检查。

③实验室和其他检查。必检项目有血常规、尿常规、血清ALT、心电图、血糖;选检项目有甲亢病史可检查血清游离甲状腺素、血清游离三碘甲腺原氨酸、促甲状腺激素。

(2)在岗期间职业健康检查

检查内容:同“上岗前职业健康检查”。

健康检查周期:1年,应在每年高温季节到来之前进行。

链接

根据《工作场所有害因素职业接触限值 第2部分：物理因素》，高温作业是指在生产劳动过程中，工作地点平均WBGT指数≥25 ℃的作业。WBGT指数又称湿球黑球温度，是综合评价人体接触作业环境热负荷的一个基本参量，单位为℃。

四、职业病危害事故的救援

发生或者可能发生急性职业病危害事故时，用人单位应当立即采取应急救援和控制措施，并及时报告所在地卫生行政部门和有关部门。卫生行政部门接到报告后，应当及时会同有关部门组织调查处理；必要时，可以采取临时控制措施。卫生行政部门应当组织做好医疗救治工作。对遭受或者可能遭受急性职业病危害的劳动者，用人单位应当及时组织救治、进行健康检查和医学观察，所需费用由用人单位承担。

职业卫生监督管理部门应当按照职责分工，加强对用人单位落实职业病防护管理措施情况的监督检查，依法行使职权，承担责任。

第十八章 劳动防护用品管理

第一节 用人单位劳动防护用品的选择

劳动防护用品,是指由用人单位为劳动者配备的,使其在劳动过程中免遭或者减轻事故伤害及职业病危害的个体防护装备。劳动防护用品是由用人单位提供的,保障劳动者安全与健康的辅助性、预防性措施,不得以劳动防护用品替代工程防护设施和其他技术、管理措施。

根据《用人单位劳动防护用品管理规范》,劳动防护用品分为以下类别:

(1)防御物理、化学和生物危险、有害因素对头部伤害的头部防护用品,如安全帽。

(2)防御缺氧空气和空气污染物进入呼吸道的呼吸(器官)防护用品,如防尘口罩或防尘面具、防毒口罩或防毒面具。

提示

防尘口罩主要用于防止或减少有害气体、粉尘、烟、雾等进入人体呼吸器官。对于有毒岗位的作业人员,应佩戴防毒口罩或防毒面具。

(3)防御物理和化学危险、有害因素(如金属火花、烟气、粉尘、化学飞溅物等)对眼面部伤害的眼面部防护用品,如激光防护镜、焊接防护面罩。

(4)防噪声危害及防水、防寒等的耳部(听力)防护用品,如耳罩、耳塞。

(5)防御物理、化学和生物危险、有害因素对手部伤害的手部防护用品,如防静电手套、防化学品手套、机械危害防护手套。

(6)防御物理和化学危险、有害因素对足部伤害的足部防护用品,如防化学品鞋、安全鞋。

(7)防御物理、化学和生物危险、有害因素对躯干伤害的躯干防护用品(防护服装),如防电弧服、防静电服、化学防护服、隔热服。

(8)防止高处作业劳动者坠落或者高处落物伤害的坠落防护用品,如安全带。

链接

坠落悬挂用安全带是指当作业人员发生坠落时,通过制动作用将作业人员安全悬挂的个体坠落防护系统。坠落悬挂用安全带应标明伸展长度,且伸展长度应小于或等于永久标识中明示的数值;系带不应出现明显不对称滑移或不对称变形;连接器不应打开,零部件不应断裂;安全带中使用的金属环类零件不应使用焊接件,不应留有开口。

(9)其他防御危险、有害因素的劳动防护用品。

链接

上述劳动防护用品主要是按防护部位进行分类的。劳动防护用品按预防伤亡事故的用途可分为防触电用品、防冲击用品、防坠落用品、防机械外伤用品、防水用品、防酸碱用品、耐油用品、防寒用品。其中,防冲击用品包括安全帽、防冲击护目镜等。劳动防护用品按预防职业病的用途可分为防毒用品、防辐射用品、防噪声用品、防高低温用品、防尘用品等。

用人单位应按照识别、评价、选择的程序,结合劳动者作业方式和工作条件,并考虑其个人特点及劳动强度,选择防护功能和效果适用的劳动防护用品:

(1)接触粉尘、有毒、有害物质的劳动者应当根据不同粉尘种类、粉尘浓度及游离二氧化硅含量和毒物的种类及浓度配备相应的呼吸器、防护服、防护手套和防护鞋等。具体可参照《呼吸防护用品 自吸过滤式防颗粒物呼吸器》《呼吸防护用品的选择、使用与维护》《防护服装 化学防护服的选择、使用和维护》《手部防护手套的选择、使用和维护指南》和《个体防护装备 足部防护鞋(靴)的选择、使用和维护指南》等标准。

典型例题

【单选题】某公司承接地铁车站项目。车站采用暗挖法施工,埋深近 30 m,地下水丰富,车站结构需要采用人工挖孔桩作业。结合作业方式和作业条件,公司为作业人员配备了相应的劳动防护用品。下列属于作业人员必须配备的劳动防护用品是(　　)。

A. 有色防护眼镜　　B. 电绝缘鞋

C. 雨靴　　D. 矿灯

B。【解析】电绝缘鞋(靴)是指能使人的脚部与带电物体绝缘阻止电流通过身体,防止电击的足部防护鞋(靴)。在埋深近 30 m 并且含有丰富地下水的条件下进行人工挖孔桩作业容易发生触电事故,作业人员必须配备电绝缘鞋。

(2)接触噪声的劳动者,当暴露于 80 dB ≤ ($L_{EX,8\,h}$) < 85 dB 的工作场所时,用人单位应当根据劳动者需求为其配备适用的护听器;当暴露于($L_{EX,8\,h}$) ≥85 dB 的工作场所时,用人单位必须为劳动者配备适用的护听器,并指导劳动者正确佩戴和使用。具体可参照《护听器的选择指南》。

(3)工作场所中存在电离辐射危害的,经危害评价确认劳动者需佩戴劳动防护用品的,用人单位可参照电离辐射的相关标准及《个体防护装备配备基本要求》为劳动者配备劳动防护用品,并指导劳动者正确佩戴和使用。

(4)从事存在物体坠落、碎屑飞溅、转动机械和锋利器具等作业的劳动者,用人单位还可参照《个体防护装备选用规范》《头部防护安全帽选用规范》和《坠落防护装备安全使用规范》等标准,为劳动者配备适用的劳动防护用品。

同一工作地点存在不同种类的危险、有害因素的,应当为劳动者同时提供防御各类危害的劳动防护用品,还应考虑其可兼容性。

劳动者在不同地点工作，并接触不同的危险、有害因素，或接触不同的危害程度的有害因素的，为其选配的劳动防护用品应满足不同工作地点的防护需求。

劳动防护用品的选择还应当考虑其佩戴的合适性和基本舒适性，根据个人特点和需求选择适合号型、式样。

用人单位应当在可能发生急性职业损伤的有毒、有害工作场所配备应急劳动防护用品，放置于现场临近位置并有醒目标识。

用人单位应当为巡检等流动性作业的劳动者配备随身携带的个人应急防护用品。

以往考试中会考查不同劳动防护用品的具体规定，下面以典型例题的形式进行讲解。

典型例题

【单选题】某危险化学品企业，按照规定为不同岗位员工配备了防护功能和效果适用的劳动防护用品、用具，并督促员工正确佩戴。下列不同岗位配备的劳动防护用品、用具中，不符合规定的是（　　）。

A. 离子膜电解岗位配备防静电工作服

B. 液氨操作岗位配备4号滤毒罐

C. 空气压缩机岗位巡检人员配备耳塞

D. 煤气化岗位配备7号滤毒罐

D。【解析】4号和7号滤毒罐的防毒性能，应符合下表规定。煤气化岗位接触的主要是氨、硫化氢等，应配备4号滤毒罐。故选项D错误。

4号和7号滤毒罐的防毒性能

滤毒罐编号	标色	防毒类型	防护对象（举例）	试验毒剂
4	灰	防氨、硫化氢	氨、硫化氢	氨（NH_3）
				硫化氢（H_2S）
7	黄	防酸性气体	酸性气体和蒸气：二氧化碳、氯气、硫化氢、氮的氧化物、光气、磷和含氯有机农药	二氧化硫（SO_2）

【单选题】某化工厂按照规定为员工配备了劳动防护用品，包括安全帽、耐高温手套、防尘口罩、绝缘鞋、防静电工作服等。关于该企业劳动防护用品配备的说法，错误的是（　　）。

A. 粉碎岗位应配备防尘口罩

B. 仪表岗位应配备绝缘鞋

C. 缩合岗位应配备防静电工作服

D. 液相色谱分析岗位应配备耐高温手套

D。【解析】液相色谱分析岗位通常在室温下操作，温度较低，故不需要配备耐高温手套。但在工作中需要接触到强酸、强碱或腐蚀性试剂，应配备防腐蚀手套、防毒面罩和防护眼镜。故选项D错误。

第二节　个体防护装备配备要求

个体防护装备也称为劳动防护用品，以下内容主要参考《个人防护装备配备规范 第1部分：总则》进行学习。

一、个体防护装备配备原则

个体防护装备配备原则如下：

（1）作业场所中存在职业性危害因素和危害风险时，用人单位应为作业人员配备符合国家标准或行业标准的个体防护装备。

（2）用人单位为作业人员配备的个体防护装备应与作业场所的环境状况、作业状况、存在的危害因素和危害程度相适应，应与作业人员相适合，且个体防护装备本身不应导致其他额外的风险。

（3）用人单位配备个体防护装备时，应在保证有效防护的基础上，兼顾舒适性。

（4）需要同时配备多种个体防护装备时，应考虑使用的兼容性和功能替代性，确保防护有效。

（5）用人单位应对其使用的劳务派遣工、临时聘用人员、接纳的实习生和允许进入作业地点的其他外来人员进行个体防护装备的配备及管理。

（6）用人单位应在本部分基础上结合所在行业个体防护装备配备国家标准进行个体防护装备的配备及管理；无所在行业个体防护装备配备国家标准时，应按照本部分要求进行个体防护装备的配备及管理。个体防护装备配备行业编号及相关编号参见附录A。

二、个体防护装备配备程序

（一）配备流程

个体防护装备的配备应按规定流程执行。其中，危害因素的辨识和评估、个体防护装备的选择是整个配备流程的关键环节。

（二）危害因素的辨识和评估

1. 危害因素的辨识

（1）辨识原则

危害因素的辨识原则如下：

①应依据国家法律、法规、标准及专业知识，针对不同作业场所、生产工艺、作业环境的特点，识别可能的危害因素。

②应对生产经营活动中各因素，包括人员、设备设施、使用物料、工艺方法，环境条件，管理制度等进行系统分析。不仅应分析正常生产操作中存在的危害因素，还应分析技术、材料、工艺等发生变化，设备故障或失效、人员操作失误等情况下可能产生的危害因素。

（2）辨识方法

①应采用现场调查、测量、查阅相关记录、询问与交流等方式对作业环境中的危害因素进行分析。

②在识别危害因素时，应主要从以下方面进行分析：正常工作状态；异常工作状态；人

员作业活动;设备采购、贮存和输送,以及设备设施的运行、维修和保养;原辅材料、中间产品和最终产品;生产、施工工艺;环境条件;管理制度;其他辅助活动和意外情况。

2. 危害评估

应依据国家法规、标准等由专业人员对所识别的危害因素进行评估,判断是否超过职业接触限值和实际的危害水平,结合危害因素存在的位置、危害方式、危害发生的时间、途径及后果,确定需要防护的人群范围,以及各类人员需要防护的部位和需要的防护水平。

(三)个体防护装备的选择

应根据辨识的作业场所危害因素和危害评估结果,结合个体防护装备的防护部位、防护功能、适用范围和防护装备对作业环境和使用者的适合性,选择合适的个体防护装备。常用个体防护装备的分类、防护功能及适用范围见《个人防护装备配备规范 第1部分:总则》。

三、个体防护装备配备管理

(一)基本要求

用人单位应建立健全个体防护装备管理制度,至少应包括采购、验收、保管、选择、发放、使用、报废、培训等内容,并应建立健全个体防护装备管理档案。

用人单位应在入库前对个体防护装备进行进货验收,确定产品是否符合国家或行业标准;对国家规定应进行定期强检的个体防护装备,用人单位应按相关规定,委托具有检测资质的检验检测机构进行定期检验。

在作业过程中发现存在其他危害因素,现有个体防护装备不能满足作业安全要求,需要另外配备时,应立即停止相关作业,按照本部分的要求配备相应的个体防护装备后,方可继续作业。

(二)追踪溯源

用人单位应购置在最小贴码包装及运输包装上具有追踪溯源标识的个体防护装备,该标识应能通过全国性追踪溯源系统实现追踪溯源。

制造商在每一批产品售出前应在全国性追踪溯源系统录入制造商信息、产品信息及该产品款号的由具有检测资质的检验检测机构出具的检验检测报告信息。每一批产品应对应一个由全国性追踪溯源系统生成的产品追踪溯源标识。

经销商在产品售出前应在全国性追踪溯源系统录入必要的销售信息。

检验检测机构应在全国性追踪溯源系统录入检验检测报告信息,每一个检验检测报告应对应一个由全国性追踪溯源系统生成的检验检测报告追踪溯源标识。

用人单位在采购个体防护装备时,可通过产品和检验检测报告的追踪溯源标识,对产品实物信息和产品检验检测报告信息进行核实。

(三)判废和更换

出现以下情况之一,用人单位应给予判废和更换新品:

(1)个体防护装备经检验或检查被判定不合格。

(2)个体防护装备超过有效期。

(3)个体防护装备功能已经失效。

(4)个体防护装备的使用说明书中规定的其他判废或更换条件。

被判废或被更换后的个体防护装备不得再次使用。

提示

安全帽、呼吸器、绝缘手套等易损耗、安全性能要求高的劳动防护用品，到期应强制报废。

典型例题

【单选题】某电解铝厂变电所由变压器室、13.8 kV 配电室等组成，该变电所配备有绝缘手套、绝缘靴、绝缘杆等电气安全防护用品。关于绝缘手套的维护、更换及检验的说法，错误的是(　　)。

A. 手套应存放在专用箱内，存放环境温度宜为 10～21 ℃之间

B. 将检验不合格的 3 级绝缘手套更换为 2 级绝缘手套

C. 禁止手套与油、酸、碱或其他有害物质接触

D. 应定期进行检验，周期为 6 个月

B。【解析】根据《带电作业用绝缘手套》，本标准所包括的手套按电气性能分为以下几种类型：0、1、2、3、4 五级，适用于不同电压等级的手套。其中，2 级绝缘手套适用于 10 kV 以下电压，3 级绝缘手套适用于 20 kV 以下电压。故选项 B 错误。

(四)培训和使用

用人单位应制定培训计划和考核办法，并建立和保留培训和考核记录。

用人单位应按计划定期对作业人员进行培训，培训内容至少应包括工作中存在的危害种类和法律法规、标准等规定的防护要求，本单位采取的控制措施，以及个体防护装备的选择、防护效果、使用方法及维护、保养方法、检查方法等。

当有新员工入职、员工转岗、个体防护装备配备发生变化、法律法规及标准发生变化等情况，需要培训时用人单位应及时进行培训。

未按规定佩戴和使用个体防护装备的作业人员，不得上岗作业。

作业人员应熟练掌握个体防护装备正确佩戴和使用方法，用人单位应监督作业人员个体防护装备的使用情况。

在使用个体防护装备前，作业人员应对个体防护装备进行检查(如外观检查，适合性检查等)，确保个体防护装备能够正常使用(外观完好、功能正常)。

用人单位应按照产品使用说明书的有关内容和要求，指导并监督个体防护装备使用人员对在用的个体防护装备进行正确的日常维护和使用前的检查，对必须由专人负责的，应指定受过培训的合格人员负责日常检查和维护。

劳动防护用品应当按照要求妥善保存，及时更换，保证其在有效期内。公用的劳动防护用品应当由车间或班组统一保管，定期维护。

提示

从事焊接作业人员应佩戴电焊面罩及呼吸防护用品等；焊工佩戴焊接防护用具作业，应缩短作业时间。

第十九章　危险作业管理

第一节　危险作业的概述

一、基本概念

危险作业主要是特殊作业，即危险化学品企业生产经营过程中可能涉及的动火、进入受限空间、盲板抽堵、高处作业、吊装、临时用电、动土、断路等，对作业者本人、他人及周围建（构）筑物、设备设施可能造成危害或损毁的作业。

（1）动火作业。在直接或间接产生明火的工艺设施以外的禁火区内从事可能产生火焰、火花或炽热表面的非常规作业。其包括使用电焊、气焊（割）、喷灯、电钻、砂轮、喷砂机等进行的作业。

（2）高处作业。在距坠落基准面 2 m 及 2 m 以上有可能坠落的高处进行的作业。坠落基准面是指坠落处最低点的水平面。

（3）吊装作业。利用各种吊装机具将设备、工件、器具、材料等吊起，使其发生位置变化的作业。

（4）盲板抽堵作业。在设备、管道上安装或拆卸盲板的作业。

（5）动土作业。挖土、打桩、钻探、坑探、地锚入土深度在 0.5 m 以上；使用推土机、压路机等施工机械进行填土或平整场地等可能对地下隐蔽设施产生影响的作业。

（6）临时用电作业。临时用电是指在正式运行的电源上所接的非永久性用电。

（7）断路作业。生产区域内，交通主、支路与车间引道上进行工程施工、吊装、吊运等各种影响正常交通的作业。

（8）受限空间作业。进入或探入受限空间进行的作业。受限空间是指进出受限，通风不良，可能存在易燃易爆、有毒有害物质或缺氧，对进入人员的身体健康和生命安全构成威胁的封闭、半封闭设施及场所。受限空间包括反应器、塔、釜、槽、罐、炉膛、锅筒、管道以及地下室、窨井、坑（池）、管沟或其他封闭、半封闭场所。

提示

上述特殊作业，企业需要实行实施作业许可管理，并严格履行审批手续。

二、通用要求

作业前，危险化学品企业应组织作业单位对作业现场和作业过程中可能存在的危险有害因素进行辨识，开展作业危害分析，制定相应的安全风险管控措施。

作业前，危险化学品企业应采取措施对拟作业的设备设施、管线进行处理，确保满足相应作业安全要求：

（1）对设备、管线内介质有安全要求的特殊作业，应采用倒空、隔绝、清洗、置换等方式进行处理。

（2）对具有能量的设备设施、环境应采取可靠的能量隔离措施。

提示

能量隔离是指将潜在的、可能因失控造成人身伤害、环境损害、设备损坏、财产损失的能量进行有效的控制、隔离和保护。包括机械隔离、工艺隔离、电气隔离、放射源隔离等。

（3）对放射源采取相应安全处置措施。

进入作业现场的人员应正确佩戴满足要求的个体防护装备。

作业前，危险化学品企业应对参加作业的人员进行安全措施交底，主要包括：

（1）作业现场和作业过程中可能存在的危险、有害因素及采取的具体安全措施与应急措施。

（2）会同作业单位组织作业人员到作业现场，了解和熟悉现场环境，进一步核实安全措施的可靠性，熟悉应急救援器材的位置及分布。

（3）涉及断路、动土作业时，应对作业现场的地下隐蔽工程进行交底。

作业前，危险化学品企业应组织作业单位对作业现场及作业涉及的设备、设施、工器具等进行检查，并使之符合如下要求：

（1）作业现场消防通道、行车通道应保持畅通，影响作业安全的杂物应清理干净。

（2）作业现场的梯子、栏杆、平台、箅子板、盖板等设施应完整、牢固，采用的临时设施应确保安全。

（3）作业现场可能危及安全的坑、井、沟、孔洞等应采取有效防护措施，并设警示标志；需要检修的设备上的电器电源应可靠断电，在电源开关处加锁并加挂安全警示牌。

（4）作业使用的个体防护器具、消防器材、通信设备、照明设备等应完好。

（5）作业时使用的脚手架、起重机械、电气焊（割）用具、手持电动工具等各种工器具符合作业安全要求，超过安全电压的手持式、移动式电动工器具应逐个配置漏电保护器和电源开关。

（6）设置符合要求的安全警示标志。

（7）按照要求配备应急设施。

（8）腐蚀性介质的作业场所应在现场就近（30 m 内）配备人员应急用冲洗水源。

作业前，危险化学品企业应组织办理作业审批手续，并由相关责任人签字审批。同一作业涉及两种或两种以上特殊作业时，应同时执行各自作业要求，办理相应的作业审批手续。作业时，审批手续应齐全、安全措施应全部落实、作业环境应符合安全要求。

同一作业区域应减少、控制多工种、多层次交叉作业，最大限度避免交叉作业；交叉作业应由危险化学品企业指定专人统一协调管理，作业前要组织开展交叉作业风险辨识，采取可靠的保护措施，并保持作业之间信息畅通，确保作业安全。

当生产装置或作业现场出现异常，可能危及作业人员安全时，作业人员应立即停止作业，迅速撤离，并及时通知相关单位及人员。

特殊作业涉及的特种作业和特种设备作业人员应取得相应资格证书，持证上岗。界定为《职业禁忌证界定导则》中规定的职业禁忌证者不应参与相应作业。

作业期间应设监护人。监护人应由具有生产（作业）实践经验的人员担任，并经专项培训考试合格，佩戴明显标识，持培训合格证上岗。监护人的通用职责要求：

(1)作业前检查安全作业票。安全作业票应与作业内容相符并在有效期内；核查安全作业票中各项安全措施已得到落实。

(2)确认相关作业人员持有效资格证书上岗。

(3)核查作业人员配备和使用的个体防护装备满足作业要求。

(4)对作业人员的行为和现场安全作业条件进行检查与监督，负责作业现场的安全协调与联系。

(5)当作业现场出现异常情况时应中止作业，并采取安全有效措施进行应急处置；当作业人员违章时，应及时制止违章，情节严重时，应收回安全作业票、中止作业。

(6)作业期间，监护人不应擅自离开作业现场且不应从事与监护无关的事。确需离开作业现场时，应收回安全作业票、中止作业。

作业审批人的职责要求：

(1)应在作业现场完成审批工作。

(2)应核查安全作业票审批级别与企业管理制度中规定级别一致情况，各项审批环节符合企业管理要求情况。

(3)应核查安全作业票中各项风险识别及管控措施落实情况。

作业时使用的移动式可燃、有毒气体检测仪，氧气检测仪应符合要求。

作业现场照明系统配置要求：

(1)作业现场应设置满足作业要求的照明装备。

(2)受限空间内使用的照明电压不应超过 36 V，并满足安全用电要求；在潮湿容器、狭小容器内作业电压不应超过 12 V；在盛装过易燃易爆气体、液体等介质的容器内作业应使用防爆灯具；在可燃性粉尘爆炸环境作业时应采用符合相应防爆等级要求的灯具。

(3)作业现场可能危及安全的坑、井、沟、孔洞等周围，夜间应设警示红灯。

(4)动力和照明线路应分路设置。

作业完毕，应及时恢复作业时拆移的盖板、箅子板、扶手、栏杆、防护罩等安全设施的使用功能，恢复临时封闭的沟渠或地井，并清理作业现场，恢复原状。

作业完毕，应及时进行验收确认。

作业内容变更、作业范围扩大、作业地点转移或超过安全作业票有效期限时，应重新办理安全作业票。

工艺条件、作业条件、作业方式或作业环境改变时，应重新进行作业危害分析，核对风险管控措施，重新办理安全作业票。

安全作业票应规范填写，不得涂改。

第二节　动火作业安全管理

一、作业分级

固定动火区外的动火作业分为特级动火、一级动火和二级动火三个级别；遇节假日、公休日、夜间或其他特殊情况，动火作业应升级管理。

（1）特级动火作业。在火灾爆炸危险场所处于运行状态下的生产装置设备、管道、储罐、容器等部位上进行的动火作业（包括带压不置换动火作业）；存有易燃易爆介质的重大危险源罐区防火堤内的动火作业。

（2）一级动火作业。在火灾爆炸危险场所进行的除特级动火作业以外的动火作业，管廊上的动火作业按一级动火作业管理。

（3）二级动火作业。除特级动火作业和一级动火作业以外的动火作业。

生产装置或系统全部停车，装置经清洗、置换、分析合格并采取安全隔离措施后，根据其火灾、爆炸危险性大小，经危险化学品企业生产负责人或安全管理负责人批准，动火作业可按二级动火作业管理。

特级、一级动火安全作业票有效期不应超过 8 h；二级动火安全作业票有效期不应超过 72 h。

二、作业基本要求

作业基本要求如下：

（1）动火作业应有专人监护，作业前应清除动火现场及周围的易燃物品，或采取其他有效安全防火措施，并配备消防器材，满足作业现场应急需求。

（2）凡在盛有或盛装过助燃或易燃易爆危险化学品的设备、管道等生产、储存设施及《危险化学品企业特殊作业安全规范》规定的火灾爆炸危险场所中生产设备上的动火作业，应将上述设备设施与生产系统彻底断开或隔离，不应以水封或仅关闭阀门代替盲板作为隔断措施。

（3）拆除管线进行动火作业时，应先查明其内部介质危险特性、工艺条件及其走向，并根据所要拆除管线的情况制定安全防护措施。

（4）动火点周围或其下方如有可燃物、电缆桥架、孔洞、窨井、地沟、水封设施、污水井等，应检查分析并采取清理或封盖等措施；对于动火点周围 15 m 范围内有可能泄漏易燃、可燃物料的设备设施，应采取隔离措施；对于受热分解可产生易燃易爆、有毒有害物质的场所,应进行风险分析并采取清理或封盖等防护措施。

(5)在有可燃物构件和使用可燃物做防腐内衬的设备内部进行动火作业时,应采取防火隔绝措施。

(6)在作业过程中可能释放出易燃易爆、有毒有害物质的设备上或设备内部动火时,动火前应进行风险分析,并采取有效的防范措施,必要时应连续检测气体浓度,发现气体浓度超限报警时,应立即停止作业;在较长的物料管线上动火,动火前应在彻底隔绝区域内分段采样分析。

(7)在生产、使用、储存氧气的设备上进行动火作业时,设备内氧含量不应超过23.5%(体积分数)。

(8)在油气罐区防火堤内进行动火作业时,不应同时进行切水、取样作业。

(9)动火期间,距动火点30 m内不应排放可燃气体;距动火点15 m内不应排放可燃液体;在动火点10 m范围内、动火点上方及下方不应同时进行可燃溶剂清洗或喷漆作业;在动火点10 m范围内不应进行可燃性粉尘清扫作业。

(10)在厂内铁路沿线25 m以内动火作业时,如遇装有危险化学品的火车通过或停留时,应立即停止作业。

(11)特级动火作业应采集全过程作业影像,且作业现场使用的摄录设备应为防爆型。

(12)使用电焊机作业时,电焊机与动火点的间距不应超过10 m,不能满足要求时应将电焊机作为动火点进行管理。

(13)使用气焊、气割动火作业时,乙炔瓶应直立放置,不应卧放使用;氧气瓶与乙炔瓶的间距不应小于5 m,二者与动火点间距不应小于10 m,并应采取防晒和防倾倒措施;乙炔瓶应安装防回火装置。

(14)作业完毕后应清理现场,确认无残留火种后方可离开。

(15)遇五级风以上(含五级风)天气,禁止露天动火作业;因生产确需动火,动火作业应升级管理。

(16)涉及可燃性粉尘环境的动火作业应满足要求。

典型例题

【单选题】甲公司将脱硫脱硝检修项目委托给乙公司。公司在审核检修作业方案时,发现需增加脱硫吸收塔内两处动火作业,随即办理动火作业审批手续,当日20时,开始动火工作。次日凌晨5时左右,气割作业掉落的切割熔渣点燃塔内易燃衬胶引发火灾,造成1人死亡。关于动火作业许可安全要求的说法,正确的是(　　)。

A. 脱硫吸收塔内禁止多处同时进行动火作业

B. 本次气割动火作业级别应是一级动火

C. 本次气割动火作业审批的有效期不应超过8 h

D. 甲公司安全部门审批该动火作业

C。【解析】在有可燃物构件和使用可燃物做防腐内衬的设备内部进行动火作业时,应采取防火隔绝措施。做好防火隔绝措施的情况下可以同时进行多处作业。故选项 A 错误。在火灾爆炸危险场所进行的除特级动火作业以外的动火作业为一级动火作业,因在夜间进行作业,所以应升级为特级动火作业管理。故选项 B 错误。本次动火作业(特级动火作业)应由甲企业主管领导进行审批。故选项 D 错误。

【单选题】某高处动火作业引发火灾,经调查,导致事故发生的直接原因是无证人员违规施焊未采取可靠的灭火措施。该动火作业可靠的灭火措施是(　　)。

A. 铺设蓬布　　　　B. 铺设绝缘垫木

C. 铺设灭火毯　　　　D. 铺设聚氨酯保温板

C。【解析】铺设灭火毯是可靠的灭火措施,而蓬布、绝缘垫木、聚氨酯保温板均为可燃烧物品,不适合灭火。

三、动火分析及合格判定指标

动火作业前应进行气体分析,要求如下:

(1)气体分析的检测点要有代表性,在较大的设备内动火,应对上、中、下(左、中、右)各部位进行检测分析。

(2)在管道、储罐、塔器等设备外壁上动火,应在动火点 10 m 范围内进行气体分析,同时还应检测设备内气体含量;在设备及管道外环境动火,应在动火点 10 m 范围内进行气体分析。

(3)气体分析取样时间与动火作业开始时间间隔不应超过 30 min。

(4)特级、一级动火作业中断时间超过 30 min,二级动火作业中断时间超过 60 min, 应重新进行气体分析;每日动火前均应进行气体分析;特级动火作业期间应连续进行监测。

动火分析合格判定指标为:

(1)当被测气体或蒸气的爆炸下限大于或等于4%时,其被测浓度应不大于 0.5%(体积分数)。

(2)当被测气体或蒸气的爆炸下限小于 4% 时,其被测浓度应不大于 0.2%(体积分数)。

四、特级动火作业要求

特级动火作业应符合上述的规定。特级动火作业还应符合以下规定:

(1)应预先制定作业方案,落实安全防火防爆及应急措施。

(2)在设备或管道上进行特级动火作业时,设备或管道内应保持微正压。

(3)存在受热分解爆炸、自爆物料的管道和设备设施上不应进行动火作业。

(4)生产装置运行不稳定时,不应进行带压不置换动火作业。

五、固定动火区管理

固定动火区的设定应由危险化学品企业审批后确定，设置明显标志；应每年至少对固定动火区进行一次风险辨识，周围环境发生变化时，危险化学品企业应及时辨识、重新划定。

固定动火区的设置应满足以下安全条件要求：

(1)不应设置在火灾爆炸危险场所。

(2)应设置在火灾爆炸危险场所全年最小频率风向的下风或侧风方向，并与相邻企业火灾爆炸危险场所满足防火间距要求。

(3)距火灾爆炸危险场所的厂房、库房、罐区、设备、装置、窨井、排水沟、水封设施等不应小于 30 m。

(4)室内固定动火区应以实体防火墙与其他部分隔开，门窗外开，室外道路畅通。

(5)位于生产装置区的固定动火区应设置带有声光报警功能的固定式可燃气体检测报警器。

(6)固定动火区内不应存放可燃物及其他杂物，应制定并落实完善的防火安全措施，明确防火责任人。

第三节　高处作业安全管理

一、作业分级

作业高度按照《高处作业分级》分为四个区段：2 ~ 5 m；5 ~ 15 m；15 ~ 30 m；30 m 以上。

直接引起坠落的客观危险因素主要分为 9 种：

(1)阵风风力五级（风速 8.0 m/s）以上。

(2)平均气温等于或低于 5 ℃的作业环境。

(3)接触冷水温度等于或低于 12 ℃的作业。

(4)作业场地有冰、雪、霜、油、水等易滑物。

(5)作业场所光线不足或能见度差。

(6)作业活动范围与危险电压带电体距离小于下表的规定。

危险电压带电体的电压等级/kV	<10	35	63 ~ 110	220	330	500
距离/m	1.7	2.0	2.5	4.0	5.0	6.0

(7)摆动，立足处不是平面或只有很小的平面，即任一边小于 500 mm 的矩形平面、直径小于 500 mm 的圆形平面或具有类似尺寸的其他形状的平面，致使作业者无法维持正常姿势。

(8)存在有毒气体或空气中含氧量低于 19.5%（体积分数）的作业环境。

(9)可能会引起各种灾害事故的作业环境和抢救突然发生的各种灾害事故。

不存在上述列出的任一种客观危险因素的高处作业按下表规定的A类法分级,存在上述列出的一种或一种以上客观危险因素的高处作业按下表规定的B类法分级。

分类法	高处作业高度/m			
	$2 \leq h \leq 5$	$5 < h \leq 15$	$15 < h \leq 30$	$h > 30$
A	Ⅰ	Ⅱ	Ⅲ	Ⅳ
B	Ⅱ	Ⅲ	Ⅳ	Ⅳ

二、作业要求

高处作业要求具体如下:

(1)高处作业人员应正确佩戴符合要求的安全带及符合要求的安全绳,30 m以上高处作业应配备通信联络工具。

(2)高处作业应设专人监护,作业人员不应在作业处休息。

(3)应根据实际需要配备符合安全要求的作业平台、吊笼、梯子、挡脚板、跳板等;脚手架的搭设、拆除和使用应符合有关标准要求。

(4)高处作业人员不应站在不牢固的结构物上进行作业;在彩钢板屋顶、石棉瓦、瓦棱板等轻型材料上作业,应铺设牢固的脚手板并加以固定,脚手板上要有防滑措施;不应在未固定、无防护设施的构件及管道上进行作业或通行。

(5)在邻近排放有毒、有害气体、粉尘的放空管线或烟囱等场所进行作业时,应预先与作业属地生产人员取得联系,并采取有效的安全防护措施,作业人员应配备必要的符合国家相关标准的防护装备(如隔绝式呼吸防护装备、过滤式防毒面具或口罩等)。

(6)雨天和雪天作业时,应采取可靠的防滑、防寒措施;遇有五级风以上(含五级风)、浓雾等恶劣天气,不应进行高处作业、露天攀登与悬空高处作业;暴风雪、台风、暴雨后,应对作业安全设施进行检查,发现问题立即处理。

(7)作业使用的工具、材料、零件等应装入工具袋,上下时手中不应持物,不应投掷工具、材料及其他物品;易滑动、易滚动的工具、材料堆放在脚手架上时,应采取防坠落措施。

(8)在同一坠落方向上,一般不应进行上下交叉作业,如需进行交叉作业,中间应设置安全防护层,坠落高度超过24 m的交叉作业,应设双层防护。

(9)因作业需要,须临时拆除或变动作业对象的安全防护设施时,应经作业审批人员同意,并采取相应的防护措施,作业后应及时恢复。

(10)拆除脚手架、防护棚时,应设警戒区并派专人监护,不应上下同时施工。

(11)安全作业票的有效期最长为7天。当作业中断,再次作业前,应重新对环境条件和安全措施进行确认。

第四节　吊装作业安全管理

一、作业分级

吊装作业按照吊物质量 m 不同分为：

（1）一级吊装作业：$m>100$ t。

（2）二级吊装作业：40 t$\leqslant m \leqslant$100 t。

（3）三级吊装作业：$m<40$ t。

二、作业要求

吊装作业要求具体如下：

（1）一、二级吊装作业，应编制吊装作业方案。吊装物体质量虽不足 40 t，但形状复杂、刚度小、长径比大、精密贵重，以及在作业条件特殊的情况下，三级吊装作业也应编制吊装作业方案；吊装作业方案应经审批。

（2）吊装场所如有含危险物料的设备、管道时，应制定详细吊装方案，并对设备、管道采取有效防护措施，必要时停车，放空物料，置换后再进行吊装作业。

（3）不应靠近高架电力线路进行吊装作业；确需在电力线路附近作业时，起重机械的安全距离应大于起重机械的倒塌半径并符合要求；不能满足时，应停电后再进行作业。

（4）大雪、暴雨、大雾、六级及以上大风时，不应露天作业。

（5）作业前，作业单位应对起重机械、吊具、索具、安全装置等进行检查，确保其处于完好、安全状态，并签字确认。

（6）指挥人员应佩戴明显的标志，并按规定的联络信号进行指挥。

（7）应按规定负荷进行吊装，吊具、索具应经计算选择使用，不应超负荷吊装。

（8）不应利用管道、管架、电杆、机电设备等作吊装锚点；未经土建专业人员审查核算，不应将建筑物、构筑物作为锚点。

（9）起吊前应进行试吊，试吊中检查全部机具、锚点受力情况，发现问题应立即将吊物放回地面，排除故障后重新试吊，确认正常后方可正式吊装。

（10）吊装作业人员应遵守如下规定：

①按指挥人员发出的指挥信号进行操作；任何人发出的紧急停车信号均应立即执行；吊装过程中出现故障，应立即向指挥人员报告。

②吊物接近或达到额定起重吊装能力时，应检查制动器，用低高度、短行程试吊后，再吊起。

③利用两台或多台起重机械吊运同一吊物时应保持同步，各台起重机械所承受的载

荷不应超过各自额定起重能力的80%。

④下放吊物时，不应自由下落(溜)；不应利用极限位置限制器停车。

⑤不应在起重机械工作时对其进行检修；不应在有载荷的情况下调整起升变幅机构的制动器。

⑥停工和休息时，不应将吊物、吊笼、吊具和吊索悬在空中。

⑦以下情况不应起吊：无法看清场地、吊物，指挥信号不明；起重臂吊钩或吊物下面有人、吊物上有人或浮置物；重物捆绑、紧固、吊挂不牢，吊挂不平衡，索具打结，索具不齐，斜拉重物，棱角吊物与钢丝绳之间无衬垫；吊物质量不明，与其他吊物相连，埋在地下，与其他物体冻结在一起。

(11)司索人员应遵守如下规定：

①听从指挥人员的指令，并及时报告险情。

②不应用吊钩直接缠绕吊物及将不同种类或不同规格的索具混在一起使用。

③吊物捆绑应牢靠，吊点设置应根据吊物重心位置确定，保证吊装过程中吊物平衡；起升吊物时应检查其连接点是否牢固、可靠；吊运零散件时，应使用专门的吊篮、吊斗等器具，吊篮、吊斗等不应装满。

④吊物就位时，应与吊物保持一定的安全距离，用拉绳或撑杆、钩子辅助其就位。

⑤吊物就位前，不应解开吊装索具。

⑥上述中与司索人员有关的不应起吊的情况，司索人员应做相应处理。

(12)监护人员应确保吊装过程中警戒范围区内没有非作业人员或车辆经过；吊装过程中吊物及起重臂移动区域下方不应有任何人员经过或停留。

(13)用定型起重机械(例如履带吊车、轮胎吊车、桥式吊车等)进行吊装作业时，除遵守《危险化学品企业特殊作业安全规范》外，还应遵守该定型起重机械的操作规程。

(14)作业完毕应做如下工作：

①将起重臂和吊钩收放到规定位置，所有控制手柄均应放到零位，电气控制的起重机械的电源开关应断开。

②对在轨道上作业的吊车，应将吊车停放在指定位置有效锚定。

③吊索、吊具收回，放置到规定位置，并对其进行例行检查。

第五节　盲板抽堵作业安全管理

盲板抽堵作业安全管理具体内容如下：

(1)作业前，危险化学品企业应预先绘制盲板位置图，对盲板进行统一编号，并设专人统一指挥作业。

(2)在不同危险化学品企业共用的管道上进行盲板抽堵作业,作业前应告知上下游相关单位。

(3)作业单位应根据管道内介质的性质、温度、压力和管道法兰密封面的口径等选择相应材料、强度、口径和符合设计、制造要求的盲板及垫片,高压盲板使用前应经超声波探伤;盲板选用应符合要求。

(4)作业单位应按位置图进行盲板抽堵作业,并对每个盲板进行标识,标牌编号应与盲板位置图上的盲板编号一致,危险化学品企业应逐一确认并做好记录。

(5)作业前,应降低系统管道压力至常压,保持作业现场通风良好,并设专人监护。

(6)在火灾爆炸危险场所进行盲板抽堵作业时,作业人员应穿防静电工作服、工作鞋,并使用防爆工具;距盲板抽堵作业地点 30 m 内不应有动火作业。

(7)在强腐蚀性介质的管道、设备上进行盲板抽堵作业时,作业人员应采取防止酸碱化学灼伤的措施。

(8)在介质温度较高或较低、可能造成人员烫伤或冻伤的管道、设备上进行盲板抽堵作业时,作业人员应采取防烫、防冻措施。

(9)在有毒介质的管道、设备上进行盲板抽堵作业时,作业人员应按要求选用防护用具。在涉及硫化氢、氯气、氨气、一氧化碳及氰化物等毒性气体的管道、设备上进行作业时,除满足上述要求外,还应佩戴移动式气体检测仪。

(10)不应在同一管道上同时进行两处或两处以上的盲板抽堵作业。

(11)同一盲板的抽、堵作业,应分别办理盲板抽、堵安全作业票,一张安全作业票只能进行一块盲板的一项作业。

(12)盲板抽堵作业结束,由作业单位和危险化学品企业专人共同确认。

第六节　动土作业安全管理

动土作业安全管理具体内容如下:

(1)作业前,应检查工器具、现场支撑是否牢固、完好,发现问题应及时处理。

(2)作业现场应根据需要设置护栏、盖板和警告标志,夜间应悬挂警示灯。

(3)在动土开挖前,应先做好地面和地下排水,防止地面水渗入作业层面造成塌方。

(4)作业前,作业单位应了解地下隐蔽设施的分布情况,作业临近地下隐蔽设施时,应使用适当工具人工挖掘,避免损坏地下隐蔽设施;如暴露出电缆、管线以及不能辨认的物品时,应立即停止作业,妥善加以保护,报告动土审批单位,经采取保护措施后方可继续作业。

(5)挖掘坑、槽、井、沟等作业,应遵守下列规定:

①挖掘土方应自上而下逐层挖掘，不应采用挖底脚的办法挖掘；使用的材料、挖出的泥土应堆在距坑、槽、井、沟边沿至少 1 m 处，堆土高度不应大于 1.5 m；挖出的泥土不应堵塞下水道和窨井。

②不应在土壁上挖洞攀登。

③不应在坑、槽、井、沟上端边沿站立、行走。

④应视土壤性质、湿度和挖掘深度设置安全边坡或固壁支撑；作业过程中应对坑、槽、井、沟边坡或固壁支撑架随时检查，特别是雨雪后和解冻时期，如发现边坡有裂缝、松疏或支撑有折断、走位等异常情况时，应立即停止作业，并采取相应措施。

⑤在坑、槽、井、沟的边缘安放机械、铺设轨道及通行车辆时，应保持适当距离，采取有效的固壁措施，确保安全。

⑥在拆除固壁支撑时，应从下而上进行；更换支撑时，应先装新的，后拆旧的。

⑦不应在坑、槽、井、沟内休息。

(6)机械开挖时，应避开构筑物、管线，在距管道边 1 m 范围内应采用人工开挖；在距直埋管线 2 m 范围内宜采用人工开挖，避免对管线或电缆造成影响。

(7)动土作业人员在沟(槽、坑)下作业应按规定坡度顺序进行，使用机械挖掘时，人员不应进入机械旋转半径内；深度大于 2 m 时，应设置人员上下的梯子等能够保证人员快速进出的设施；两人以上同时挖土时应相距 2 m 以上，防止工具伤人。

(8)动土作业区域周围发现异常时，作业人员应立即撤离作业现场。

(9)在生产装置区、罐区等危险场所动土时，监护人员应与所在区域的生产人员建立联系，当生产装置区、罐区等场所发生突然排放有害物质时，监护人员应立即通知作业人员停止作业，迅速撤离现场。

(10)在生产装置区、罐区等危险场所动土时，遇有埋设的易燃易爆、有毒有害介质管线、窨井等可能引起燃烧、爆炸、中毒、窒息危险，且挖掘深度超过 1.2 m 时，应执行受限空间作业相关规定。

(11)动土作业结束后，应及时回填土石，恢复地面设施。

第七节　临时用电作业安全管理

临时用电作业安全管理具体内容如下：

(1)在运行的火灾爆炸危险性生产装置、罐区和具有火灾爆炸危险场所内不应接临时电源，确需时应对周围环境进行可燃气体检测分析，分析结果应符合“动火分析合格判定指标”的规定。

(2)各类移动电源及外部自备电源，不应接入电网。

(3)在开关上接引、拆除临时用电线路时,其上级开关应断电、加锁,并挂安全警示标牌,接、拆线路作业时,应有监护人在场。

(4)临时用电应设置保护开关,使用前应检查电气装置和保护设施的可靠性。所有的临时用电均应设置接地保护。

(5)临时用电设备和线路应按供电电压等级和容量正确配置、使用,所用的电器元件应符合国家相关产品标准及作业现场环境要求,临时用电电源施工、安装应符合有关要求,并有良好的接地。

(6)临时用电还应满足如下要求:

①火灾爆炸危险场所应使用相应防爆等级的电气元件,并采取相应的防爆安全措施。

②临时用电线路及设备应有良好的绝缘,所有的临时用电线路应采用耐压等级不低于500 V的绝缘导线。

③临时用电线路经过火灾爆炸危险场所以及有高温、振动、腐蚀、积水及产生机械损伤等区域,不应有接头,并应采取相应的保护措施。

④临时用电架空线应采用绝缘铜芯线,并应架设在专用电杆或支架上,其最大弧垂与地面距离,在作业现场不低于2.5 m,穿越机动车道不低于5 m。

⑤沿墙面或地面敷设电缆线路应符合下列规定:电缆线路敷设路径应有醒目的警告标志;沿地面明敷的电缆线路应沿建筑物墙体根部敷设,穿越道路或其他易受机械损伤的区域,应采取防机械损伤的措施,周围环境应保持干燥;在电缆敷设路径附近,当有产生明火的作业时,应采取防止火花损伤电缆的措施。

⑥对需埋地敷设的电缆线路应设有走向标志和安全标志。电缆埋地深度不应小于0.7 m,穿越道路时应加设防护套管。

⑦现场临时用电配电盘、箱应有电压标志和危险标志,应有防雨措施,盘、箱、门应能牢靠关闭并上锁管理。

⑧临时用电设施应安装符合规范要求的漏电保护器,移动工具、手持式电动工具应逐个配置漏电保护器和电源开关。

(7)未经批准,临时用电单位不应向其他单位转供电或增加用电负荷,以及变更用电地点和用途。

(8)临时用电时间一般不超过15天,特殊情况不应超过30天;用于动火、受限空间作业的临时用电时间应和相应作业时间一致;用电结束后,用电单位应及时通知供电单位拆除临时用电线路。

第八节　断路作业安全管理

断路作业安全管理具体内容如下:

(1)作业前,作业单位应会同危险化学品企业相关部门制定交通组织方案,应能保证消防车和其他重要车辆的通行，并满足应急救援要求。

（2）作业单位应根据需要在断路的路口和相关道路上设置交通警示标志，在作业区域附近设置路栏、道路作业警示灯、导向标等交通警示设施。

（3）在道路上进行定点作业，白天不超过 2 h、夜间不超过 1 h 即可完工的，在有现场交通指挥人员指挥交通的情况下，只要作业区域设置了相应的交通警示设施，可不设标志牌。

（4）在夜间或雨、雪、雾天进行断路作业时设置的道路作业警示灯，应满足以下要求：

①设置高度应离地面 1.5 m，不低于 1.0 m。

②其设置应能反映作业区域的轮廓。

③应能发出至少自 150 m 以外清晰可见的连续、闪烁或旋转的红光。

（5）作业结束后，作业单位应清理现场，撤除作业区域、路口设置的路栏、道路作业警示灯、导向标等交通警示设施，并与危险化学品企业检查核实，报告有关部门恢复交通。

第九节　受限空间作业安全管理

一、作业前安全管理要求

作业前，应对受限空间进行安全隔离，要求如下：

（1）与受限空间连通的可能危及安全作业的管道应采用加盲板或拆除一段管道的方式进行隔离；不应采用水封或关闭阀门代替盲板作为隔断措施。

（2）与受限空间连通的可能危及安全作业的孔、洞应进行严密封堵。

（3）对作业设备上的电器电源，应采取可靠的断电措施，电源开关处应上锁并加挂警示牌。

作业前，应保持受限空间内空气流通良好，可采取如下措施：

（1）打开人孔、手孔、料孔、风门、烟门等与大气相通的设施进行自然通风。

（2）必要时，可采用强制通风或管道送风，管道送风前应对管道内介质和风源进行分析确认。

（3）在忌氧环境中作业，通风前应对作业环境中与氧性质相抵的物料采取卸放、置换或清洗合格的措施，达到可以通风的安全条件要求。

作业前，应确保受限空间内的气体环境满足作业要求，内容如下：

（1）作业前 30 min 内，对受限空间进行气体检测，检测分析合格后方可进入。

（2）检测点应有代表性，容积较大的受限空间，应对上、中、下（左、中、右）各部位进行检测分析。

（3）检测人员进入或探入受限空间检测时，应佩戴规定的个体防护装备。

（4）涂刷具有挥发性溶剂的涂料时，应采取强制通风措施。

(5)不应向受限空间充纯氧气或富氧空气。

(6)作业中断时间超过 60 min 时,应重新进行气体检测分析。

受限空间内气体检测内容及要求如下:

(1)氧气含量为 19.5% ~ 21%(体积分数),在富氧环境下不应大于 23.5%(体积分数)。

(2)有毒物质允许浓度应符合规定。

(3)可燃气体、蒸气浓度要求应符合“动火分析合格判定指标”规定。

二、作业安全管理要求

作业时,作业现场应配置移动式气体检测报警仪,连续检测受限空间内可燃气体、有毒气体及氧气浓度,并 2 h 记录 1 次;气体浓度超限报警时,应立即停止作业、撤离人员、对现场进行处理,重新检测合格后方可恢复作业。

进入受限空间作业人员应正确穿戴相应的个体防护装备。进入下列受限空间作业应采取如下防护措施:

(1)缺氧或有毒的受限空间经清洗或置换仍达不到受限空间内气体检测要求的,应佩戴满足要求的隔绝式呼吸防护装备,并正确拴带救生绳。

(2)易燃易爆的受限空间经清洗或置换仍达不到受限空间内气体检测要求的,应穿防静电工作服及工作鞋,使用防爆工器具。

(3)存在酸碱等腐蚀性介质的受限空间,应穿戴防酸碱防护服、防护鞋、防护手套等防腐蚀装备。

(4)在受限空间内从事电焊作业时,应穿绝缘鞋。

(5)有噪声产生的受限空间,应佩戴耳塞或耳罩等防噪声护具。

(6)有粉尘产生的受限空间,应在满足要求的条件下,按要求佩戴防尘口罩等防尘护具。

(7)高温的受限空间,应穿戴高温防护用品,必要时采取通风、隔热等防护措施。

(8)低温的受限空间,应穿戴低温防护用品,必要时采取供暖措施。

(9)在受限空间内从事清污作业,应佩戴隔绝式呼吸防护装备,并正确拴带救生绳。

(10)在受限空间内作业时,应配备相应的通信工具。

当一处受限空间存在动火作业时,该处受限空间内不应安排涂刷油漆、涂料等其他可能产生有毒有害、可燃物质的作业活动。

对监护人的特殊要求:

(1)监护人应在受限空间外进行全程监护,不应在无任何防护措施的情况下探入或进入受限空间。

(2)在风险较大的受限空间作业时,应增设监护人员,并随时与受限空间内作业人员保持联络。

(3)监护人应对进入受限空间的人员及其携带的工器具种类、数量进行登记,作业完毕后再次进行清点,防止遗漏在受限空间内。

三、其他安全管理要求

受限空间作业应满足的其他要求:

(1)受限空间出入口应保持畅通。

(2)作业人员不应携带与作业无关的物品进入受限空间;作业中不应抛掷材料、工器具等物品;在有毒、缺氧环境下不应摘下防护面具。

(3)难度大、劳动强度大、时间长、高温的受限空间作业应采取轮换作业方式。

(4)接入受限空间的电线、电缆、通气管应在进口处进行保护或加强绝缘,应避免与人员出入使用同一出入口。

(5)作业期间发生异常情况时,未穿戴规定个体防护装备的人员严禁入内救援。

(6)停止作业期间,应在受限空间入口处增设警示标志,并采取防止人员误入的措施。

(7)作业结束后,应将工器具带出受限空间。

受限空间安全作业票有效期不应超过 24 h。

第二十章　相关方安全管理

为认真贯彻“安全第一、预防为主、综合治理”的安全生产方针，落实各级各类人员的安全生产责任制，企业应加强对承包商、供应商以及临时工、外来施工、参观等相关方的安全管理。下面重点讲解承包商的安全管理。

一、承包商安全管理要求

企业(生产经营单位)应建立健全承包商安全管理制度，明确承包商管理的主管部门及职责，以及承包商管控程序、选择、安全生产管理协议、入厂(场)管理、开工准备、作业安全、考核、评估、续用、合格承包商名录和档案等，全程监管承包商在企业的活动，对承包商安全工作统一协调、管理。

企业应当制定承包商准入条件，严格审查承包商的施工资质(业务资质)和安全资质。

链接

业务资质审查的内容包括承包商的营业执照、税务登记证、法定代表人证明书、施工资质证书、安全生产许可证、特种作业证书、准入审查表以及其他业绩证明等。安全资质审查的内容包括承包商的安全生产许可证、安全管理体系有效评审报告、安全管理体系程序文件、职业健康安全管理体系认证证书、安全生产考核合格证书(主要负责人、项目负责人、安全生产管理人员等)、安全资质审查表以及近两年的安全业绩等。

企业要规范承包商安全教育培训，应当对承包商人员进行入厂安全教育及作业现场安全培训，并考核合格，建立安全培训台账。企业落实承包商安全教育培训，一定要注重培训实效，保证作业人员具备必要的安全生产知识，熟悉公司有关的安全生产规章制度和安全操作规程，掌握作业区域本岗位的安全操作技能。培训内容要适合不同工种、不同岗位的特点要求。要加强安全教育监督与考核，考核不合格的人员，严禁进入现场施工作业。

企业在作业现场原则上实行封闭管理，人员和车辆进出现场必须持有效证件；无法做到封闭化管理的，应设置警示带，划定警戒区，安排专人现场管理，禁止无关人员和车辆随意进出。

施工作业前，企业应核查承包商主要负责人、项目负责人、安全管理人员、现场作业人员等是否与审查通过的人员相一致。企业现场安全生产管理人员不定期开展安全隐患大排查，企业要将外包作业现场列入周、月安全隐患排查对象，负责人要亲自带队进行安全检查，对排查出来的事故隐患和安全问题，督促承包单位立即进行整改，及时消除安全隐患，防止外包施工项目人员伤亡事故发生。

承包商安全管理人员要在作业现场认真开展安全检查，重点检查现场入口处、起重机械、临时用电设施、脚手架、出入通道口、楼梯口、基坑边沿等危险部位，爆破物、有毒有害气体和液体储存等场所是否存在安全隐患，检查安全警示标志是否设置到位、劳动防护用品是否正确穿戴、是否按照操作规程进行操作，杜绝“三违”行为发生。在发现事故隐患后应当立即整改，不能立即整改的应当采取必要的安全防范措施，并及时书面报告企业协商解决，共同消除事故隐患。

链接

根据《建设工程安全生产管理条例》，建设工程实行施工总承包的，由总承包单位对施工现场的安全生产负总责。总承包单位依法将建设工程分包给其他单位的，分包合同中应当明确各自的安全生产方面的权利、义务。总承包单位和分包单位对分包工程的安全生产承担连带责任。分包单位应当服从总承包单位的安全生产管理，分包单位不服从管理导致生产安全事故的，由分包单位承担主要责任。

企业与承包单位在签订项目承包合同时，应同时签订安全生产管理协议，明确双方安全管理范围与责任。同一作业区域有两个或两个以上承包商进行作业活动的，企业应负责组织承包商之间签订安全生产管理协议，明确各自的安全职责和应采取的安全措施，各承包商应指定专职安全生产管理人员开展安全检查，协调相关工作。

承包商应编制安全作业规程、施工方案，要明确具体作业组织、方案、安全风险和应急措施等。企业应组织工程、技术、安全等专业技术人员，对承包商制定的安全作业规程、施工方案进行审查。审查合格后方可进场施工。

企业应当组织承包商，根据作业活动情况选择适用的辨识分析方法，对作业现场和作业过程中可能存在的危险有害因素进行辨识，认真开展作业前的危害分析。

链接

根据《建筑法》，建设单位应当向建筑施工企业提供与施工现场相关的地下管线资料，建筑施工企业应当采取措施加以保护。建筑施工企业应当遵守有关环境保护和安全生产的法律、法规的规定，采取控制和处理施工现场的各种粉尘、废气、废水、固体废物以及噪声、振动对环境的污染和危害的措施。

企业应对承包商现场作业人员进行安全技术交底，交底内容有：作业过程中可能存在的泄漏、火灾、爆炸、中毒窒息、触电、坠落、物体打击和机械伤害等方面的危险有害因素、安全措施与应急措施；作业过程中可能出现影响人身、环境安全的异常工况等场景时，及时终止作业、撤离人员的要求等。

企业要与承包商共同制定相应的应急预案或现场应急处置方案，当发生突发事件时能够及时应急处理，尽快控制事态，保证人身安全，减少损失，恢复正常施工秩序。

生产经营单位是承包商管理的第一责任主体。各生产经营单位要进一步强化企业责任主体意识，全面履行对所有承包商的安全监督管理责任，资质把关责任必须严格，日常管理责任必须落实，现场监督责任必须到位，坚决杜绝“以包代管”“包而不管”的现象，确保承包商在生产经营单位作业的各个阶段、各个环节都处于受控状态。

提示

承包商作业过程中，生产经营单位应派具备监督管理职能的人员对作业现场进行监督检查，及时协调作业事项。

二、生产经营单位及承包商的安全管理责任

（一）生产经营单位安全管理责任

（1）要对承包商进行资质审查，选择具备安全生产条件、相应资质、安全业绩好的企业作为承包商。

（2）要对进入本单位的承包商人员进行全员安全教育。

（3）向承包商进行作业现场安全交底。

（4）对承包商的安全作业规程、施工方案和应急预案进行审查，对承包商的作业进行全过程监督。

（5）及时收集承包商的信息，建立安全表现评价准则，定期对承包商的安全业绩进行评价。

（6）对不能履行安全职责，甚至发生安全事故的承包商，要予以相应考核直至清退。

链接

生产经营单位应明确发包工程归口管理部门，对发包工程进行统一管理。生产经营单位应以生产经营单位的名义发包工程项目，禁止以某一部门的名义发包工程项目。

（二）承包商安全管理责任

（1）依法取得相应等级的资质证书，并在其资质等级许可的范围内承揽工程。

（2）承包商主要负责人依法对本单位的安全生产工作全面负责。

（3）承包商应当建立、健全安全生产责任制度和安全生产教育培训制度，制定安全生产规章制度和操作规程，保证本单位安全生产条件所需资金的投入，对所承担的工程项目进行定期和专项安全检查，并做好检查记录。

（4）承包商应确保员工开展各种作业之前，接受与工作有关的安全培训。

（5）同一工程项目或同一施工场所有多个承包商施工时，生产经营单位应与承包商签订专门的安全管理协议或者在承包合同中约定各自的安全生产管理职责，生产经营单位对各承包商的安全生产工作统一协调、管理。

三、承包商现场安全管理要求

承包商现场安全管理主要围绕着安全教育培训、设备工具、施工方案制定、施工计划审查、门禁管理、安全技术交底等内容进行，下面以典型例题的形式进行讲解。

典型例题

【单选题】甲方为一大型商业综合体企业，新建项目委托乙方进行深基坑作业。下列现场安全管理要求中，正确的是(　　)。

A. 甲方应针对外来施工方实行门禁管理，并予以登记

B. 进入施工现场人员应由乙方进行安全技术交底，并签字确认

C. 乙方作业人员参加安全教育培训后方可办理准入手续

D. 涉及定期检测的安全用具应经甲方检验合格后方可使用

A。【解析】生产经营单位(甲方)应针对外来施工方实行门禁管理，并予以登记，不允许无关人员进出施工作业现场。故选项 A 正确。承包商作业人员(乙方)在进行施工作业前，生产经营单位(甲方)应与其详细说明施工作业有关的安全技术要求，双方签字确认，未经安全技术交底，不得进行作业。故选项 B 错误。在承包商队伍(乙方)进入作业现场前，发包单位(甲方)要对其进行消防安全、设备设施保护及社会治安方面的教育。所有教育培训和考试完成后，办理准入手续，凭证件出入现场。故选项 C 错误。涉及定期试验的绝缘用具、工器具、安全防护用品、施工机具，应具有检验、试验资质部门出具的合格的检验报告。故选项 D 错误。

第二十一章 应急管理

第一节 应急救援体系建设

一、应急管理的4个阶段

应急管理包括4个阶段,其顺序是预防、准备、响应和恢复,具体如下:

(1)预防。减少事故发生的机会;对于已经发生或必然发生的事故,应减轻事故造成的危害,如开展公众教育、减少危险物品的存量、厂址的安全规划等。

(2)准备。为有效应对突发事件需要事先采取相应措施,如制定各种类型的应急预案,组织开展应急演练;设法增加事故发生时可调用的资源等。

(3)响应。主要工作是针对突发事件发生后进行相应的紧急处置和救援工作,如为事故受害人群提供各种各样的救助;各种救援行动要防止二次伤害;及时收集事故信息。

链接

事故应急救援响应程序为:接警→响应级别确定→应急启动→救援行动→应急恢复→应急结束。其中,应急启动阶段的内容主要有中心人员到位、信息网络开通、应急资源调配、现场指挥到位;救援行动阶段的内容主要有人员救助、工程抢险、警戒与交通管制、医疗救援、人群疏散、环境保护、现场监测、专家支持;应急恢复阶段的内容主要有现场清理、解除警戒、善后处理、事故调查;应急结束阶段的内容主要有总结评审。

(4)恢复。软件恢复,包括生产秩序、生活秩序、社会秩序;硬件重建,包括路、水、电等。

典型例题

【多选题】某造纸企业为应对桉树原料堆场、原料切片车间、碱回收锅炉车间、烘干车间以及发电机组车间发生的突发事件,制定了相应的应急预案。根据有关规定,下列关于该企业应急管理工作的说法中,正确的有(　　)。

A. 堆场原料自燃,厂内外联合进行灭火应急演练属于响应阶段

B. 碱回收锅炉车间发生事故后的洗消属于恢复阶段

C. 原料切片车间发生卡机事故后进行的紧急停车属于响应阶段

D. 烘干车间改用小数量多批次的工艺来降低危险属于预防阶段

E. 汽轮发电机组车间成立了应急响应分队属于准备阶段

BCDE。【解析】选项A应急演练属于准备阶段。

二、安全生产管理预警体系的建立

事故的发生和发展是人的不安全行为、物的不安全状态以及管理的缺陷等方面相互作用的结果,因此在事故预防原理上,可针对事故特点建立事故预警体系。

(一)预警体系建立的原则

1. 及时性

预警体系的出发点就是当事故还在萌芽状态时,就通过细致的观察、分析,提前做好各种防范的准备,及时发现、及时报告、及时采取有效措施加以控制和消除。

2. 全面性

对生产过程中人、物、环境、管理等各个方面进行全面监督,及时发现各方面的异常情况,以便采取合理对策。

3. 高效性

预警必须有高效率,只有如此,才能对各种隐患和事故进行及时预告,并制定合理适当的应急措施迅速改变不利局面。

4. 客观性

生产运行中,隐患存在是客观的,必须正确引导有关单位和个人,不能因为可能涉及形象或负面影响隐匿有关信息,要积极主动地应对。

(二)预警体系功能的实现

预警体系功能的实现主要依赖于预警分析和预控对策两大子系统作用的发挥。

1. 预警分析

预警分析主要由预警监测、预警信息管理、预警评价指标体系构建和预测评价等工作内容组成。

(1)预警监测

实现和完成与事故有关的外部环境与内部管理状况的监测任务,并将采集的原始信息实时存入计算机,供预警信息系统分析使用。

(2)预警信息管理

预警信息管理是一个系统性的动态管理过程,包括信息收集、处理、辨伪、存储和推断等管理工作。

(3)预警评价指标体系的构建

预警评价指标能敏感地反映危险状态及存在问题的指标,是预警体系开展识别、诊断、预控等活动的前提,也是预警管理活动中的关键环节之一。构建预警评价指标体系的目的是使信息定量化、条理化和可操作化。预警评价指标体系内容一般包括:

①预警评价指标的确定。一般可分为人的安全可靠性指标,生产过程的环境安全性指标,安全管理有效性指标以及机(物)安全可靠性指标等。其中,人的安全可靠性指标有心理因素、生理因素、技术因素;生产过程的环境安全性指标有外部环境(社会环境和自然环境)和内部环境(内部社会环境和作业环境);安全管理有效性指标有安全组织、安全教

育、安全法制、安全技术、安全资金、安全信息;机(物)安全可靠性指标有危险物质、安全装置、材料缺陷等。

②预警准则的确定。预警准则指一套判别标准或原则,用来决定在不同预警级别情况下,是否应当发出警报以及发出何种程度的警报。

③预警方法的确定。包括指标预警、因素预警、综合预警、误警和漏警等形式。

④预警阈值的确定。预警阈值确定原则上既要防止误报又要避免漏报,若采用指标预警,一般可根据具体规程设定报警阈值,或者根据具体实际情况,确定适宜的报警阈值。若为综合预警,一般根据经验和理论来确定预警阈值(即综合指标临界值),如综合指标值接近或达到这个阈值时,意味着将有事故出现,可以将此时的综合预警指标值确定为报警阈值。

(4)预警评价

预警评价包括确定评价的对象、内容和方法,建立相应的预测系统,确定预警级别和预警信号标准等工作。评价对象是导致事故发生的人、机、环、管等方面的因素,预测系统建立的目的是实现必要的未来预测和预警。预警信号一般采用国际通用的颜色表示不同的安全状况,按照事故的严重性和紧急程度,颜色依次为蓝色、黄色、橙色、红色,分别代表一般(正常状态)、较重(事故上升阶段)、严重(受到事故严重威胁)和特别严重四种级别,即Ⅳ级、Ⅲ级、Ⅱ级、Ⅰ级。

链接

预警评价指标可以敏感地反映危险状态及存在的问题,其建立原则包括科学性原则、灵敏性原则、可操作性原则、引导性原则、动态性原则、预见性原则。其中,科学性原则是指要以科学理论为依据,确保指标选取的科学性;灵敏性原则是指评价指标能够真实、准确、敏感地反映危险源的状态;可操作性原则是指尽量利用现有统计资料及有关企业、行业的安全规范和标准;引导性原则是指评价指标可以引导、规范未来发展行为和方向;动态性原则是指评价指标要根据事故发生趋势进行动态性选取;预见性原则是指评价指标不仅要反映现状,还要预示未来。

2. 预控对策

预警的目标是实现对各种事故现象的早期预防与控制,并能对事故实施危机管理,预警是制定预控对策的前提,预控对策是根据具体的警情确定控制方案,尽早采取必要的预防和控制措施,避免事故的发生和人员的伤亡,减少财产损失等。预控对策一般包括组织准备、日常监控和事故危机管理三个活动阶段。

(三)预警体系的运行

安全生产管理预警体系的运行包括监测、识别、诊断、评价四个环节。

1. 监测

通过对前后数据、实时数据的收集、整理、分析、存储和比较,建立预警信息档案,信息档案中的信息是整个预警系统共享的，它将监测信息及时、准确地输入下一预警环节。

监测的主要任务包括：监测安全生产中的薄弱环节和重要环节，同时收集各种事故征兆，并建立相应数据库；处理大量的监测信息并建立信息档案。

2. 识别

识别主要是通过评价指标体系对监测信息的分析，识别出各种事故的征兆、诱因及发展趋势。

识别的主要任务是应用适宜的识别指标，判断已经发生的异常征兆、可能的连锁反应。

3. 诊断

诊断是指分析各种事故形成的原因并预测其发展趋势，以明确哪些现象是主要的，哪些现象是从属的、附生的。

诊断的主要任务是找出诸多致灾因素中危险性最高、危险程度最严重的主要因素，对其形成原因进行分析并预测发展趋势。

4. 评价

评价是指对已被确认的主要事故征兆进行描述性评价，从而明确受事故征兆影响下生产活动的状态，并把握事故的发展趋势，在必要时准确报警。

三、事故应急管理体系的建设

事故应急管理体系主要由组织体系、运行机制、法律法规体系以及支撑保障系统等四部分构成。下面以典型例题的形式进行讲解。

典型例题

【单选题】根据全国安全生产应急救援体系总体规划方案，事故应急管理体系主要由组织体系、运行机制、法律法规体系以及支撑保障系统等四部分构成，每部分包含若干要素，下列要素中，属于运行机制部分的是(　　)。

A. 企业消防队的应急训练和培训

B. 企业周边社区的人员疏散动员宣传

C. 企业建立专项应急资金保障

D. 企业应急志愿人员的宣传和教育

B。【解析】事故应急管理体系的组成：(1)组织体系。包括：①管理机构，维持应急日常管理的负责部门。②功能部门，消防、医疗机构等与应急活动有关的机构。③应急指挥，负责应急救援指挥系统。④救援队伍，专业救援人员及志愿者等。(2)运行机制。包括：①统一指挥，在应急指挥部的统一组织协调下行动。②分级响应，一级、二级、三级响应。③属地为主。④公众动员。(3)法律法规体系。包括法律、条例、政府令、标准。(4)支撑保障系统。包括：①信息通信系统，构建信息平台用于信息交流和信息共享。②物资装备系统，能快速、及时供应物资装备。③人力资源系统，加强专业队伍、志愿者及其他相关人员的培训教育。④财务保障系统，建立专项应急基金等。

典型例题

【单选题】重大事故应急应根据事故的性质、严重程度、事态发展趋势和控制能力实行分级响应机制。典型的响应级别通常可分为3级，其中三级响应级别是指(　　)。

A. 需要跨行政区域的部门联合解决的

B. 能被一个部门资源解决的

C. 需要两个或更多个部门解决的

D. 必须利用一个城市所有部门的力量解决的

B。【解析】重大事故应实行分级响应机制，响应级别应按下列要求分级：(1)需要利用所有有关部门和一切资源的紧急情况，或需要各个部门同外部机构联合处理的各种紧急情况，通常需要宣布进入紧急状态时，应为一级紧急情况。(2)需要两个或更多个部门响应的紧急情况，需要成立现场指挥部来统一指挥现场的应急救援行动时，应为二级紧急情况。(3)需要一个部门正常可利用的资源即可处理的紧急情况时，应为三级紧急情况。

四、应急预案体系的建设

(一)应急预案体系的构成

根据《生产经营单位生产安全事故应急预案编制导则》，生产经营单位应急预案分为综合应急预案、专项应急预案和现场处置方案。生产经营单位应根据有关法律、法规和相关标准，结合本单位组织管理体系、生产规模和可能发生的事故特点，科学合理确立本单位的应急预案体系，并注意与其他类别应急预案相衔接。

1. 综合应急预案

综合应急预案是生产经营单位为应对各种生产安全事故而制定的综合性工作方案，是本单位应对生产安全事故的总体工作程序、措施和应急预案体系的总纲。

综合应急预案的内容，如下表所示。

组成	内容
总则	(1)适用范围。说明应急预案适用的范围。 (2)响应分级。依据事故危害程度、影响范围和生产经营单位控制事态的能力，对事故应急响应进行分级，明确分级响应的基本原则。响应分级不可照搬事故分级
应急组织机构及职责	明确应急组织形式(可用图示)及构成单位(部门)的应急处置职责。应急组织机构可设置相应的工作小组，各小组具体构成、职责分工及行动任务以工作方案的形式作为附件

（续表）

组成	内容
应急响应	（1）信息报告。 ①信息接报：明确应急值守电话、事故信息接收、内部通报程序、方式和责任人，向上级主管部门、上级单位报告事故信息的流程、内容、时限和责任人，以及向本单位以外的有关部门或单位通报事故信息的方法、程序和责任人。 ②信息处置与研判：明确响应启动的程序和方式。根据事故性质、严重程度、影响范围和可控性，结合响应分级明确的条件，可由应急领导小组作出响应启动的决策并宣布，或者依据事故信息是否达到响应启动的条件自动启动。若未达到响应启动条件，应急领导小组可作出预警启动的决策，做好响应准备，实时跟踪事态发展。响应启动后，应注意跟踪事态发展，科学分析处置需求，及时调整响应级别，避免响应不足或过度响应。 （2）预警。 ①预警启动：明确预警信息发布渠道、方式和内容。 ②响应准备：明确作出预警启动后应开展的响应准备工作，包括队伍、物资、装备、后勤及通信。 ③预警解除：明确预警解除的基本条件、要求及责任人。 （3）响应启动。确定响应级别，明确响应启动后的程序性工作，包括应急会议召开、信息上报、资源协调、信息公开、后勤及财力保障工作。 （4）应急处置。明确事故现场的警戒疏散、人员搜救、医疗救治、现场监测、技术支持、工程抢险及环境保护方面的应急处置措施，并明确人员防护的要求。 （5）应急支援。明确当事态无法控制情况下，向外部（救援）力量请求支援的程序及要求、联动程序及要求，以及外部（救援）力量到达后的指挥关系。 （6）响应终止。明确响应终止的基本条件、要求和责任人
后期处置	明确污染物处理、生产秩序恢复、人员安置方面的内容
应急保障	（1）通信与信息保障。明确应急保障的相关单位及人员通信联系方式和方法，以及备用方案和保障责任人。 （2）应急队伍保障。明确相关的应急人力资源，包括专家、专兼职应急救援队伍及协议应急救援队伍。 （3）物资装备保障。明确本单位的应急物资和装备的类型、数量、性能、存放位置、运输及使用条件、更新及补充时限、管理责任人及其联系方式，并建立台账。 （4）其他保障。根据应急工作需求而确定的其他相关保障措施（如能源保障、经费保障、交通运输保障、治安保障、技术保障、医疗保障及后勤保障）。 注：（1）~（4）的相关内容，尽可能在应急预案的附件中体现

2. 专项应急预案

专项应急预案是生产经营单位为应对某一种或者多种类型生产安全事故，或者针对重要生产设施、重大危险源、重大活动防止生产安全事故而制定的专项工作方案。专项应急预案与综合应急预案中的应急组织机构、应急响应程序相近时，可不编写专项应急预案，相应的应急处置措施并入综合应急预案。

专项应急预案内容主要包括：

(1)适用范围。说明专项应急预案适用的范围，以及与综合应急预案的关系。

(2)应急组织机构及职责。明确应急组织形式(可用图示)及构成单位(部门)的应急处置职责。应急组织机构以及各成员单位或人员的具体职责。应急组织机构可以设置相应的应急工作小组，各小组具体构成、职责分工及行动任务建议以工作方案的形式作为附件。

(3)响应启动。明确响应启动后的程序性工作，包括应急会议召开、信息上报、资源协调、信息公开、后勤及财力保障工作。

(4)处置措施。针对可能发生的事故风险、危害程度和影响范围，明确应急处置指导原则，制定相应的应急处置措施。

(5)应急保障。根据应急工作需求明确保障的内容。

注：专项应急预案包括但不限于(1)～(4)的内容。

以往考试中会考查具体应急预案中的应急处置措施，下面以典型例题的形式进行讲解。

典型例题

【单选题】某家具生产厂下料车间有大量锯末、刨花等易燃物，打磨车间有木屑粉尘，油漆车间有硝基漆。该工厂编制了针对火灾、爆炸和中毒等事故的应急预案。某日，该厂组织人员在下料车间进行演练，演练场景为：针对刨花清理不及时、辅助电动工具短路打火引起的火灾进行现场处置。根据上述场景，下列应急处置措施中，正确的是(　　)。

A. 断开低压断路器、切断电源　　B. 用泡沫灭火器及时扑灭刨花火苗

C. 用水枪灭火，安全距离不应小于 2 m　　D. 用灭火毯直接扑灭刨花火苗

A。【解析】泡沫灭火器的灭火剂具有一定的导电性，不能用于电气灭火。使用水枪进行灭火时，水枪喷嘴至带电体的距离，电压 10 kV 及以下者不应小于 3 m。灭火毯又称消防被，能起到隔离热源及火焰的作用，用于扑灭油锅火或者披在身上逃生。

3. 现场处置方案

现场处置方案是生产经营单位根据不同生产安全事故类型，针对具体场所、装置或者设施所制定的应急处置措施。现场处置方案重点规范事故风险描述、应急工作职责、应急处置措施和注意事项，应体现自救互救、信息报告和先期处置的特点。事故风险单一、危险性小的生产经营单位，可只编制现场处置方案。

现场处置方案内容主要包括：

(1)事故风险描述。简述事故风险评估的结果(可用列表的形式列在附件中)。

链接

事故风险描述包含的内容有:风险类型;可能发生的事故类型;事故发生的区域、地点或装置的名称;事故发生的可能时间、事故的危害严重程度及其影响范围;事故前可能出现的征兆;事故可能引发的次生、衍生事故。

(2)应急工作职责。明确应急组织分工和职责。

(3)应急处置。包括但不限于下列内容:

①应急处置程序。根据可能发生的事故及现场情况,明确事故报警、各项应急措施启动、应急救护人员的引导、事故扩大及同生产经营单位应急预案的衔接程序。

②现场应急处置措施。针对可能发生的事故从人员救护、工艺操作、事故控制、消防、现场恢复等方面制定明确的应急处置措施。

③明确报警负责人以及报警电话及上级管理部门、相关应急救援单位联络方式和联系人员,事故报告基本要求和内容。

(4)注意事项。包括人员防护和自救互救、装备使用、现场安全等方面的内容。

4. 附件

附件内容主要包括:

(1)生产经营单位概况。简要描述本单位地址、从业人数、隶属关系、主要原材料、主要产品、产量,以及重点岗位、重点区域、周边重大危险源、重要设施、目标、场所和周边布局情况。

(2)风险评估的结果。简述本单位风险评估的结果。

(3)预案体系与衔接。简述本单位应急预案体系构成和分级情况,明确与地方政府及其有关部门、其他相关单位应急预案的衔接关系(可用图示)。

(4)应急物资装备的名录或清单。列出应急预案涉及的主要物资和装备名称、型号、性能、数量、存放地点、运输和使用条件、管理责任人和联系电话等。

(5)有关应急部门、机构或人员的联系方式。列出应急工作中需要联系的部门、机构或人员及其多种联系方式。

(6)格式化文本。列出信息接报、预案启动、信息发布等格式化文本。

(7)关键的路线、标识和图纸。包括但不限于:警报系统分布及覆盖范围;重要防护目标、风险清单及分布图;应急指挥部(现场指挥部)位置及救援队伍行动路线;疏散路线、集结点、警戒范围、重要地点的标识;相关平面布置、应急资源分布的图纸;生产经营单位的地理位置图、周边关系图、附近交通图;事故风险可能导致的影响范围图;附近医院地理位置图及路线图。

(8)有关协议或者备忘录。列出与相关应急救援部门签订的应急救援协议或备忘录。

(二)应急预案的编制程序

1. 概述

生产经营单位应急预案编制程序包括成立应急预案编制工作组、资料收集、风险评估、应急资源调查、应急预案编制、桌面推演、应急预案评审和批准实施 8 个步骤。

2. 成立应急预案编制工作组

结合本单位职能和分工，成立以单位有关负责人为组长，单位相关部门人员（如生产、技术、设备、安全、行政、人事、财务人员）参加的应急预案编制工作组，明确工作职责和任务分工，制订工作计划，组织开展应急预案编制工作。预案编制工作组中应邀请相关救援队伍以及周边相关企业、单位或社区代表参加。

3. 资料收集

应急预案编制工作组应收集下列相关资料：

(1) 适用的法律法规、部门规章、地方性法规和政府规章、技术标准及规范性文件。

(2) 企业周边地质、地形、环境情况及气象、水文、交通资料。

(3) 企业现场功能区划分、建（构）筑物平面布置及安全距离资料。

(4) 企业工艺流程、工艺参数、作业条件、设备装置及风险评估资料。

(5) 本企业历史事故与隐患、国内外同行业事故资料。

(6) 属地政府及周边企业、单位应急预案。

4. 风险评估

开展生产安全事故风险评估，撰写评估报告，其内容包括但不限于：

(1) 辨识生产经营单位存在的危险有害因素，确定可能发生的生产安全事故类别。

(2) 分析各种事故类别发生的可能性、危害后果和影响范围。

(3) 评估确定相应事故类别的风险等级。

生产安全事故风险评估报告编制大纲如下：

(1) 危险有害因素辨识。描述生产经营单位危险有害因素辨识的情况（可用列表形式表述）。

(2) 事故风险分析。描述生产经营单位事故风险的类型、事故发生的可能性、危害后果和影响范围（可用列表形式表述）。

(3) 事故风险评价。描述生产经营单位事故风险的类别及风险等级（可用列表形式表述）。

(4) 结论建议。得出生产经营单位应急预案体系建设的计划建议。

5. 应急资源调查

全面调查和客观分析本单位以及周边单位和政府部门可请求援助的应急资源状况，撰写应急资源调查报告，其内容包括但不限于：

(1) 本单位可调用的应急队伍、装备、物资、场所。

(2) 针对生产过程及存在的风险可采取的监测、监控、报警手段。

(3) 上级单位、当地政府及周边企业可提供的应急资源。

(4) 可协调使用的医疗、消防、专业抢险救援机构及其他社会化应急救援力量。

生产安全事故应急资源调查报告编制大纲如下：

(1) 单位内部应急资源。按照应急资源的分类，分别描述相关应急资源的基本现状、功能完善程度、受可能发生的事故的影响程度（可用列表形式表述）。

（2）单位外部应急资源。描述本单位能够调查或掌握可用于参与事故处置的外部应急资源情况（可用列表形式表述）。

（3）应急资源差距分析。依据风险评估结果得出本单位的应急资源需求。与本单位现有内外部应急资源对比，提出本单位内外部应急资源补充建议。

6. 应急预案编制

应急预案编制应当遵循以人为本、依法依规、符合实际、注重实效的原则，以应急处置为核心，体现自救互救和先期处置的特点，做到职责明确、程序规范、措施科学，尽可能简明化、图表化、流程化。

应急预案编制格式和要求如下：

（1）封面。应急预案封面主要包括应急预案编号、应急预案版本号、生产经营单位名称、应急预案名称及颁布日期。

（2）批准页。应急预案应经生产经营单位主要负责人批准方可发布。

（3）目次。应急预案应设置目次，目次中所列的内容及次序如下：批准页；应急预案执行部门签署页；章的编号、标题；带有标题的条的编号、标题（需要时列出）；附件，用序号表明其顺序。

应急预案编制工作包括但不限下列：

（1）依据事故风险评估及应急资源调查结果，结合本单位组织管理体系、生产规模及处置特点，合理确立本单位应急预案体系。

（2）结合组织管理体系及部门业务职能划分，科学设定本单位应急组织机构及职责分工。

（3）依据事故可能的危害程度和区域范围，结合应急处置权限及能力，清晰界定本单位的响应分级标准，制定相应层级的应急处置措施。

（4）按照有关规定和要求，确定事故信息报告、响应分级与启动、指挥权移交、警戒疏散方面的内容，落实与相关部门和单位应急预案的衔接。

7. 桌面推演

按照应急预案明确的职责分工和应急响应程序，结合有关经验教训，相关部门及其人员可采取桌面演练的形式，模拟生产安全事故应对过程，逐步分析讨论并形成记录，检验应急预案的可行性，并进一步完善应急预案。

8. 应急预案评审

（1）评审形式。应急预案编制完成后，生产经营单位应按法律法规有关规定组织评审或论证。参加应急预案评审的人员可包括有关安全生产及应急管理方面的、有现场处置经验的专家。应急预案论证可通过推演的方式开展。

（2）评审内容。应急预案评审内容主要包括：风险评估和应急资源调查的全面性、应急预案体系设计的针对性、应急组织体系的合理性、应急响应程序和措施的科学性、应急保障措施的可行性、应急预案的衔接性。

（3）评审程序。

应急预案评审程序包括下列步骤：

(1)评审准备。成立应急预案评审工作组,落实参加评审的专家,将应急预案、编制说明、风险评估、应急资源调查报告及其他有关资料在评审前送达参加评审的单位或人员。

(2)组织评审。评审采取会议审查形式,企业主要负责人参加会议,会议由参加评审的专家共同推选出的组长主持,按照议程组织评审;表决时,应有不少于出席会议专家人数的2/3同意方为通过;评审会议应形成评审意见(经评审组组长签字),附参加评审会议的专家签字表。表决的投票情况应以书面材料记录在案,并作为评审意见的附件。

(3)修改完善。生产经营单位应认真分析研究,按照评审意见对应急预案进行修订和完善。评审表决不通过的,生产经营单位应修改完善后按评审程序重新组织专家评审,生产经营单位应写出根据专家评审意见的修改情况说明,并经专家组组长签字确认。

9. 批准实施

通过评审的应急预案,由生产经营单位主要负责人签发实施。

(三)应急预案的编制要求

根据《生产安全事故应急预案管理办法》,应急预案的编制应当遵循以人为本、依法依规、符合实际、注重实效的原则,以应急处置为核心,明确应急职责、规范应急程序、细化保障措施。

应急预案的编制应当符合下列基本要求:

(1)有关法律、法规、规章和标准的规定。

(2)本地区、本部门、本单位的安全生产实际情况。

(3)本地区、本部门、本单位的危险性分析情况。

(4)应急组织和人员的职责分工明确,并有具体的落实措施。

(5)有明确、具体的应急程序和处置措施,并与其应急能力相适应。

(6)有明确的应急保障措施,满足本地区、本部门、本单位的应急工作需要。

(7)应急预案基本要素齐全、完整,应急预案附件提供的信息准确。

(8)应急预案内容与相关应急预案相互衔接。

生产经营单位风险种类多、可能发生多种类型事故的,应当组织编制综合应急预案。综合应急预案应当规定应急组织机构及其职责、应急预案体系、事故风险描述、预警及信息报告、应急响应、保障措施、应急预案管理等内容。

对于某一种或者多种类型的事故风险,生产经营单位可以编制相应的专项应急预案,或将专项应急预案并入综合应急预案。专项应急预案应当规定应急指挥机构与职责、处置程序和措施等内容。

对于危险性较大的场所、装置或者设施,生产经营单位应当编制现场处置方案。现场处置方案应当规定应急工作职责、应急处置措施和注意事项等内容。事故风险单一、危险性小的生产经营单位,可以只编制现场处置方案。

五、应急管理人员培训及考核要求

（一）培训要求

应急管理人员培训的要求如下：

（1）安全生产应急管理人员的培训应纳入安全生产应急管理培训计划，统筹组织实施。

（2）安全生产应急管理人员的培训应由具备安全生产培训资质的机构承担。

（3）安全生产应急管理培训应创新培训方式，坚持理论与实践相结合，注重培训效果。

（二）考核要求

应急管理人员培训考核要求如下：

（1）安全生产应急管理人员的培训考核应纳入安全应急管理培训考核计划，统筹组织实施。

（2）考核采用笔试方式。

（3）考试题型分为单项选择题、多项选择题、简答题和论述题。

六、应急演练要求

以下内容主要参考《生产安全事故应急演练基本规范》进行学习。

（一）相关定义

1. 事故情景

针对生产经营过程中存在的事故风险而预先设定的事故状况（包括事故发生的时间、地点、特征、波及范围以及变化趋势）。

2. 应急演练

针对可能发生的事故情景，依据应急预案而模拟开展的应急活动。

3. 综合演练

针对应急预案中多项或全部应急响应功能开展的演练活动。

4. 单项演练

针对应急预案中某一项应急响应功能开展的演练活动。

5. 桌面演练

针对事故情景，利用图纸、沙盘、流程图、计算机模拟、视频会议等辅助手段，进行交互式讨论和推演的应急演练活动。

6. 实战演练

针对事故情景，选择（或模拟）生产经营活动中的设备、设施、装置或场所，利用各类应急器材、装备、物资，通过决策行动、实际操作，完成真实应急响应的过程。

7. 检验性演练

为检验应急预案的可行性、应急准备的充分性、应急机制的协调性及相关人员的应急处置能力而组织的演练。

8. 示范性演练

为检验和展示综合应急救援能力，按照应急预案开展的具有较强指导宣教意义的规范性演练。

9. 研究性演练

为探讨和解决事故应急处置的重点、难点问题，试验新方案、新技术、新装备而组织的演练。

（二）总则

1. 应急演练目的

(1)检验预案。发现应急预案中存在的问题，提高应急预案的针对性、实用性和可操作性。

(2)完善准备。完善应急管理标准制度，改进应急处置技术，补充应急装备和物资，提高应急能力。

(3)磨合机制。完善应急管理部门、相关单位和人员的工作职责，提高协调配合能力。

(4)宣传教育。普及应急管理知识，提高参演和观摩人员风险防范意识和自救互救能力。

(5)锻炼队伍。熟悉应急预案，提高应急人员在紧急情况下妥善处置事故的能力。

2. 应急演练分类

应急演练按照演练内容分为综合演练和单项演练，按照演练形式分为实战演练和桌面演练，按目的与作用分为检验性演练、示范性演练和研究性演练，不同类型的演练可相互组合。

3. 应急演练工作原则

(1)符合相关规定。按照国家相关法律法规、标准及有关规定组织开展演练。

(2)依据预案演练。结合生产面临的风险及事故特点，依据应急预案组织开展演练。

(3)注重能力提高。突出以提高指挥协调能力、应急处置能力和应急准备能力组织开展演练。

(4)确保安全有序。在保证参演人员、设备设施及演练场所安全的条件下组织开展演练。

4. 应急演练的内容

(1)预警与报告。根据事故情景，向相关部门或人员发出预警信息，并向有关部门和人员报告事故情况。

(2)指挥与协调。根据事故情景，成立应急指挥部，调集应急救援队伍和相关资源，开展应急救援行动。

(3)应急通信。根据事故情景，在应急救援相关部门或人员之间进行音频、视频信号或数据信息互通。

(4)事故监测。根据事故情景，对事故现场进行观察、分析或测定，确定事故严重程度、影响范围和变化趋势等。

（5）警戒与管制。根据事故情景，建立应急处置现场警戒区域，实行交通管制，维护现场秩序。

（6）疏散与安置。根据事故情景，对事故可能波及范围内的相关人员进行疏散、转移和安置。

（7）医疗卫生。根据事故情景，调集医疗卫生专家和卫生应急队伍开展紧急医学救援，并开展卫生监测和防疫工作。

（8）现场处置。根据事故情景，按照相关应急预案和现场指挥部要求对事故现场进行控制和处理。

（9）社会沟通。根据事故情景，召开新闻发布会或事故情况通报会，通报事故有关情况。

（10）后期处置。根据事故情景，应急处置结束后，所开展的事故损失评估、事故原因调查、事故现场清理和相关善后工作。

（11）其他。根据相关行业（领域）安全生产特点所包含的其他应急功能。

5. 应急演练基本流程

应急演练实施基本流程包括计划、准备、实施，评估总结、持续改进五个阶段。

（三）计划

1. 需求分析

全面分析和评估应急预案、应急职责、应急处置工作流程和指挥调度程序、应急技能和应急装备、物资的实际情况，提出需通过应急演练解决的内容，有针对性地确定应急演练目标，提出应急演练的初步内容和主要科目。

2. 明确任务

确定应急演练的事故情景类型、等级、发生地域，演练方式，参演单位，应急演练各阶段主要任务，应急演练实施的拟定日期。

3. 制订计划

根据需求分析及任务安排，组织人员编制演练计划文本。

（四）准备

1. 成立演练组织机构

综合演练通常应成立演练领导小组，负责演练活动筹备和实施过程中的组织领导工作，审定演练工作方案、演练工作经费、演练评估总结以及其他需要决定的重要事项。演练领导小组下设策划与导调组、宣传组、保障组、评估组。根据演练规模大小，其组织机构可进行调整。

（1）策划与导调组。负责编制演练工作方案、演练脚本、演练安全保障方案，负责演练活动筹备、事故场景布置、演练进程控制和参演人员调度以及与相关单位、工作组的联络和协调。

（2）宣传组。负责编制演练宣传方案，整理演练信息、组织新闻媒体和开展新闻发布。

（3）保障组。负责演练的物资装备、场地、经费、安全保卫及后勤保障。

(4)评估组。负责对演练准备、组织与实施进行全过程、全方位的跟踪评估;演练结束后,及时向演练单位或演练领导小组及其他相关专业组提出评估意见、建议,并撰写演练评估报告。

2. 编制文件

(1)工作方案

演练工作方案内容:目的及要求;事故情景;参与人员及范围;时间与地点;主要任务及职责;筹备工作内容;主要工作步骤;技术支撑及保障条件;评估与总结。

(2)脚本

演练一般按照应急预案进行,按照应急预案进行时,根据工作方案中设定的事故情景和应急预案中规定的程序开展演练工作。演练单位根据需要确定是否编制脚本,如编制脚本,一般采用表格形式,主要内容:模拟事故情景;处置行动与执行人员;指令与对白、步骤及时间安排;视频背景与字幕;演练解说词;其他。

(3)评估方案

演练评估方案内容:

①演练信息。目的和目标、情景描述,应急行动与应对措施简介。

②评估内容。各种准备、组织与实施、效果。

③评估标准。各环节应达到的目标评判标准。

④评估程序。主要步骤及任务分工。

⑤附件。所需要用到的相关表格。

(4)保障方案

演练保障方案应包括应急演练可能发生的意外情况、应急处置措施及责任部门、应急演练意外情况中止条件与程序。

(5)观摩手册

根据演练规模和观摩需要,可编制演练观摩手册。演练观摩手册通常包括应急演练时间、地点、情景描述,主要环节及演练内容、安全注意事项。

(6)宣传方案

编制演练宣传方案,明确宣传目标、宣传方式、传播途径、主要任务及分工、技术支持。

3. 工作保障

根据演练工作需要,做好演练的组织与实施需要相关保障条件。保障条件主要内容:

(1)人员保障。按照演练方案和有关要求,确定演练总指挥、策划导调、宣传、保障、评估、参演人员参加演练活动,必要时设置替补人员。

(2)经费保障。明确演练工作经费及承担单位。

(3)物资和器材保障。明确各参演单位所准备的演练物资和器材。

(4)场地保障。根据演练方式和内容,选择合适的演练场地;演练场地应满足演练活动需要,应尽量避免影响企业和公众正常生产、生活。

(5)安全保障。采取必要安全防护措施,确保参演、观摩人员以及生产运行系统安全。

(6)通信保障。采用多种公用或专用通信系统,保证演练通信信息通畅。

(7)其他保障。提供其他保障措施。

(五)实施

1. 现场检查

确认演练所需的工具、设备、设施、技术资料以及参演人员到位。对应急演练安全设备、设施进行检查确认,确保安全保障方案可行,所有设备、设施完好,电力、通信系统正常。

2. 演练简介

应急演练正式开始前,应对参演人员进行情况说明,使其了解应急演练规则、场景及主要内容、岗位职责和注意事项。

3. 启动

应急演练总指挥宣布开始应急演练,参演单位及人员按照设定的事故情景,参与应急响应行动,直至完成全部演练工作。演练总指挥可根据演练现场情况,决定是否继续或中止演练活动。

4. 执行

(1)桌面演练执行

在桌面演练过程中,演练执行人员按照应急预案或应急演练方案发出信息指令后,参演单位和人员依据接收到的信息,回答问题或模拟推演的形式,完成应急处置活动。通常按照四个环节循环往复进行:

①注入信息。执行人员通过多媒体文件、沙盘、消息单等多种形式向参演单位和人员展示应急演练场景,展现生产安全事故发生发展情况。

②提出问题。在每个演练场景中,由执行人员在场景展现完毕后根据应急演练方案提出一个或多个问题,或者在场景展现过程中自动呈现应急处置任务,供应急演练参与人员根据各自角色和职责分工展开讨论。

③分析决策。根据执行人员提出的问题或所展现的应急决策处置任务及场景信息,参演单位和人员分组开展思考讨论,形成处置决策意见。

④表达结果。在组内讨论结束后,各组代表按要求提交或口头阐述本组的分析决策结果,或者通过模拟操作与动作展示应急处置活动。

各组决策结果表达结束后,导调人员可对演练情况进行简要讲解,接着注入新的信息。

(2)实战演练执行

按照应急演练工作方案,开始应急演练,有序推进各个场景,开展现场点评,完成各项应急演练活动,妥善处理各类突发情况,宣布结束与意外终止应急演练。实战演练执行主要按照以下步骤进行:

①演练策划与导调组对应急演练实施全过程的指挥控制。

②演练策划与导调组按照应急演练工作方案(脚本)向参演单位和人员发出信息指令,传递相关信息,控制演练进程;信息指令可由人工传递,也可以用对讲机、电话、手机、

传真机、网络方式传送,或者通过特定声音、标志与视频呈现。

③演练策划与导调组按照应急演练工作方案规定程序,熟练发布控制信息,调度参演单位和人员完成各项应急演练任务;应急演练过程中,执行人员应随时掌握应急演练进展情况,并向领导小组组长报告应急演练中出现的各种问题。

④各参演单位和人员,根据导调信息和指令,依据应急演练工作方案规定流程,按照发生真实事件时的应急处置程序,采取相应的应急处置行动。

⑤参演人员按照应急演练方案要求,做出信息反馈。

⑥演练评估组跟踪参演单位和人员的响应情况,进行成绩评定并作好记录。

5. 演练记录

演练实施过程中,安排专门人员采用文字、照片和音像手段记录演练过程。

6. 中断

在应急演练实施过程中,出现特殊或意外情况,短时间内不能妥善处理或解决时,应急演练总指挥按照事先规定的程序和指令中断应急演练。

7. 结束

完成各项演练内容后,参演人员进行人数清点和讲评,演练总指挥宣布演练结束。

(六)评估总结

1. 评估

按照《生产安全事故应急演练评估规范》中的要求执行,具体内容如下。

(1)演练点评

演练结束后,可选派有关代表(演练组织人员、参演人员、评估人员或相关方人员)对演练中发现的问题及取得的成效进行现场点评。

(2)参演人员自评

演练结束后,演练单位应组织各参演小组或参演人员进行自评,总结演练中的优点和不足,介绍演练收获及体会。演练评估人员应参加参演人员自评会并做好记录。

(3)评估组评估

参演人员自评结束后,演练评估组负责人应组织召开专题评估工作会议,综合评估意见。评估人员应根据演练情况和演练评估记录发表建议并交换意见,分析相关信息资料,明确存在问题并提出整改要求和措施等。

(4)编制演练评估报告

①报告编写要求。演练现场评估工作结束后,评估组针对收集的各种信息资料,依据评估标准和相关文件资料对演练活动全过程进行科学分析和客观评价,并撰写演练评估报告,评估报告应向所有参演人员公示。

②报告主要内容。内容通常包括:

a. 演练基本情况。演练的组织及承办单位、演练形式、演练模拟的事故名称、发生的时间和地点、事故过程的情景描述、主要应急行动等。

b. 演练评估过程。演练评估工作的组织实施过程和主要工作安排。

c. 演练情况分析。依据演练评估表格的评估结果，从演练的准备及组织实施情况、参演人员表现等方面具体分析好的做法和存在的问题以及演练目标的实现、演练成本效益分析等。

d. 改进的意见和建议。对演练评估中发现的问题提出整改的意见和建议。

e. 评估结论。对演练组织实施情况的综合评价，并给出优（无差错地完成了所有应急演练内容）、良（达到了预期的演练目标，差错较少）、中（存在明显缺陷，但没有影响实现预期的演练目标）、差（出现了重大错误，演练预期目标受到严重影响，演练被迫中止，造成应急行动延误或资源浪费）等评估结论。

（5）整改落实

演练组织单位应根据评估报告中提出的问题和不足，制订整改计划，明确整改目标，制定整改措施，并跟踪督促整改落实，直到问题解决为止。同时，总结分析存在问题和不足的原因。

2. 总结

（1）撰写演练总结报告

应急演练结束后，演练组织单位应根据演练记录、演练评估报告、应急预案、现场总结材料，对演练进行全面总结，并形成演练书面总结报告。报告可对应急演练准备、策划工作进行简要总结分析。参与单位也可对本单位的演练情况进行总结。演练总结报告的主要内容：

①演练基本概要。

②演练发现的问题，取得的经验和教训。

③应急管理工作建议。

（2）演练资料归档

应急演练活动结束后，演练组织单位应将应急演练工作方案、应急演练书面评估报告、应急演练总结报告文字资料，以及记录演练实施过程的相关图片、视频、音频资料归档保存。

（七）持续改进

1. 应急预案修订完善

根据演练评估报告中对应急预案的改进建议，按程序对预案进行修订完善。

2. 应急管理工作改进

应急演练结束后，演练组织单位应根据应急演练评估报告、总结报告提出的问题和建议，对应急管理工作（包括应急演练工作）进行持续改进。

演练组织单位应督促相关部门和人员，制订整改计划，明确整改目标，制定整改措施，落实整改资金，并跟踪督查整改情况。

第二节　突发事件的应对

突发事件是指突然发生，造成或者可能造成严重社会危害，需要采取应急处置措施予以应对的自然灾害、事故灾难、公共卫生事件和社会安全事件。突发事件的预防与应急准备、监测与预警、应急处置与救援、事后恢复与重建等应对活动,适用《突发事件应对法》。

一、总则

国家建立统一领导、综合协调、分类管理、分级负责、属地管理为主的应急管理体制。

突发事件应对工作实行预防为主、预防与应急相结合的原则。国家建立重大突发事件风险评估体系,对可能发生的突发事件进行综合性评估,减少重大突发事件的发生,最大限度地减轻重大突发事件的影响。

国家建立有效的社会动员机制,增强全民的公共安全和防范风险的意识,提高全社会的避险救助能力。

二、预防与应急准备

国家建立健全突发事件应急预案体系。

应急预案应当根据《突发事件应对法》和其他有关法律、法规的规定,针对突发事件的性质、特点和可能造成的社会危害,具体规定突发事件应急管理工作的组织指挥体系与职责和突发事件的预防与预警机制、处置程序、应急保障措施以及事后恢复与重建措施等内容。

所有单位应当建立健全安全管理制度,定期检查本单位各项安全防范措施的落实情况,及时消除事故隐患;掌握并及时处理本单位存在的可能引发社会安全事件的问题,防止矛盾激化和事态扩大;对本单位可能发生的突发事件和采取安全防范措施的情况,应当按照规定及时向所在地人民政府或者人民政府有关部门报告。

矿山、建筑施工单位和易燃易爆物品、危险化学品、放射性物品等危险物品的生产、经营、储运、使用单位,应当制定具体应急预案,并对生产经营场所、有危险物品的建筑物、构筑物及周边环境开展隐患排查,及时采取措施消除隐患,防止发生突发事件。

国家建立健全应急物资储备保障制度,完善重要应急物资的监管、生产、储备、调拨和紧急配送体系。

国家建立健全应急通信保障体系,完善公用通信网,建立有线与无线相结合、基础电信网络与机动通信系统相配套的应急通信系统,确保突发事件应对工作的通信畅通。

三、监测与预警

国务院建立全国统一的突发事件信息系统。县级以上地方各级人民政府应当建立或者确定本地区统一的突发事件信息系统,汇集、储存、分析、传输有关突发事件的信息,并与上级人民政府及其有关部门、下级人民政府及其有关部门、专业机构和监测网点的突发事件信息系统实现互联互通,加强跨部门、跨地区的信息交流与情报合作。

国家建立健全突发事件监测制度。

县级以上人民政府及其有关部门应当根据自然灾害、事故灾难和公共卫生事件的种类和特点，建立健全基础信息数据库，完善监测网络，划分监测区域，确定监测点，明确监测项目，提供必要的设备、设施，配备专职或者兼职人员，对可能发生的突发事件进行监测。

国家建立健全突发事件预警制度。

可以预警的自然灾害、事故灾难和公共卫生事件的预警级别，按照突发事件发生的紧急程度、发展势态和可能造成的危害程度分为一级、二级、三级和四级，分别用红色、橙色、黄色和蓝色标示，一级为最高级别。预警级别的划分标准由国务院或者国务院确定的部门制定。

链接

根据《危险性较大的分部分项工程安全管理规定》，危险性较大的分部分项工程（以下简称“危大工程”），是指房屋建筑和市政基础设施工程在施工过程中，容易导致人员群死群伤或者造成重大经济损失的分部分项工程。施工单位应当在危大工程施工前组织工程技术人员编制专项施工方案。实行施工总承包的，专项施工方案应当由施工总承包单位组织编制。危大工程实行分包的，专项施工方案可以由相关专业分包单位组织编制。专项施工方案实施前，编制人员或者项目技术负责人应当向施工现场管理人员进行方案交底。施工现场管理人员应当向作业人员进行安全技术交底，并由双方和项目专职安全生产管理人员共同签字确认。施工单位应当严格按照专项施工方案组织施工，不得擅自修改专项施工方案。监理单位发现施工单位未按照专项施工方案施工的，应当要求其进行整改；情节严重的，应当要求其暂停施工，并及时报告建设单位。施工单位拒不整改或者不停止施工的，监理单位应当及时报告建设单位和工程所在地住房城乡建设主管部门。对于按照规定需要进行第三方监测的危大工程，建设单位应当委托具有相应勘察资质的单位进行监测。危大工程应急抢险结束后，建设单位应当组织勘察、设计、施工、监理等单位制定工程恢复方案，并对应急抢险工作进行后评估。

四、应急处置与救援

突发事件发生后，履行统一领导职责或者组织处置突发事件的人民政府应当针对其性质、特点和危害程度，立即组织有关部门，调动应急救援队伍和社会力量，依照本章的规定和有关法律、法规、规章的规定采取应急处置措施。

自然灾害、事故灾难或者公共卫生事件发生后，履行统一领导职责的人民政府可以采取下列一项或者多项应急处置措施：

（1）组织营救和救治受害人员，疏散、撤离并妥善安置受到威胁的人员以及采取其他救助措施。

(2)迅速控制危险源,标明危险区域,封锁危险场所,划定警戒区,实行交通管制以及其他控制措施。

(3)立即抢修被损坏的交通、通信、供水、排水、供电、供气、供热等公共设施,向受到危害的人员提供避难场所和生活必需品,实施医疗救护和卫生防疫以及其他保障措施。

(4)禁止或者限制使用有关设备、设施,关闭或者限制使用有关场所,中止人员密集的活动或者可能导致危害扩大的生产经营活动以及采取其他保护措施。

(5)启用本级人民政府设置的财政预备费和储备的应急救援物资,必要时调用其他急需物资、设备、设施、工具。

(6)组织公民参加应急救援和处置工作,要求具有特定专长的人员提供服务。

(7)保障食品、饮用水、燃料等基本生活必需品的供应。

(8)依法从严惩处囤积居奇、哄抬物价、制假售假等扰乱市场秩序的行为,稳定市场价格,维护市场秩序。

(9)依法从严惩处哄抢财物、干扰破坏应急处置工作等扰乱社会秩序的行为,维护社会治安。

(10)采取防止发生次生、衍生事件的必要措施。

链接

应急救援工作的主要特点有:不确定性和突发性;复杂性;后果及影响容易猝变,应急处理不及时或不妥当时可能造成事故危害激化和放大。事故应急救援的基本任务包括:立即营救受害人员,并对危害区域内的相关人员采取保护措施或者组织撤离,这是应急救援的首要任务;对事故的发展态势进行控制,并对事故造成的危害进行相关测定;对事故现场进行恢复工作,并消除事故的危害后果(采取封闭、隔离、洗消、监测等措施);对事故发生的原因进行调查,并对事故的危害程度进行评估。

履行统一领导职责或者组织处置突发事件的人民政府,必要时可以向单位和个人征用应急救援所需设备、设施、场地、交通工具和其他物资,请求其他地方人民政府提供人力、物力、财力或者技术支援,要求生产、供应生活必需品和应急救援物资的企业组织生产、保证供给,要求提供医疗、交通等公共服务的组织提供相应的服务。履行统一领导职责或者组织处置突发事件的人民政府,应当组织协调运输经营单位,优先运送处置突发事件所需物资、设备、工具、应急救援人员和受到突发事件危害的人员。

受到自然灾害危害或者发生事故灾难、公共卫生事件的单位,应当立即组织本单位应急救援队伍和工作人员营救受害人员,疏散、撤离、安置受到威胁的人员,控制危险源,标明危险区域,封锁危险场所,并采取其他防止危害扩大的必要措施,同时向所在地县级人民政府报告;对因本单位的问题引发的或者主体是本单位人员的社会安全事件,有关单位应当按照规定上报情况,并迅速派出负责人赶赴现场开展劝解、疏导工作。突发事件发生地的其他单位应当服从人民政府发布的决定、命令,配合人民政府采取的应急处置措施,做好本单位的应急救援工作,并积极组织人员参加所在地的应急救援和处置工作。

五、事后恢复与重建

突发事件的威胁和危害得到控制或者消除后,履行统一领导职责或者组织处置突发事件的人民政府应当停止执行依照本法规定采取的应急处置措施,同时采取或者继续实施必要措施,防止发生自然灾害、事故灾难、公共卫生事件的次生、衍生事件或者重新引发社会安全事件。

突发事件应急处置工作结束后,履行统一领导职责的人民政府应当立即组织对突发事件造成的损失进行评估,组织受影响地区尽快恢复生产、生活、工作和社会秩序,制定恢复重建计划,并向上一级人民政府报告。

受突发事件影响地区的人民政府应当及时组织和协调公安、交通、铁路、民航、邮电、建设等有关部门恢复社会治安秩序,尽快修复被损坏的交通、通信、供水、排水、供电、供气、供热等公共设施。

履行统一领导职责的人民政府应当及时查明突发事件的发生经过和原因,总结突发事件应急处置工作的经验教训,制定改进措施,并向上一级人民政府提出报告。

第二十二章　生产安全事故调查与分析

第一节　《生产安全事故报告和调查处理条例》的相关内容

一、总则

为了规范生产安全事故的报告和调查处理，落实生产安全事故责任追究制度，防止和减少生产安全事故，根据《安全生产法》和有关法律，制定《生产安全事故报告和调查处理条例》。

生产经营活动中发生的造成人身伤亡或者直接经济损失的生产安全事故的报告和调查处理，适用《生产安全事故报告和调查处理条例》；环境污染事故、核设施事故、国防科研生产事故的报告和调查处理不适用《生产安全事故报告和调查处理条例》。

根据生产安全事故（以下简称事故）造成的人员伤亡或者直接经济损失，事故一般分为以下等级：

（1）特别重大事故，是指造成30人以上死亡，或者100人以上重伤（包括急性工业中毒，下同），或者1亿元以上直接经济损失的事故。

（2）重大事故，是指造成10人以上30人以下死亡，或者50人以上100人以下重伤，或者5 000万元以上1亿元以下直接经济损失的事故。

（3）较大事故，是指造成3人以上10人以下死亡，或者10人以上50人以下重伤，或者1 000万元以上5 000万元以下直接经济损失的事故。

（4）一般事故，是指造成3人以下死亡，或者10人以下重伤，或者1 000万元以下直接经济损失的事故。

国务院应急管理部门可以会同国务院有关部门，制定事故等级划分的补充性规定。上述所称的“以上”包括本数，所称的“以下”不包括本数。

链接

根据《企业职工伤亡事故分类》，伤害程度分类：轻伤，指损失工作日低于105日的失能伤害；重伤，指相当于表定损失工作日等于和超过105日的失能伤害；死亡。事故严重程度分类：轻伤事故，指只有轻伤的事故；重伤事故，指有重伤无死亡的事故；死亡事故。

事故报告应当及时、准确、完整，任何单位和个人对事故不得迟报、漏报、谎报或者瞒报。事故调查处理应当坚持实事求是、尊重科学的原则，及时、准确地查清事故经过、事故原因和事故损失，查明事故性质，认定事故责任，总结事故教训，提出整改措施，并对事故责任者依法追究责任。

提示

整改措施也称为安全对策措施，即针对发生事故的原因、性质、类别，采取相应的安全对策。

县级以上人民政府应当依照本条例的规定，严格履行职责，及时、准确地完成事故调查处理工作。事故发生地有关地方人民政府应当支持、配合上级人民政府或者有关部门的事故调查处理工作，并提供必要的便利条件。参加事故调查处理的部门和单位应当互相配合，提高事故调查处理工作的效率。

工会依法参加事故调查处理，有权向有关部门提出处理意见。

任何单位和个人不得阻挠和干涉对事故的报告和依法调查处理。

对事故报告和调查处理中的违法行为，任何单位和个人有权向应急管理部门、监察机关或者其他有关部门举报，接到举报的部门应当依法及时处理。

二、事故报告

事故发生后，事故现场有关人员应当立即向本单位负责人报告；单位负责人接到报告后，应当于 1 h 内向事故发生地县级以上人民政府应急管理部门和负有安全生产监督管理职责的有关部门报告。情况紧急时，事故现场有关人员可以直接向事故发生地县级以上人民政府应急管理部门和负有安全生产监督管理职责的有关部门报告。

应急管理部门和负有安全生产监督管理职责的有关部门接到事故报告后，应当依照下列规定上报事故情况，并通知公安机关、劳动保障行政部门、工会和人民检察院：

(1)特别重大事故、重大事故逐级上报至国务院应急管理部门和负有安全生产监督管理职责的有关部门。

(2)较大事故逐级上报至省、自治区、直辖市人民政府应急管理部门和负有安全生产监督管理职责的有关部门。

(3)一般事故上报至设区的市级人民政府应急管理部门和负有安全生产监督管理职责的有关部门。

应急管理部门和负有安全生产监督管理职责的有关部门依照前款规定上报事故情况，应当同时报告本级人民政府。国务院应急管理部门和负有安全生产监督管理职责的有关部门以及省级人民政府接到发生特别重大事故、重大事故的报告后，应当立即报告国务院。

必要时，应急管理部门和负有安全生产监督管理职责的有关部门可以越级上报事故情况。

应急管理部门和负有安全生产监督管理职责的有关部门逐级上报事故情况，每级上报的时间不得超过 2 h。

报告事故应当包括下列内容：

（1）事故发生单位概况。

（2）事故发生的时间、地点以及事故现场情况。

（3）事故的简要经过。

（4）事故已经造成或者可能造成的伤亡人数（包括下落不明的人数）和初步估计的直接经济损失。

（5）已经采取的措施。

（6）其他应当报告的情况。

事故报告后出现新情况的，应当及时补报。自事故发生之日起 30 日内，事故造成的伤亡人数发生变化的，应当及时补报。道路交通事故、火灾事故自发生之日起 7 日内，事故造成的伤亡人数发生变化的，应当及时补报。

事故发生单位负责人接到事故报告后，应当立即启动事故相应应急预案，或者采取有效措施，组织抢救，防止事故扩大，减少人员伤亡和财产损失。

事故发生地有关地方人民政府、应急管理部门和负有安全生产监督管理职责的有关部门接到事故报告后，其负责人应当立即赶赴事故现场，组织事故救援。

事故发生后，有关单位和人员应当妥善保护事故现场以及相关证据，任何单位和个人不得破坏事故现场、毁灭相关证据。因抢救人员、防止事故扩大以及疏通交通等原因，需要移动事故现场物件的，应当做出标志，绘制现场简图并做出书面记录，妥善保存现场重要痕迹、物证。

事故发生地公安机关根据事故的情况，对涉嫌犯罪的，应当依法立案侦查，采取强制措施和侦查措施。犯罪嫌疑人逃匿的，公安机关应当迅速追捕归案。

应急管理部门和负有安全生产监督管理职责的有关部门应当建立值班制度，并向社会公布值班电话，受理事故报告和举报。

三、事故调查

特别重大事故由国务院或者国务院授权有关部门组织事故调查组进行调查。重大事故、较大事故、一般事故分别由事故发生地省级人民政府、设区的市级人民政府、县级人民政府负责调查。省级人民政府、设区的市级人民政府、县级人民政府可以直接组织事故调查组进行调查，也可以授权或者委托有关部门组织事故调查组进行调查。未造成人员伤亡的一般事故，县级人民政府也可以委托事故发生单位组织事故调查组进行调查。

上级人民政府认为必要时，可以调查由下级人民政府负责调查的事故。自事故发生之日起 30 日内（道路交通事故、火灾事故自发生之日起 7 日内），因事故伤亡人数变化导致事故等级发生变化，依照本条例规定应当由上级人民政府负责调查的，上级人民政府可以另行组织事故调查组进行调查。

特别重大事故以下等级事故，事故发生地与事故发生单位不在同一个县级以上行政区域的，由事故发生地人民政府负责调查，事故发生单位所在地人民政府应当派人参加。

链接

事故调查工作实行的原则是政府领导、分级负责。

事故调查组的组成应当遵循精简、效能的原则。根据事故的具体情况，事故调查组由有关人民政府、应急管理部门、负有安全生产监督管理职责的有关部门、监察机关、公安机关以及工会派人组成，并应当邀请人民检察院派人参加。事故调查组可以聘请有关专家参与调查。

事故调查组成员应当具有事故调查所需要的知识和专长，并与所调查的事故没有直接利害关系。

链接

事故调查组可以根据事故调查的需要设立管理、技术、综合等专门小组，分别承担管理原因调查、技术原因调查、综合协调等工作。

事故调查组组长由负责事故调查的人民政府指定。事故调查组组长主持事故调查组的工作。

提示

事故调查组组长可由人民政府指定，也可由人民政府授权组织事故调查的有关部门指定。

事故调查组履行下列职责：

(1)查明事故发生的经过、原因、人员伤亡情况及直接经济损失。

(2)认定事故的性质和事故责任。

(3)提出对事故责任者的处理建议。

(4)总结事故教训，提出防范和整改措施。

(5)提交事故调查报告。

链接

经过事故调查组进行事故调查分析，如认定为自然事故，可以不再追究或者认定责任人；如认定为责任事故，则需对有关责任者(直接责任者、主要责任者、领导责任者)按责任大小进行责任认定并提出处理建议。

事故调查组有权向有关单位和个人了解与事故有关的情况，并要求其提供相关文件、资料，有关单位和个人不得拒绝。事故发生单位的负责人和有关人员在事故调查期间不得擅离职守，并应当随时接受事故调查组的询问，如实提供有关情况。事故调查中发现涉嫌犯罪的，事故调查组应当及时将有关材料或者其复印件移交司法机关处理。

事故调查中需要进行技术鉴定的，事故调查组应当委托具有国家规定资质的单位进行技术鉴定。必要时，事故调查组可以直接组织专家进行技术鉴定。技术鉴定所需时间不计入事故调查期限。

事故调查组成员在事故调查工作中应当诚信公正、恪尽职守，遵守事故调查组的纪律，保守事故调查的秘密。未经事故调查组组长允许，事故调查组成员不得擅自发布有关事故的信息。

事故调查组应当自事故发生之日起60日内提交事故调查报告；特殊情况下，经负责事故调查的人民政府批准，提交事故调查报告的期限可以适当延长，但延长的期限最长不超过60日。

事故调查报告应当包括下列内容：

(1)事故发生单位概况。

(2)事故发生经过和事故救援情况。

(3)事故造成的人员伤亡和直接经济损失。

(4)事故发生的原因和事故性质。

(5)事故责任的认定以及对事故责任者的处理建议。

(6)事故防范和整改措施。

提示

事故防范和整改措施是针对事故发生单位在安全生产方面的薄弱环节、漏洞、隐患等提出的措施。

事故调查报告应当附具有关证据材料。事故调查组成员应当在事故调查报告上签名。

事故调查报告报送负责事故调查的人民政府后，事故调查工作即告结束。事故调查的有关资料应当归档保存。

典型例题

【单选题】甲市乙区某建筑施工企业发生一起脚手架坍塌事故，致3人死亡、6人重伤。事故发生后，甲市人民政府授权市应急管理局组织事故调查。根据《生产安全事故报告和调查处理条例》，下列关于该事故调查组组成的说法中，错误的是(　　)。

A. 调查组应指定具有行政执法资格的人员负责相关调查取证工作。进行调查取证时，行政执法人员的人数不得少于1人

B. 事故调查组应由市人民政府、市应急管理局、市住建委、市纪检监察委、市公安局以及市工会派人组成。邀请市检察院派人参加，并聘请有关专家参与调查

C. 事故调查组可以根据事故调查的需要设立管理、技术、综合等专门小组，分别承担管理原因调查、技术原因调查、综合协调等工作

D. 事故调查组组长主持事故调查组工作，可由甲市人民政府指定，也可由甲市人民政府授权组织事故调查的市应急管理局指定

A。【解析】调查组成员单位应当根据事故调查组的委托，指定具有行政执法资格的人员负责相关调查取证工作。进行调查取证时，行政执法人员的人数不得少于2人，并向有关单位和人员表明身份、告知其权利义务，调查取证时可以使用有关安全生产行政执法文书。故选项A错误。

四、事故处理

重大事故、较大事故、一般事故，负责事故调查的人民政府应当自收到事故调查报告之日起15日内做出批复；特别重大事故，30日内做出批复，特殊情况下，批复时间可以适当延长，但延长的时间最长不超过30日。有关机关应当按照人民政府的批复，依照法律、行政法规规定的权限和程序，对事故发生单位和有关人员进行行政处罚，对负有事故责任的国家工作人员进行处分。事故发生单位应当按照负责事故调查的人民政府的批复，对本单位负有事故责任的人员进行处理。负有事故责任的人员涉嫌犯罪的，依法追究刑事责任。

链接

重大事故、较大事故、一般事故的事故调查报告分别由负责事故调查的省级人民政府、设区的市级人民政府、县级人民政府进行批复；特别重大事故的事故调查报告由国务院批复。

事故发生单位应当认真吸取事故教训，落实防范和整改措施，防止事故再次发生。防范和整改措施的落实情况应当接受工会和职工的监督。应急管理部门和负有安全生产监督管理职责的有关部门应当对事故发生单位落实防范和整改措施的情况进行监督检查。

事故处理的情况由负责事故调查的人民政府或者其授权的有关部门、机构向社会公布，依法应当保密的除外。

典型例题

【单选题】甲市乙区一地铁施工项目采用矿山法进行车站施工时发生火药爆炸，造成1人死亡。事故调查结束后，事故调查组提交了事故调查报告，提出了相应的防范和整改措施。负责对该事故落实防范和整改措施进行监督检查的部门是(　　)。

A. 甲市负责安全生产监督管理的部门　　B. 甲市住建部门

C. 乙区负责安全生产监督管理的部门　　D. 乙区住建部门

C。【解析】应急管理部门和负有安全生产监督管理职责的有关部门，应当对事故发生单位负责落实防范和整改措施的情况进行监督检查。本题1人死亡为一般事故，因此应由乙区负责安全生产监督管理的部门监督检查。

五、法律责任

事故发生单位主要负责人有下列行为之一的，处上一年年收入40%至80%的罚款；属于国家工作人员的，并依法给予处分；构成犯罪的，依法追究刑事责任：

(1)不立即组织事故抢救的。

(2)迟报或者漏报事故的。

(3)在事故调查处理期间擅离职守的。

事故发生单位及其有关人员有下列行为之一的，对事故发生单位处100万元以上500万元以下的罚款；对主要负责人、直接负责的主管人员和其他直接责任人员处上一年年收入60%至100%的罚款；属于国家工作人员的，并依法给予处分；构成违反治安管理行为的，由公安机关依法给予治安管理处罚；构成犯罪的，依法追究刑事责任：

(1)谎报或者瞒报事故的。

(2)伪造或者故意破坏事故现场的。

(3)转移、隐匿资金、财产，或者销毁有关证据、资料的。

(4)拒绝接受调查或者拒绝提供有关情况和资料的。

(5)在事故调查中作伪证或者指使他人作伪证的。

(6)事故发生后逃匿的。

有关地方人民政府、应急管理部门和负有安全生产监督管理职责的有关部门有下列行为之一的，对直接负责的主管人员和其他直接责任人员依法给予处分；构成犯罪的，依法追究刑事责任：

(1)不立即组织事故抢救的。

(2)迟报、漏报、谎报或者瞒报事故的。

(3)阻碍、干涉事故调查工作的。

(4)在事故调查中作伪证或者指使他人作伪证的。

事故发生单位对事故发生负有责任的，由有关部门依法暂扣或者吊销其有关证照；对事故发生单位负有事故责任的有关人员，依法暂停或者撤销其与安全生产有关的执业资格、岗位证书；事故发生单位主要负责人受到刑事处罚或者撤职处分的，自刑罚执行完毕或者受处分之日起，5年内不得担任任何生产经营单位的主要负责人。

为发生事故的单位提供虚假证明的中介机构，由有关部门依法暂扣或者吊销其有关证照及其相关人员的执业资格；构成犯罪的，依法追究刑事责任。

参与事故调查的人员在事故调查中有下列行为之一的，依法给予处分；构成犯罪的，依法追究刑事责任：

(1)对事故调查工作不负责任，致使事故调查工作有重大疏漏的。

(2)包庇、袒护负有事故责任的人员或者借机打击报复的。

违反条例规定，有关地方人民政府或者有关部门故意拖延或者拒绝落实经批复的对事故责任人的处理意见的，由监察机关对有关责任人员依法给予处分。

没有造成人员伤亡，但是社会影响恶劣的事故，国务院或者有关地方人民政府认为需要调查处理的，依照本条例的有关规定执行。国家机关、事业单位、人民团体发生的事故的报告和调查处理，参照本条例的规定执行。

特别重大事故以下等级事故的报告和调查处理，有关法律、行政法规或者国务院另有规定的，依照其规定。

第二节　生产安全事故分析与信息报告

一、事故分析

（一）事故分析的步骤

（1）整理和阅读调查材料。

（2）按受伤部位、受伤性质、起因物、致害物、伤害方式、不安全状态、不安全行为等内容进行分析。

（3）确定事故的直接原因。

（4）确定事故的间接原因。

（5）确定事故责任者。

（二）事故原因分析

事故发生的原因包括直接原因和间接原因。

1. 直接原因

直接原因包括人的不安全行为以及机械、物质或环境的不安全状态。根据《企业职工伤亡事故分类》，不安全行为是指能造成事故的人为错误；不安全状态是指能导致事故发生的物质条件。具体分类，如下表所示。

直接原因	分类	
不安全行为	操作错误、忽视安全、忽视警告	未经许可开动、关停、移动机器；开动、关停机器时未给信号；开关未锁紧、造成意外转动、通电或泄漏等；忘记关闭设备；忽视警告标志、警告信号；操作错误（指按钮、阀门、扳手、把柄等的操作）；奔跑作业；供料或送料速度过快；机器超速运转；违章驾驶机动车；酒后作业；客货混载；冲压机作业时，手伸进冲压模；工件紧固不牢；用压缩空气吹铁屑；其他
	造成安全装置失效	拆除了安全装置；安全装置堵塞、失掉了作用；调整的错误造成安全装置失效；其他
	使用不安全设备	临时使用不牢固的设施；使用无安全装置的设备；其他
	手代替工具操作	用手代替手动工具；用手清除切屑；不用夹具固定、用手拿工件进行机加工
	物体（指成品、半成品、材料、工具、切屑和生产用品等）存放不当	
	冒险进入危险场所	冒险进入涵洞；接近漏料处（无安全设施）；采伐、集材、运材、装车时，未离危险区；未经安全监察人员允许进入油罐或井中；未“敲帮向顶”开始作业；冒进信号；调车场超速上下车；易燃易爆场合明火；私自搭乘矿车；在绞车道行走；未及时瞭望

（续表）

直接原因	分类	
不安全行为	攀、坐不安全位置（如平台护栏、汽车挡板、吊车吊钩）	
	在起吊物下作业、停留	
	机器运转时加油、修理、检查、调整、焊接、清扫等工作	
	有分散注意力行为	
	在必须使用个人防护用品用具的作业或场合中，忽视其使用	未戴护目镜或面罩；未戴防护手套；未穿安全鞋；未戴安全帽；未佩戴呼吸护具；未佩戴安全带；未戴工作帽；其他
	不安全装束	在有旋转零部件的设备旁作业穿过肥大服装；操纵带有旋转零部件的设备时戴手套；其他
	对易燃、易爆等危险物品处理错误	
不安全状态	防护、保险、信号等装置缺乏或有缺陷	(1)无防护。无防护罩；无安全保险装置；无报警装置；无安全标志；无护栏或护栏损坏；（电气）未接地；绝缘不良；局扇无消音系统、噪声大；危房内作业；未安装防止“跑车”的挡车器或挡车栏；其他。 (2)防护不当。防护罩未在适应位置；防护装置调整不当；坑道掘进，隧道开凿支撑不当；防爆装置不当；采伐、集材作业安全距离不够；放炮作业隐蔽所有缺陷；电气装置带电部分裸露；其他
	设备、设施、工具、附件有缺陷	(1)设计不当，结构不合安全要求。通道门遮挡视线；制动装置有缺欠；安全间距不够；拦车网有缺欠；工件有锋利毛刺、毛边；设施上有锋利倒棱；其他。 (2)强度不够。机械强度不够；绝缘强度不够；起吊重物的绳索不合安全要求；其他。 (3)设备在非正常状态下运行。设备带“病”运转；超负荷运转；其他。 (4)维修、调整不良。设备失修；地面不平；保养不当、设备失灵；其他
	个人防护用品用具缺少或有缺陷	无个人防护用品、用具；所用防护用品、用具不符合安全要求
	生产（施工）场地环境不良	(1)照明光线不良。照度不足；作业场地烟雾尘弥漫视物不清；光线过强。 (2)通风不良。无通风；通风系统效率低；风流短路；停电停风时放炮作业；瓦斯排放未达到安全浓度放炮作业；瓦斯超限；其他。 (3)作业场所狭窄。 (4)作业场地杂乱。工具、制品、材料堆放不安全；采伐时，未开“安全道”；迎门树、坐殿树、搭挂树未作处理；其他。 (5)交通线路的配置不安全。 (6)操作工序设计或配置不安全。 (7)地面滑。地面有油或其他液体；冰雪覆盖；地面有其他易滑物。 (8)贮存方法不安全。 (9)环境温度、湿度不当

2. 间接原因

（1）技术和设计上有缺陷。工业构件、建筑物、机械设备、仪器仪表、工艺过程、操作方法、维修检验等的设计、施工和材料使用存在问题。

（2）教育培训不够、未经培训、缺乏或不懂安全操作技术知识。

（3）劳动组织不合理。

（4）对现场工作缺乏检查或指导错误。

（5）没有安全操作规程或不健全。

（6）没有或不认真实施事故防范措施，对事故隐患整改不力。

（7）其他。

在分析事故时，应从直接原因入手，逐步深入到间接原因，从而掌握事故的全部原因，再分清主次，进行责任分析。

（三）事故责任分析

根据事故调查所确认的事实，通过对直接原因和间接原因的分析，确定事故中的直接责任者和领导责任者。在直接责任者和领导责任者中，根据其在事故发生过程中的作用，确定主要责任者。根据事故后果和事故责任者应负的责任提出处理意见。

（四）事故分析的方法

事故分析的方法通常有综合分析法、个别案例技术分析法和系统安全分析法等。其中，个别案例技术分析法是对有代表性的事物（现象）深入地进行周密而仔细的研究从而获得总体认识的一种科学分析方法。

二、事故信息报告

事故信息的报告应当及时、准确和完整，信息的处置应当遵循快速高效、协同配合、分级负责的原则。

生产经营单位发生生产安全事故或者较大涉险事故，其单位负责人接到事故信息报告后应当于 1 h 内报告事故发生地县级应急管理部门、矿山安全监察分局。发生较大以上生产安全事故的，事故发生单位在依照上述规定报告的同时，应当在 1 h 内报告省级应急管理部门、国家矿山安全监察局省级局。发生重大、特别重大生产安全事故的，事故发生单位在依照上述规定报告的同时，可以立即报告国家应急管理部、国家矿山安全监察局。

应急管理部门、矿山安全监察机构接到事故发生单位的事故信息报告后，应当按照下列规定上报事故情况，同时书面通知同级公安机关、劳动保障部门、工会、人民检察院和有关部门：

（1）一般事故和较大涉险事故逐级上报至设区的市级应急管理部门、国家矿山安全监察局省级局。

（2）较大事故逐级上报至省级应急管理部门、国家矿山安全监察局省级局。

（3）重大事故、特别重大事故逐级上报至国家应急管理部、国家矿山安全监察局。

上述规定的逐级上报，每一级上报时间不得超过 2 h。应急管理部门依照上述规定上报事故情况时，应当同时报告本级人民政府。

链接

较大涉险事故是指：

(1)涉险 10 人以上的事故。

(2)造成 3 人以上被困或者下落不明的事故。

(3)紧急疏散人员 500 人以上的事故。

(4)因生产安全事故对环境造成严重污染(人员密集场所、生活水源、农田、河流、水库、湖泊等)的事故。

(5)危及重要场所和设施安全(电站、重要水利设施、危化品库、油气站和车站、码头、港口、机场及其他人员密集场所等)的事故。

(6)其他较大涉险事故。

发生较大生产安全事故或者社会影响重大的事故的,县级、市级应急管理部门或者矿山安全监察分局接到事故报告后,在依照规定逐级上报的同时,应当在 1 h 内先用电话快报省级应急管理部门、国家矿山安全监察局省级局,随后补报文字报告;乡镇安监站(办)可以根据事故情况越级直接报告省级应急管理部门、国家矿山安全监察局省级局。

发生重大、特别重大生产安全事故或者社会影响恶劣的事故的,县级、市级应急管理部门或者矿山安全监察分局接到事故报告后,在依照规定逐级上报的同时,应当在 1 h 内先用电话快报省级应急管理部门、国家矿山安全监察局省级局,随后补报文字报告;必要时,可以直接用电话报告国家应急管理部、国家矿山安全监察局。

省级应急管理部门、国家矿山安全监察局省级局接到事故报告后,应当在 1 h 内先用电话快报国家应急管理部、国家矿山安全监察局,随后补报文字报告。

国家应急管理部、国家矿山安全监察局接到事故报告后,应当在 1 h 内先用电话快报国务院总值班室,随后补报文字报告。

三、事故处理结案后应归档的资料

事故处理结案后应归档的资料包括：

(1)事故伤亡人员名单。

(2)职工死亡、重伤事故调查报告书及批复。

(3)现场调查记录、图纸(事故现场示意图)、照片。

(4)技术鉴定和试验报告(人员签字,注明参加调查组的人员姓名、职务、单位)。

(5)物证、人证材料。

(6)直接和间接经济损失材料。

(7)事故责任者的自述材料。

(8)医疗部门对伤亡人员的诊断书。

(9)发生事故时的工艺条件、操作情况和设计资料。

(10)处分决定和受处分人员的检查材料。

(11)有关事故的通报、简报及文件。

(12)事故调查人员签字名单,注明参加调查组的人员姓名、职务、单位。

第二十三章　安全生产统计分析

第一节　统计基础知识

一、统计学中的几个基本概念

（一）总体与样本

根据研究目的确定的同质观察单位的全体称为总体。

从总体中随机抽取、进行研究的一部分个体所组成的集合，称为样本。要保证样本的可靠性、代表性。

（二）同质与变异

统计研究的是有变异的事物，统计分析的任务就是在同质分组的基础上，通过对变异所呈现出来的统计规律性的研究，透过偶然现象，揭示同质事物的本质特征和规律。

（三）抽样误差

因抽样产生的样本与样本，样本与总体相应统计指标之间的差异，称为抽样误差。

抽样误差的大小主要取决于观察单位间变异程度的大小和样本含量的多少。

链接

误差分为系统误差与随机误差两类。其中，随机误差包括随机测量误差和抽样误差。系统误差的特点是具有累加性、倾向性。随机测量误差的特点是没有倾向性，具有随着测量次数的增加而减小的性质，可通过增加平行测定的次数取平均值的方法来减小或消除误差。抽样误差的特点是不可避免，可通过增加样本量和改进抽样方法来减小误差。

（四）参数和统计量

总体的指标统称为参数，样本指标称为统计量。

（五）概率

概率是描述随机事件发生的可能性大小的数值，常用 P 表示。随机事件概率的大小在0与1之间，即 $0\leqslant P\leqslant 1$。习惯上将 $P\leqslant 0.05$ 的事件称为小概率事件。

（六）指标和标志

指标是说明总体特征的，标志是说明总体单位特征的，指标和标志之间的关系是可以变化的。

二、统计资料的分类及统计工作步骤

(一)统计资料的分类

统计资料一般可分成3大类,即计量资料、计数资料和等级资料,具体如下:

(1)计量资料又称为定量资料,它是用度、量、衡等计量工具直接测定获得的每个观察单位某项指标值的大小,它有计量单位。根据各个观测值之间的变异是否连续性,分为连续型资料和离散型资料两类。

(2)计数资料又称为定性资料,将观察单位按某种属性或类别用计数方式得到的资料,这些观察值只能以整数来表示。

(3)等级资料又称为半定量资料,它是将观察单位按某种属性的不同程度分组计数的资料。这类资料既有计数资料的特点,又有程度或量的不同。

(二)统计工作步骤

统计工作一般经历以下几个主要步骤:

(1)研究设计。对于研究全过程,如资料搜集、整理和分析等步骤作出总的设想和安排,是开展研究工作应遵循的依据和获得科学研究结论的前提。

(2)搜集资料。按照统计研究设计的要求搜集资料,取得准确可靠的原始数据。需注意选择合适的指标,资料应尽可能保持完整,对于缺失值须有合理的说明等。

(3)整理资料。根据研究设计的规定对原始资料进行检查整理、分组列表等。

(4)分析资料。对资料进行统计分析,包括统计描述和统计推断两方面内容。统计描述是利用统计指标、统计表和统计图相结合来描述资料的数量特征及分布规律。统计推断是使用样本信息来推断总体特征。统计推断包括区间估计和假设检验。

三、统计表与统计图

(一)统计表

1.统计表的基本结构与要求

标题:高度概括表的主要内容,时间、地点、研究内容,位于表的上方,居中摆放,左侧加表的序号。

标目:横标目和纵标目。

线条:通常采用三线表和四线表的形式。没有竖线或斜线。

数字:表内数字一律用阿拉伯数字。同一指标,小数位数应一致,位次对齐。无数字用“—”表示。“0”为确切值。

备注:位于表的下面,通常是对表内数字的注释和说明,必要时可以用“ * ”等标出。一张统计表的备注不宜太多。

2. 统计表的设计原则

设计统计表时，一般应遵循科学、实用、简明、美观的原则，力求做到：总标题和纵横标目（题）能准确、简明扼要地反映统计资料的内容；纵、横栏的排列内容要对应，尽量反映它们的逻辑关系；全面考虑表的布局，合理安排主体栏和叙述栏；指标数值都是有计量单位的，必须标写清楚；统计表中的横线要清晰，顶线和底线要粗些，各部分的界限宜粗些，其他线条要细些；当表的栏数较多时，要统一编写序号，一般是主体栏部分用文字表明，叙述栏部分用数字序号编号。

3. 制表原则

（1）重点突出，一个表一个中心内容。

（2）主次分明，层次清楚。

（3）简单明了，一切文字、数字、线条尽量从简。

（二）统计图

统计图包含标题、标目、刻度、图例（不同颜色或者不同线条表示，需要说明）。标题位置一般在图形的下端中央，标题应能概括图形所要表达的主要内容。统计图包含纵轴和横轴，纵横比例一般为5∶7。

常用统计图的适用条件与要求：

（1）条图：适用于比较、分析独立的或离散变量的多个组或多个类别数值大小的统计指标。

（2）圆图和百分比条图：构成比（事物内部各组成部分所占比值）的比较。

（3）线图：描述某统计量随另一连续性数值变量的变化而变化的趋势（指标相互变化趋势）。

（4）直方图：连续性变量的频数分布。

（5）散点图：用点的密集程度和趋势描述两个变量间的数量关系。

（6）箱式图：多组数据分布的比较。

（7）统计地图：用不同的颜色和花纹表示统计量在地理分布上的变化，适宜描述研究指标的地理分布。

典型例题

【单选题】某省为召开安全生产工作会议，编制了年度工作报告，报告中涉及了对上一年度事故的统计、分析，分管领导在审阅报告后，强调报告要通过形象、直观的统计图表揭示本省事故多发频发的区，该报告适用的统计图表是（　　）。

A. 统计地图　　B. 条形图

C. 散点图　　D. 对数线图

A。**【解析】**统计地图是用不同的颜色和花纹表示统计量在地理分布上的变化，适宜描述研究指标的地理分布。该统计图需要表示本省事故多发的区，故选用统计地图。

四、数值变量资料的统计描述

(一)频数分布表

频数分布表编制步骤:计算全距→确定组距→划分组段→统计频数→确定频率与累计频率。

频数分布表的主要用途如下:

(1)揭示资料的分布类型。

(2)观察资料的集中趋势和离散趋势。

(3)便于发现某些特大或特小离群值。

(4)便于进一步计算统计指标和作统计处理。

(二)集中趋势指标

集中趋势指标也称集中趋势值,是指一组数据所趋向的中心数值,反映同质总体各单位在一定的时间、地点条件下某一数量标志值一般水平的综合指标,它是总体的水平值也是代表值,通常称为平均数。

在实际应用中根据总体各单位标志值计算的平均数称为数值平均数,主要有算术平均数、调和平均数、几何平均数;根据总体单位标志值所处位置确定的平均数称为位置平均数,主要有众数、中位数等。

1. 算术平均数

算术平均数是实际中应用最广泛的一种平均数形式,它等于同质总体各单位标志值之和除以相应的总体单位数。其基本计算公式为:

算术平均数 = 总体标志总量/总体单位总量

在实际工作中,根据所掌握资料的不同,算术平均数分为简单算术平均数和加权算术平均数。简单算术平均数就是直接将总体各单位某一数量标志值相加除以相应的总体单位数,通常适用于未分组的资料。加权算术平均数是根据分组整理后的数据计算的算术平均数。

2. 调和平均数

调和平均数是根据标志值的倒数计算的,它是标志值倒数的算术平均数的倒数,也称倒数平均数。

3. 几何平均数

几何平均数是 n 个标志值连乘积后开 n 次方根,主要适用于对比率和速度求平均数。当所掌握的资料是比率的形式,而且各比率连乘等于总比率时,应采用几何平均数。几何平均数也分为简单几何平均数和加权几何平均数。

4. 众数

众数是一组数据中出现次数最多的变量值。它由次数的多少决定,是一种位置平均数,不受极端变量值的影响,主要用于测度分类数据的集中趋势。对于其他类型的数据,当数据明显集中于某个变量值时,也可使用众数表示平均水平。

5. 中位数

将一组数据按由小到大的顺序排列，位于中间位置的数据即为中位数，该数据之前之后的数据个数均占总体个数的一半，是一种位置平均数，主要用于顺序或数值型数据集中趋势的测度。中位数不受极端值的影响，在数据分布较偏斜的情况下使用更有效。

（三）离散趋势指标

集中趋势指标是将总体各单位的差异抽象化，用一个具有代表性的数值反映现象的一般水平，但总体各单位标志值之间的差异是客观存在的，考察这种差异程度的指标被称为离散趋势指标，它是数据分布需要认识的另一个重要特征。

测定离散趋势的指标有很多，常用的有全距、平均差、方差和标准差、四分位数间距、离散系数。

1. 全距

全距也称极差，是一组数据的最大值和最小值之差，用 R 表示。

全距是一个较笼统的差异指标，主要反映数列中变量值的变动幅度和范围，计算简单，易于理解，但全距只用两个变量值参与计算，容易受极端值的影响，同时不能反映中间数据的差异情况，所以很难全面、准确地描述数据的离散程度。

2. 平均差

平均差是总体各单位标志值与其算术平均数的离差绝对值的算术平均数。平均差考虑了总体中各标志值的变动影响，其实质反映的是以平均数为中心，各单位标志值距平均数的平均距离，作为测定离散趋势的指标，具有较强的代表性。根据所掌握资料的情况，平均差的计算有简单式和加权式两种。

3. 方差与标准差

方差是总体各单位标志值与其算术平均数离差平方的算术平均数。方差的计算有简单式和加权式两种。

标准差是总体各单位标志值与其算术平均数离差平方的算术平均数的平方根，是方差的平方根形式。标准差的计算有简单式和加权式两种。

4. 四分位数间距

四分位数间距一般和中位数一起描述偏态分布资料的分布离散。

用四分位数间距作为描述数据分布离散程度的指标，比极差稳定，但仍未考虑到每个数据的大小，常用于描述偏态频数分布以及分布的一端或两端无确切数值资料的离散程度。

5. 离散系数

离散系数是反映一组数据相对差异的指标，是各离散绝对指标与其算术平均数的比值。离散系数越大，说明离散程度越大；反之，离散程度越小。

五、分类变量资料的统计描述

常用相对数如下：

(1)率。某现象实际发生数与可能发生某现象的总数之比，用以说明某现象发生的频率或强度，又称频率指标，常以百分率、千分率、万分率或十万分率表示。

(2)构成比。事物内部某一部分的观察数与事物内部各部分的观察单位数总和之比，以百分数表示。说明事物内部各部分所占的比重或分布。

(3)相对比。说明一个指标是另一个指标的几倍或百分之几。

应用相对数时应注意的问题如下：

(1)观察单位数应足够多。

(2)分析时不能以构成比代替率。

(3)相对数的相互比较应注意可比性，不具有可比性应进行标准化。

(4)样本率或构成比的比较应做假设检验。

六、数值变量资料的统计推断

从样本获取有关总体信息的过程称为统计推断。

(一)相关定义

1. 均数的抽样误差和标准误

(1)抽样误差：由于个体变异和抽样造成的样本统计量与总体参数和样本统计量之间的差异。

(2)均数的抽样误差：由于抽样造成的样本均数与总体均数及样本均数之间的差异。

(3)标准误：样本统计量的标准差。

(4)均数的标准误：即样本均数的标准差，用 $\sigma_{\bar{X}}$ 来表示。

$$\sigma_{\bar{X}} = \frac{\sigma}{\sqrt{n}}(\sigma\text{ 未知})$$

2. 样本观测值的标准差与样本均数的标准误的比较

(1)标准差与标准误都反映数据的离散性；

(2)标准差的大小反映各个个体的观测值 X 之间的变异程度(离散程度)，标准误的大小反映各个样本均数 $\bar{X}$ 间的变异程度(离散程度)，也反映了样本均数代表总体均数的可靠性。

3. 总体参数估计

参数估计是指用样本指标值估计总体指标值。包括点估计和区间估计。

(1)点估计：就是用样本统计量直接作为总体参数的估计值。

(2)区间估计：即按预先给定的概率$(1-\alpha)$确定包含未知总体参数的可能范围。该范围称为参数的可信区间或置信区间，预先给定的概率称为可信度或置信度，常取95%或99%。

可信区间的确切含义指的是：有$(1-\alpha)$的可能认为计算出的可信区间包含了总体参数。

（二）假设检验

1. 假设检验的意义和基本步骤

（1）假设检验：先对总体的参数或分布做出某种假设，再用适当的统计方法根据样本对总体提供的信息，推断此假设应当拒绝或不拒绝。假设检验可用于判断样本与样本、样本与总体的差异是如何引起的。

（2）基本步骤：

①建立检验假设，确定检验水准：

a. H_0（无效假设）：$\mu=\mu_0$，假设两组或多组资料的总体均数相等。

b. H_1（备择假设）：$\mu\neq\mu_0$（双侧检验），$\mu>\mu_\theta$ 或 $\mu<\mu_0$（单侧检验）。

c. 确定检验水准 $\alpha=0.05$。

②选定检验方法，计算检验统计量。

③确定 P 值，作出推断结论。

2. 假设检验应注意的问题

（1）假设检验应有严格的抽样设计。

（2）要注意选用的假设检验方法的应用条件。

（3）正确区分差别有无统计意义与有无专业上的实际意义。

（4）结论不能绝对化。

（5）假设检验的单侧检验与双侧检验的选择。

3. 假设检验的两类错误

（1）第Ⅰ类错误：拒绝实际上成立的 H_0，犯第Ⅰ类错误的概率大小为 α。

（2）第Ⅱ类错误：不拒绝实际上不成立的 H_0，犯第Ⅱ类错误的概率为 β。

当样本含量 n 一定时，α 越小，β 越大；若想同时减少 α 和 β，只有增大样本含量。$1-\beta$ 称为假设检验的功效当所研究的总体与 H_0 确有差别时，按检验水准 α 能够发现它（拒绝 H_0）的概率。

七、分类变量资料的统计推断

（一）总体率的区间估计

1. 查表法

当 n 较小，如 $n\leqslant50$，特别是 P 接近0或1时（小概率事件），按二项分布原则估计总体率的可信区间。

2. 区间估计(正态近似法)

当样本含量 n 足够大,样本率 P 或 $1-P$ 均不太小时(如 nP 和 $n(1-P)$ 均大于5),样本率的分布近似正态分布,总体率可信区间在 $(1-\alpha)$ 可信度下,估计为:$P \pm u_{\alpha/2} S_P$。

(二)两总体率之差的区间估计

当样本含量 n 足够大,样本率 P 或 $1-P$ 均不太小时,即 nP 和 $n(1-P)$ 均大于5,样本率的分布近似正态分布($[P_1-P_2]-u_{\alpha/2}S_{P_1-P_2}, [P_1-P_2]+u_{\alpha/2}S_{P_1-P_2}$)。

$$S_{P_1-P_2}=\sqrt{\frac{X_1+X_2}{n_1+n_2}+\left(1-\frac{X_1+X_2}{n_1+n_2}\right)\left(\frac{1}{n_1}+\frac{1}{n_2}\right)}$$

(三)率的 u 检验

1. 样本率与总体率比较的 u 检验

$$u=\frac{|P-\pi|}{\sigma_P}=\frac{|P-\pi|}{\sqrt{\frac{\pi(1-\pi)}{n}}}$$

2. 两样本率比较的 u 检验

$$u=\frac{|P_1-P_2|}{\sqrt{P_c(1-P_c)\left(\frac{1}{n_1}+\frac{1}{n_2}\right)}}$$

$$P_c=\frac{X_1+X_2}{n_1+n_2}$$

第二节　职业卫生统计分析

一、数值变量资料的统计分析

(一)均数的 t 检验

1. t 检验应用条件:样本与总体/两样本均数的比较

(1)当 $n<60$ 时,要求样本取自正态分布的总体,总体标准差未知。

(2)两小样本均数比较时,要求两样本总体方差相等($\sigma_1^2=\sigma_2^2$)。

(3)n 含量较大,按 u 分布。

2. 单样本 t 检验

适用于样本均数代表的未知总体均数 μ 和已知总体均数 μ_0 的比较。

3. 配对样本 t 检验

适用于配对设计的计量资料,常见的配对设计主要有以下情形。

(1)自身比较:同一受试对象处理前后。

(2)同一受试对象分别接受两种不同的处理。

(3)将条件近似的观察对象两两配成对子,对子中的两个个体分别给予不同的处理。

4. 两样本 t 检验

适用于完全随机设计的两样本均数的比较。比较两样本所代表的总体均数 μ_1 和 μ_2 是否相等。完全随机设计是将受试对象完全随机分配到两个不同处理组。

(二)均数的 u 检验

两样本 u 检验:完全随机设计的两样本均数的比较。适用于样本量比较大的资料。

二、分类变量资料的统计分析

(一)四格表资料的 χ^2 检验的基本思想

假设两组资料率的差异来自抽样误差,用 χ^2 值反映实际频数和理论频数吻合的程度。在 $H_0(\pi_1=\pi_2)$ 成立的条件下,实际频数与理论频数相差不应该很大,若实际算出的值较大,超过了设定的检验水准,则有理由怀疑 H_0 的真实性,从而拒绝 H_0,接受 $H_1(H_1:\pi_1 \neq \pi_2)$。

应用于推断两个(或多个)总体率或构成比之间是否有差别和多个样本率的多重比较。

(二)四格表 χ^2 检验基本公式

$$\chi^2 = \sum \frac{(A-T)^2}{T}$$

式中　A——实际频数;

T——理论频数。

1. 四格表 χ^2 检验专用公式

$$\chi^2 = \frac{(ad-bc)^2 n}{(a+b)(a+c)(b+d)(c+d)}$$

适用条件:两样本率比较时,总例数 $n \geqslant 40$ 且所有格子 $T \geqslant 5$。

2. 四格表 χ^2 资料的检验的校正公式

$$\chi^2 = \sum \frac{(|A-T|-0.5)^2}{T}$$

$$\chi^2 = \frac{(|ad-bc|-n/2)^2 n}{(a+b)(c+d)(a+c)(b+d)}$$

(1)当 $n \geqslant 40$ 且所有的 $T \geqslant 5$ 时,用 χ^2 检验的基本公式或四格表资料 χ^2 检验的专用公式;当 $P \approx \alpha$ 时,改用四格表资料的 Fisher 确切概率法。

(2)当 $n \geqslant 40$ 但有的 $1 \leqslant T < 5$ 时,用四格表资料 χ^2 检验的校正公式或改用四格表资料的 Fisher 确切概率法。

(3)当 $n < 40$,或 $T < 1$ 时,用四格表资料的 Fisher 确切概率法。

3. 四格表资料的确切概率法

四格表资料的 Fisher 确切概率法是一种直接概率的方法。理论依据是超几何分布,四格表资料的确切概率法不属于 χ^2 检验的范畴,常作为四格表资料假设检验的补充。

（三）行×列表资料的 χ^2 检验

（1）用于多个样本率的比较，两个或多个构成比的比较。

（2）行×列表中合格的理论频数不应小于 1，$1\leqslant T<5$ 的格子数不应超过总格子数 1/5。

（3）多个样本率比较，若所得统计推断为拒绝 H_0，接受 H_1 时，只能认为各总体率之间总的来说有差别，但不能说明任两个总体率之间均有差别。

（4）一般的 χ^2 检验不适用于有序分类资料（等级资料）——“等级”“程度”“优劣”的比较分析。因为检验只利用了两组构成比提供的信息，损失了有序指标包含的“等级”信息。

三、秩和检验

秩和检验是将定量数据从小到大、等级从弱到强转换成秩后，求秩和，计算检验统计量——秩统计量，做出统计推断。

秩和检验主要有以下几个方面的应用：

（1）不满足 t 检验条件的数值变量资料。

（2）有序分类变量资料（等级资料）。

（3）分布类型不明。

（4）一端或二端无确定数值。

（5）任何分布类型的资料。

秩和检验应用中的注意事项如下：

（1）秩和检验一方面由于其方法的稳健性而具备不受总体分布限制，适用范围广的优点。但另一方面，在秩转换的过程中损失了原数据的部分信息。如果已知计量资料满足（或近似满足）t 检验应用条件，这时若选秩和检验，由于没有充分利用资料提供的信息，会降低检验效能。即当 H_0 不真时，秩和检验将步入 t 检验能较灵敏的拒绝 H_0，犯第Ⅱ类错误的概率要比 t 检验大。

（2）对于计量资料，若满足正态和方差齐性条件，应选 t 检验对总体均数作假设检验；当资料偏离假定条件时，选用秩和检验才是可靠的。

（3）对于大样本资料，通过把原变量值或等级转换成秩后，可采用 t 检验方法对平均秩次进行检验。

第三节　生产安全事故统计分析

一、生产安全事故统计分析的概述

为防止事故重复发生，应加强事故统计分析工作，事故统计分析是通过合理地收集与事故有关的资料、数据，并应用科学的统计方法，对大量数据进行整理、加工、分析和推断，从而找出事故发生的规律和事故发生的原因。

事故统计是在事故调查的基础上进行的，事故统计分析的步骤通常为：统计调查或资料收集→统计汇总或资料整理→综合分析。

事故统计指标可分为绝对指标和相对指标，绝对指标是反映事故的确切的数值，相对指标是两个绝对指标之间的比值。绝对指标一般包括事故起数、伤亡人数、直接经济损失、损失工作日等；相对指标一般包括相对人员、相对劳动量、相对产值、相对产量等，具体细化为千人死亡率、百万工时死亡（伤害）率、百万吨死亡率、亿元 GDP 死亡率、亿客公里死亡率等。

事故统计分析的方法常见的有分组分析法、算数平均法、综合分析法、相对指标比较法、统计图表法、排列图法和控制图法。其中，分组分析法是指通过分类汇总伤亡事故的有关特征，来对事故发生的有关情况进行研究，如在统计汇总生产安全事故数据时，可根据发生事故的行业或事故发生的地点、时间、原因、类别等进行分组。统计图表法是用比例图、柱状图或趋势图等形式展示事故数据；其中，比例图又称饼图，可以反映不同分类项目所占的百分比。排列图法是用直方图表示不同事故原因导致的事故频数，用折线点表示各分类原因的事故累积相对频次，并将两者结合到同一张统计图中；排列图可以反映各分类的频数大小及其占累积总数的百分比。控制图法是将质量控制图中的不良率控制图方法引入事故发生情况的测定中，及时发现异常情况，并及时消除危险因素，可预防事故发生；控制图可以表明伤亡事故发生的异常情况。

二、生产安全事故的规律

（一）安全周期规律

安全工作的推进，安全状况的好坏是波动而不是直线运动。安全工作与安全状况的波动呈反向运动。安全状况平稳之日正是松懈麻痹之时；安全出现问题之后，往往又是扭转被动局面之机。在这种长期的波浪式运动中就形成了安全周期性的规律。

（二）安全理念升华规律

理念决定人的行为观念。培育本质安全文化，不断升华安全理念，使其形成发展力。安全理念在人的思想意识领域的升华，就像无形的巨大杠杆，撬动企业安全管理杠杆的另一端不断上升。

（三）生物节律变化规律

生物节律即“生物钟”，是一种自然现象。生物节律学说认为，在人的近百种节律中，最重要的是体力、情绪和智力三个节律，他们变化周期分别为 23 天、28 天和 33 天。当人的三个节律都接近各自的高潮期时，人的各方面能力就可以最大限度地发挥出来。反之就容易出现差错、发生事故。

（四）生产方式变化规律

煤矿井下作业场所始终处于频繁移动变化之中，移动所带来的临时性极易产生将就、凑合的思想和行为。这就需要工程质量标准化的动态性去适应现场施工的需要，这也是安全工作的重要保证。

（五）安全链条规律

管理者和作业者是协作劳动的群体，正如一条环环相扣的链条，任何一个连环的断裂，都会危机上下环扣乃至整个链条，每一个环扣都是活体主宰的岗位，安全系数都是由各个岗位连环闭合程度决定。

（六）人与设备、环境相对规律

在由设备、环境和人组成的系统中，设备对环境既会产生如噪音、振动、有害气体等不利影响，又能控制并改造环境；环境对设备和人也有如高温、强湿、压力以及自身振动等方面不同的影响，就必须采取工程技术手段进行防护或控制。

（七）木桶短板规律

一个木桶盛水多少，取决于最短和质量最差的那一块木板。安全工作的好坏，导致事故的发生，同样取决于数量极少的“三违”人员和事故苗头。每个员工都是安全木桶中的一块木板，但千万不能成为最短、最差的。

（八）球体斜坡规律

安全工作如同推球上坡，众人协力，推动力越大，球体上升就越快、越高。球体的势能是向下的，稍有懈怠、松劲就会下滑。安全工作上的任何放松、撞运气、顺其自然、随其下滑甚至放手不管，安全这个“球体”必然会下滑，砸伤压坏的必然是推球人。

（九）安全堤坝规律

安全的堤坝是由众多因素构成的，任何细小的局部隐患，都会危及堤坝。千里之堤，溃于蚁穴。严重的“三违”隐患，是颠覆性、破坏性极强的溃堤行为。对于安全堤坝必须严防死守，坚决堵漏，千万不能决口。

（十）伤疤规律

事故的发生往往会给违章者留下痛苦的伤疤，应该吃一堑长一智，吸取教训。好了伤疤忘了疼，不临深渊心不惊，往往是人为事故屡发的直接因素。

三、企业职工伤亡事故经济损失统计

（一）相关定义

1. 伤亡事故经济损失

指企业职工在劳动生产过程中发生伤亡事故所引起的一切经济损失，包括直接经济损失和间接经济损失。

2. 直接经济损失

指因事故造成人身伤亡及善后处理支出的费用和毁坏财产舱价值。

3. 间接经济损失

指因事故导致产值减少、资源破坏和受事故影响而造成其他损失的价值。

(二)经济损失统计范围

1. 直接经济损失的统计范围

(1)人身伤亡后支出的费用

①医疗费用(含护理费用)。

②丧葬及抚恤费用。

③补助及救济费用。

④歇工工资。

(2)善后处理费用

①处理事故的事务性费用。

②现场抢救费用。

③清理现场费用。

④事故罚款和赔偿费用。

(3)财产损失价值

①固定资产损失价值。

②流动资产损失价值。

2. 间接经济损失的统计范围

(1)停产、减产损失价值。

(2)工作损失价值。

(3)资源损失价值。

(4)处理环境污染的费用。

(5)补充新职工的培训费用。

(6)其他损失费用。

典型例题

【单选题】某服装加工企业发生一起火灾事故,造成 2 人死亡,4 人重伤,厂房、设备设施烧毁,善后共发生死者丧葬费用 240 万元,伤者医疗费用 40 万元,停产损失 60 万元,固定资产价值损失 700 万元,处理环境污染费用 10 万元。该企业事故直接经济损失是(　　)万元。

A. 280　　B. 340

C. 980　　D. 1 050

C。【解析】本次事故造成的直接经济损失费用 = 丧葬费用 + 医疗费用 + 固定资产损失价值 = 240 + 40 + 700 = 980(万元)。

(三)经济损失计算方法

1. 经济损失计算

$$E = E_d + E_i$$

式中　E——经济损失,万元;

E_d——直接经济损失,万元;

E_i——间接经济损失,万元。

2. 工作损失价值计算

$$V_w = D_L \cdot \frac{M}{S \cdot D}$$

式中　V_w——工作损失价值,万元;

D_L——一起事故的总损失工作日数,死亡一名职工按6 000个工作日计算,受伤职工视伤害情况按《企业职工伤亡事故分类》的附表确定,日;

M——企业上年税利(税金加利润),万元;

S——企业上年平均职工人数;

D——企业上年法定工作日数,日。

3. 定资产损失价值计算

(1)报废的固定资产,以固定资产净值减去残值计算。

(2)损坏的固定资产,以修复费用计算。

4. 流动资产损失价值计算

(1)原材料、燃料、辅助材料等均按账面值减去残值计算。

(2)成品、半成品、在制品等均以企业实际成本减去残值计算。

5. 其他计算

(1)事故已处理结案而未能结算的医疗费、歇工工资等,采用测算方法计算。

(2)对分期支付的抚恤、补助等费用,按审定支出的费用,从开始支付日期累计到停发日期。

(3)停产、减产损失,按事故发生之日起到恢复正常生产水平时止,计算其损失的价值。

(四)经济损失的评价指标和程度分级

1. 经济损失评价指标

(1)千人经济损失率

$$R_S = \frac{E}{S} \times 1000$$

式中　R_s——千人经济损失率;

E——全年内经济损失,万元;

S——企业平均职工人数,人。

(2)百万元产值经济损失率

$$R_v = \frac{E}{V} \times 100$$

式中　R_v——百万元产值经济损失率;

E——全年内经济损失,万元;

V——企业总产值,万元。

2. 经济损失程度分级

(1)一般损失事故。经济损失小于1万元的事故。

(2)较大损失事故。经济损失大于1万元(含1万元)但小于10万元的事故。

(3)重大损失事故。经济损失大于10万元(含10万元)但小于100万元的事故。

(4)特大损失事故。经济损失大于100万元(含100万元)的事故。

四、生产安全事故的计算方法

(一)千人死亡率

千人死亡率是表示某时期,平均每千名职工中,因工伤事故造成死亡的人数。其计算公式为:

$$千人死亡率=(死亡人数/职工人数)\times 10^3$$

(二)千人重伤率

千人重伤率是表示某时期内,平均每千名职工因工伤事故造成的重伤人数。其计算公式为:

$$千人重伤率=(重伤人数/职工人数)\times 10^3$$

(三)百万工时伤害率

百万工时伤害率是表示某时期内,平均每百万工时,事故造成伤害的人数。伤害人数指轻伤、重伤、死亡人数之和。其计算公式为:

$$百万工时伤害率=(伤害人数/实际总工时)\times 10^6$$

(四)按产品、产量计算的死亡率

$$百万吨死亡率=[死亡人数/实际产量(t)]\times 10^6$$

$$万米木材死亡率=[死亡人数/木材产量(m^3)]\times 10^4$$

提示

除上述事故统计指标外,还包括十万人死亡率(每10万人的死亡比率)、百万人火灾发生率(每100万人中火灾发生的比率)、百万人火灾死亡率(每100万人中火灾造成死亡的比率)、万车死亡率(每1万辆机动车中造成的死亡比率)、百万机车总走行公里死亡率(每100万机车总走行公里的死亡比率)、亿客公里死亡率、重大事故率(重大事故占总事故的比率)、特大事故率(特大事故占总事故的比率)、重大事故万时率(飞行每1万小时发生重大事故的比率)、千艘船事故率(每1千艘船发生事故的比率)等。

典型例题

【单选题】某市常住人口12万人，截至2019年底，全年发生安全伤亡事故5起，其中火灾事故1起，死亡2人；特种设备事故1起，死亡1人；烟花爆竹事故1起，重伤3人；道路交通事故1起，轻伤7人；农机事故1起，轻伤1人；造成直接经济损失760万元。下列事故统计指标中，计算正确的是（　　）。

A. 千人重伤率0.025　　B. 千人死亡率0.016

C. 百万人火灾死亡率15.66　　D. 重大事故率0.6

A。**【解析】**本题中，千人重伤率＝（重伤人数/职工人数）$\times 10^3$＝（3/120 000）$\times 10^3$＝0.025；千人死亡率＝（死亡人数/职工人数）$\times 10^3$＝（3/120 000）$\times 10^3$＝0.025；百万人火灾死亡率＝（火灾造成的死亡人数/地区总人口）$\times 10^6$＝（2/120 000）$\times 10^6$＝16.7；重大事故是指一次造成10人以上30人以下死亡，或者50人以上100人以下重伤，或者5 000万元以上1亿元以下直接经济损失的事故，故该市19年无重大事故，重大事故率＝（重大事故起数/事故总起数）$\times$100%＝0。故选项A正确。

五、生产安全事故统计调查制度

根据《生产安全事故统计调查制度》，生产安全事故统计调查的内容主要包括事故发生单位的基本情况、事故造成的死亡人数（包括下落不明人数）、受伤人数（包括急性工业中毒人数）、直接经济损失、事故具体情况等。

本制度综合采用全面调查、重点调查、多部门会商等多种调查方法。本制度由应急管理部统一组织，分级实施，由县级以上应急管理部门（“以上”包含本级，不含应急管理部）通过“生产安全事故统计信息直报系统”（以下简称“直报系统”）负责数据的审核和上报。

生产安全事故分为“依法登记注册单位事故”和“其他事故”两类进行统计。

（1）依法登记取得营业执照的生产经营单位发生的事故，纳入“依法登记注册单位事故”统计。

（2）从事运输、捕捞等生产经营活动，不需办理营业执照的，以行业准入许可为准，按照“依法登记注册单位事故”进行统计。

（3）不属于以上情形的事故，纳入“其他事故”统计。